“十二五”普通高等教育本科国家级规划教材

工业和信息化部“十四五”规划教材

信息理论基础

（第 6 版）

周荫清　李景文　李春升　等编著

北京航空航天大学出版社

内 容 简 介

本书系统介绍和论述了经典信息论的基本理论、基本方法,覆盖了信息论的主要内容。全书共 11 章,内容包括信息的统计度量;离散信源和连续信源;离散信道和连续信道及其信道容量;信源编码与信道编码;信源与信宿之间的平均失真度以及信息率失真函数;网络信息论基础;信息论方法在信号处理中的应用,每章后面都配有相应习题。

本书深入浅出,表述简洁;概念清晰,系统性强,可读性好,可作为高等院校信息与通信工程、电子信息工程、光电信息科学与工程、电子科学与技术、雷达、导航技术、电子对抗技术、计算机科学与技术等相关专业的本科生、研究生的信息论课程的教材或教学参考书。亦可供从事系统科学、管理科学、生物工程、交通运输工程等有关的科学工作者和工程技术人员参考。

图书在版编目(CIP)数据

信息理论基础 / 周荫清,李景文,李春升编著. --
6 版. -- 北京 : 北京航空航天大学出版社,2025.3
ISBN 978 - 7 - 5124 - 4021 - 0

Ⅰ. ①信… Ⅱ. ①周… ②李… ③李… Ⅲ. ①信息论
Ⅳ. ①G201

中国国家版本馆 CIP 数据核字(2023)第 013291 号

信息理论基础(第 6 版)
周荫清　李景文　李春升　等编著

策划编辑　蔡　喆　　责任编辑　蔡　喆

*

北京航空航天大学出版社出版发行

北京市海淀区学院路 37 号(邮编 100191)　http://www.buaapress.com.cn
发行部电话:(010)82317024　传真:(010)82328026
读者信箱:goodtextbook@126.com　邮购电话:(010)82316936
大厂回族自治县彩虹印刷有限公司印装　各地书店经销

*

开本:787×1 092　1/16　印张:18　字数:461 千字
2025 年 3 月第 6 版　2025 年 3 月第 1 次印刷　印数:2 000 册
ISBN 978 - 7 - 5124 - 4021 - 0　定价:59.00 元

第 6 版前言

本书是工业和信息化部"十四五"规划立项教材。

信息论是通信的数学理论,是应用近代数理统计的方法研究信息的度量、编码和通信的科学。

信息论是 20 世纪中叶从通信中发展起来的理论,是数学中的概率论、随机过程与通信技术相结合的一门学科。1948 年,美国科学家香农(C·E·Shannon)发表了著名的《通信的数学理论》学术论文,给出了信息度量的数学公式,为信息论学科的创立奠定了理论基础。从此,信息论这门学科得到不断地发展和深化并已渗透到其他相关学科的所有领域。信息论将信息作为研究对象,主要研究提高信息系统有效性、可靠性和保密性的理论和方法,从而使信息系统最优化。人们已经认识到,在现代科学技术高度发展的进程中,学习和掌握信息论日益成为一种不可或缺的需要。

从信息论涉及的内容和研究对象而言,常分为狭义信息论和广义信息论两类。狭义信息论是在香农信息论基础上发展起来的,又称为经典信息论。它仍然是当今研究信息论的基石,也是本书重点讲述的内容。广义信息论是在更为一般的基础上建立的,是以广义信息作为主要研究对象,亦称为信息科学。这一学科虽尚未完全成熟,但是前景异常广阔。

近四十年来,作者为北京航空航天大学电子信息工程学院本科高年级学生和研究生开设了"信息理论基础"课程,同时编写了相应的教材《信息理论基础》,之后于 1993 年由北京航空航天大学出版社出版。该版中首次将信息的统计度量单独列为一章,体现了本书的重要特色。根据多年的教学实践和读者的意见,本书分别于 2002 年 2 月、2006 年 2 月和 2012 年 3 月以及 2020 年 1 月四次修订再版。作为教材,本书注重基本理论、基本概念和基本方法的阐述以及对学生分析问题和解决问题能力的培养;同时在数学工具运用上力求准确、简明、适中,尽量使读者应用适当的数学工具能够准确、系统地认知和掌握信息理论的基本概念和分析方法,在表述上既注重论述严谨,又不拘泥于繁琐的数学细节。

本书精心选材,具有适当的广度和深度,可作为高等院校有关专业高年级本科生和研究生教材。全书共 11 章,覆盖了信息论的主要内容。第 1~4 章介绍信息的统计度量、离散信源、离散信道和信道容量;第 5~7 章介绍无失真信源编码、有噪信道编码以及限失真信源编码。这些内容是香农信息论的核心部分。在上述基础上引入并论述连续信源的信息测度、波形信道的信道容量、纠错编码。第 10~11 章介绍网络信息论以及信息论方法在信号处理中的应用。其中第 1~4 章由周荫清编写,第 5、6 章由刘玉战编写,第 7、11 章由李景文编写,第 8、9 章由李春升编写,第 10 章由陈杰编写。本书于 2004 年获北京市教学成果二等奖,2005 年被评为北京市高等教育精品教材。本教材第 4 版和第 5 版分别于"十一五"和"十二五"两度评为普通高等教育本科国家级规划教材。

本书力图在内容编排上由浅入深,注重系统性和逻辑性,表述上强调深入浅出,论述简洁和可读性,以易于接受的方式介绍信息理论的基本内容及其应用。修订中有意注重教材编写的特色和先进性,结合科研工作中的积累对教材内容进行了不同程度的更新。根据多年教学实践，在论证和表述上进行了适当改进，充实了内涵，使本书既保证理论的完整性及系统性，又注意形成理论研究面向应用的特点。为了提高学生分析问题和解决问题的能力，各章后面都配有一些难易程度不等的习题，可根据实际需要选用。

根据历年来教材使用情况，为满足教学和广大读者的需求，在 2020 年 1 月出版的《信息理论基础（第 5 版）》的基础上进行了修订。本书第 1、2 章由周荫清教授修订；第 3、5 章由孙兵副教授修订；第 4 章由徐华平教授修订；第 6 章由于泽教授修订；第 7、11 章由李景文教授修订；第 8、9 章由李春升教授修订；第 10 章由陈杰教授修订；最后由周荫清教授统编全书。

参加本书修订工作的还有课程主讲教师王鹏波副教授、门志荣副教授，他们为本书修订工作作出了许多重要贡献。

为了方便教学，本书开发了配套的多媒体课件，免费提供给使用本教材授课的教师，需要者可向北京航空航天大学出版社索取。

北京航空航天大学出版社编辑蔡喆老师对本书的修订、再版给予了大力支持和热情帮助，提出了许多宝贵意见，使本书得以顺利出版，编者在此深表感谢。

在本书编写和修订过程中，参阅了国内外一些相关著作，均列于参考书目和文献中，在此谨向这些著作的作者表示深切谢意。

书中难免有不妥和错误之处，殷切希望广大读者给予批评指正。

周荫清

2024 年 6 月于北京航空航天大学

目　　　录

第1章 绪 论

1.1 信 息

信息论亦称为通信的数学理论,是应用近代数理统计方法研究信息的传输、存储与处理的科学。信息是信息论中最基本、最重要的概念,是一个既复杂又抽象的概念。

信息这一概念是在人类社会互通情报的实践过程中产生的。人类社会的生存和发展都离不开信息的传递、处理和应用。信息的概念十分广泛。由于信息科学比其他学科,如物理学、数学、化学、生物学等显得较为年轻,所以人类对信息的认识尚待进一步深化。迄今为止,信息并没有形成一个很完整的、严格的定义。不同的研究学派对信息的本质及其定义还存在不同的理解,并没有形成统一的表述和认识。

信息是物质的普遍属性。信息论的发展对人类社会和科学技术的进步有着相当深刻的影响。信息作为一种资源,如何开发、利用、共享是人们普遍关注和追索的问题。

1. 信息的通俗概念

人们常认为信息就是一种消息,这是一种最普通的概念,是目前社会上最流行的概念。例如,当人们收到一封电报,接到一个电话,收听了广播或看到电视以后,就说得到了信息。这个概念好像使人一听就明白,其实极不准确。确切地说,这种概念把消息当成了信息。的确,人们从接收到的电报、电话、广播和电视的消息中能获得各种信息。但是,信息和消息并不是一回事,不能等同。例如,有人告诉你一条消息,这条消息告诉了许多原来不知道的新内容,这条消息就很有意义,信息量就大;反之,如果这条消息告诉的是原来就已经知道的内容,那么这条消息意义就不大,信息量就小。

2. 信息的广义概念

人们认为信息是对物质存在和运动形式的一般描述。1975 年 Lango 提出"一旦您理解了是信息触发了行为和能力,信息是含于客体间的差别中而不是客体本身,您就意识到在通信中所被利用的(亦即携带信息的)实际客体是不重要的,仅仅差别关系重要。"在这里,客体是指消息,差别是指信息,差别不是客体,信息不同于消息。例如,妻子给远方的丈夫邮寄一包衣物。那么,衣物是客体,但客体相对来说不是最重要的,重要的是含于客体中的、寄去了妻子对丈夫的思念和情感,这就是信息。

物质、能量和信息是构成客观世界的三大要素。信息科学、材料科学和能源科学是当代文明的三大支柱。信息是物质和能量在空间和时间上分布的不均匀程度。信息不是物质,信息是事物的表征,它表征事物的状态和运动形式。信息存在于任何事物之中,有物质的地方就有信息,信息充满着整个物质世界。

信息是一个十分抽象的概念。信息本身是看不见、摸不着的,它必须依附于一定的物质形态,如文字、声波、电磁波等。这种运载信息的物质,称为信息的载体。一切物质都有可能成为信息的载体。

3. 概率信息

概率信息是由美国数学家香农(C. E. Shannon)提出来的,故亦称香农信息或狭义信息,是从不确定性(随机性)和概率测度的角度给信息下定义的。香农从信息源具有随机性不定度出发,为信源推出一个与统计力学的熵相似的函数,称为信息熵;而这个熵就是信源的信息选择不定度的测度,因此可以认为信息表征信源的不定度,但它不等同于不定度,而是为了消除一定的不定度必须获得与此不定度相等的信息量。

可以从下面这个例子来理解概率信息的直观意义。设甲袋中有100个球,其中50个是红球,另外50个是白球;乙袋中也有100个球,其中有25个红球,25个白球,25个蓝球,25个黑球。今从甲、乙袋中各取出一个球。当被告知,从甲袋中取出的球是红球,从乙袋中取出的球也是红球时,那么这两个消息包含的信息量是不相同的。由于从甲袋中取出一个红球的概率大,不确定性小,因此信息量小;而从乙袋中取出一个红球的概率小,不确定性大,故信息量大。

至此,我们已经了解到信息不是消息,而消息也不同于信号。下面概括一下信息、消息和信号三者的含义及其差异。

4. 信 息

信息是一个十分抽象而又复杂的概念。信息是无形的,不同于物质和能量,它是看不见、摸不着的。信息不具有实体性,它包含在消息之中,是通信系统中传送的对象。信息作为客观世界存在的第三要素,与物质、能量相比,具有如下一些特殊性质。

(1)存在的普遍性。信息的本质是反映的事物的运动和变化,是物质的普遍属性。只要有事物存在,就会有事物的运动和变化,就会产生信息。绝对静止的事物是不存在的,因此,信息普遍存在。

(2)存在的无限性。信息像物质、能量一样,对于人类也是一种资源。信息作为事物运动状态和存在状态的一般描述,和事物及它们的运动一样是永恒的、无限的。信息如海阔天空,永远在产生、更新、演变,是一种取之不尽、用之不竭的源泉。信息的无限性还表现在时空上的可扩展性。例如,今天气象台报告的气象数据所包含的信息,明天就失去价值,明天又会产生新的信息。如果将所有这些信息积累起来作为历史资料,又可成为关于气候演变的重要信息,给人类造福。

(3)可共享性。信息的交流,不会使交流者失去原有的信息,而且还可以获得新的信息。信息的共享是无限的。信息可以由甲传递给乙,又可以由乙传递给丙,依次类推。信息的共享性,对人类社会的发展起到了积极推动作用。信息扩散越快、越广,就会越加速人类社会的文明进程。但是,现实的人类社会在各方面都存在着激烈的竞争,例如军事中的电子综合战、商业活动中的市场竞争等,这些现象阻碍了信息性质的发挥。信息虽具有共享性,原占有者不会因信息传递而丢失这个信息,但占有者和获得者可以利用同一个信息进行竞争和对抗。因此,在信息的占有和传播方面,存在着斗争。为了限制信息的共享,加设密码、数据库保安措施等就是这种斗争中的产物。

（4）可存储、传输和携带性。信息可以通过信息载体以多种形式或存储、传输和携带，而任何物质都可以成为信息的载体。

（5）可压缩性。人们获取到信息之后，往往要进行加工、处理、筛选、融合，使信息更加丰富、精练、可靠和有效。信息技术中研究的主要问题之一就是信息的压缩。

（6）可度量性。信息论中最重要的问题，就是要解决信息数量与质量的度量。信息度量应满足信息的三个基本方向：结构的、统计的和语义的。

结构理论是研究大量信息的离散构造的。它通过简单计算信息元方法，或者用大量信息简易编码所提供的组合方法对信息进行测量。

统计理论是利用熵的概念，作为统计发生概率的不确定性的度量，从而得出这些或那些消息的信息量。

5. 消　息

消息是比较具体的概念，但它不是物理的。消息是信息的载荷者。将客观物质运动和主观思维活动的状态表达出来的就是消息。消息具有不同的形式，例如语言、文字、符号、数据、图片等，所有这些形式都是能够被人们感觉到的。构成消息的条件有两个：一是构成的消息能够被通信双方所理解；二是可以在通信中进行传递和交换。在日常生活中，从电报、电话、电视等通信系统中得到的是一些描述各种主、客观事物运动状态或存在形式的具体消息。需要指出的是，消息中包含信息，消息是信息的载体，信息是消息的内核，同一个消息可以含有不同的信息量，而同一信息可以用不同形式的消息来载荷。

6. 信　号

信号是消息的表现形式，消息则是信号的具体内容。信号是消息的载体，是表示消息的物理量。不言而喻，信号携带信息，但不是信息本体，同一信息可用不同信号表示，同一信号也可表示不同的信息。一般把随时间而变化的电压或电流称为电信号。电信号与非电信号可以比较方便地互相转换。在实际应用中常常将各种物理量，如声波动、光强度、机械运动的位移或速度等，转变为电信号，以利于传输。

1.2　通信系统模型

信息论研究的主要问题是在通信系统设计中如何实现信息传输、存储和处理的有效性和可靠性。将通信系统定义为信息的传输系统，例如电报、电话、图像、计算机和导航等系统。实际的通信系统虽然形式和用途各不相同，但从信息传输的角度看，本质上有许多共同之处，它们均可概括为如图 1.1 所示的基本模型。

图 1.1　通信系统基本模型

1. 信 源

信源是产生消息或消息序列之源。信息是抽象的,而消息是具体的。消息是外壳,信息是内核。所以,要通过消息来研究信源。消息可以是文字、语言和图像等。它可以是离散序列,也可以是连续形式,但都是随机发生的,亦即在未收到这些消息之前不可能确切地知道它们的内容。这些消息可以用随机变量或随机过程来描述。信源研究的主要内容是消息的统计特性和信源产生消息的速率 。

2. 编码器

将信源发出的消息变换成适于信道传送的信号的设备称为编码器。它包含下述三个部分。

(1)信源编码器。在一定准则下,信源编码器对信源输出的消息进行适当的变换和处理,其目的在于提高信息传输的效率。

(2)纠错编码器。纠错编码器是对信源编码器的输出进行变换,用以提高对于信道干扰的抗击能力,亦即提高信息传输的可靠性。

(3)调制器。调制器是将纠错编码器的输出变成适合于信道传输要求的信号形式。纠错编码器和调制器的组合又称为信道编码器,如图 1.2 所示。

在实际系统中不一定每个编码器都含有以上三个部分,有的只有其中的两个部分或一个部分。

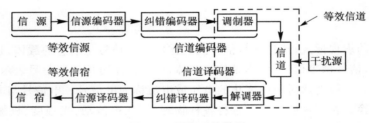

图 1.2 通信系统模型

3. 信 道

把载荷消息的信号从发射端传到接收端的媒质或通道称为信道,它是包括收发设备在内的物理设施。在狭义的通信系统中,实际信道有架空明线、电缆、波导、光纤和无线电波传播空间等。当然,对广义的通信系统来说,信道还可以是其他传输媒介。

4. 干扰源

在信道中引入噪声和干扰,这是一种等效的表达方式。为了分析方便,把在系统中其他各部分产生的噪声和干扰都等效成信道干扰,并集中作用于信道。由于噪声和干扰往往具有随机性,因此它是划分信道的重要因素,并且是决定信道传输能力的决定因素。研究信道的中心课题是它的统计特性和传输能力。

实际干扰可以分成以下两大类。

(1)加性干扰。由外界引入的随机干扰,如天电干扰以及设备内部噪声,它们与信道的输入信号统计无关。信道的输出是输入信号与干扰的和。

（2）乘性干扰。信号在传播过程中由于物理条件的变化引起信号参量的随机变化而构成的干扰。此时信道的输出信号是输入信号与某些随机参量相乘的结果。

5. 译码器

编码的逆变换。它要从受干扰的信号中最大限度地提取出有关信源输出消息的信息，并尽可能地复现信源的输出。译码器也可分为信源译码器和信道译码器。译码器的输出送给信宿。

6. 信　宿

信宿是信息传送过程中的接收者，即接收消息的人或物。信宿和信源可处于不同的地点或存在于不同时刻。

通信系统的模型不是不变的，这要视实际情况而定。图 1.1 和图 1.2 给出的模型只适用于收发两端单向通信的情况，它只有一个信源和一个信宿，信息传输也是单向的。在网络通信情况下，可能有很多分开的信源、信道和信宿进行信息交换。例如，广播通信是单个输入、多个输出的单向传输通信，而卫星通信网则是多个输入、多个输出和多向传输的通信。要研究这些通信系统中的信息传输和处理问题，只需对两端单向通信系统模型作适当修正，引出多用户通信系统模型，并将单路通信的信息理论发展成为多用户信息理论。这是近 50 多年来信息理论研究中的一个十分活跃的课题。

在通信系统中，信源发出的消息可以是连续消息，也可以是离散消息。由连续消息变换成连续信号，在时间上是连续的，又称为模拟信号。采用模拟信号作为传输信号的通信系统称为模拟通信系统，如广播、电视、载波长话等。由离散消息变换成离散信号，在时间上是离散的，又称为数字信号。采用数字信号作为传输信号的通信系统称为数字通信系统，如电报、数据传输、数字电话等。数字通信有着许多突出的优点，如抗干扰能力强，可用纠错技术提高系统可靠性等。数字通信是当前通信系统的重要研究方向。

1.3　信息论的形成和发展

香农信息论的基本任务是为设计有效而可靠的通信系统提供理论依据。

信息论是信息科学的主要理论基础之一，它是长期在通信理论和工程实践的基础上发展起来的。信息论自诞生到现在不过 80 多年，这在人类的历史长河中是十分短暂的，但它的诞生和发展对科学技术的影响是相当深远的。现在它已成为一门独立的理论学科。回顾其发展历史，人们认识到，在现代科学技术的高度发展过程中，学习和掌握信息理论日益成为一种不可缺位的需要。

通信系统对人类社会的发展有着十分重要的作用。日常生活、社会活动、工农业生产和科学实验等一切都离不开信息的传递和流动。电的通信系统（电信系统）已有 150 多年的历史，它在信息论的发展过程中起到了积极推动作用。

1924 年奈奎斯特（H. Nyquist）解释了信号带宽和信息率之间的关系。他指出，如果以一个确定的速率来传输电报信号，就需要一定的带宽。他将信息率和带宽联系起来。

1928 年哈特莱（R. V. Hartley）引入了非统计（等概率事件）信息量概念。他提出，信息量等于可能消息数的对数。他的工作对后来香农的思想有很大的影响。

1936 年阿姆斯特朗(E. H. Armstrong)提出,在传输过程中增大带宽,可以增强抑制干扰的能力。根据这一思想,他提出了宽频移的频率调制方法。

1936 年达得利(H. Dudley)发明了声码器。他提出的概念是,通信所需要的带宽至少应该同所要传送的消息的带宽一样。

20 世纪 40 年代初期,由于军事上的需要,维纳(N. Wiener)在研究防空火炮的控制问题时,撰写了《平稳时间序列的外推、内插与平滑及其工程应用》的论文。他把随机过程和数理统计的观点引入通信和控制系统中来,揭示了信息传输和处理过程的统计本质。他还利用早在 20 世纪 30 年代初他本人提出的"广义谐波分析理论"对信息系统中的随机过程进行谱分析。这就使通信系统的理论研究起了质的飞跃,取得了突破性进展。

1948 年香农在《贝尔系统技术杂志》上发表了两篇有关"通信的数学理论"的论文。在这两篇论文中,他用概率测度和数理统计的方法,系统地讨论了通信的基本问题,得出了几个重要的而带有普遍意义的结论,并由此奠定了现代信息论的基础。

从 20 世纪 50 年代开始,信息论在学术界引起了巨大的反响。1951 年美国 IRE 成立了信息论组,并于 1955 年正式出版了信息论汇刊。在此期间,一些科学家(包括香农本人)做了大量工作,发表了许多重要文章。他们将香农已得到的数学结论作了进一步的严格论证和推广。其中,1954 年范恩斯坦(A. Foinstein)的论著是有很大贡献的。1959 年香农发表了"保真度准则下的离散信源编码定理",系统地提出了信息率失真理论。这一理论是频带压缩、数据压缩的数学基础,为各种信源压缩编码的研究奠定了理论基础,一直到今天仍然是信息论领域的重要研究课题。

在整个 20 世纪 50 年代,维纳理论也有很大进展。维纳的工作是从研究处在统计平衡的时间序列开始的。维纳证明:在一定条件下,处在统计平衡的时间序列的时间平均等于集平均。基于此点,维纳提出了他的著名的滤波和预测理论。维纳理论在滤波理论中的开拓作用是毋庸置疑的,他在滤波方法上的创见仍然直接影响着后来的科学工作者。

20 世纪 50 年代中期,空间技术飞速发展,要求对卫星轨道进行精确测量。为此,人们将滤波问题以微分方程表示,提出了一系列适应空间技术应用的精确算法。20 世纪 60 年代初卡尔曼(R. E. Kalman)和布西(R. S. Bucy)提出了递推滤波算法,成功地将状态变量引入滤波理论中来,用消息与干扰的状态空间模型代替了通常用来表示它们的协方差函数。将状态空间描述与离散时间更新联系起来,更适于计算机直接进行运算,而不是去寻求滤波器冲击响应的明确表示式。这种算法得出的是表征状态估值及其均方误差的微分方程,给出的是递推算法。这就是著名的卡尔曼滤波理论,或称为卡尔曼-布西滤波。

20 世纪 70 年代以后,卡拉思(T. Kailath)等人发展了信息过程理论。这一理论不仅可以用来解决白高斯型检测问题和线性最小均方估计问题,而且也可以用来解决非高斯型检测和非线性最小均方估计问题。

1961 年香农发表的论文《双路通信信道》开拓了多用户信息理论的研究。随着卫星通信、计算机通信网络的迅速发展,多用户理论的研究取得了许多突破性进展。从 20 世纪 70 年代以后,人们从经典的香农单向通信的信息论推广到多用户信息理论。多用户信息理论成为当前信息论的中心研究课题之一。

从 20 世纪 40 年代开始,信息理论与技术在人类历史长河中已经取得了长足的进展,它已形成一门综合性的新兴学科,在人们面前展示出光辉灿烂的前景。现在,信息理论与技术不仅直接应用于通信、计算机和自动控制等领域,而且还广泛渗透到生物学、医学、语言学、社会学、经济学和管理学等各个领域。特别是通信技术与微电子、光电子、量子技术、计算机技术等相结合,使现代通信技术的发展充满生机与活力,能够不受时间、空间、地点的限制,随时随地进行各种各样的信息交换。人们追求的目标是实现宽带综合业务数字信息网(B-ISDN),使人类进入高度发展的信息科学时代。

第2章 信息的统计度量

2.1 自信息量和条件自信息量

2.1.1 自信息量

通过某个过程或手段,获得了对于随机信息源一定的了解,减少了不确定性,意味着从这个信息源获得了信息。从信息源获取信息的过程就是其不确定性缩减的过程。可见信息源包含的信息与其不确定性是紧密相关的。在统计分析中,使用概率作为衡量不确定性的一种指标。可以推论,随机事件包含信息的度量应是其概率的函数。

定义 2.1.1 任意随机事件的自信息量定义为该事件发生概率的对数的负值。

设事件 x_i 的概率为 $p(x_i)$,那么,它的自信息定义为

$$I(x_i) \overset{\text{def}}{=\!=} -\log p(x_i) \tag{2-1}$$

自信息量是取其概率的对数的负值,故 $I(x_i)$ 为非负。自信息量的单位与所取对数的底有关。通常取对数的底为 2[①],则信息量的单位为比特(bit,binary unit 的缩写)。若 $p(x_i) = 1/2$,则 $I(x_i) = 1$ bit,即该事件 x_i 具有 1 bit 的自信息量。bit 是信息理论中最常用的信息量单位。若取自然对数(对数的底为 e),此时,自信息量的单位则为奈特(nat,nature unit 的缩写)。

$$1 \text{ nat} = \text{lb e bit} \approx 1.443 \text{ bit}$$

若以 10 作为对数的底,此时自信息量的单位为哈特(hart,hartley 的缩写)

$$1 \text{ hat} = \text{lb 10 bit} \approx 3.322 \text{ bit}$$

根据对数换底关系有
$$\log_a x = \frac{\log_b x}{\log_b a}$$

可得
$$1 \text{ bit} \approx 0.693 \text{ nat}, \quad 1 \text{ bit} \approx 0.301 \text{ hart}$$

由于各种随机事件发生的概率不同,它们所包含的不确定性也有大小的差别。一个随机事件的出现概率接近 1,说明该事件发生的可能性很大,它所包含的不确定性就很小。反之,对于小概率事件,它所包含的不确定性就很大。可以看出,$I(x_i)$ 是 $p(x_i)$ 的单调递减函数。

可以看出,小概率事件所包含的不确定性大,其自信息量大;大概率事件所包含的不确定性小,其自信息量小。在极限情况下,概率为 1 的确定性事件,其自信息量为零。

随机事件的不确定性在数量上等于它的自信息量,可以用式(2-1)计算。

需要注意的是,信息量是纯数,信息量单位只是为了标示不同底的对数值,并没有量纲的含义。同时自信息量也是一个随机变量,它没有确定的值。

定义 2.1.2 二维联合集 (XY) 上的元素 $(x_i y_i)$ 的联合自信息量定义为

[①] 根据国家标准《物理科学和技术中使用的数学符号(GB 3102.11—93)》,对数函数符号表达式规定:lb $x = \log_2 x$ 表示"x 的以 2 为底的对数"。

$$I(x_i y_i) \overset{\text{def}}{=\!=\!=} -\log p(x_i y_i) \qquad\qquad (2-2)$$

式中，$x_i y_i$ 为积事件，$p(x_i y_i)$ 为元素 $x_i y_i$ 的二维联合概率。

例 2.1.1　设在甲袋中放入 n 个不同阻值的电阻，如果随机地取出一个，并对取出的电阻值进行事先猜测，其猜测的困难程度相当于概率空间的不确定性，概率空间为

$$\begin{bmatrix} X \\ P \end{bmatrix} = \begin{bmatrix} x_1 & x_2 & \cdots & x_n \\ p(x_1) & p(x_2) & \cdots & p(x_n) \end{bmatrix}$$

式中，x_i 表示阻值为 i 的电阻，$i=1,2,\cdots,n$；$p(x_i)$ 表示取出电阻值为 i 的电阻的概率。为简便起见，假定取出电阻是等概的，即

$$p(x_i) = \frac{1}{n} \qquad i=1,2,\cdots,n$$

那么，被告知"取出的阻值为 i 的电阻"所获得的信息量为

$$I(x_i) = -\log p(x_i) = \log \frac{1}{p(x_i)} = \log n$$

由于取出电阻值为 i 的电阻是等概分布的，因此随意取出任一阻值的电阻所获得的信息量都是相等的。

如果在甲袋中放入 $\frac{1}{2}n(n+1)$ 个不同阻值的电阻，其中阻值为 $1\ \Omega$ 的 1 个，$2\ \Omega$ 的 2 个，$\cdots$，$n\ \Omega$ 的 n 个。若从中随意取出一个，并对取出的电阻值进行事先猜测，其猜测的困难程度相当于概率空间的不确定性，概率空间为

$$\begin{bmatrix} X \\ P \end{bmatrix} = \begin{bmatrix} x_1 & x_2 & \cdots & x_n \\ \dfrac{1}{\frac{1}{2}n(n+1)} & \dfrac{2}{\frac{1}{2}n(n+1)} & \cdots & \dfrac{n}{\frac{1}{2}n(n+1)} \end{bmatrix}$$

式中，x_i 表示阻值为 i 的电阻，$i=1,2,\cdots,n$；概率 $p(x_i)=i \Big/ \frac{1}{2}n(n+1)$，$i=1,2,\cdots,n$。

那么被告知"取出的阻值为 i 的电阻"所获得的信息量为

$$I(x_i) = -\log p(x_i) = \log \frac{n(n+1)}{2i}$$

当 $i=1\ \Omega$ 时，$I(x_1)=\log n(n+1)/2$；当 $i=n\ \Omega$ 时，$I(x_n)=\log(n+1)/2$。这样，被告知"取出的阻值为 $1\ \Omega$ 的电阻"比"取出的阻值为 $n\ \Omega$ 的电阻"所获得的信息量要大。

2.1.2　条件自信息量

定义 2.1.3　联合集 XY 中，对于事件 x_i 和 y_j，事件 x_i 在事件 y_j 给定的条件下的条件自信息量定义为

$$I(x_i \mid y_j) \overset{\text{def}}{=\!=\!=} -\log p(x_i \mid y_j) \qquad\qquad (2-3)$$

由于每一个随机事件的条件概率都处在 $0\sim1$ 范围内，所以条件自信息量均为非负值。

例 2.1.2　设在一正方形棋盘上共有 64 个方格，如果甲将一粒棋子随意地放在棋盘中的某方格且让乙猜测棋子所在位置：

（1）将方格按顺序编号，令乙猜测棋子所在方格的顺序号；

(2) 将方格分别按行和列编号,甲将棋子所在方格的行(或列)编号告诉乙之后,再令乙猜测棋子所在列(或行)的位置。

由于甲是将一粒棋子随意地放在棋盘中某一方格内,因此棋子在棋盘中所处位置为二维等概率分布。二维概率分布函数为 $p(x_i y_j) = 1/64$,故

(1) 在二维联合集 XY 上的元素 $x_i y_j$ 的自信息量为

$$I(x_i y_j) = -\log p(x_i y_j) = -\text{lb} \frac{1}{64} = \text{lb } 2^6 = 6 \text{ bit}$$

(2) 在二维联合集 XY 上,元素 x_i 相对 y_j 的条件自信息量为

$$I(x_i \mid y_j) = -\log p(x_i \mid y_j) =$$
$$-\log \frac{p(x_i y_j)}{p(y_j)} = -\text{lb} \frac{1/64}{1/8} = 3 \text{ bit}$$

不难证明,自信息量、条件自信息量和联合集自信息量之间有如下关系式:

$$I(x_i y_j) = -\log p(x_i) p(y_j \mid x_i) = I(x_i) + I(y_j \mid x_i) =$$
$$-\log p(y_j) p(x_i \mid y_j) = I(y_j) + I(x_i \mid y_j)$$

2.2 互信息量和条件互信息量

2.2.1 互信息量

设有两个离散的符号消息集合 XY,X 表示信源发出的符号消息集合,Y 表示信宿接收到的符号消息集合。由于接收者信宿事先不知道信源发出的是哪一个符号消息,因此每个符号消息相当于一个随机事件。信源发出的符号消息通过信道传递给信宿,如图 2.1 所示。有时也把信源发出的信息说成是信道的输入消息,而把信宿收到的消息说成是信道的输出消息。

图 2.1 简化的通信系统模型

通常预先知道信源集合 X 包含的各个符号消息 $X_1, X_2, \cdots$ 以及它们的概率分布 $p(x_i)$,$i = 1, 2, \cdots$,亦即预先知道信源集合 X 的概率空间为

$$\begin{bmatrix} X \\ P \end{bmatrix} = \begin{bmatrix} x_1 & x_2 & \cdots \\ p(x_1) & p(x_2) & \cdots \end{bmatrix}$$

式中,$x_i, i = 1, 2, \cdots$ 为集合 X 中各个消息 $X_i, i = 1, 2, \cdots$ 的取值;概率 $p(x_i), i = 1, 2, \cdots$ 称为先验概率。

信宿收到的符号消息集合 Y 的概率空间为

$$\begin{bmatrix} Y \\ P \end{bmatrix} = \begin{bmatrix} y_1 & y_2 & \cdots \\ p(y_1) & p(y_2) & \cdots \end{bmatrix}$$

式中,$y_j, j = 1, 2, \cdots$ 是集合 Y 中各个消息符号 $Y_j, j = 1, 2, \cdots$ 的取值;概率 $p(y_j), j = 1, 2, \cdots$ 为消息符号 $Y_j, j = 1, 2, \cdots$ 出现的概率。当信宿收到集合 Y 中的一个消息符号 Y_j 后,接收者重新估计关于信源各个消息 X_i 发生的概率就变成条件概率 $p(x_i \mid y_j)$,这种条件概率又称为后验概率。

显然,如果信道是理想的,干扰源不存在,那么,当信源发出消息 x_i 后,信宿必能准确无误

地接收到该消息,此时所获得的信息量就是 x_i 的不确定度 $I(x_i)$,即信源发出的 x_i 含有的全部信息。如果信道中存在噪声和干扰,那么信源发出消息 x_i 将被污染,x_i 通过信道后,信宿收到的消息 y_j 将不同于消息 x_i,只能通过后验概率 $p(x_i|y_j)$ 推测信源发出 x_i 的概率。

定义 2.2.1　对两个离散随机事件集 X 和 Y,事件 y_j 的出现给出关于事件 x_i 的信息量,定义为互信息量。其定义式为

$$I(x_i;y_j) \xlongequal{\text{def}} \log \frac{p(x_i \mid y_j)}{p(x_i)} \qquad (2-4)$$

互信息量的单位与自信息量的单位一样取决于对数的底。当对数底为 2 时,互信息量的单位为 bit。由式(2-4)又可得到

$$I(x_i;y_j) \xlongequal{\text{def}} \log \frac{1}{p(x_i)} - \log \frac{1}{p(x_i \mid y_j)}$$

上式意味着互信息量等于自信息量减去条件自信息量。或者说互信息量是一种消除的不确定性的度量,亦即互信息量等于先验的不确定性 $\log[1/p(x_i)]$ 减去尚存在的不确定性 $\log[1/p(x_i|y_j)]$。

2.2.2　互信息量的性质

互信息量具有下述基本性质。

1. 互信息量的互易性

互信息量的互易性可表示为

$$I(x_i;y_j) = I(y_j;x_i) \qquad (2-5)$$

证明:由式(2-4),有

$$I(x_i;y_j) = \log \frac{p(x_i \mid y_j)}{p(x_i)} =$$
$$\log \frac{p(x_i \mid y_j)p(y_j)}{p(x_i)p(y_j)} = \log \frac{p(x_iy_j)/p(x_i)}{p(y_j)} =$$
$$\log \frac{p(y_j \mid x_i)}{p(y_j)} = I(y_j;x_i)$$

式(2-5)表明,由事件 y_j 提供的有关事件 x_i 的信息量等于由事件 x_i 提供的有关事件 y_j 的信息量。

2. 互信息量可为零

当事件 x_i,y_j 统计独立时,互信息量为零,即

$$I(x_i;y_j) = 0 \qquad (2-6)$$

证明:由于 x_i,y_j 统计独立,故有

$$p(x_iy_j) = p(x_i)p(y_j)$$

于是

$$I(x_i;y_j) = \log \frac{p(x_i \mid y_j)}{p(x_i)} =$$

$$\log \frac{p(x_i y_j)}{p(x_i)p(y_j)} = \text{lb } 1 = 0$$

可见，当事件 x_i，y_j 统计独立时，其互信息量为零。这意味着不能从观测数据 y_j 获得关于另一个事件 x_i 的任何信息。

3. 互信息量可正可负

在给定观测数据 y_j 的条件下，事件 x_i 出现的概率 $p(x_i|y_j)$ 称为后验概率。当后验概率 $p(x_i|y_j)$ 大于先验概率 $p(x_i)$ 时，互信息量 $I(x_i;y_j)$ 大于零，为正值；当后验概率小于先验概率时，互信息量为负值。互信息量为正，意味着事件 y_j 的出现有助于肯定事件 x_i 的出现；反之，则是不利的。造成不利的原因是存在信道干扰。

4. 任何两个事件之间的互信息量不可能大于其中任一事件的自信息量

证明：由于互信息量为

$$I(x_i;y_j) = \log \frac{p(x_i|y_j)}{p(x_i)}$$

一般，$p(x_i|y_j) \leqslant 1$，所以

$$I(x_i;y_j) \leqslant \log \frac{1}{p(x_i)} = I(x_i)$$

同理，因 $p(y_j|x_i) \leqslant 1$，故

$$I(y_j;x_i) \leqslant \log \frac{1}{p(y_j)} = I(y_j)$$

这说明自信息量 $I(x_i)$ 是为了确定事件 x_i 的出现所必须提供的信息量，也是任何其他事件所能提供的关于事件 x_i 的最大信息量。

例 2.2.1 某人 A 预先知道他的三位朋友 B，C，D 中必定会有一人于某晚要到他家来，并且这三人来的可能性均相同，其先验概率为 $p(B)=p(C)=p(D)=1/3$。但是这天上午 A 接到 D 的电话，说因故不能来了。若把上午这次电话作为事件 E，那么有后验概率 $p(D|E)=0$，$p(B|E)=p(C|E)=1/2$。这天下午，A 又接到 C 的电话，说他因晚上要出席一个重要会议不能来 A 家。若把下午这一次电话作为事件 F，那么有后验概率 $p(C|EF)=p(D|EF)=0$，而 $p(B|EF)=1$。

在接到上午的电话后，A 获得关于 B，C，D 的互信息量为

$$I(B;E) = \log \frac{p(B|E)}{p(B)} = \text{lb } \frac{1/2}{1/3} =$$
$$\text{lb } 1.5 = 0.585 \text{ bit}$$
$$I(C;E) = I(B;E) = 0.585 \text{ bit}$$

因为 $p(D|E)=0$，即在事件 E 发生的条件下不会出现事件 D，所以无须考虑事件 D 与事件 E 之间的互信息量。

在接到两次电话后，A 获得关于 B，C，D 的互信息量为

$$I(B;EF) = \log \frac{p(B|EF)}{p(B)} = \text{lb } \frac{1}{1/3} = \text{lb } 3 = 1.585 \text{ bit}$$

因为其他两个条件概率 $p(C|EF),p(D|EF)$ 均为零,所以不必考虑事件 C,D 与事件 E,F 之间的互信息量。

　　由此例看出,由于 $I(B;EF)=1.585$ bit, $I(B;E)=0.585$ bit,因此事件 E,F 的出现有助于肯定事件 B 的出现。

2.2.3　条件互信息量

　　定义 2.2.2　联合集 XYZ 中,在给定 z_k 的条件下, x_i 与 y_j 之间的互信息量定义为条件互信息量。其定义式为

$$I(x_i;y_j \mid z_k) \stackrel{\text{def}}{=\!=} \log \frac{p(x_i \mid y_j z_k)}{p(x_i \mid z_k)} \qquad (2-7)$$

　　联合集 XYZ 上还存在 x_i 与 $y_j z_k$ 之间的互信息量,其定义式为

$$I(x_i;y_j z_k) \stackrel{\text{def}}{=\!=} \log \frac{p(x_i \mid y_j z_k)}{p(x_i)} \qquad (2-8)$$

或进一步表示为

$$\begin{aligned}
I(x_i;y_j z_k) &= \log \left[\frac{p(x_i \mid y_j z_k)}{p(x_i)} \cdot \frac{p(x_i \mid y_j)}{p(x_i \mid y_j)} \right] = \\
&\quad \log \frac{p(x_i \mid y_j)}{p(x_i)} + \log \frac{p(x_i \mid y_j z_k)}{p(x_i \mid y_j)} = \\
&\quad I(x_i;y_j) + I(x_i;z_k \mid y_j)
\end{aligned} \qquad (2-9)$$

式 $(2-9)$ 表明,一对事件 $y_j z_k$ 出现后所提供的有关 x_i 的信息量 $I(x_i;y_j z_k)$,等于事件 y_j 出现后所提供的有关 x_i 的信息量 $I(x_i;y_j)$ 加上在给定事件 y_j 的条件下再出现事件 z_k 所提供的有关 x_i 的信息量。

2.3　离散集的平均自信息量

2.3.1　平均自信息量(熵)

　　自信息量 $I(x_i),i=1,2,\cdots$ 是指某一信源 X 发出某一消息符号 x_i 所含有的信息量。发出的消息不同,它们所含有的信息量也就不同。因此自信息量是一个随机变量,它不能用来作为整个信源的信息测度。于是,引入平均自信息量,即信息熵。

　　定义 2.3.1　集 X 上,随机变量 $I(x_i)$ 的数学期望定义为平均自信息量

$$H(X) \stackrel{\text{def}}{=\!=} E[I(x_i)] = E[-\log p(x_i)] = -\sum_{i=1}^{q} p(x_i) \log p(x_i) \qquad (2-10)$$

　　集 X 的平均自信息量又称作是集 X 的信息熵,简称熵。

　　集 X 的平均自信息量表示集 X 中事件出现的平均不确定性,即为了在观测之前,确定集 X 中出现一个事件平均所需的信息量;或者说,在观测之后,集 X 中每出现一个事件平均给出的信息量。

　　平均自信息量的表示式和统计物理学中热熵的表示式相似。在热力学中,热熵 $H(X)$ 描述了在某一给定时刻一个系统可能出现的有关状态的不确定程度。故在含义上,信息熵与热

熵也有相似之处。

如果一个事件的概率为零,显然它无法提供任何信息。因此定义 $0 \cdot \log 0 = 0$,即零概率事件的信息熵为零。

信息熵的单位取决于对数选取的底。设有一个包含 n 个消息的集合 X,其概率空间为

$$\begin{bmatrix} X \\ P \end{bmatrix} = \begin{bmatrix} x_0 & x_1 & \cdots & x_{n-1} \\ p(x_0) & p(x_1) & \cdots & p(x_{n-1}) \end{bmatrix}$$

每个消息的概率相等,均为 $1/n$。选取对数底为 n,由信息熵的定义公式可得

$$H_n(X) = -\sum_{i=1}^{n} \frac{1}{n} \log_n \frac{1}{n} = 1$$

可以说此集合 X 包含了 1 个 n 进制单位的信息量,即使用 1 个 n 进制数就可以表示此集合的信息。特别地,当 $n=2$ 时,信息熵的单位为二进制单位(binary units),简称比特(bit)。当以自然数为底时,信息熵的单位为自然单位(natural units),简称奈特(nat)。当以 10 为对数底时,信息熵的单位为哈脱来(haitely),简称哈特(hat)。

在现代数字通信系统中,一般选用二进制计数方式。在信息熵的计算中也多以 2 为对数底。本书中当以 2 为对数底时,信息熵写成 $H(X)$ 形式,其单位为 bit。其他对数底的信息熵可以利用对数换底公式进行转换。

由对数换底公式

$$\log_r x = \frac{\log_b x}{\log_b r}$$

可得

$$H_r(x) = H(x)/\text{lb } r \tag{2-11}$$

例 2.3.1　电视屏上约有 $500 \times 600 = 3 \times 10^5$ 个格点,按每点有 10 个不同的灰度等级考虑,则共能组成 $10^{3 \times 10^5}$ 个不同的画面。按等概计算,平均每个画面可提供的信息量为

$$H_1(X) = -\sum_{i=1}^{n} p(x_i) \log p(x_i) =$$

$$-\text{lb } 10^{-3 \times 10^5} \text{ bit} = 3 \times 10^5 \times 3.32 \text{ bit} \approx 10^6 \text{ bit}$$

另外,有一篇千字文章,假定每字可从万字表中任选,则共有不同的千字文

$$N = 10\,000^{1\,000} \text{ 篇} = 10^{4\,000} \text{ 篇}$$

仍按等概计算,平均每篇千字文可提供的信息量为

$$H_2(X) = \log N = (4 \times 10^3 \times 3.32) \text{ bit} \approx 1.3 \times 10^4 \text{ bit}$$

可见,"一个电视画面"平均提供的信息量要丰富得多,远远超过"一篇千字文"提供的信息量。

例 2.3.2　一个布袋内放 100 个球,其中 80 个球是红色的,20 个球是白色的,若随机摸取一个球,猜测其颜色,求平均摸取一次所能获得的自信息量。

这一随机事件的概率空间为

$$\begin{bmatrix} X \\ P \end{bmatrix} = \begin{bmatrix} x_1 & x_2 \\ 0.8 & 0.2 \end{bmatrix}$$

式中,x_1 表示摸出的球为红球事件,x_2 表示摸出的球是白球事件。

这是一个随机事件试验。试验结果是,当被告知摸出的是红球,则获得的信息量是

$$I(x_1) = -\log p(x_1) = -\text{lb } 0.8 \text{ bit}$$

当被告知摸出的是白球,则获得的信息量是

$$I(x_2) = -\log p(x_2) = -\text{lb } 0.2 \text{ bit}$$

如果每次摸出一个球后又放回袋中,再进行下一次摸取,那么如此摸取 n 次,红球出现的次数为 $np(x_1)$ 次,白球出现的次数为 $np(x_2)$ 次。随机摸取 n 次后总共所获得的信息量为

$$np(x_1)I(x_1) + np(x_2)I(x_2)$$

而平均随机摸取一次所获得的信息量则为

$$H(X) = \frac{1}{n}[np(x_1)I(x_1) + np(x_2)I(x_2)] =$$
$$-[p(x_1)\log p(x_1) + p(x_2)\log p(x_2)] =$$
$$-\sum_{i=1}^{2} p(x_i)\log p(x_i)$$

从此例可以看出,平均自信息量,亦即信息熵 $H(X)$ 是从平均意义上来表征信源的总体特征的一个量,它们表征信源的平均不确定性。

2.3.2　熵函数的数学特性

下面讨论熵的基本性质。因为随机变量集 X 的熵 $H(X)$ 只是其概率分布 $p_1, p_2, \cdots, p_q$ 的函数,所以熵函数 $H(X)$ 又可记为

$$H(P) = H(p_1, p_2, \cdots, p_q) \stackrel{\text{def}}{=\!=} -\sum_{i=1}^{q} p_i \log p_i \tag{2-12}$$

从式(2-12)看出,由于概率空间的完备性,$\sum\limits_{i=1}^{q} p_i = 1$,所以 $H(P)$ 实际上是 $(q-1)$ 元函数。如二元熵,则

$$H(P) = H[p,(1-p)] = H(p)$$

在讨论熵函数的性质时,我们先引入凸函数的概念。

定义 2.3.2　设 $f(X) = f(x_1, x_2, \cdots, x_n)$ 为一多元函数。若对于任意一个小于 1 的正数 $\alpha(0 < \alpha < 1)$ 以及函数 $f(X)$ 定义域内的任意两个矢量 X_1, X_2 有

$$f[\alpha X_1 + (1-\alpha)X_2] \geqslant \alpha f(X_1) + (1-\alpha)f(X_2) \tag{2-13}$$

则称 $f(X)$ 为定义域上的凸函数(Cap 型函数)。若

$$f[\alpha X_1 + (1-\alpha)X_2] > \alpha f(X_1) + (1-\alpha)f(X_2) \qquad (X_1 \neq X_2) \tag{2-14}$$

则称 $f(X)$ 为定义域上的严格上凸函数。反之,若

$$f[\alpha X_1 + (1-\alpha)X_2] \leqslant \alpha f(X_1) + (1-\alpha)f(X_2) \tag{2-15}$$

或

$$f[\alpha X_1 + (1-\alpha)X_2] < \alpha f(X_1) + (1-\alpha)f(X_2) \qquad (X_1 \neq X_2) \tag{2-16}$$

则称 $f(X)$ 为定义域上的下凸函数(Cup 型函数)或严格下凸函数。

用定义 2.3.2 所定义的凸函数的方法为点偶法。一元下凸函数如图 2.2 所示,从函数图形上可以获得直观的解释。

由于 $0 < \alpha < 1$,设 x_1 和 x_2 为定义域中的任意二点。令

$$x = \alpha x_1 + (1-\alpha)x_2$$

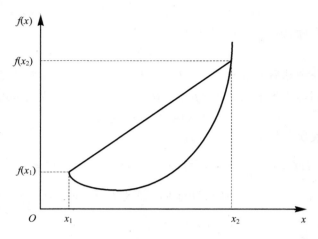

图 2.2　下凸函数的几何意义

则必有 $x_1 < x < x_2$。若

$$f[\alpha x_1 + (1-\alpha)x_2] \leqslant \alpha f(x_1) + (1-\alpha)f(x_2) \tag{2-17}$$

则意味着在区间 (x_1, x_2) 内,函数曲线上任意一点处的函数值 $f(x) = f[\alpha x_1 + (1-\alpha)x_2]$ 总是位于连接 x_1 和 x_2 两点函数值 $f(x_1)$ 和 $f(x_2)$ 的曲线的弦的下方。显然,$f(x)$ 应为下凸型函数。由 x_1 和 x_2 的任意性可知,$f(x)$ 为定义域中的下凸函数。对于上凸函数,有类似的几何意义。

若 $f(x)$ 是上凸函数,则 $-f(x)$ 便是下凸函数,反过来也成立。因此,通常只需研究上凸函数。

引理 2.3.1　若 $f(x)$ 是定义在区间 $[a,b]$ 上的实值连续上凸函数,则对于任意一组 x_1, $x_2, \cdots, x_q \in [a,b]$ 和任意一组非负实数 $\lambda_1, \lambda_2, \cdots, \lambda_q$ 满足

$$\sum_{k=1}^{q} \lambda_k = 1$$

有

$$\sum_{k=1}^{q} \lambda_k f(x_k) \leqslant f\left[\sum_{k=1}^{q} \lambda_k x_k\right] \tag{2-18}$$

此式称为詹森(Jenson)不等式。

证明:利用数学归纳法。根据上凸函数的定义,有

$$f[\alpha x_1 + (1-\alpha)x_2] \geqslant \alpha f(x_1) + (1-\alpha)f(x_2)$$

式中,$0 < \alpha < 1$。今假定它对 n 个变量时成立,考虑 $n+1$ 个变量时的情况,即式(2-18)中 $q = n+1$。对 $\lambda_k \geqslant 0, \sum_{k=1}^{n+1} \lambda_k = 1$,令 $\alpha = \sum_{k=1}^{n} \lambda_k$,则有

$$\lambda_1 f(x_1) + \cdots + \lambda_n f(x_n) + \lambda_{n+1} f(x_{n+1}) =$$

$$\alpha\left[\frac{\lambda_1}{\alpha} f(x_1) + \cdots + \frac{\lambda_n}{\alpha} f(x_n)\right] + \lambda_{n+1} f(x_{n+1}) \leqslant$$

$$\alpha f\left(\frac{1}{\alpha} \sum_{k=1}^{n} \lambda_k x_k\right) + \lambda_{n+1} f(x_{n+1}) \leqslant$$

$$f\left(\sum_{k=1}^{n}\lambda_k x_k+\lambda_{n+1}x_{n+1}\right)=f\left(\sum_{k=1}^{n+1}\lambda_k x_k\right)$$

可以将引理 2.3.1 视为点偶定义的推广，通常称为詹森不等式。当取 x_k 为一个离散无记忆信源的信源符号，取 λ_k 为相应的概率时，显然满足引理的条件。若取 $f(\cdot)$ 为对数函数，则不等式(2-18)可改写为

$$\mathrm{E}[\log x]\leqslant\log(\mathrm{E}[x])\qquad(2-19)$$

或对于一般的凸函数 $f(\cdot)$，写成

$$\mathrm{E}[f(x)]\leqslant f(\mathrm{E}[x])\qquad(2-20)$$

下面讨论熵函数的数学性质。熵函数具有以下的基本性质。

1．对称性

当概率矢量 $\boldsymbol{P}=(p_1,p_2,\cdots,p_q)$ 中的各分量的次序任意变更时，熵值不变。

熵函数的对称性说明熵仅与随机变量的总体结构有关，或者说信源的熵仅与信源总体的统计特性有关。如果某些信源总体的统计特性相同，那么，不管其内部结构如何，这些信源的熵值都相同。例如，下面有三个信源，它们的概率空间分别为

信源 X

$$\begin{bmatrix}X\\P\end{bmatrix}=\begin{bmatrix}x_1&x_2&x_3\\1/3&1/6&1/2\end{bmatrix}$$

信源 X'

$$\begin{bmatrix}X'\\P\end{bmatrix}=\begin{bmatrix}x_1&x_2&x_3\\1/6&1/2&1/3\end{bmatrix}$$

信源 Z

$$\begin{bmatrix}Z\\P\end{bmatrix}=\begin{bmatrix}z_1&z_2&z_3\\1/3&1/2&1/6\end{bmatrix}$$

信源中，x_1,x_2,x_3 分别表示红、黄、蓝三个具体消息，而 z_1,z_2,z_3 分别表示晴、雾、雨三个消息。在这三个信源中，信源 X 与 X' 的差别是它们选择同一消息的概率不同；信源 X 与 Z 的差别是它们所选择的具体消息的含义不同。但是这三个信源的信息熵都相同，即表示这三个信源的总体统计特性都相同。在这里，可以看出，所定义的熵是有局限的。下面通过一个具体例子来说明这个问题。

例 2.3.3　设 A,B 两地的天气情况分别如表 2.1 所列。

表 2.1　A,B 两地的天气情况

地　域	天　气			
	晴	多　云	雨	冰　雹
A	1/2	1/4	1/8	1/8
B	1/2	1/8	1/8	1/4

由式(2-10)，A,B 两地天气情况的平均不确定性为

$$H(A)=H(B)=\frac{1}{2}\mathrm{lb}\,2+\frac{1}{4}\mathrm{lb}\,4+2\times\frac{1}{8}\mathrm{lb}\,8=1.75\text{ bit}$$

由此看出，A，B 两地的信息熵是相同的，$H(A)=H(B)$，但是信息熵未能表达事件本身的具体含义和主观价值。显然，冰雹将导致严重灾害，这一情况未能从信息熵中反映出来。这是十分遗憾的，因此人们又引出了加权熵的概念。在加权熵中对不同的元素分别给予不同权重，从而可以反映出不同事件的主观价值。

2．非负性

$$H(P)=H(p_1,p_2,\cdots,p_q)\geqslant 0 \qquad (2-21)$$

式中，等号成立的充分必要条件是当且仅当对某 i，$p_i=1$，其余的 $p_k=0(k\neq i)$。这表明，确定集的熵最小。

证明：因为

$$H(p_1,p_2,\cdots,p_q)=-\sum_{i=1}^{q}p_i\log p_i$$

中每一项均为非负，所以 $H(p_1,p_2,\cdots,p_q)\geqslant 0$。

这种非负性对于离散信源的熵是合适的，但对连续信源来说，这一性质并不存在。以后将会看到，在相对熵的概念下，连续信源的熵可能出现负值。

当且仅当每一项为零时式(2-21)等号成立，即

$$-p_i\log p_i=0 \qquad i=1,2,\cdots,q$$

此时，只有 $p_i=0$ 或 $p_i=1$，$-p_i\log p_i=0$ 才成立。又因 $\sum_{i=1}^{q}p_i=1$，故只能有某一个 i 使 $p_i=1$，而其他 $p_k=0$ $(k\neq i)$。

这意味着从总体来看，信源虽然有不同的输出符号，但它只有一个符号几乎必然出现，而其他符号几乎都不可能出现，那么，这个信源是一个确知信源，其信源熵等于零。

3．扩展性

$$\lim_{\varepsilon\to 0}H_{q+1}(p_1,p_2,\cdots,p_q-\varepsilon,\varepsilon)=H_q(p_1,p_2,\cdots,p_q)$$

证明：因为

$$\lim_{\varepsilon\to 0}\varepsilon\log\varepsilon=0$$

故上式成立。

这一性质的含义是，若集合 X 有 q 个事件，另一集合 X' 有 $q+1$ 个事件，但 X' 和 X 集的差别只是多了一个概率近于零的事件，则两个集的熵值一样；换言之，一个事件的概率和集中其他事件相比很小时，它对于集合的熵值的贡献就可以忽略不计。

4．可加性

$$H(XY)=H(X)+H(Y\mid X) \qquad (2-22a)$$
$$H(XY)=H(Y)+H(X\mid Y) \qquad (2-22b)$$

对于两个互相关信源 X 和 Y，其联合信源熵等于 X(或 Y)的信源熵加上在 X(或 Y)已知的条件下信源 Y(或 X)的条件熵。

证明：下面仅证明式(2-22a)成立。

设有两个统计相关的随机序列 X 和 Y，X 的概率分布函数为 $p(x)=\{p_i,i=1,2,\cdots,n\}$，$Y$ 的概率分布函数为 $q(y)=\{q_j,j=1,2,\cdots,m\}$，可以用条件概率

$$p_{ij}=P(Y=y_j\mid X=x_i)$$

$$1\geqslant p_{ij}\geqslant 0\quad i=1,2,\cdots,n;\qquad j=1,2,\cdots,m$$

来描述两个随机变量之间的相关性。

二维随机变量 (X,Y) 的联合熵等于 X 的无条件熵加上当 X 已给定时 Y 的条件概率定义的熵的统计平均值，即

$$H_{nm}(p_1p_{11},p_1p_{12},\cdots,p_1p_{1m};p_2p_{21},p_2p_{22},\cdots,p_2p_{2m};\cdots;$$

$$p_np_{n1},p_np_{n2},\cdots,p_np_{nm})=$$

$$H_n(p_1,p_2,\cdots,p_n)+\sum_{i=1}^{m}p_iH_m(p_{i1},p_{i2},\cdots,p_{im}) \tag{2-23}$$

式中

$$\sum_{i=1}^{n}p_i=1,\quad \sum_{i=1}^{n}\sum_{j=1}^{m}p_ip_{ij}=1,\quad \sum_{i=1}^{n}p_ip_{ij}=q_j$$

从而有

$$\sum_{j=1}^{m}p_{ij}=1,\quad i=1,2,\cdots,n$$

$$p_{ij}\geqslant 0$$

根据熵函数的定义式，有

$$H_{nm}=-\sum_{i=1}^{n}\sum_{j=1}^{m}p_ip_{ij}\log p_ip_{ij}=$$

$$-\sum_{i=1}^{n}\sum_{j=1}^{m}p_ip_{ij}\log p_i-\sum_{i=1}^{n}\sum_{j=1}^{m}p_ip_{ij}\log p_{ij}=$$

$$-\sum_{i=1}^{n}\left(\sum_{j=1}^{m}p_{ij}\right)p_i\log p_i-\sum_{i=1}^{n}p_i\sum_{j=1}^{m}p_{ij}\log p_{ij}=$$

$$-\sum_{i=1}^{n}p_i\log p_i+\sum_{i=1}^{n}p_i\left(-\sum_{j=1}^{m}p_{ij}\log p_{ij}\right)=$$

$$H_n(p_1,p_2,\cdots,p_n)+\sum_{i=1}^{n}p_iH_m(p_{i1},p_{i2},\cdots,p_{im}) \tag{2-24}$$

式（2-24）中第一项是 X 的信息熵

$$H(X)=H_n(p_1,p_2,\cdots,P_n)$$

而第二项则为条件熵

$$H(Y\mid X)=\sum_{i=1}^{n}P_iH_m(p_{i1},p_{i2},\cdots,p_{im})$$

从而得二维随机变量 (X,Y) 的联合熵为

$$H(X,Y)=H(X)+H(Y\mid X)$$

故此，式（2-22a）得证。

信息熵的可加性如图 2.3 所示。

式（2-22a）的物理意义是，先知道 $X=x_i$，$i=1,2,\cdots,n$，获得的平均信息量为 $H_n(X)$，

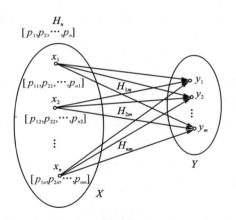

图 2.3 信息熵的可加性

在这个条件 $(X=x_i)$ 下，再知道 $Y=y_j$ 所获得的平均信息量为 $\sum_i^n p_i H_m$ ，两者相加应等于同时知道 X 和 Y 所获得的平均信息量 $H_{nm}(X,Y)$ 。

推论   当二维随机变量 X,Y 相互统计独立，则有

$$H(X,Y)=H(X)+H(Y) \tag{2-25}$$

证明：由式$(2-24)H_{nm}(X,Y)=H_n(p_1,p_2,\cdots,p_n)+H_m(q_1,q_2,\cdots,q_m)$
因为随机变量 X 和 Y 相互统计独立，故有 $p_{ij}=q_j$ ，于是有

$$\sum_{i=1}^n p_i H_m(p_{i1},p_{i2},\cdots,p_{im})=\sum_{i=1}^n p_i H_m(q_1,q_2,\cdots,q_m)=H_m(q_1,q_2,\cdots,q_m)$$

证毕。

5. 极值性

$$H(p_1,p_2,\cdots,p_n)\leqslant H\left(\frac{1}{n},\frac{1}{n},\cdots,\frac{1}{n}\right)=\log n \tag{2-26}$$

式中，n 是集合 X 的元素数目。

式$(2-26)$表明，在离散信源情况下，集合 X 中的各事件依等概率发生时，熵达到极大值。这也表明等概率分布的信源熵其平均不确定性最大。这是一个十分重要的特性，称为最大离散熵定理。由于对数函数的单调上升性，集合中元素的数目 n 越多，其熵值就越大。

在证明式$(2-26)$成立之前，先证明两个引理。

引理 2.3.2   对任意实数 $x>0$ ，有

$$1-\frac{1}{x}\leqslant \ln x\leqslant x-1 \tag{2-27}$$

证明：令 $f(x)=\ln x-(x-1)$
则

$$f'(x)=\frac{1}{x}-1$$

可见，当 $x=1$ 时，$f'(x)=0$ 是 $f(x)$ 的极值。

又因
$$f''(x) = -\frac{1}{x^2} < 0 \qquad (x > 0)$$

故 $f(x)$ 是 x 的下凸函数,且当 $x=1$ 时,$f(x)=0$ 是极大值,因而有
$$f(x) = \ln x - (x-1) \leqslant 0$$
即
$$\ln x \leqslant x - 1$$

由此,令 $x=1/y$,便得 $(1-1/y)\leqslant\ln y$,于是有
$$1 - \frac{1}{x} \leqslant \ln x$$

引理 2.3.3
$$H_n(p_1, p_2, \cdots, p_n) \leqslant -\sum_{i=1}^{n} p_i \log q_i \qquad (2-28)$$

式中
$$\sum_{i=1}^{n} p_i = 1, \qquad \sum_{i=1}^{n} q_i = 1$$

式(2-28)表明,对于任一集合 X,对任一概率分布 p_i,该分布对其他概率分布 q_i 的自信息 $-\log q_i$ 取数学期望 $-\sum_i p_i \log q_i$ 时,必不小于由概率 p_i 本身定义的熵 $H_n(p_1, p_2, \cdots, p_n)$。

证明: 利用引理 2.3.1,有
$$H_n(p_1, p_2, \cdots, p_n) + \sum_{i=1}^{n} p_i \log q_i = -\sum_{i=1}^{n} p_i \log p_i + \sum_{i=1}^{n} p_i \log q_i =$$
$$\sum_{i=1}^{n} p_i \log \frac{q_i}{p_i} \leqslant \log e \cdot \sum_{i=1}^{n} p_i \left[\frac{q_i}{p_i} - 1\right] =$$
$$\log e \cdot \left[\sum_{i=1}^{n} q_i - \sum_{i=1}^{n} p_i\right] = 0$$

故式(2-28)成立。

现证极值性(式(2-26))。令 $q_i=1/n$,利用引理 2.3.3,有
$$H_n(p_1, p_2, \cdots, p_n) \leqslant -\sum_{i=1}^{n} p_i \log \frac{1}{n} =$$
$$\sum_{i=1}^{n} p_i \log n = \log n$$

式中,当且仅当 $p_i=1/n$,$i=1,2,\cdots,n$ 时,等号成立,这表明等概率场的平均不确定性为最大,具有最大熵。这是一个很重要的结论,称为最大熵定理。

设有两个元素的集合,一个元素的概率为 p,另一个元素的概率为 $1-p$,其熵值 $H(X)$ 是 p 的函数,称为熵函数。
$$H(X) = -p \log p - (1-p)\log(1-p)$$

二元熵函数与概率 p 的关系如图 2.4 所示。

当两元素概率相等,即 $p=0.5$ 时,二元熵函数达最大值。当 $p=0$ 或 $p=1$ 时,$H(p)=0$。

集合中含有三个元素时,三元熵函数将是其中两个元素的概率 p_1 和 p_2 的函数,如图 2.5

所示。

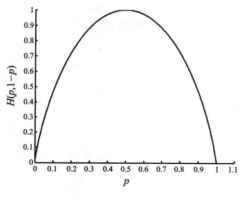

图 2.4　二元熵函数

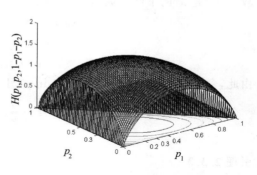

图 2.5　三元熵函数

当集合中三个元素的概率均为 1/3 时,熵函数将达到极大值。

6. 确定性

$$H(1,0) = H(1,0,0) = H(1,0,0,0) = \cdots = H(1,0,\cdots,0) = 0$$

在概率矢量 $\boldsymbol{P} = (p_1, p_2, \cdots, p_n)$ 中,当其中某一分量 $p_{i_k} = 1$, $p_{i_k} \log p_{i_k} = 0$ 时,其他分量 $p_i = 0 (i \neq i_k)$,则有 $\lim\limits_{p_i \to 0} p_i \log p_i = 0$,故上式成立。

集合 X 中只要有一个事件为必然事件,则其余事件必为不可能事件。此时,集合 X 中每个事件对熵的贡献都为零,因而熵必为零。

7. 上凸性

$H(p_1, p_2, \cdots, p_q)$ 是概率分布 $(p_1, p_2, \cdots, p_q)$ 的严格上凸函数。

证明:设 $\boldsymbol{P} = (p_1, p_2, \cdots, p_q)$ 和 $\boldsymbol{P}' = (p_1', p_2', \cdots, p_q')$ 是两个概率矢量,且

$$\sum_{i=1}^{q} p_i' = 1, \qquad \sum_{i=1}^{q} p_i = 1$$

取 $0 < \theta < 1$,则

$$H[\theta \boldsymbol{P} + (1-\theta)\boldsymbol{P}'] =$$

$$-\sum_{i=1}^{q} [\theta p_i + (1-\theta) p_i'] \log [\theta p_i + (1-\theta) p_i'] =$$

$$-\theta \sum_{i=1}^{q} p_i \log \left\{ [\theta p_i + (1-\theta) p_i'] \frac{p_i}{p_i} \right\} -$$

$$(1-\theta) \sum_{i=1}^{q} p_i' \log \left\{ [\theta p_i + (1-\theta) p_i'] \frac{p_i'}{p_i'} \right\} =$$

$$\theta H(\boldsymbol{P}) + (1-\theta) H(\boldsymbol{P}') - \theta \sum_{i=1}^{q} p_i \log \frac{\theta p_i + (1-\theta) p_i'}{p_i} -$$

$$(1-\theta) \sum_{i=1}^{q} p_i' \log \frac{\theta p_i + (1-\theta) p_i'}{p_i'}$$

由引理 2.3.3 可知,上式后面项的数值均大于零,因此

$$H[\theta \boldsymbol{P} + (1-\theta)\boldsymbol{P}'] > \theta H(\boldsymbol{P}) + (1-\theta)H(\boldsymbol{P}')$$

2.3.3　条件熵

上面讨论的是单个离散随机变量的概率空间的不确定性的度量问题。当将此概率空间视为信源时,相当于讨论离散信源的平均信息含量,即信源熵。实际应用中,常常需要考虑两个或两个以上的概率空间之间的相互关系,此时要引入条件熵的概念。

定义 2.3.3　联合集 XY 上,条件自信息量 $I(y|x)$ 的概率加权平均值定义为条件熵。其定义式为

$$H(Y \mid X) \stackrel{\text{def}}{=\!=} \sum_{XY} p(x_i, y_j) I(y_j \mid x_i) \qquad (2-29)$$

式(2-29)称为联合集 XY 中,集 Y 相对于集 X 的条件熵。

相应地条件熵又可写成

$$H(Y \mid X) \stackrel{\text{def}}{=\!=} -\sum_{XY} p(x_i, y_j) \log p(y_j \mid x_i) \qquad (2-30)$$

式中取和的范围包括 XY 二维空间中的所有点。要注意条件熵是用联合概率 $p(xy)$,而不是用条件概率 $p(y|x)$ 进行加权平均。

现在说明为什么条件熵要用联合概率进行加权平均。

按熵的定义,有

$$H(Y \mid X = x_i) = -\sum_{j=1}^{m} p(y_j \mid x_i) \log p(y_j \mid x_i)$$

该式表示前面一个消息符号给定时 $(X = x_i)$ 信源输出下一个消息符号的平均不确定性。由于给定不同的 x_i,$H(Y|X=x_i)$ 是变动的,因此 $H(Y|X=x_i)$ 是一个随机变量。故此应求出 $H(Y|X=x_i)$ 的统计平均值。

$$
\begin{aligned}
H(Y \mid X) &= \sum_{i=1}^{n} p(x_i) H(Y \mid X = x_i) = \\
&\quad -\sum_{i=1}^{n}\sum_{j=1}^{m} p(x_i) p(y_j \mid x_i) \log p(y_j \mid x_i) = \\
&\quad -\sum_{XY} p(x_i, y_j) \log p(y_j \mid x_i)
\end{aligned}
$$

当 X 表示信道的输入,Y 表示信道的输出时,条件熵 $H(X|Y)$ 表示在得到输出 Y 的条件下,输入 X 中剩余的不确定性,即信道损失。有时亦称为损失熵。

2.3.4　联合熵

定义 2.3.4　联合集 XY 上,每对元素 $x_i y_j$ 的自信息量的概率加权平均值定义为联合熵。其定义式为

$$H(X, Y) \stackrel{\text{def}}{=\!=} \sum_{XY} p(x_i, y_j) I(x_i, y_j) \qquad (2-31)$$

根据式(2-2),联合熵又可定义为

$$H(X, Y) \stackrel{\text{def}}{=\!=} -\sum_{XY} p(x_i, y_j) \log p(x_i, y_j) \qquad (2-32)$$

联合熵又可称为共熵。

2.3.5　各种熵的性质

1. 联合熵与信息熵、条件熵的关系

联合熵与信息熵、条件熵存在下述关系,即

$$H(X,Y) = H(X) + H(Y \mid X) \tag{2-33a}$$

同理

$$H(X,Y) = H(Y) + H(X \mid Y) \tag{2-33b}$$

证明：对于离散联合集 XY,共熵为

$$
\begin{aligned}
H(X,Y) &= -\sum_{i=1}^{n}\sum_{j=1}^{m} p(x_i,y_j)\log p(x_i y_j) = \\
&\quad -\sum_{i=1}^{n}\sum_{j=1}^{m} p(x_i,y_j)\log[p(x_i)p(y_j \mid x_i)] = \\
&\quad -\sum_{i=1}^{n}\left[\sum_{j=1}^{m} p(y_j \mid x_i)\right] p(x_i)\log p(x_i) - \\
&\quad \sum_{i=1}^{n}\sum_{j=1}^{m} p(x_i,y_j)\log p(y_j \mid x_i) = \\
&\quad -\sum_{i=1}^{n} p(x_i)\log p(x_i) + H(Y \mid X) = \\
&\quad H(X) + H(Y \mid X)
\end{aligned}
$$

式中

$$\sum_{j=1}^{m} p(y_j \mid x_i) = 1 \qquad i = 1,2,\cdots,n$$

式(2-33a)表明,共熵等于在前一个集合 X 出现的熵加上前一个集合 X 出现的条件下,后一个集合 Y 出现的条件熵。

如果集 X 和集 Y 相互统计独立,则有

$$H(X,Y) = H(X) + H(Y) \tag{2-34}$$

此时,$H(Y|X) = H(Y)$。式(2-34)表示熵的可加性,而式(2-33a)则表示熵的强可加性。

由式(2-33a)和式(2-33b)还可得到

$$H(X) - H(X \mid Y) = H(Y) - H(Y \mid X) \tag{2-35}$$

此性质还可推广到多个随机变量构成的概率空间之间的情况。设有 N 个概率空间 X_1,$X_2,\cdots,X_N$,其联合熵可表示为

$$
\begin{aligned}
H(X_1,X_2,\cdots,X_N) &= H(X_1) + H(X_2 \mid X_1) + \cdots + H_N(X_N \mid X_1 X_2 \cdots X_{N-1}) = \\
&\quad \sum_{i=1}^{N} H(X_i \mid X_1 X_2 \cdots X_{i-1})
\end{aligned} \tag{2-36}
$$

如果 N 个随机变量相互独立,则有

$$H(X_1,X_2,\cdots,X_N) = \sum_{i=1}^{N} H(X_i) \tag{2-37}$$

2. 共熵与信息熵的关系

$$H(X,Y) \leqslant H(X) + H(Y) \tag{2-38}$$

等式成立的条件是集 X 和 Y 统计独立。

证明： 按熵的定义

$$H(X,Y) - H(X) - H(Y) =$$

$$-\sum_{i=1}^{n}\sum_{j=1}^{m} p(x_i,y_j)\log p(x_iy_j) -$$

$$\left(-\sum_{i=1}^{n} p(x_i)\log p(x_i)\right) - \left(-\sum_{j=1}^{m} p(y_j)\log p(y_j)\right) =$$

$$-\sum_{i=1}^{n}\sum_{j=1}^{m} p(x_i,y_j)\log p(x_iy_j) +$$

$$\sum_{i=1}^{n}\sum_{j=1}^{m} p(x_i,y_j)\log[p(x_i)p(y_j)] =$$

$$\sum_{i=1}^{n}\sum_{j=1}^{m} p(x_i,y_j)\log \frac{p(x_i)p(y_j)}{p(x_i,y_j)} \leqslant$$

$$\log e \cdot \sum_{i=1}^{n}\sum_{j=1}^{m} p(x_i,y_j)\left[\frac{p(x_i)p(y_j)}{p(x_i,y_j)} - 1\right] =$$

$$\log e \cdot \left[\sum_{i=1}^{n}\sum_{j=1}^{m} p(x_i,y_j) - \sum_{i=1}^{n}\sum_{j=1}^{m} p(x_i,y_j)\right] = 0$$

故

$$H(X,Y) \leqslant H(X) + H(Y)$$

式中证明过程引用了式(2-27)。

若集 X 和 Y 统计独立，则有

$$p(x_i,y_j) = p(x_i)p(y_j)$$

显然

$$H(X,Y) - H(X) - H(Y) = \sum_{i=1}^{n}\sum_{j=1}^{m} p(x_i,y_j)\log \frac{p(x_i)p(x_j)}{p(x_i,y_j)} = 0$$

故

$$H(X,Y) = H(X) + H(Y)$$

当集合 X 和 Y 取自同一符号集合 Z 时，则有

$$H(X) = H(Y) = H(Z)$$

且

$$H(X,Y) \leqslant 2H(X)$$

此性质还可推广到 N 个概率空间的情况

$$H(X_1,X_2,\cdots,X_N) \leqslant H(X_1) + H(X_2) + \cdots + H(X_N)$$

同理，等号成立的充分必要条件是概率空间 $X_1,X_2,\cdots,X_N$ 相互统计独立。

3. 条件熵与信息熵的关系

$$H(Y \mid X) \leqslant H(Y) \qquad\qquad (2-39)$$

证明：在[0,1]域中，设

$$f(\lambda) = -\lambda \, \log \lambda \qquad\qquad (2-40)$$

它是[0,1]区域内的 $\bigcap$ 形凸函数，并设

$$\lambda_j = p_{ji} = p(x_i \mid y_j) \qquad\qquad (2-41)$$

且

$$p_j = p(Y = y_j) \geqslant 0$$

$$\sum_j p_j = 1$$

根据詹森(Jensen)不等式

$$\sum_{j=1}^{m} p_j f(\lambda_j) \leqslant f\left[\sum_{j=1}^{m} p_j \lambda_j \right]$$

以及式(2-40)、式(2-41)，得

$$-\sum_{j=1}^{m} p_j p(x_i \mid y_j) \log p(x_i \mid y_j) \leqslant$$

$$-\sum_{j=1}^{m} p_j p(x_j \mid y_i) \log \left[\sum_{j=1}^{m} p_j p(x_i \mid y_j) \right] =$$

$$-\sum_{j=1}^{m} p(x_i, y_j) \log \left[\sum_{j=1}^{m} p(x_i, y_j) \right] =$$

$$-p_i \log p_i \qquad\qquad (2-42)$$

式中，边沿分布

$$p_i = P(X = x_i) \qquad\qquad i = 1, 2, \cdots, n$$

然后，将不等式(2-42)两边对一切 i 求和，有

$$-\sum_{i=1}^{n} \sum_{j=1}^{m} p_j p(x_i \mid y_j) \log p(x_i \mid y_j) \leqslant -\sum_{i=1}^{n} p_i \log p_i$$

从而得

$$H(X \mid Y) \leqslant H(X)$$

等式成立的条件是当且仅当集 X 和 Y 统计独立，意即

$$p(x_i \mid y_j) = p(x_i)$$

例 2.3.4 设一系统的输入符号集为 $X = (x_1, x_2, x_3, x_4, x_5)$，输出符号集为 $Y = (y_1, y_2, y_3, y_4)$，如图 2.6 所示。输入符号与输出符号的联合分布为

	y_1	y_2	y_3	y_4
x_1	0.25	0	0	0
x_2	0.10	0.30	0	0
x_3	0	0.05	0.10	0
x_4	0	0	0.05	0.10
x_5	0	0	0.05	0

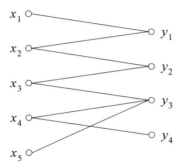

图 2.6　输入输出关系

可以算出：

$$p(x_1) = 0.25$$
$$p(y_1) = 0.25 + 0.10 = 0.35$$
$$p(x_2) = 0.10 + 0.30 = 0.40$$
$$p(y_2) = 0.30 + 0.05 = 0.35$$
$$p(x_3) = 0.05 + 0.10 = 0.15$$
$$p(y_3) = 0.10 + 0.05 + 0.05 = 0.20$$
$$p(x_4) = 0.05 + 0.10 = 0.15$$
$$p(y_4) = 0.10$$
$$p(x_5) = 0.05$$

$$p(x_1 \mid y_1) = \frac{p(x_1, y_1)}{p(y_1)} = \frac{0.25}{0.35} = \frac{5}{7}$$

$$p(y_1 \mid x_1) = \frac{p(y_1, x_1)}{p(x_1)} = \frac{0.25}{0.25} = 1$$

$$p(x_2 \mid y_2) = \frac{0.30}{0.35} = \frac{6}{7}$$

$$p(y_2 \mid x_2) = \frac{0.30}{0.40} = \frac{3}{4}$$

$$p(x_3 \mid y_3) = \frac{0.10}{0.20} = \frac{1}{2}$$

$$p(y_3 \mid x_3) = \frac{0.10}{0.15} = \frac{2}{3}$$

$$p(x_4 \mid y_4) = \frac{0.10}{0.10} = 1$$

$$p(y_4 \mid x_4) = \frac{0.10}{0.15} = \frac{2}{3}$$

$$p(x_2 \mid y_1) = \frac{0.10}{0.35} = \frac{2}{7}$$

$$p(y_1 \mid x_2) = \frac{0.10}{0.40} = \frac{1}{4}$$

$$p(x_3 \mid y_2) = \frac{0.05}{0.35} = \frac{1}{7}$$

$$p(y_2 \mid x_3) = \frac{0.05}{0.15} = \frac{1}{3}$$

$$p(x_4 \mid y_3) = \frac{0.05}{0.20} = \frac{1}{4}$$

$$p(y_3 \mid x_4) = \frac{0.05}{0.15} = \frac{1}{3}$$

$$p(x_5 \mid y_3) = \frac{0.05}{0.20} = \frac{1}{4}$$

$$p(y_3 \mid x_5) = \frac{0.05}{0.05} = 1$$

$$H(X,Y) = -\sum_X \sum_Y p(x_k, y_l) \log p(x_k, y_l) = -0.25 \text{ lb } 0.25 - 0.10 \text{ lb } 0.10 -$$

$$0.30 \text{ lb } 0.30 - 0.05 \text{ lb } 0.05 - 0.10 \text{ lb } 0.10 - 0.05 \text{ lb } 0.05 -$$

$$0.10 \text{ lb } 0.10 - 0.05 \text{ lb } 0.05 = 2.665 \text{ bit}$$

$$H(X) = -\sum_X \sum_Y p(x_k, y_l) \log p(x_k) = -0.25 \text{ lb } 0.25 - 0.10 \text{ lb } 0.40 -$$

$$0.30 \text{ lb } 0.40 - 0.05 \text{ lb } 0.15 - 0.10 \text{ lb } 0.15 - 0.05 \text{ lb } 0.15 -$$

$$0.10 \text{ lb } 0.15 - 0.05 \text{ lb } 0.05 = 2.066 \text{ bit}$$

$$H(Y) = -\sum_X \sum_Y p(x_k, y_l) \log p(y_l) = -0.25 \text{ lb } 0.35 - 0.10 \text{ lb } 0.35 -$$

$$0.30 \text{ lb } 0.35 - 0.05 \text{ lb } 0.35 - 0.10 \text{ lb } 0.20 - 0.05 \text{ lb } 0.20 -$$

$$0.05 \text{ lb } 0.20 - 0.10 \text{ lb } 0.10 = 1.856 \text{ bit}$$

$$H(Y \mid X) = -\sum_X \sum_Y p(x_k, y_l) \log \frac{p(x_k, y_l)}{p(x_k)} = -0.10 \text{ lb } \frac{1}{4} - 0.30 \text{ lb } \frac{3}{4} -$$

$$0.05 \text{ lb } \frac{1}{3} - 0.10 \text{ lb } \frac{2}{3} - 0.05 \text{ lb } \frac{1}{3} - 0.10 \text{ lb } \frac{2}{3} = 0.600 \text{ bit}$$

$$H(X \mid Y) = -\sum_X \sum_Y p(x_k, y_l) \log \frac{p(x_k, y_l)}{p(y_l)} = -0.25 \text{ lb } \frac{5}{7} - 0.10 \text{ lb } \frac{2}{7} -$$

$$0.30 \text{ lb } \frac{6}{7} - 0.05 \text{ lb } \frac{1}{7} - 0.10 \text{ lb } \frac{1}{2} - 0.05 \text{ lb } \frac{1}{4} -$$

$$0.05 \text{ lb } \frac{1}{4} = 0.809 \text{ bit}$$

在此例中我们注意到

$$H(X,Y) < H(X) + H(Y)$$

$$H(X,Y) = H(Y) + H(X \mid Y) = H(X) + H(Y \mid X)$$

2.3.6 加权熵

由例 2.3.3 看出,香农熵的定义虽然具有客观性,即熵的对称性,但也显露出它无法描述主观意义上对事件的判断的差别,从而淹没了个别事件的重要性。从而引出其他种形式的熵的定义,以期更好地给出更为合理的信息的度量,加权熵就是其中的一种。它是通过引入事件的重量,来度量事件的重要性或主观价值。一般情况下事件的重量与事件发生的客观概率不一致,事件的重量可以反映主观的特性(就人们的主观目的来说),也可以反映事件本身的某些客观的性质。

设有随机变量 X,引入随机事件的重量后,其概率空间为

$$\begin{bmatrix} X \\ P \\ W \end{bmatrix} = \begin{bmatrix} x_1 & x_2 & \cdots & x_n \\ p(x_1) & p(x_2) & \cdots & p(x_n) \\ W_1 & W_2 & \cdots & W_n \end{bmatrix}$$

式中

$$p_i = p(x_i) \geqslant 0 \qquad i = 1, 2, \cdots, n$$

$$\sum_{i=1}^{n} p_i = 1$$

$$W_i \geqslant 0$$

定义 2.3.5　离散无记忆信源 $[X \ P \ W]$ 的加权熵定义为

$$H_w(X) = \sum_{i=1}^{n} W_i p_i \log (1/p_i) \tag{2-43}$$

这样定义的加权熵保留了香农熵的许多有用的性质,但是也失去了某些性质,不过也增加了一些新的性质。下面不加证明地列出加权熵的一些重要性质。

性质 1　非负性

$$H_w(X) \geqslant 0 \tag{2-44}$$

由式(2-43)有

$$H_w(X) = \sum_{i=1}^{n} W_i p_i \log \left(\frac{1}{p_i} \right)$$

由于 $W_i \geqslant 0, 0 \leqslant p_i \leqslant 1$,

$$\log \left(\frac{1}{p_i} \right) \geqslant 0, \quad i = 1, 2, \cdots, n$$

故有 $H_w(X) \geqslant 0$

非负性表明,信源每发出一个消息,总能提供一个的信息量。

性质 2　若权重 $W_1 = W_2 = \cdots = W_n = W$,则

$$H_w(X) = WH(X) \tag{2-45}$$

即若每一事件都被赋予同样的重量,则加权熵退化为香农熵。而且加权熵是信息熵的 W 倍。

性质 3　确定性
若 $p_j = p(x_j) = 1$,而 $p_i = p(x_i) = 0; i = 1, 2, \cdots, n; i \neq j$,则加权熵为零,即

$$H_w(X) = 0 \tag{2-46}$$

这和香农熵性质一致,其含义是只发生一个试验结果的事件是确定性事件,尽管该事件是有意义的,但不能提供任何有益的信息量。

性质 4　非容性
若 $p_i = 0, W_i \neq 0, \forall i \in I$,而 $p_j \neq 0, W_j = 0, \forall j \in J$,$I, J$ 为样本空间,并且 $I \bigcup J = (1, 2, \cdots, n)$,$I \bigcap J \neq \varnothing$,则加权熵为零,即

$$H_W(X) = 0$$

这一性质表明:某些事件有意义($W_i \neq 0$),但不发生($p_i = 0$);而另外一些事件虽然发生($p_j \neq 0$),但毫无意义($W_j = 0$)。所以从主观效果来看,人们并没有获得任何有意义的信息。

2.4 离散集的平均互信息量

除了前面讨论的各种通信熵(信息熵、条件熵和联合熵)之外,不同概率空间集合之间的平均互信息量在探讨通信问题时也是十分重要的。

通信的目的是在接收端精确地以一定的允许失真复现发送的消息。通信系统就是对输入作某种变换。通信系统的输出和输入存在一定的概率关系,因此输出可在一定程度上限定其输入。

首先讨论输入、输出均为离散的情况,它们均可用离散概率空间描述。现令 X 和 Y 分别表示输入离散事件集和输出离散事件集。其中 $X = \{x_i, i = 1, 2, \cdots, n\}$,对每个事件 $x_i \in X$,相应概率为 $p(x_i)$,简化为 p_i,且

$$p_i \geqslant 0 \qquad i = 1, 2, \cdots, n$$

$$\sum_{i=1}^{n} p_i = 1$$

以 $\{X, P\}$ 表示输入概率空间,$P = \{p_i, i = 1, 2, \cdots, n\}$。类似地有 $Y = \{y_j, j = 1, 2, \cdots, m\}$,对每个事件 $y_j \in Y$,相应概率为 $p(y_j)$,简记为 p_j,且

$$p_j \geqslant 0 \qquad j = 1, 2, \cdots, m$$

$$\sum_{j=1}^{m} p_j = 1$$

以 $\{Y, P\}$ 表示输出概率空间,$P = \{p_j, j = 1, 2, \cdots, m\}$。

X 和 Y 的联合空间

$$XY = \{x_i y_j; x_i \in X, y_j \in Y, i = 1, 2, \cdots, n; j = 1, 2, \cdots, m\}$$

与每组事件(积事件)$x_i y_j \in XY$ 相应的概率为二维联合概率 $p(x_i y_j)$,且

$$\sum_{i=1}^{n} \sum_{j=1}^{m} p(x_i, y_j) = 1$$

$$p(x_i) = \sum_{j=1}^{m} p(x_i, y_j)$$

$$p(y_j) = \sum_{i=1}^{n} p(x_i, y_j)$$

以 $\{XY, p(x, y)\}$ 表示二维联合概率空间。一般地有条件概率

$$p_{ij} = p(y_j \mid x_i) = \frac{p(x_i, y_j)}{p(x_i)} \qquad (p(x_i) \geqslant 0)$$

$$p_{ji} = p(x_i \mid y_j) = \frac{p(x_i, y_j)}{p(y_j)} \qquad (p(y_j) \geqslant 0)$$

当事件 x_i 和 y_j 彼此统计独立时,有

$$p(x_i, y_j) = p(x_i) p(y_j)$$

若上式对所有的 i, j 成立,则称集 X 与 Y 统计独立,否则称为统计相关。

2.4.1　平均条件互信息量

定义 2.4.1　在联合集 XY 上，由 y_j 提供的关于集 X 的平均条件互信息量等于由 y_j 所提供的互信息量 $I(x_i;y_j)$ 在整个 X 中以后验概率加权的平均值，其定义式为

$$I(X;y_j) \stackrel{\text{def}}{=\!=} \sum_X p(x_i \mid y_j) I(x_i;y_j) \tag{2-47}$$

式中，$p(x_i|y_j)$ 为后验概率。

由于互信息 $I(x_i;y_j)$ 是表示观测到 y_j 后获得的关于事件 x_i 的信息量，即

$$I(x_i;y_j) = \log \frac{p(x_i \mid y_j)}{p(x_i)}$$

故平均条件互信息量又可以表示为

$$I(X;y_j) = \sum_X p(x_i \mid y_j) \log \frac{p(x_i \mid y_j)}{p(x_i)} \tag{2-48}$$

定理 2.4.1　联合集 (XY) 上的平均条件互信息量有

$$I(X;y_j) \geqslant 0 \tag{2-49}$$

当且仅当 X 集中的各个 x_i 都与事件 y_j 相互独立时，等号成立。

证明：将式（2-48）改写成

$$-I(X;y_j) = \sum_X p(x_i \mid y_j) \log \frac{p(x_i)}{p(x_i \mid y_j)}$$

若

$$令 \omega = p(x_i)/p(x_i \mid y_j)$$

再引用式（2-27）则可得

$$-I(X;y_j) \leqslant \sum_X p(x_i \mid y_j) \left[\frac{p(x_i)}{p(x_i \mid y_j)} - 1 \right] \log \mathrm{e} =$$

$$\sum_X \left[p(x_i) - p(x_i \mid y_j) \right] \log \mathrm{e} = 0$$

故

$$I(X;y_j) \geqslant 0$$

当且仅当 $p(x_i) = p(x_i|y_j)$ 时，式（2-49）取等号。

2.4.2　平均互信息量

定义 2.4.2　互信息量 $I(X;y_j)$ 在整个集 Y 上的概率加权平均值。其定义式为

$$I(X;Y) \stackrel{\text{def}}{=\!=} \sum_Y p(y_j) I(X;y_j) \tag{2-50}$$

或定义为

$$I(X;Y) \stackrel{\text{def}}{=\!=} \sum_{XY} p(x_i,y_j) \log \frac{p(x_i \mid y_j)}{p(x_i)} \tag{2-51}$$

$$I(X;Y) \stackrel{\text{def}}{=\!=} \sum_{XY} p(x_i) p(y_j \mid x_i) \log \frac{p(y_j \mid x_i)}{p(y_j)} \tag{2-52}$$

也可定义为

$$I(X;Y) \stackrel{\text{def}}{=\!=} \sum_{XY} p(x_i,y_j) I(x_i;y_j) \tag{2-53}$$

式中

$$I(x_i;y_j) = \log \frac{p(x_i \mid y_j)}{p(x_i)} = \log \frac{p(y_j \mid x_i)}{p(y_j)} \qquad (2-54)$$

当 x_i 和 y_j 相互独立时,$I(x_i;y_j)=0$;$i=1,2,\cdots$;$j=1,2,\cdots$;且 $I(X;Y)=0$。

2.4.3 平均互信息量的性质

平均互信息量有以下基本性质。

1. 非负性

$$I(X;Y) \geqslant 0$$

当且仅当 X 与 Y 相互独立时,等号成立,即如果 X 与 Y 相互独立,它们之间相互不能提供任何信息。

证明:按定义式(2-51)有

$$-I(X;Y) = \sum_{XY} p(x_i,y_j) \log \frac{p(x_i)}{p(x_i \mid y_j)}$$

由引理 2.3.2 以及反对数换底公式

$$-I(X;Y) \leqslant \frac{\displaystyle\sum_{XY} p(x_i \mid y_j) p(y_j) \left[\frac{p(x_i)}{p(x_i \mid y_j)} - 1 \right]}{\log_e 2} =$$

$$\frac{\displaystyle\sum_{XY} p(x_i) p(y_j) - \sum_{XY} p(x_i \mid y_j) p(y_j)}{\ln 2} = 0$$

上式中等号成立的条件是,对于所有的 i 和 j 都有 $p(x_i)=p(x_i \mid y_j)$,$p(y_j) \neq 0$,即当且仅当 X 与 Y 相互独立时,$I(X;Y)=0$。

2. 互易性(对称性)

$$I(X;Y) = I(Y;X) \qquad (2-55)$$

证明:按定义

$$I(X;Y) = \sum_{XY} p(x,y) \log \frac{p(x \mid y)}{p(x)} =$$

$$\sum_{XY} p(x,y) \log \frac{p(x \mid y) p(y)}{p(x) p(y)} =$$

$$\sum_{XY} p(x,y) \log \frac{p(xy)}{p(y) p(x)} =$$

$$\sum_{XY} p(x,y) \log \frac{p(y \mid x)}{p(y)} = I(Y;X)$$

平均互信息量 $I(X;Y)$ 的对称性表示从集 Y 中获得关于 X 的信息量和从集 X 中获得关于 Y 的信息量相等。

当集 X 和集 Y 统计独立时,则有

$$I(X;Y) = I(Y;X) = 0$$

这一性质意味着不能从一个集获得关于另一个集的任何信息。

3. 平均互信息和各类熵的关系

平均互信息和信息熵、条件熵的关系为

$$I(X;Y) = H(X) - H(X \mid Y) \qquad (2-56a)$$
$$I(X;Y) = H(Y) - H(Y \mid X) \qquad (2-56b)$$

平均互信息和熵、联合熵的关系为

$$I(X;Y) = H(X) + H(Y) - H(X\,Y) \qquad (2-57)$$

证明：按定义

$$I(X;Y) = \sum_{XY} p(x,y) \log \frac{p(x \mid y)}{p(x)} =$$
$$-\sum_{XY} p(x,y) \log p(x) + \sum_{XY} p(x,y) \log p(x \mid y) =$$
$$H(X) - H(X \mid Y)$$

故式(2-56a)成立。

同理

$$I(X;Y) = \sum_{XY} p(x,y) \log \frac{p(x \mid y)}{p(x)} =$$
$$\sum_{XY} p(x,y) \log \frac{p(y \mid x)}{p(y)} =$$
$$-\sum_{XY} p(x,y) \log p(y) + \sum_{XY} p(x,y) \log p(y \mid x) =$$
$$H(Y) - H(Y \mid X)$$

故式(2-56b)成立。

因为
$$I(X;Y) = H(Y) - H(Y \mid X)$$
$$H(Y \mid X) = H(Y) - I(X;Y)$$
又因
$$H(X,Y) = H(X) + H(Y \mid X)$$
故
$$H(X,Y) = H(X) + H(Y) - I(X;Y)$$
于是式(2-57)成立。

平均互信息量 $I(X;Y)$ 和各类熵的关系可用维拉图 2.7 表示。图中两个长方形的长度分别代表熵 $H(X)$ 和 $H(Y)$。其重叠部分的长度代表平均互信息量 $I(X;Y)$。不重叠部分的长度分别代表条件熵 $H(X|Y)$ 和 $H(Y|X)$，而总长度代表共熵 $H(X,Y)$。当集 X 和 Y 统计独立时，则 $I(X;Y) = 0$，于是有

$$H(X,Y)_{\max} = H(X) + H(Y)$$

条件熵 $H(X|Y)$ 表示在已知输出 Y 的条件下输入 X 的剩余不确定性，即信道损失。由互信息量 $I(X;Y)$ 与条件熵 $H(X|Y)$ 的关系可看出，$I(X;Y)$ 等于输入平均信息量 $H(X)$ 减去信道损失，它反映了信道传输信息的能力。最大平均互信息量就是信道容量。

4. 极值性

$$I(X;Y) \leqslant H(X) \qquad (2-58a)$$
$$I(X;Y) \leqslant H(Y) \qquad (2-58b)$$

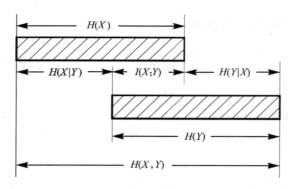

图 2.7 $I(X;Y)$ 和通信熵的关系

证明：因为

$$I(X;Y) = H(X) - H(X \mid Y)$$

而条件熵 $H(X|Y)$ 为非负，故式(2-58a)成立。同理，式(2-58b)也成立。

5. 凸函数性

平均互信息量是信源概率分布 $p(x)$ 和信道传递概率 $p(y|x)$ 的凸函数。

关于平均互信息 $I(X;Y)$ 的凸函数性的定理见第 4 章 4.2 节。

2.5   连续随机变量的互信息和相对熵

现在研究连续随机变量的情况。和离散集相似，描述连续随机变量 X 和 Y 的统计特征的是边沿概率密度 $p(x)$ 和 $p(y)$ 以及联合概率密度 $p(x,y)$。分别为

$$p(x,y) = p(x)p(y \mid x)$$

$$p(x) = \int_{-\infty}^{\infty} p(x,y)\mathrm{d}y$$

$$p(y) = \int_{-\infty}^{\infty} p(x,y)\mathrm{d}x$$

式中，$p(y|x)$ 为条件概率密度。

对于连续随机变量 X 取值在 x 值附近的概率为 $p(x)\Delta x$，随机变量 Y 取值在 y 值附近的概率为 $p(y)\Delta y$，二维连续随机变量 XY 同时取值在 x 和 y 附近的概率为 $p(x,y)\Delta x\Delta y$，其中 $\Delta x, \Delta y$ 为任意小的区间。

下面讨论连续随机变量的互信息。

2.5.1   连续随机变量的互信息

定义 2.5.1   连续随机变量集 XY，事件 $x, p(x) \geqslant 0$ 和事件 $y, p(y) \geqslant 0$ 之间的互信息定义为

$$I(x;y) \overset{\text{def}}{=\!=} \lim_{\substack{\Delta x \to 0 \\ \Delta y \to 0}} \log \frac{p(x \mid y)\Delta x}{p(x)\Delta x} =$$

$$\lim_{\substack{\Delta x \to 0 \\ \Delta y \to 0}} \log \frac{p(x \mid y) p(y) \Delta x \Delta y}{p(x) \Delta x p(y) \Delta y} =$$

$$\log \frac{p(x,y)}{p(x) p(y)} \qquad (2-59)$$

和离散情况下所定义的形式一样,所不同的只是用概率密度代替了离散集情况下的概率函数。

定义 2.5.2　连续随机变量集合 X 和 Y 之间的平均互信息定义为

$$I(X;Y) \stackrel{\text{def}}{=\!=} \iint_{-\infty}^{\infty} p(x,y) \log \frac{p(x,y)}{p(x) p(y)} \mathrm{d}x \, \mathrm{d}y \qquad (2-60)$$

显然,连续随机变量定义的平均互信息 $I(X;Y)$ 和离散集情况是一样的,只要将离散情况下的概率函数换成概率密度,求和变成积分即可。

连续随机变量平均互信息的主要性质如下。

1. 非负性

$$I(X;Y) \geqslant 0$$

当且仅当连续随机变量 X 和 Y 统计独立时等号成立。

2. 对称性

$$I(X;Y) = I(Y;X)$$

例 2.5.1　设 $p_{XY}(x,y)$ 是联合集 XY 的两维高斯概率密度函数

$$p_{XY}(x,y) = \frac{1}{2\pi \sigma_x \sigma_y \sqrt{1-\rho^2}} \exp\left\{-\frac{1}{2(1-\rho^2)} \cdot \right.$$

$$\left. \left[\frac{(x-m_x)^2}{\sigma_x^2} - \frac{2\rho(x-m_x)(y-m_y)}{\sigma_x \sigma_y} + \frac{(y-m_y)^2}{\sigma_y^2} \right] \right\}$$

式中,m_x,m_y,σ_x^2 和 σ_y^2 分别表示连续随机变量 X 和 Y 的均值和方差,ρ 是 X 和 Y 之间的归一化相关函数。X 和 Y 的一维概率密度函数不难求得,即

$$p_X(x) = \int_{-\infty}^{\infty} p_{XY}(x,y)\mathrm{d}y = \frac{1}{\sqrt{2\pi}\sigma_x} \exp\left[-\frac{1}{2\sigma_x^2}(x-m_x)^2\right]$$

和

$$p_Y(y) = \int_{-\infty}^{\infty} p_{XY}(x,y)\mathrm{d}x = \frac{1}{\sqrt{2\pi}\sigma_y} \exp\left[-\frac{1}{2\sigma_y^2}(y-m_y)^2\right]$$

X 和 Y 之间的平均互信息按定义有

$$I(X;Y) = \iint_{-\infty}^{\infty} p_{XY}(x,y) \log \frac{p_{XY}(x,y)}{p_X(x) p_Y(y)} \mathrm{d}x \, \mathrm{d}y =$$

$$\ln \frac{1}{\sqrt{1-\rho^2}} - \frac{1}{2} \iint_{-\infty}^{\infty} \left[\frac{(x-m_x)^2}{(1-\rho^2)\sigma_x^2} - \frac{2\rho(x-m_x)(y-m_y)}{(1-\rho^2)\sigma_x \sigma_y} + \right.$$

$$\left. \frac{(y-m_y)^2}{(1-\rho^2)\sigma_y^2} - \frac{(x-m_x)^2}{\sigma_x^2} - \frac{(y-m_y)^2}{\sigma_y^2} \right] p_{XY}(x,y) \mathrm{d}x \mathrm{d}y =$$

$$-\frac{1}{2}\ln(1-\rho^2)-\frac{1}{2}\left(\frac{1}{1-\rho^2}-\frac{2\rho^2}{1-\rho^2}+\frac{1}{1-\rho^2}-1-1\right)=$$

$$-\frac{1}{2}\ln(1-\rho^2)$$

上式表明,两个高斯变量之间的互信息只与相关系数 ρ 有关,而与数学期望 m_x,m_y 及方差 σ_x^2 和 σ_y^2 无关。这与我们的认知一致。因为随机变量集直流成分不会给出任何信息,而互信息只与归一化相关函数值或功率的相对大小有关,与功率的绝对大小无关。

2.5.2 连续随机变量的熵

连续随机变量总是可以通过离散化,用离散随机变量来逼近,也就是说,连续随机变量可以认为是离散随机变量的极限情况。下面从这个角度来讨论连续随机变量的信息熵。

令连续随机变量 X 的取值区间是 (a,b),$a<b$,把它分割成 n 个小区间,各小区间设有等宽 $\Delta=(b-a)/n$,那么 X 处于第 i 个小区间的概率是

$$\Delta p_i \stackrel{\text{def}}{=\!=} p(x_i) \cdot \Delta$$

于是事件 $x_i<x\leqslant x_i+\Delta$ 的自信息量为

$$-\log p(x_i) \cdot \Delta$$

其平均自信息量为

$$H_\Delta(X)=-\sum_i p(x_i) \cdot \Delta\log[p(x_i) \cdot \Delta]=$$

$$-\sum_i p(x_i)[\log p(x_i)] \cdot \Delta - \sum_i p(x_i)[\log \Delta] \cdot \Delta \qquad (2-61)$$

由式(2-61)看出,当区间 (a,b) 划分无限精细,即 $n\to\infty$,$\Delta\to 0$ 时,$-\log\Delta\to\infty$,因而第二项将趋于无穷大,这说明连续随机变量的潜在信息量是无穷的。但在实际中,由于客观条件的限制,不可能将区间划分过细。

一般将式(2-61)中第二项称作绝对熵,即

$$H_0(X)=-\lim_{\Delta\to 0}\log\Delta \qquad (2-62)$$

由于在比较两个事件的信息量的大小时,第二项常常被消去,因此去掉式(2-61)中第二项而定义连续随机变量的熵为

$$H_c(X)=-\int_{-\infty}^{\infty}p(x)\log p(x)\mathrm{d}x \qquad (2-63)$$

这样定义的熵,称为连续随机变量的相对熵,或称微分熵,在不引起混淆的情况下简称为熵。

连续随机变量的相对熵具有离散熵的主要特性,即可加性,但不具有非负性,因为它略去了一个无穷大的正值。

例 2.5.2 设 X 是在区间 (a,b) 内服从均匀分布的连续随机变量,

$$p(x)=\begin{cases}\dfrac{1}{b-a} & x\in(a,b)\\[2mm] 0 & x\notin(a,b)\end{cases}$$

代入式(2-63)得

$$H_C(X) = -\int_{-\infty}^{\infty} \frac{1}{b-a} \log \frac{1}{b-a} dx =$$

$$-\int_a^b \frac{1}{b-a} \log \frac{1}{b-a} dx = \log(b-a)$$

当 $b-a>1$ 时，$H_C(X)>0$；$b-a=1$ 时，$H_C(X)=0$；$b-a<1$ 时，$H_C(X)<0$。

由于信息的非负性，这里的 $H_C(X)$ 就不能像离散随机变量的情况那样，代表信源输出的信息了。其实由式(2-61)、(2-62)可见，除 $\log(b-a)$ 之外，还应有一个无穷大的常量，虽然 $\log(b-a)$ 小于零，但是两项加起来还是正值，而且一般还是趋于无穷大。把离散随机变量的极限作为连续随机变量，前者的熵在数值上等于信息量，其极限值为无穷大，那么，连续随机变量的信息量也应为无穷大，虽然由式(2-63)定义的熵是有限值。

连续随机变量的熵 $H_C(X)$ 具有相对性。在取两熵之间的差时，才具有信息的所有特征，例如非负性等。这与力学问题中势能的定义有相仿的性质。

相对熵 $H_C(X)$ 不能像离散熵那样充当集合中事件出现的不确定性的测度，但它还有许多和离散熵一样的性质，特别是相对熵的差值仍能像离散情况那样表征两个集之间的互信息量。

有了这样的理解后，同样可以定义连续集情况下的联合熵和条件熵。对联合集 XY，我们定义

$$H_C(X,Y) \overset{\text{def}}{=\!=} -\iint_{-\infty}^{\infty} p(x,y)\log p(x,y)dx\,dy \tag{2-64}$$

为联合事件集(XY)的相对熵。

定义联合集(XY)的条件熵为

$$H_C(X \mid Y) \overset{\text{def}}{=\!=} -\iint_{-\infty}^{\infty} p(x,y)\log p(x \mid y)dx\,dy \tag{2-65}$$

它们之间也有与离散集一样的相互关系，并且可以得到有信息特征的互信息

$$H_C(X,Y) = H_C(X) + H_C(Y \mid X) \tag{2-66}$$
$$H_C(X,Y) = H_C(Y) + H_C(X \mid Y) \tag{2-67}$$
$$I(X;Y) = I(Y;X) = H_C(X) - H_C(X \mid Y) =$$
$$H_C(X) + H_C(Y) - H_C(XY) =$$
$$H_C(Y) - H_C(Y \mid X) \tag{2-68}$$

利用式(2-63)、式(2-64)、式(2-65)的定义来证明式(2-66)、式(2-67)是十分方便的。现在证明用连续熵求证平均互信息的非负性

$$I(X;Y) = H_C(X) - H_C(X \mid Y) =$$
$$-\int_{-\infty}^{\infty} p(x)\log p(x)dx + \iint_{-\infty}^{\infty} p(y)p(x \mid y)\log p(x \mid y)dx\,dy =$$
$$-\iint_{-\infty}^{\infty} p(x)p(y \mid x)\log p(x)dx\,dy + \iint_{-\infty}^{\infty} p(x)p(y \mid x)\log p(y \mid x)dx\,dy =$$
$$-\iint_{-\infty}^{\infty} p(x)p(y \mid x)\log \frac{p(x)}{p(y \mid x)}dx\,dy \geqslant$$
$$-\iint_{-\infty}^{\infty} p(x)p(y \mid x)\left[\frac{p(x)}{p(y \mid x)} - 1\right]dx\,dy =$$

$$-\int_{-\infty}^{\infty}p(x)\mathrm{d}x\int_{-\infty}^{\infty}p(y)\mathrm{d}y+\iint_{-\infty}^{\infty}p(x,y)\mathrm{d}x\,\mathrm{d}y=$$
$$-1+1=0$$

由证明过程可见,它和离散变量情况一样,只是将求和变换成积分而已。

类似于离散情况,还可证明

$$H_c(Y\mid X)\leqslant H_c(Y) \tag{2-69}$$
$$H_c(X\mid Y)\leqslant H_c(X) \tag{2-70}$$

当且仅当连续随机变量 X 和 Y 统计独立时,两式中的等号成立。

习 题

2.1 同时抛掷一对质地均匀的骰子,也就是各面朝上发生的概率均为 $\frac{1}{6}$。试求:

(1) "3 和 5 同时发生"这事件的自信息量;

(2) "两个 1 同时发生"这事件的自信息量;

(3) "两个点数中至少有一个是 1"这事件的自信息量。

2.2 设在一只布袋中装有 100 只对人手的感觉完全相同的木球,每只球上涂有一种颜色。100 只球的颜色有下列三种情况:

(1) 红色球和白色球各 50 只;

(2) 红色球 99 只,白色球 1 只;

(3) 红、黄、蓝、白色各 25 只。

求从布袋中随意取出一只球时,猜测其颜色所需要的信息量。

2.3 在布袋中放入 81 个硬币,它们的外形完全相同。已知有一个硬币的重量与其他 80 个硬币的重量不同,但不知这一个硬币是比其他硬币重还是轻。问确定随意取出的一个硬币恰好是重量不同的一个硬币所需要的信息量是多少?若要进一步确定它比其他硬币是重一些还是轻一些所需要的信息量是多少?

2.4 居住某地区的女孩中有 25% 是大学生,在女大学生中有 75% 是身高 1.6 m 以上的,而女孩中身高 1.6 m 以上的占总数一半。假如我们得知"身高 1.6 m 以上的某女孩是大学生"的消息,问获得多少信息量?

2.5 一副充分洗乱了的牌(含 52 张牌),试问:

(1) 任一特定排列所给出的信息量是多少?

(2) 若从中抽取 13 张牌,所给出的点数都不相同时得到多少信息量?

2.6 试问四进制、八进制的每一波形所含的信息量是二进制每一波形所含的信息量的多少倍?

2.7 若采用 3 作为信息量对数的底,试求该信息量单位与比特单位的关系。

2.8 英文字母中"e"的出现概率为 0.105,"c"的出现概率为 0.023,"o"的出现概率为 0.001。分别计算它们的自信息量。

2.9 如有 6 行 8 列的棋型方格,若有 2 个质点 A 和 B,分别以等概率落入任一方格内,且它们的坐标分别为 (X_A,Y_A)、(X_B,Y_B),但 A,B 不能落入同一方格内。试求:

（1）若仅有质点 A，求 A 落入任一个格的平均自信息量；

（2）若已知 A 已入，求 B 落入的平均自信息量；

（3）若 A,B 是可分辨的，求 A,B 同时落入的平均自信息量。

2.10　一个消息由符号 0,1,2,3 组成，已知 $P(0)=\dfrac{3}{8},P(1)=\dfrac{1}{4},P(2)=\dfrac{1}{4},P(3)=\dfrac{1}{8}$。试求由 60 个符号构成的消息的平均自信息量。

2.11　掷两粒骰子，当其向上的面的小圆点数之和是 3 时，该消息所包含的信息量是多少？当小圆点数之和是 7 时，该消息所包含的信息量又是多少？

2.12　从大量统计资料知道，男性中红绿色盲的发病率为 7%，女性发病率为 0.5%，如果你问一位男同志："你是否是红绿色盲？"他的回答可能是"是"，可能是"否"，问这 2 个回答中各含有多少信息量？平均每个回答中含有多少信息量？如果你问一位女同志，则答案中含有的平均自信息量是多少？

2.13　已知一信源发出 a_1 和 a_2 两种消息，且 $P(a_1)=P(a_2)=\dfrac{1}{2}$。此消息在二进制对称信道上传输，信道传输特性为
$$P(b_1\mid a_1)=P(b_2\mid a_2)=1-\varepsilon,P(b_1\mid a_2)=P(b_2\mid a_1)=\varepsilon$$
求互信息量 $I(a_1;b_1)$ 和 $I(a_2;b_2)$。

2.14　有 3 个二元变量 X,Y,Z，试找出一个它们的联合概率分布，使
$$I(X;Y)=0\text{ bit},I(X;Y\mid Z)=1\text{ bit}$$
$$I(X;Y)=1\text{ bit},I(X;Y\mid Z)=0\text{ bit}$$
$$I(X;Y)=I(X;Y\mid Z)=1\text{ bit}$$
试讨论条件互信息与无条件互信息之间是否存在一定的关系式。

2.15　黑白传真机的消息元只有黑色和白色两种，即 $X=\{\text{黑},\text{白}\}$，一般气象图上，黑色的出现概率 $P(\text{黑})=0.3$，白色的出现概率 $P(\text{白})=0.7$。假设黑白消息视为前后无关，试求信息熵 $H(X)$。

2.16　每帧电视图像可以认为由 3×10^5 个像素组成，所有像素均是独立变化，且每一像素又取 128 个不同的亮度电平，并设亮度电平等概率出现，问每帧图像含有多少信息量？若现有一广播员在约 10 000 个汉字的字汇中选 1 000 个字来口述此电视图像，试问广播员描述此图像所广播的信息量是多少（假设汉字字汇是等概率分布，并彼此无关）？若要恰当地描述此图像，广播员在口述中至少需要用多少个汉字？

2.17　对某城市进行交通忙闲的调查，并把天气分成晴雨两种状态，气温分成冷暖两个状态。调查结果得到联合出现的相对频度如下：

$$\text{忙}\begin{cases}\text{晴}\begin{cases}\text{冷}&12\\\text{暖}&8\end{cases}\\\text{雨}\begin{cases}\text{冷}&27\\\text{暖}&16\end{cases}\end{cases}\qquad\text{闲}\begin{cases}\text{晴}\begin{cases}\text{冷}&8\\\text{暖}&15\end{cases}\\\text{雨}\begin{cases}\text{冷}&4\\\text{暖}&12\end{cases}\end{cases}$$

若把这些频度视为概率测度，求：

（1）忙闲的无条件熵；

（2）天气状态和气温状态已知时的条件熵；

(3) 从天气状态和气温状态获得的关于忙闲的信息。

2.18　有两个二元随机变量 X 和 Y,它们的联合概率分布函数如题表 2.1 所列。

题表　2.1

Y	X	
	0	1
0	$\frac{1}{8}$	$\frac{3}{8}$
1	$\frac{3}{8}$	$\frac{1}{8}$

同时定义另一随机变量 $Z=XY$(一般乘积)。试计算：

(1) 熵 $H(X),H(Y),H(Z),H(X,Z),H(Y,Z)$ 和 $H(X,Y,Z)$；

(2) 条件熵 $H(X|Y),H(Y|X),H(X|Z),H(Z|X),H(Y|Z),H(Z|Y),H(X|Y,Z),$ $H(Y|X,Z)$ 和 $H(Z|X,Y)$；

(3) 互信息 $I(X;Y),I(X;Z),I(Y;Z);I(X;Y|Z),I(Y;Z|X)$ 和 $I(X;Z|Y)$。

2.19　有两个离散随机变量 X 和 Y,其和为 $Z=X+Y$,若 X 和 Y 相互独立,求证：

$$H(X) \leqslant H(Z)$$
$$H(Y) \leqslant H(Z)$$
$$H(X,Y) \geqslant H(Z)$$

2.20　对于任意三个离散随机变量 X,Y,Z,求证：

$$H(X,Y,Z)=H(X,Z)+H(Y|X)-I(Z;Y|X)$$
$$H(X,Y,Z)-H(X,Y) \leqslant H(Z,X)-H(X)$$

2.21　证明：$H(X_3|X_1,X_2) \leqslant H(X_2|X_1)$,并说明等式成立的条件。

2.22　证明：$H(X;Y|Z) \leqslant H(X|Z)+H(Y|Z)$。当且仅当 $p(x_i;y_j|z_k)=p(x_i|z_k)$ $p(y_j|z_k)$ 时等号成立。

2.23　设 X 为随机变量。设 $Y=f(X)$,试证：$H(Y) \leqslant H(X)$

当且仅当对于所有概率不为 0 的 $x(x \in X)$,f 是一一对应的映射时,等号成立。

2.24　证明：$H(X_1,X_2,\cdots,X_N) \leqslant H(X_1)+H(X_2)+\cdots+H(X_N)$。

2.25　证明：$H(X_1,X_2,\cdots,X_N)=H(X_1)+H(X_2|X_1)+H(X_3|X_1X_2)+\cdots+H(X_N|$ $X_1 \cdots X_{N-1})$。

2.26　已知信源 U 包含 8 个数字消息 0,1,2,3,4,5,6,7。为了在二进制信道上传输,用信源编码器将这 8 个十进制数编成三位二进制代码组,信源各消息的先验概率及相应的代码组见题表 2.2。

题表　2.2

u_i	0	1	2	3	4	5	6	7
代码组	$x_0 y_0 z_0$	$x_0 y_0 z_1$	$x_0 y_1 z_0$	$x_0 y_1 z_1$	$x_1 y_0 z_0$	$x_1 y_0 z_1$	$x_1 y_1 z_0$	$x_1 y_1 z_1$
	000	001	010	011	100	101	110	111
$P(u_i)$	$\frac{1}{4}$	$\frac{1}{4}$	$\frac{1}{8}$	$\frac{1}{8}$	$\frac{1}{16}$	$\frac{1}{16}$	$\frac{1}{16}$	$\frac{1}{16}$

求:

（1）互信息量 $I(u_3;x_0)$, $I(u_3;x_0y_1)$, $I(u_3;x_0y_1z_1)$;

（2）在 x_0 给定的条件下,各消息与 y_1 之间的条件互信息量;

（3）在 x_0y_1 给定的条件下,各消息与 z_1 之间的条件互信息量。

第 3 章　离散信源

3.1　信源的数学模型及其分类

通信的根本问题是将信源输出通过在接收端尽可能准确地复制出来,为此需要讨论信源的输出应如何描述,即如何计算信源产生的信息量。

3.1.1　信源的数学模型

信源就是信息的发源地,可以是人、生物、机器或其他事物。由于信息是十分抽象的东西,所以要通过信息载荷者,即消息来研究信源,这样信源的具体输出称作消息。消息的形式可以是离散消息(如汉字、符号、字母)或连续消息(如图像、语音)。

在通信系统中收信者在未收到消息之前,对信源发出什么消息是不确定的,是随机的,因此可以用随机变量或随机过程来描述信源发出的消息,或者说,可用概率空间来描述信源。换句话说,信源就是一个概率场。

信源的数学模型可用概率场来描述,即

$$\begin{bmatrix} X \\ P \end{bmatrix} = \begin{bmatrix} x_1 & x_2 & \cdots & x_q \\ p(x_1) & p(x_2) & \cdots & p(x_q) \end{bmatrix} \tag{3-1}$$

式中

$$p(x_i) \geqslant 0 \qquad i = 1, 2, \cdots, q$$

$$\sum_{i=1}^{q} p(x_i) = 1$$

即信源的概率空间是完备的。

上式表示的信源输出为随机变量 X,信源可能取得的消息符号只有 q 个,其可能取值为 $x_i, i = 1, 2, \cdots, q$。X 取 x_i 的概率为 $p(x_i)$。

在实际情况中,存在着两类信源。

1. 离散信源

信源的具体输出形式是离散的消息符号,许多实际信源输出的消息往往是时间或空间的离散符号序列。如文稿、电报,计算机输出的代码等。这些信源可能输出的消息数是有限的或可数无穷的,而且每次输出只是其中一个消息符号。此类信源称为离散信源。离散信源输出的消息在时间和幅值上均是离散的。

对于离散信源,可用离散随机变量来描述信源的输出消息符号。最简单的离散信源是由一维离散随机变量 X 来描述信源输出的。其数学模型为离散型概率空间

$$\begin{bmatrix} X \\ P \end{bmatrix} = \begin{bmatrix} a_1 & a_2 & \cdots & a_q \\ p(a_1) & p(a_2) & \cdots & p(a_q) \end{bmatrix} \tag{3-2}$$

式中

$$p(a_i)=P(X=a_i) \qquad i=1,2,\cdots,q$$

且

$$p(a_i)\geqslant 0 \qquad i=1,2,\cdots,q$$

$$\sum_{i=1}^{q} p(a_i)=1$$

通常，q 为有限正整数，也可为可数无穷大。

2. 连续信源

信源输出为连续消息，如人类发出的语音、遥感设备测得的连续数据等。此类信源称为连续信源。

连续信源可能输出的消息数是不可数的无穷值。

对于连续信源，可用连续随机变量 X 来描述信源的输出消息。简单的连续信源可用一维连续随机变量 X 来描述。其数学模型为连续型的概率空间

$$\begin{bmatrix} X \\ P \end{bmatrix} = \begin{bmatrix} (a,b) \\ p(x) \end{bmatrix} \qquad (3-3)$$

式中，$p(x)$ 为连续随机变量 X 的概率密度函数，(a,b) 为 X 的存在域，且

$$p(x)\geqslant 0$$

$$\int_a^b p(x)\mathrm{d}x=1$$

上述信源，不管是离散信源还是连续信源，都是最简单的情况，其信源输出是用一维离散或连续随机变量 X 及其概率分布 p 来描述的。但是，很多实际信源输出的不只是一个消息符号，而是多个消息符号的离散信源。如自然语信源就是把人类的语言作为信源，以汉字为例，则是随机地发出一串汉字序列。可以把这样信源输出的消息视为时间上（如电报）或空间上（如一封信）离散的随机变量序列，即随机矢量。于是，信源的输出可用 N 维随机矢量（X_k，$k=1,2,\cdots,N$）来描述，其中 N 可为有限正整数或可数无穷值。通常，总限定 N 是有限的，故只限于讨论"有限离散信源"。

在上述随机矢量中，若每个随机变量 X_k，$k=1,2,\cdots,N$ 都是离散的，则可用 N 重离散概率空间的数学模型来描述这类信源。

$$\begin{bmatrix} \boldsymbol{X} \\ P \end{bmatrix} = \begin{bmatrix} a_1 & a_2 & \cdots & a_{q^N} \\ p(a_1) & p(a_2) & \cdots & p(a_{q^N}) \end{bmatrix} \qquad (3-4)$$

式中

$$\boldsymbol{X}=\{X_k, k=1,2,\cdots,N\}$$
$$x_k \in A=[a_1,a_2,\cdots,a_q] \qquad k=1,2,\cdots,N$$
$$a_j \in A^N \qquad j=1,2,\cdots,q^N$$
$$A^N=a_{i_k} \qquad i=1,2,\cdots,q;k=1,2,\cdots,N$$

可见，随机序列 $\boldsymbol{X}=(X_1,X_2,\cdots,X_N)$ 的取值 $\boldsymbol{x}=a_j,j=1,2,\cdots,q^N$ 的个数 q^N，取决于序列长度 N 和符号集 $A=(a_i, i=1,2,\cdots,q)$ 的符号个数 q。

3.1.2 信源的分类

在某些简单的情况下,信源先后发出的一个个消息符号彼此是统计独立的,并且它们具有相同的概率分布,则 N 维随机矢量的联合概率分布为

$$p(\boldsymbol{X}) = \prod_{k=1}^{N} p(X_k = a_{i_k}) = \prod_{k=1}^{N} p_{i_k}$$
$$i = 1, 2, \cdots, q \qquad k = 1, 2, \cdots, N$$

输出具有这种概率分布的信源,我们称它为离散无记忆信源。

同样,若在 N 维随机矢量 $\boldsymbol{X}$ 中,每个随机变量 X_k 是连续随机变量,且相互独立,则 N 维随机矢量 $\boldsymbol{X}$ 的联合概率密度函数为 $p(\boldsymbol{X}) = \prod_{k=1}^{N} p_k$。输出具有这种概率密度函数的信源,称为连续无记忆信源。

然而在通常情况下,信源先后发出的消息符号之间是彼此依存、互不独立的。

例如,在汉字组成的中文序列中,前后字、词的出现是有关联的。其他自然语言,如英文中前后字母的出现也是彼此依存的。具有这种特征的信源称为有记忆信源。实际情况中的信源往往是有记忆的,可以用联合概率分布或者条件概率来描述这种相互关联性。

表述有记忆信源要比表述无记忆信源困难得多。

实际中信源发出的消息符号往往只与前若干个符号的依存关系较强,而与更前面发出的符号的依从关系较弱。为此,可以限制随机序列的记忆长度。称这种信源为有限记忆信源。否则称为无限记忆信源。实际中常用有限记忆信源近似表示实际信源。

有限记忆信源可用有限状态马尔可夫链来描述。当信源记忆长度为 $m+1$ 时,也就是信源每次发出的符号仅与前 m 个符号有关,与更前面的符号无关。这样的信源称为 m 阶马尔可夫信源。此时可用条件概率分布描述信源的统计特性,即

$$p(x_i \mid x_{i-1}, x_{i-2}, \cdots, x_{i-m}, \cdots) = p(x_i \mid x_{i-1}, x_{i-2}, \cdots, x_{i-m})$$

式中,m 为阶数,称作记忆阶数。当 $m=1$ 时,可用简单马尔可夫链描述。此时,条件概率就转化为状态转移概率

$$p_{ji} = p(x_i = a_i \mid x_{i-1} = a_j)$$

能用马尔可夫链描述的信源称作马尔可夫信源。

如果转移概率 p_{ji} 与时间起点 j 无关,即信源输出的符号序列可以看成为时齐马尔可夫链,则此信源称为时齐马尔可夫信源。如果马尔可夫链同时还满足遍历性,即当转移步数足够大时,转移概率与起始状态无关,即达到平稳分布,则称这种信源为时齐遍历马尔可夫信源。

一般地,实际信源的输出常常是时间的连续函数,视为一个连续信源。连续信源的输出是连续随机变量或连续随机过程。

连续信源的输出若是连续随机变量且在时间上是离散的,就称为时间离散的连续信源。其输出可用连续随机变量序列表示,即

$$\cdots, X_{-1}, X, X_{+1}, \cdots$$

式中,每个随机变量 X_i 的取值为一连续区间 (a, b),即 X_i 的取值 $x \in A = (a, b)$,其中 a, b 为实数。

若信源输出在时间上是连续的,而取值是连续的或随机的,则用随机过程 $X(t)$ 来描述。

这种信源称为随机波形源。

若信源输出既含有连续分量,又含有离散分量,则称作混合信源。

上面扼要介绍了常见的几种信源及其数学模型。但是一个实际信源往往是相当复杂的,如语音信号就是非平稳随机过程,要想找到精确的数学模型是很困难的。实际中,常常用一些可以处理的数学模型去逼近实际信源。

这一章只研究各类离散信源产生消息的不确定性,不研究信源内部结构,也不研究信源为什么和如何产生各种不同的输出消息符号。

3.2　离散无记忆信源

离散无记忆信源是最简单、也是最基本的一类信源,可以用完备的离散型概率空间来描述。

定义 3.2.1　设信源 X 输出符号集 $\pmb{x}=(x_1,x_2,\cdots,x_q)$,$q$ 为信源发出的消息符号个数,每个符号发生的概率为 $p(x_i)$,$i=1,2,\cdots,q$。这些消息符号彼此互不相关,且有

$$\sum_{i=1}^{q} p(x_i)=1$$

$$p(x_i) \geqslant 0 \qquad i=1,2,\cdots,q$$

则称 X 为离散无记忆信源。

由定义 3.2.1 可知,一个离散无记忆信源可用下面的概率场来描述,即

$$\begin{bmatrix} X \\ P \end{bmatrix} = \begin{bmatrix} x_1 & x_2 & \cdots & x_q \\ p(x_1) & p(x_2) & \cdots & p(x_q) \end{bmatrix} \tag{3-5}$$

由定义 3.2.1 给出的有限个符号集的离散无记忆信源可以推广到可列无穷个符号的情况。

在第 2 章中讨论过信息的概念。由于信源发出的消息常常是随机的,所以接收者在没有收到消息之前不能确定信源发出的是什么消息。只有当信源发出的消息通过信道传输,接收者收到消息之后,消除了不确定性,才获得了信息。由此可见,信源中某一消息发生的不确定性越大,则其所包含的信息量也越大。一旦它发生,并为接收者收到后,消除的不确定性也越大,获得的信息也越多。反之,信源中某一消息发生的不确定性小,一旦它发生并为接收者收到后,获得的信息量就小。

因此,可用信源消息符号的不确定性作为信源输出信息的度量。

定义 3.2.2　设信源 X 中,事件 x_i 发生的概率为 $p(x_i)$,则 x_i 所含有的自信息量定义为

$$I(x_i) \stackrel{\text{def}}{=\!=} -\log p(x_i) \tag{3-6}$$

由定义 3.2.2 所给出的自信息量的函数形式可以看出:

(1) 信源中信息的量度与输出符号发生的概率有关;

(2) 函数 $I(x_i)$ 是先验概率 $p(x_i)$ 的单调减函数,即随着某一符号发生的概率的增加,所包含的不确定性应减少;

(3) 当先验概率 $p(x_i)=1$ 时,$I(x_i)=0$,$p(x_i)=0$ 时,$I(x_i)=\infty$;

(4) 信息量的定义应满足可加性,即满足泛函方程

$$f\left(\frac{1}{n}\right) + f\left(\frac{1}{m}\right) = f\left(\frac{1}{mn}\right)$$

可以证明,满足上述条件的函数形式为概率倒数的对数函数。

自信息量 $I(x_i)$ 是指某一信源发出某一消息符号 x_i 所含有的信息量,所发出的消息符号不同,它们含有的信息量也就各不相同,故自信息量 $I(x_i)$ 是一个随机变量,不能用它来作为整个信源输出信息的信息测度。为此,引入平均自信息量,即信息熵来作为信源输出信息的信息测度。

定义 3.2.3   信源输出各消息的自信息量的数学期望为信源的平均自信息量

$$H(X) = E[I(x_i)] = -\sum_{i=1}^{q} p(x_i) \log p(x_i) \qquad (3-7)$$

或称为信源的信息熵,简称信源熵。

信源熵 $H(X)$ 是信源输出各消息 x_i 的自信息量 $I(x_i)$ 的概率加权平均值

$$H(X) = \sum_{X} p(x_i) I(x_i) \Big/ \sum_{X} p(x_i)$$

信源熵是从平均意义上表征信源总体统计特征的一个量,是对信源的统计平均不确定性的描述。

信源熵 $H(X)$ 是概率函数 $p(x)$ 的函数,即

$$H(X) = \sum_{X} p(x_i) I(x_i) = -\sum_{X} p(x_i) \log p(x_i) =$$
$$H[p(x_i)] \qquad i = 1, 2, \cdots, q$$

例 3.2.1   设信源符号集为 $X = \{x_1, x_2, x_3\}$,每个符号发生的概率分别为 $p(x_1) = \dfrac{1}{2}$, $p(x_2) = \dfrac{1}{4}$, $p(x_3) = \dfrac{1}{4}$,则信源熵为

$$H(X) = \frac{1}{2} \operatorname{lb} 2 + \frac{1}{4} \operatorname{lb} 4 + \frac{1}{4} \operatorname{lb} 4 = \frac{3}{2} \ \text{bit/ 符号}$$

例 3.2.2   二元信源

二元信源是离散信源的一个特例。该信源 X 输出符号只有两个,设为 0 和 1。输出符号发生的概率分别为 p 和 q,$p + q = 1$,即信源的概率空间为

$$\begin{bmatrix} X \\ P \end{bmatrix} = \begin{bmatrix} 0 & 1 \\ p & q \end{bmatrix}$$

根据式(3-7)可得二元信源熵为

$$H(X) = -p \log p - q \log q =$$
$$-p \log p - (1-p) \log (1-p) =$$
$$H(p)$$

这时,信源信息熵 $H(X)$ 是概率 p 的函数,通常用 $H(p)$ 表示。p 取值于区间 $[0, 1]$。$H(p)$ 函数曲线如图 3.1 所示。

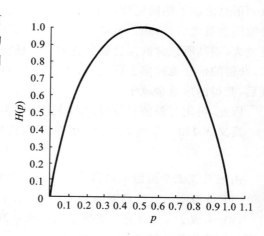

图 3.1   熵函数 $H(p)$

从图 3.1 中看出,如果二元信源的输出符号是确定的,即 $p = 1$ 或 $q = 1$,则该信源不提供任何信息。反之,当二元信源符号 0 和 1 以等概率发生时,信源熵达到极大值,等于 1 bit 信息量。

3.3　离散无记忆信源的扩展信源

离散无记忆信源是最简单的信源模型。实际信源输出往往是时间或空间上一系列消息符号的集合。例如,电报系统发出的是一串有、无脉冲的信号(视有脉冲为"1"、无脉冲为"0")。这时该电报系统就可以视为二进制信源。其信源输出是一串 0,1 序列。一般情况下,信源输出序列中每一位出现什么符号是随机的,而且前后符号的出现有一定统计关系。如果假定输出消息符号序列中前后符号的出现是彼此无关的,则导出离散无记忆信源。

本节介绍离散无记忆信源的 N 次扩展信源。

3.3.1　最简单的离散信源

最简单的离散信源的输出可用一维离散随机变量描述。

设一个离散无记忆信源 X 的概率空间为

$$\begin{bmatrix} X \\ p(x) \end{bmatrix} = \begin{bmatrix} a_1 & a_2 & \cdots & a_q \\ p(a_1) & p(a_2) & \cdots & p(a_q) \end{bmatrix}$$

且

$$p(a_i) \geqslant 0 \qquad i = 1, 2, \cdots, q$$

$$\sum_{i=1}^{q} p(a_i) = 1$$

该信源共有 q 个输出消息符号。

对于二进制信源,$q=2$,信源输出符号只有两个:"0"或"1"。设 $P(X=0)=p$,$P(X=1)=\overline{p}$,$p+\overline{p}=1$,则信源数学模型为

$$\begin{bmatrix} X \\ p(x) \end{bmatrix} = \begin{bmatrix} 0 & 1 \\ p & \overline{p} \end{bmatrix} \tag{3-8}$$

3.3.2　N 次扩展信源

1. 离散无记忆二进制信源 X 的二次扩展信源

二次扩展信源输出的消息符号序列是分组发出的,如图 3.2 所示。每两个二进制数字构成一组,则新的等效信源 X 的输出符号为 00,01,10,11。

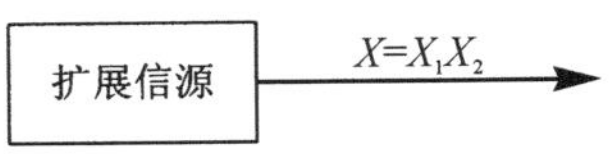

图 3.2　二次扩展信源

二次扩展信源的数学模型为

$$\begin{bmatrix} X \\ p(a) \end{bmatrix} = \begin{bmatrix} a_1 & a_2 & a_3 & a_4 \\ p(a_1) & p(a_2) & p(a_3) & p(a_4) \end{bmatrix} \tag{3-9}$$

式中 a 为二次扩展信源 X 的输出符号。这里,$a_1=00$,$a_2=01$,$a_3=10$,$a_4=11$,且有

$$p(a_i) = P(X=a_i) = \prod_{k=1}^{N} P(X_k = a_{i_k}) =$$

$$\prod_{k=1}^{2} P(X_k = a_{i_k}) = \prod_{k=1}^{2} p_{i_k}$$

式中,$a_{i_k} \in A = (a_1, a_2) = (0,1)$,$k = 1, \cdots, N$,表示二次扩展信源 X 中分量的序数,$N = 2$ 为序列长度,$i = 1, 2, 3, 4$ 表示信源 X 的符号序数,概率 p_{i_k} 表示分量 X_k,$k = 1, 2$ 取值 a_1 或 a_2 的概率。

2. 离散无记忆二进制信源 X 的三次扩展信源

三次扩展信源 $X^3 = (X_1, X_2, X_3)$ 共输出 q^N 个消息符号,$q = 2$,$N = 3$。这样,长度 N 为 3 的二进制序列符号共有 8 个,即 $a_i, i = 1, 2, \cdots, 8$。它可等效为一个具有 8 个消息符号的新信源 X。同时有

$$p(a_i) = P(X = a_i) = \prod_{k=1}^{N} P(X_k = a_{i_k}) = \prod_{k=1}^{3} p_{i_k}$$

其中

$$a_{i_k} \in A = (0,1)$$

三次扩展信源 X 的概率空间为

$$\begin{bmatrix} X \\ p(a) \end{bmatrix} = \begin{bmatrix} a_1 & a_2 & a_3 & a_4 & a_5 & a_6 & a_7 & a_8 \\ p(a_1) & p(a_2) & p(a_3) & p(a_4) & p(a_5) & p(a_6) & p(a_7) & p(a_8) \end{bmatrix}$$

依次类推,可推广到 N 次扩展信源 $X^N = (X_1, X_2, \cdots, X_N)$。此时,由 N 个二进制数字为一组所构成的新信源 X 共有 2^N 个符号,每个符号长度为 N,称它为二进制信源的 N 次扩展信源。

上面利用离散无记忆二进制信源的扩展,分析了 N 次扩展信源的内涵。现在,来讨论更为一般的情况,即离散无记忆信源的 N 次扩展。

3. 离散无记忆信源的 N 次扩展

定义 3.3.1 设 X 是一个离散无记忆信源,其概率空间为

$$\begin{bmatrix} X \\ p(x) \end{bmatrix} = \begin{bmatrix} a_1 & a_2 & \cdots & a_q \\ p_1 & p_2 & \cdots & p_q \end{bmatrix}$$

式中,q 为信源符号个数,$p_i = P(X = a_i)$,$i = 1, 2, \cdots, q$。则 X 的 N 次扩展信源 X^N 是具有 q^N 个消息符号的离散无记忆信源。其 N 重概率空间为

$$\begin{bmatrix} X^N \\ p(a) \end{bmatrix} = \begin{bmatrix} a_1 & a_2 & \cdots & a_{q^N} \\ p(a_1) & p(a_2) & \cdots & p(a_{q^N}) \end{bmatrix} \tag{3-10}$$

式中

$$X^N = (X_1, X_2, \cdots, X_N)$$

$$a_i = (a_{i_1} a_{i_2} \cdots a_{i_N})$$

$$a_{i_k} \in A = (a_1 a_2 \cdots a_q) \quad k = 1, 2, \cdots, N$$

$$p(a_i) = P(X^N = a_i) = \prod_{k=1}^{N} p_{i_k}$$

3.3.3 N 次扩展信源的熵

定义 3.3.2 离散无记忆信源 X 的 N 次扩展信源 X^N 的熵等于信源 X 的熵的 N 倍,即

$$H(X^N) = NH(X) \tag{3-11}$$

证明: 由 N 次扩展信源的含义及熵的定义可知,N 次扩展信源的熵为

$$H(X^N) = -\sum_{X^N} p(a_i) \log p(a_i) \qquad (3-12)$$

式中,求和是对 N 重信源 X^N 中所有 q^N 个符号进行的。这种对 X^N 中的 q^N 个符号求和可等效为对 N 个求和,而其中对每一个求和又是对 X 中的 q 个符号求和。这是因为 $a_i = (a_{i_1} \ a_{i_2} \cdots a_{i_N})$,而 $a_{i_k} \in A = (a_1 a_2 \cdots a_q)$,$k = 1, 2, \cdots, N$。此外,对于无记忆信源,可以证明 N 重概率空间是完备的,即

$$\sum_{X^N} p(a_i) = \sum_{X^N} p_{i_1} \ p_{i_2} \cdots p_{i_N} =$$

$$\sum_{i_1=1}^{q} \sum_{i_2=1}^{q} \cdots \sum_{i_N=1}^{q} p_{i_1} \ p_{i_2} \cdots p_{i_N} =$$

$$\sum_{i_1=1}^{q} p_{i_1} \sum_{i_2=1}^{q} p_{i_2} \cdots \sum_{i_N=1}^{q} p_{i_N} = 1 \qquad (3-13)$$

式(3 - 12)可以改写成

$$H(X^N) = \sum_{X^N} p(a_i) \log \frac{1}{p_{i_1} \ p_{i_2} \cdots p_{i_N}} =$$

$$\sum_{X^N} p(a_i) \log \frac{1}{p_{i_1}} + \sum_{X^N} p(a_i) \log \frac{1}{p_{i_2}} + \cdots +$$

$$\sum_{X^N} p(a_i) \log \frac{1}{p_{i_N}} \qquad (3-14)$$

式(3 - 14)中共有 N 项,先考察第一项

$$\sum_{X^N} p(a_i) \log \frac{1}{p_{i_1}} = \sum_{X^N} p_{i_1} \ p_{i_2} \cdots p_{i_N} \log \frac{1}{p_{i_1}} =$$

$$\sum_{i_1=1}^{q} p_{i_1} \log \frac{1}{p_{i_1}} \sum_{i_2=1}^{q} p_{i_2} \sum_{i_3=1}^{q} p_{i_3} \cdots \sum_{i_N=1}^{q} p_{i_N} =$$

$$\sum_{i_1=1}^{q} p_{i_1} \log \frac{1}{p_{i_1}} =$$

$$\sum_{X} p_{i_1} \log \frac{1}{p_{i_1}} = H(X)$$

上式中引用了

$$\sum_{i_k=1}^{q} p_{i_k} = 1 \qquad k = 1, 2, \cdots, N$$

按照上述方法可以计算式(3 - 14)中其余的 $N-1$ 项,最后可得

$$H(X^N) = H(X) + H(X) + \cdots + H(X) = NH(X)$$

这表明离散无记忆信源 X 的 N 次扩展信源 $X = (X_1, X_2, \cdots, X_N)$ 每输出 1 个消息符号(即符号序列)所提供的信息熵是信源 X 每输出 1 个消息符号所提供信息熵的 N 倍。

例 3.3.1　设有一离散无记忆信源 X,其概率空间为

$$\begin{bmatrix} X \\ P \end{bmatrix} = \begin{bmatrix} a_1 & a_2 & a_3 \\ \dfrac{1}{2} & \dfrac{1}{4} & \dfrac{1}{4} \end{bmatrix}$$

且

$$\sum_{j=1}^{3} p_j = 1$$

求该信源 X 的二次扩展信源的熵。

由于信源 X 中共有 $q=3$ 个符号,而二次扩展的结果 $N=2$,故二次扩展信源 X^2 共有 $q^N=9$ 个不同的符号,即 $\alpha_i, i=1,2,\cdots,9$。又因信源是无记忆的,故有

$$p(\alpha_i) = P(X^2 = \alpha_i) =$$
$$P(X_1 = a_{i_1}) P(X_2 = a_{i_2}) = p_{i_1} p_{i_2} \qquad i_1 = 1,2,3; i_2 = 1,2,3$$

二次扩展信源输出符号序列及相应概率如表 3.1 所列。

表　3.1

X^2 信源符号 a_i	a_1	a_2	a_3	a_4	a_5	a_6	a_7	a_8	a_9
符号序列	$a_1 a_1$	$a_1 a_2$	$a_1 a_3$	$a_2 a_1$	$a_2 a_2$	$a_2 a_3$	$a_3 a_1$	$a_3 a_2$	$a_3 a_3$
概率 $p(a_i)$	$\dfrac{1}{4}$	$\dfrac{1}{8}$	$\dfrac{1}{8}$	$\dfrac{1}{8}$	$\dfrac{1}{16}$	$\dfrac{1}{16}$	$\dfrac{1}{8}$	$\dfrac{1}{16}$	$\dfrac{1}{16}$

可以算得,原始信源熵为

$$H(X) = \sum_{j=1}^{3} p(a_j) \log \frac{1}{p(a_j)} =$$
$$\frac{1}{2} \text{lb} \, 2 + 2 \times \frac{1}{4} \text{lb} \, 4 = 1.5 \text{ bit/ 符号}$$

而二次扩展信源熵为

$$H(X^2) = \sum_{X^2} p(a_i) \log \frac{1}{p(a_i)} =$$
$$\frac{1}{4} \text{lb} \, 4 + 4 \times \frac{1}{8} \text{lb} \, 8 + 4 \times \frac{1}{16} \text{lb} \, 16 = 3 \text{ bit/ 符号}$$

故有

$$H(X^2) = 2H(X)$$

3.4　离散平稳信源

3.4.1　平稳信源

通常,实际信源往往不是一个简单的无记忆信源,针对实际信源无记忆信源的理论适用范围则显出它的局限性。实际信源的输出往往是空间或时间的离散随机序列,而且序列中的符号之间有依存关系。一般情况下,离散信源的输出是一双边序列,即 $\cdots, X_{-1}, X_0, X_1, \cdots$。其中,$X_i$ 是一随机变量,且 $x_i \in A = (a_1, a_2, \cdots, a_q)$,$i = \cdots, -1, 0, 1, \cdots$,对一切 i,信源发出的符号之间的关系可以用联合概率分布函数来描述。

定义 3.4.1 若信源产生的随机序列 X_i,$i=1,2,\cdots$ 满足:

(1) 所有 X_i,$i=1,,2,\cdots$ 都取值于有限的信源符号集 $A = (a_1, a_2, \cdots, a_q)$;

(2) 随机序列是平稳的,即对所有的非负整数 $i_1, i_2, \cdots, i_N, h$ 及 $x_1, x_2, \cdots, x_N \in A$,有

$$P\{X_{i_1}=x_1, X_{i_2}=x_2, \cdots, X_{i_N}=x_N\} =$$
$$P\{X_{i_1+h}=x_1, X_{i_2+h}=x_2, \cdots, X_{i_N+h}=x_N\}$$

则称此信源为离散平稳信源。

从上述定义看出,平稳信源发出的符号序列的概率分布与时间起点无关。换言之,平稳信源发出的符号序列的概率分布函数可以平移。

若当任意两个不同时刻信源发出符号的概率分布完全相同,即

$$P(X_i=x)=P(X_j=x)=p(x)$$

式中,i,j 为任意整数,$i \neq j$,$x \in A=(a_1, a_2, \cdots, a_q)$,则称具有这样性质的信源为一维平稳信源。它意味着一维平稳信源无论在什么时刻均按一维概率分布 $p(x)$ 发出符号。

如果随机序列的二维联合概率分布 $p(x_1, x_2)$ 也与时间起点无关,即

$$P(X_{i_1}=x_1, X_{i_2}=x_2)=P(X_{j_1}=x_1, X_{j_2}=x_2)=p(x_1 x_2)$$

式中,i,j 为任意整数,$i \neq j$,$x_1, x_2 \in A=(a_1, a_2, \cdots, a_q)$,则称具有这种性质的信源为二维平稳信源。

如果 N 维联合概率分布 $p(x_1, x_2, \cdots, x_N)$ 与时间起点无关,即

$$P(X_{i_1}=x_1, X_{i_2}=x_2, \cdots, X_{i_N}=x_N) =$$
$$P(X_{j_1}=x_1, X_{j_2}=x_2, \cdots, X_{j_N}=x_N)$$

则称具有这种性质的信源是完全平稳的。完全平稳的信源简称为平稳信源。对于输出为 N 长序列的平稳信源,在某时刻发出什么样符号与它前面发出的 $k(k<N)$ 个符号有关,那么任何时刻它们的这种依存关系是不变的。

3.4.2　平稳信源的熵

最简单的有记忆平稳信源是 N 长为 2 的情况,即二维平稳信源。这时,信源 $X=X_1 X_2$,其信源的概率空间为

$$\begin{bmatrix} X \\ P \end{bmatrix} = \begin{bmatrix} a_1 a_1 & a_1 a_2 & \cdots & a_q a_q \\ p(a_1, a_1) & p(a_1, a_2) & \cdots & p(a_q, a_q) \end{bmatrix}$$

根据信息熵的定义,其联合熵为

$$H(X)=H(X_1 X_2)=-\sum_{i=1}^{q}\sum_{j=1}^{q} p(a_i, a_j) \log p(a_i, a_j) \tag{3-15}$$

该信源的条件熵为

$$H(X_2 \mid X_1)=\sum_{i=1}^{q} p(a_i) H(X_2 \mid X_1=a_i) =$$
$$-\sum_{i=1}^{q}\sum_{j=1}^{q} p(a_i) p(a_j \mid a_i) \log p(a_j \mid a_i) =$$
$$-\sum_{i=1}^{q}\sum_{j=1}^{q} p(a_i, a_j) \log p(a_j \mid a_i) \tag{3-16}$$

上式表明,平稳信源 X 输出一个符号 $X_1=a_i$,$a_i \in A=(a_1, a_2, \cdots, a_q)$,那么,对于某一个 a_i,信源输出下一个符号 $X_2=a_j$,$a_j \in A=(a_1, a_2, \cdots, a_q)$ 存在一个平均不确定性 $H(X_2|X_1=a_i)$。但是,该平均不确定性的大小是因 a_i 而异的。因此,对所有 a_i,$i=1,2,\cdots,q$ 进行加权

平均就得到当前面的一个符号已知时,信源输出下一个符号的总的平均不确定性。

由式(2-31)可得

$$H(X_1, X_2) = H(X_1) + H(X_2 \mid X_1) \tag{3-17}$$

该式表明,信源联合熵等于信源发出前一个符号的信息熵加上前一个符号已知时信源发出下一个符号的条件熵。当前后序列无依存关系时,此式转化成式(2-33),表示熵的可加性。但是,一般信源发出的符号序列中,前后符号之间总是存在着依赖关系,故称式(3-17)为熵的强可加性。

3.4.3　极限熵

对于一般的平稳有记忆信源,输出符号之间的相互依存关系不仅存在于相邻两个符号之间,而且存在于更多($N>2$)的符号之间。下面讨论 N 长信源序列的熵。

为了讨论方便起见,我们考虑平稳有记忆 N 次扩展信源,亦即 N 长信源序列 $X_1 X_2 \cdots X_N$ 中各分量 $X_i, i=1,2,\cdots,N$ 均取值自同一符号集 $A=(a_1, a_2, \cdots, a_q)$。

若信源输出为一个 N 长序列,则信源此刻的平均不确定性可用联合熵

$$H(X^N) = H(X_1, X_2, \cdots, X_N)$$

表示。由 2.3.5 节各种熵的性质可知

$$H(X^N) = \sum_{n=1}^{N} H(X_n \mid X^{n-1}) \tag{3-18}$$

式中,令 X^{n-1} 表示集合 $(X_1 X_2 \cdots X_{n-1})$。如果将集合 $(X_1 X_2 \cdots X_\gamma)$ 作为一个整体,即 $X^\gamma = (X_1 X_2 \cdots X_\gamma)$,则上式又可表示成

$$
\begin{aligned}
H(X^N) = H(X_1, X_2, \cdots, X_N) = \\
H(X_1, X_2, \cdots, X_\gamma) + H(X_{\gamma+1} \mid X_1, X_2, \cdots, X_\gamma) + \\
H(X_{\gamma+2} \mid X_1, X_2, \cdots, X_{\gamma+1}) + \cdots + H(X_N \mid X_1, X_2, \cdots, X_{N-1}) = \\
H(X^\gamma) + \sum_{j=1}^{N-\gamma} H(X_{\gamma+j} \mid X^{\gamma+j-1})
\end{aligned}
\tag{3-19}
$$

定义 3.4.2　信源输出为 N 长符号序列,平均每个符号的熵为

$$H_N(X) \stackrel{\text{def}}{=\!=} \frac{1}{N} H(X^N) = \frac{1}{N} H(X_1, X_2, \cdots, X_N) \tag{3-20}$$

式(3-20)是表示 N 长信源输出符号序列中,平均每个符号所携带的信息量,称为平均符号熵。

定义 3.4.3　信源输出为 N 长符号序列,当 $N \to \infty$,则极限熵为

$$H_\infty(X) \stackrel{\text{def}}{=\!=} \lim_{N \to \infty} H_N(X) = \lim_{N \to \infty} H(X_N \mid X_1, X_2, \cdots, X_{N-1}) \tag{3-21}$$

极限熵又称为极限信息量。

对于一般平稳信源,极限熵 $H_\infty(X)$ 是否存在及如何计算由下述定理给出。

定理 3.4.1　对任意离散平稳信源,若 $H_1(X) < \infty$,则有

$$\lim_{N \to \infty} H_N(X) = \lim_{N \to \infty} H(X_N \mid X_1, X_2, \cdots, X_{N-1}) \tag{3-22}$$

证明:由定义 3.4.2 知,

$$NH_N(X) = H(X^N) = H(X_1, X_2, \cdots, X_{N-1}) + H(X_N \mid X^{N-1}) =$$

$$(N-1)H_{N-1}(X)+H(X_N \mid X^{N-1}) \tag{3-23}$$

根据平稳信源的平稳性以及条件熵的性质,有

$$NH_N(X)=H(X^N)=\sum_{n=1}^{N}H(X_n \mid X^{n-1})\geqslant NH(X_N \mid X^{N-1})$$

即

$$H_N(X)\geqslant H(X_N \mid X^{N-1}) \tag{3-24}$$

将式(3-24)代入式(3-23),得

$$NH_N(X)\leqslant (N-1)H_{N-1}(X)+H_N(X)$$

即

$$H_N(X)\leqslant H_{N-1}(X) \tag{3-25}$$

这表明 $H_N(X)$ 是 N 的非递增函数,因而是有界的,即

$$0\leqslant H_N(X)\leqslant H_{N-1}(X)\leqslant \cdots \leqslant H_1(X)<\infty$$

由此可见平均符号熵 $H_N(X)$ 的极限是存在的。由平稳信源的平稳性和条件熵的性质可知, $H_N(X)$ 的和式的表达式中任一项为

$$H(X_n \mid X^{n-1})=H(X_n \mid X_1,X_2,\cdots,X_{n-1})=$$
$$H(X_N \mid X_{N-n+1},X_{N-n+2},\cdots,X_{N-1})\geqslant$$
$$H(X_N \mid X_1,X_2,\cdots,X_{N-1})$$

将上式代入 $H_N(X)$ 的定义式(3-20)得

$$H_N(X)=\frac{1}{N}\sum_{n=1}^{N}H(X_n \mid X^{n-1})\geqslant$$
$$H(X_N \mid X_1,X_2,\cdots,X_{N-1}) \tag{3-26}$$

又因为 $H(X_N\mid X_1,X_2,\cdots,X_{N-1})\leqslant H(X_{N-1}\mid X_1,X_2,\cdots,X_{N-2})\leqslant \cdots \leqslant H(X_2\mid X_1)\leqslant H(X_1)$,所以平均符号熵为

$$H_{N+j}(X)=\frac{1}{N+j}H(X_1,X_2,\cdots,X_{N-1},X_N,X_{N+1},\cdots,X_{N+j})=$$
$$\frac{1}{N+j}[H(X_1,X_2,\cdots,X_{N-1},X_N,X_{N+1},\cdots,X_{N+j-1})+$$
$$H(X_{N+j} \mid X_1,\cdots,X_{N-1},X_N,X_{N+1},\cdots,X_{N+j-1})]=$$
$$\frac{1}{N+j}[H(X_1,X_2,\cdots,X_{N-1})+H(X_N \mid X_1,X_2,\cdots,X_{N-1})+$$
$$H(X_{N+1} \mid X_1,X_2,\cdots,X_N)+\cdots +H(X_{N+j} \mid X_1,X_2,\cdots,X_{N+j-1})]=$$
$$\frac{1}{N+j}H(X_1,X_2,\cdots,X_{N-1})+\frac{1}{N+j}\sum_{n=N}^{N+j}H(X_n \mid X_1,X_2,\cdots,X_{n-1})\leqslant$$
$$\frac{1}{N+j}H(X_1,X_2,\cdots,X_{N-1})+\frac{j+1}{N+j}H(X_N \mid X^{N-1})$$

若固定 N,令 $j\to\infty$,则上式右端第一项趋于0,第二项系数趋于1,于是有

$$\lim_{j\to\infty}H_{N+j}(X)\leqslant H(X_N \mid X^{N-1}) \tag{3-27}$$

由式(3-26)和式(3-27)知, $H(X_N\mid X^{N-1})$ 的值在 $H_N(X)$ 和 $H_{N+j}(X)$ 之间。令 $N\to\infty$,有 $H_N(X)\to H_\infty(X)$, $H_{N+j}(X)\to H_\infty(X)$,故证得

$$\lim_{N\to\infty} H_N(X) = \lim_{N\to\infty} H(X_N \mid X^{N-1})$$

即

$$\lim_{N\to\infty} H_N(X) = \lim_{N\to\infty} H(X_N \mid X_1, X_2, \cdots, X_{N-1})$$

定理 3.4.1 中式(3-22)规定了平稳离散有记忆信源输出符号序列中平均每个信源符号的熵值，即极限熵。极限熵的计算十分困难。然而对于一般离散平稳信源，由于取 N 不很大时就能得出非常接近 $H_\infty(X)$ 值的 $H_N(X)$，因此，在实际应用中常取有限 N 下的条件熵 $H(X_N \mid X^{N-1})$ 作为 $H_\infty(X)$ 的近似值。当平稳信源输出序列的相关性随着 N 的增加迅速减小时，可取不很大的 N 值就能得到满意的结果。

一般情况下，平稳信源输出符号序列中符号之间的相关性可以追溯到最初的一个符号。但是，如果信源发出的符号仅与在此之前发出的有限个符号有关，而与更早些时候发出的符号无关时，就称这样的信源为马尔可夫信源。下节介绍马尔可夫信源。

3.5 马尔可夫信源

在非平稳离散信源中，当信源输出序列长度 N 很大甚至趋于无穷大时，描述有记忆信源要比描述无记忆信源困难得多。在实际问题中，我们往往试图限制记忆长度，就是说任何时刻信源发出符号的概率只与前面已经发出的 $m(m<N)$ 个符号有关，而与更前面发出的符号无关。用概率意义可表示为

$$p(x_t \mid x_{t-1}, x_{t-2}, x_{t-3}, \cdots, x_{t-m}, \cdots) = p(x_t \mid x_{t-1}, \cdots, x_{t-m})$$

这是一种具有马尔可夫链性质的信源，是十分重要而又常见的一种有记忆信源。

3.5.1 有限状态马尔可夫链

定义 3.5.1 设 $\{X_n, n\in N^+\}$ 为一离散随机序列，时间参数集 $N^+=\{0,1,2,\cdots\}$，其状态空间 $S=\{S_1, S_2, \cdots, S_J\}$，若对所有 $n\in N^+$，有

$$P\{X_n=S_{i_n} \mid X_{n-1}=S_{i_{n-1}}, X_{n-2}=S_{i_{n-2}}, \cdots, X_1=S_{i_1}\} =$$
$$P\{X_n=S_{i_n} \mid X_{n-1}=S_{i_{n-1}}\}$$

$$(3-28)$$

则称 $\{X_n, n\in N^+\}$ 为马尔可夫链。

式(3-28)的直观意义是：系统在现在时刻 $n-1$ 处于状态 $S_{i_{n-1}}$，那么将来时刻 n 的状态 S_{i_n} 与过去时刻 $n-2, n-3, \cdots, 1$ 的状态 $S_{i_{n-2}}, \cdots, S_{i_1}$ 无关，仅与现在时刻 $n-1$ 的状态 $S_{i_{n-1}}$ 有关。简言之，已知系统的现在，那么系统的将来与过去无关，只与现在有关，这种特性称为马尔可夫特性。

在处理实际问题时，常常需要知道系统状态的转化情况，因此引入转移概率

$$p_{ij}(m,n) = P\{X_n=S_j \mid X_m=S_i\} = P\{X_n=j \mid X_m=i\} \quad i,j\in S \quad (3-29)$$

转移概率 $p_{ij}(m,n)$ 表示已知在时刻 m 系统处于状态 S_i，或说 X_m 取值 S_i 的条件下，经$(n-m)$步后转移到状态 S_j 的概率。也可以把 $p_{ij}(m,n)$ 理解为已知在时刻 m 系统处于状态 i 的条件下，在时刻 n 系统处于状态 j 的条件概率，故转移概率实际上是一个条件概率。因此，转移概率具有下述性质：

(1) $\quad p_{ij}(m,n)\geq 0 \quad i,j\in S$

(2) $\quad \sum_{j\in S} p_{ij}(m,n)=1 \quad i\in S$

由于转移概率是一条件概率,因此第一个性质是显然的;对于第二个性质,有

$$\sum_{j \in S} p_{ij}(m,n) = \sum_{j \in S} P\{X_n = j \mid X_m = i\} = P\{S \mid X_m = i\} = 1$$

我们特别关心 $n-m=1$,即 $p_{ij}(m,m+1)$ 的情况。把 $p_{ij}(m,m+1)$ 记为 $p_{ij}(m),m \geqslant 0$,并称为基本转移概率,有些地方也称它为一步转移概率。

$$p_{ij}(m) = P\{X_{m+1} = j \mid X_m = i\} \qquad i,j \in S \qquad (3-30)$$

括号中 m 表示转移概率与时刻 m 有关。显然,基本转移概率具有下述性质:

（1）　　$p_{ij}(m) \geqslant 0$ 　　　　$i,j \in S$

（2）　　$\sum_{j \in S} p_{ij}(m) = 1$ 　　　$i \in S$

类似地,定义 k 步转移概率为

$$p_{ij}^{(k)}(m) = P\{X_{m+k} = j \mid X_m = i\} \qquad i,j \in S \qquad (3-31)$$

它表示在时刻 m 时,X_m 的状态为 i 的条件下,经过 k 步转移到达状态 j 的概率。显然有

（1）　　$p_{ij}^{(k)}(m) \geqslant 0$ 　　　　$i,j \in S$

（2）　　$\sum_{j \in S} p_{ij}^{(k)}(m) = 1$ 　　　$i \in S$

当 $k=1$ 时,它恰好是一步转移概率

$$p_{ij}^{(1)}(m) = p_{ij}(m)$$

通常还规定

$$p_{ij}^{(0)}(m) = \delta_{ij} = \begin{cases} 1 & i = j \\ 0 & i \neq j \end{cases} \qquad (3-32)$$

由于系统在任一时刻可处于状态空间 $S = \{0, \pm 1, \pm 2, \cdots\}$ 中的任一个状态,因此,状态转移时,转移概率是一个矩阵

$$\boldsymbol{P} = \{p_{ij}^{(k)}(m), i,j \in S\} \qquad (3-33)$$

称为 k 步转移矩阵。由于所有具有性质（1）、（2）的矩阵都是随机矩阵,故式（3-33）也是一个随机矩阵。它决定了系统 $X_1, X_2, \cdots$,所取状态转移过程的概率法则。$p_{ij}^{(k)}(m)$ 对应于矩阵 $\boldsymbol{P}$ 中的第 i 行 j 列之元素。由于一般情况下,状态空间 $S = \{0, \pm 1, \pm 2, \cdots\}$ 是一可数无穷集合,所以转移矩阵 $\boldsymbol{P}$ 是一无穷行无穷列的随机矩阵。

定义 3.5.2　如果在马尔可夫链中

$$p_{ij}(m) = P\{X_{m+1} = j \mid X_m = i\} = p_{ij} \qquad i,j \in S \qquad (3-34)$$

即从状态 i 转移到状态 j 的概率与 m 无关,则称这类马尔可夫链为时齐马尔可夫链,或齐次马尔可夫链。有时也说它是具有平稳转移概率的马尔可夫链。

对于时齐马尔可夫链,一步转移概率 p_{ij} 具有下述性质:

（1）　　$p_{ij} \geqslant 0$ 　　　　$i,j \in S$

（2）　　$\sum_{j \in S} p_{ij} = 1$ 　　　$i \in S$

由一步转移概率 p_{ij} 可以写出其转移矩阵为

$$\boldsymbol{P} = \{p_{ij}, i,j \in S\} \qquad (3-35)$$

或

$$\boldsymbol{P} = \begin{bmatrix} p_{11} & p_{12} & p_{13} & \cdots \\ p_{21} & p_{22} & p_{23} & \cdots \\ p_{31} & p_{32} & p_{33} & \cdots \\ \cdots & \cdots & \cdots & \cdots \end{bmatrix} \qquad (3-36)$$

显然矩阵 P 中的每一个元素都是非负的,并且每行之和均为 1。如果马尔可夫链中状态空间 $S=\{0,1,2,\cdots,n\}$ 是有限的,则称为有限状态的马尔可夫链;如果状态空间 $S=\{0,\pm1,\pm2,\cdots\}$ 是无穷集合,则称它为可数无穷状态的马尔可夫链。

对于具有 $m+r$ 步转移概率的齐次马尔可夫链,存在下述切普曼-柯尔莫哥洛夫方程

$$P^{(m+r)}=P^{(m)}P^{(r)} \qquad m,r\geqslant 1 \tag{3-37}$$

或写成

$$p_{ij}^{(m+r)}=\sum_{k\in S}p_{ik}^{(m)}p_{kj}^{(r)} \qquad i,j\in S \tag{3-38}$$

证明: 应用全概率公式可以证明式(3-38)成立

$$p_{ij}^{(m+r)}=P\{X_{n+m+r}=S_j\mid X_n=S_i\}=$$

$$\frac{P\{X_{n+m+r}=S_j,X_n=S_i\}}{P\{X_n=S_i\}}=$$

$$\sum_{k\in S}\frac{P\{X_{n+m+r}=S_j,X_{n+m}=S_k,X_n=S_i\}}{P\{X_{n+m}=S_k,X_n=S_i\}}\cdot\frac{P\{X_{n+m}=S_k,X_n=S_i\}}{P\{X_n=S_i\}}=$$

$$\sum_{k\in S}P\{X_{n+m+r}=S_j\mid X_{n+m}=S_k,X_n=S_i\}\cdot P\{X_{n+m}=S_k\mid X_n=S_i\} \tag{3-39}$$

根据马尔可夫链特性及齐次性,可得上式中第一个因子为

$$P\{X_{n+m+r}=S_j\mid X_{n+m}=S_k,X_n=S_i\}=P\{X_{n+m+r}=S_j\mid X_{n+m}=S_k\}=p_{kj}^{(r)}$$

而第二个因子为

$$P\{X_{n+m}=S_k\mid X_n=S_i\}=p_{ik}^{(m)}$$

将上述结果代入式(3-39)后,则式(3-38)得证。

利用方程式(3-38)就可以用一步转移概率表达多步转移概率。显然,有

$$p_{ij}^{(2)}=\sum_{k\in S}p_{ik}p_{kj} \qquad i,j\in S \tag{3-40}$$

一般地有

$$p_{ij}^{(m+1)}=\sum_{k\in S}p_{ik}^{(m)}p_{kj}=\sum_{k\in S}p_{ik}p_{kj}^{(m)} \qquad i,j\in S \tag{3-41}$$

值得指出的是,转移概率 p_{ij} 不包含初始分布,亦即第 0 次随机试验中 $X_0=S_i$ 的概率不能由转移概率 p_{ij} 表达。因此,还需引入初始分布。由初始分布及各时刻的一步转移概率就可以完整描述马尔可夫链 $\{X_n,n\in N^+\}$ 的统计特性。

定义 3.5.3 若齐次马尔可夫链对一切 i,j 存在不依赖于 i 的极限

$$\lim_{n\to\infty}p_{ij}^{(n)}=p_j \tag{3-42}$$

且满足

$$p_j\geqslant 0$$

$$p_j=\sum_{i=0}^{\infty}p_ip_{ij}$$

$$\sum_j p_j=1$$

则称其具有遍历性,p_j 称为平稳分布。其中 p_i 为该马尔可夫链的初始分布。

遍历性的直观意义是,不论质点从哪一个状态 S_i 出发,当转移步数 n 足够大时,转移到状态 S_j 的概率 $p_{ij}^{(n)}$ 都近似等于某个常数 p_j。反过来说,如果转移步数 n 充分大,就可以用常

数 p_j 作为 n 步转移概率 $p_{ij}^{(n)}$ 的近似值。

　　这意味着马尔可夫信源在初始时刻可以处在任意状态,然后信源状态之间可以转移。经过足够长时间之后,信源处于什么状态已与初始状态无关。这时,每种状态出现的概率已达到一种稳定分布,即平稳分布。

　　对于一个有 r 个状态的马尔可夫链,若令

$$W_j^{(n)} = P\{t = n \text{ 时刻的状态为 } S_j\} = P\{X_n = S_j\}$$

则可以写出 $t = n-1$ 与 $t = n$ 时刻的状态方程

$$W_j^{(n)} = W_1^{(n-1)} p_{1j} + W_2^{(n-1)} p_{2j} + \cdots + W_r^{(n-1)} p_{rj} \qquad j = 1,2,\cdots,r \qquad (3-43)$$

设

$$\boldsymbol{W}^{(n)} = \begin{bmatrix} W_1^{(n)} & W_2^{(n)} & \cdots & W_r^{(n)} \end{bmatrix}$$

则式(3-43)可以表示成

$$\boldsymbol{W}^{(n)} = \boldsymbol{W}^{(n-1)} \boldsymbol{P} \qquad (3-44)$$

将上式递推运算后可得

$$\boldsymbol{W}^{(n)} = \boldsymbol{W}^{(n-1)} \boldsymbol{P} = \boldsymbol{W}^{(n-2)} \boldsymbol{P}^2 = \cdots = \boldsymbol{W}^{(0)} \boldsymbol{P}^n \qquad (3-45)$$

这就是说,$t = n$ 时刻的状态分布矢量 $\boldsymbol{W}^{(n)}$ 是初始分布矢量 $\boldsymbol{W}^{(0)}$ 与转移矩阵 $\boldsymbol{P}$ 的 n 次幂的乘积。

　　对于有限状态马尔可夫链,如果存在一个数集 $\{W_1, W_2, \cdots, W_r\}$,且满足

$$\lim_{n \to \infty} p_{ij}^{(n)} = W_j \qquad i,j = 1,2,\cdots,r$$

则称该马尔可夫链的稳态分布存在。

　　关于有限状态马尔可夫链的存在性,详细证明可参阅有关文献。这里,给出两个定理。

　　定理 3.5.1　设有一马尔可夫链,其状态转移矩阵为 $\boldsymbol{P} = (p_{ij})$,$i,j = 1,2,\cdots,r$,其稳态分布为 W_j,$j = 1,2,\cdots,r$,则

　　(1) $\sum_{j=1}^{r} W_j = 1$;

　　(2) $\boldsymbol{W} = (W_1, W_2, \cdots, W_r)$ 是该链的稳态分布矢量,即

$$\boldsymbol{W} \boldsymbol{P} = \boldsymbol{W} \qquad (3-46)$$

进而,如果初始分布 $\boldsymbol{W}^{(0)} = \boldsymbol{W}$,则对所有的 n,$\boldsymbol{W}^{(n)} = \boldsymbol{W}$;

　　(3) $\boldsymbol{W}$ 是该链的唯一稳态分布,即如果有

$$\boldsymbol{\Pi} = \begin{bmatrix} \Pi_1 \Pi_2 \cdots \Pi_r \end{bmatrix}$$

而且

$$\Pi_i \geqslant 0$$

$$\sum_{i=1}^{r} \Pi_i = 1$$

则

$$\boldsymbol{\Pi} \boldsymbol{P} = \boldsymbol{\Pi}$$

这意味着

$$\boldsymbol{\Pi} = \boldsymbol{W}$$

　　定理 3.5.2　设 $\boldsymbol{P}$ 为某一马尔可夫链的状态转移矩阵,则该链稳态分布存在的充要条件是存在一个正整数 N,使矩阵 $\boldsymbol{P}^N$ 中的所有元素均大于零。

　　实质上,由定理 3.5.2 所给定的条件等价于存在一个状态 S_j 和正整数 N,使得从任意初

始状态出发,经过 N 步转移之后,一定可以到达状态 S_j。同时,从定理 3.5.2 可以推论出,如果 P 中没有零元素,即任一状态经一步转移后便可到达其他状态,则稳态分布存在。

例 3.5.1 设有一马尔可夫链,其状态转移矩阵为

$$P = \begin{bmatrix} 0 & 0 & 1 \\ \dfrac{1}{2} & \dfrac{1}{3} & \dfrac{1}{6} \\ \dfrac{1}{2} & \dfrac{1}{2} & 0 \end{bmatrix}$$

为了验证它是否满足定理 3.5.2 的条件,计算矩阵

$$P^2 = \begin{bmatrix} 0 & 0 & * \\ * & * & * \\ * & * & 0 \end{bmatrix} \begin{bmatrix} 0 & 0 & * \\ * & * & * \\ * & * & 0 \end{bmatrix} = \begin{bmatrix} * & * & 0 \\ * & * & * \\ * & * & * \end{bmatrix}$$

和矩阵

$$P^3 = \begin{bmatrix} * & * & * \\ * & * & * \\ * & * & * \end{bmatrix}$$

式中,星号" $*$ "表示非零元素。因此,这个马尔可夫链是遍历的,其稳态分布存在。

由定理 3.5.1(第 3 条),有

$$WP = W$$

式中,$W = [W_1\ W_2\ W_3]$,即

$$W_1 = \frac{1}{2}W_2 + \frac{1}{2}W_3$$

$$W_2 = \frac{1}{3}W_2 + \frac{1}{2}W_3$$

$$W_3 = W_1 + \frac{1}{6}W_2$$

另有条件:$W_1 + W_2 + W_3 = 1$。

由上式可以求解出稳态分布:

$$W_1 = \frac{1}{3}, \qquad W_2 = \frac{2}{7}, \qquad W_3 = \frac{8}{21}$$

3.5.2 马尔可夫信源

一般情况下,信源输出的符号序列中符号之间的依赖关系是有限的,即任一时刻信源符号发生的概率仅与前面已经发出的若干个符号有关,而与更前面发出的符号相关性很小或无关。对于这种情况,我们可以视为信源在某一时刻发出的符号与信源所处的状态有关。设信源的状态空间为 $S = (S_1, S_2, \cdots, S_J)$,在每一状态下信源可能输出的符号 $X \in A(a_1, a_2, \cdots, a_q)$。并认为每一时刻当信源发出一个符号后,信源所处的状态将发生变化,并转入下一个新的状态。信源输出的随机符号序列为 $x_1 x_2 \cdots x_l \cdots, x_l \in A = (a_1, a_2, \cdots, a_q), l = 1, 2, \cdots$,信源所处的状态序列为 $u_1, u_2, \cdots, u_l, \cdots, u_l \in S = (S_1, S_2, \cdots, S_J), l = 1, 2, \cdots$。

定义 3.5.4 若信源输出的符号序列和状态序列满足下列条件则称此信源为马尔可夫信源。

（1）某一时刻信源符号的输出只与当时的信源状态有关，而与以前的状态无关，即

$$p(x_l = a_k \mid u_l = S_j, x_{l-1} = a_k, u_{l-1} = S_i, \cdots) = p(x_l = a_k \mid u_l = S_j) \quad (3-47)$$

其中，$a_k \in A = (a_1, a_2, \cdots, a_q)$，$S_i, S_j \in S = (S_1, S_2, \cdots, S_J)$。

（2）信源状态只由当前输出符号和前一时刻信源状态唯一确定，即

$$p(u_l = S_i \mid x_l = a_k, u_{l-1} = S_j) = \begin{cases} 1 \\ 0 \end{cases} \quad S_i, S_j \in S, a_k \in A \quad (3-48)$$

类似地，可以定义 m 阶马尔可夫信源。

定义 3.5.4 表明，信源输出的符号序列 $x_l = a_k$，$l = 1, 2, \cdots$ 完全由信源所处的状态 $u_l = S_j$ 决定。故可将信源输出的符号序列 x_l，$l = 1, 2, \cdots$ 变换成信源状态序列 u_l，$l = 1, 2, \cdots$。于是将一个讨论信源输出符号的不确定性问题变换成讨论信源状态转换的问题。从定义还可看出，若信源在 $l-1$ 时刻处于某一状态 S_j，它是信源状态空间 S 中 J 个可能状态中的一个，当信源发出一个符号后，所处的状态就变了，从 S_j 状态变成 S_i 状态，显然信源状态的转移依赖于信源发出的符号和所处的状态。状态之间的一步转移概率为

$$p_{ji} = P(u_l = S_i \mid u_{l-1} = S_j)$$

式中，$S_i, S_j \in S = (S_1, S_2, \cdots, S_J)$。它表示前一时刻 $(l-1)$ 信源处于 S_j 状态下，在下一时刻 l 信源将处于 S_i 状态。

马尔可夫信源在数学上可以用马尔可夫链来处理。因而可以用马尔可夫链的状态转移图来描述马尔可夫信源。

例 3.5.2　设有一个二进制一阶马尔可夫信源，其信源符号集为 $A = \{0, 1\}$，条件概率为

$$p(0 \mid 0) = 0.25$$
$$p(0 \mid 1) = 0.50$$
$$p(1 \mid 0) = 0.75$$
$$p(1 \mid 1) = 0.50$$

由于信源符号数 $q = 2$，因此二进制一阶信源仅有 2 个状态：$S_1 = 0$，$S_2 = 1$。信源的状态图如图 3.3 所示。由条件概率求得信源状态转移概率为

$$p(S_1 \mid S_1) = 0.25$$
$$p(S_1 \mid S_2) = 0.50$$
$$p(S_2 \mid S_1) = 0.75$$
$$p(S_2 \mid S_2) = 0.50$$

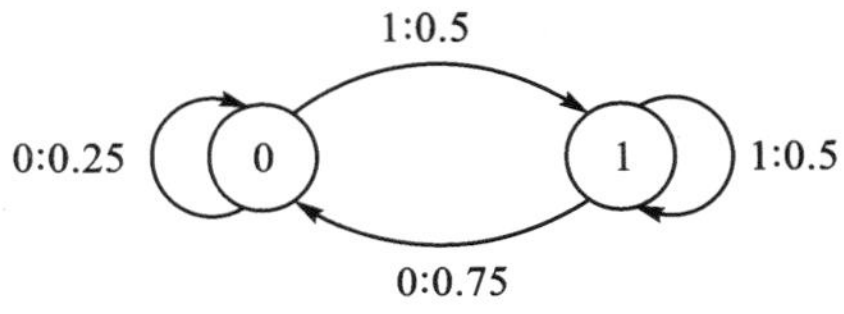

图 3.3　一阶马尔可夫信源状态转移图

例 3.5.3　设有一个二进制二阶马尔可夫信源，其信源符号集为 $\{0, 1\}$，条件概率为

$$p(0 \mid 00) = p(1 \mid 11) = 0.8$$
$$p(1 \mid 00) = p(0 \mid 11) = 0.2$$
$$p(0 \mid 01) = p(0 \mid 10) = p(1 \mid 01) = p(1 \mid 10) = 0.5$$

这个信源的符号数是 $q = 2$，故共有 $q^m = 2^2 = 4$ 个可能的状态：$S_1 = 00$，$S_2 = 01$，$S_3 = 10$，$S_4 = 11$。如果信源原来所处状态为 $S_1 = 00$，则下一个状态信源只可能发出 0 或 1。故下一时刻只可能转移到 00 或 01 状态，而不会转移到 10 或 11 状态。同理还可分析出初始状态为其他状

态时的状态转移过程。由条件概率容易求得

$$p(S_1 \mid S_1) = p(S_4 \mid S_4) = 0.8$$

$$p(S_2 \mid S_1) = p(S_3 \mid S_4) = 0.2$$

$$p(S_3 \mid S_2) = p(S_1 \mid S_3) = p(S_4 \mid S_2) =$$

$$p(S_2 \mid S_3) = 0.5$$

除此之外,其余为零。该信源的状态转移图如图 3.4 所示。

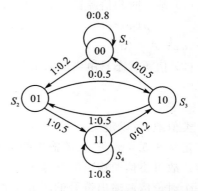

该信源的状态转移矩阵为

$$\boldsymbol{\Pi} = \begin{bmatrix} 0.8 & 0.2 & 0 & 0 \\ 0 & 0 & 0.5 & 0.5 \\ 0.5 & 0.5 & 0 & 0 \\ 0 & 0 & 0.2 & 0.8 \end{bmatrix}$$

图 3.4 二阶马尔可夫信源状态转移图

由此例看出,对于一般的 m 阶马尔可夫信源

$$\begin{bmatrix} X \\ P \end{bmatrix} = \begin{bmatrix} a_1 & a_2 & \cdots & a_q \\ & p(a_{i_{m+1}} \mid a_{i_1} a_{i_2} \cdots a_{i_m}) \end{bmatrix}$$

可通过引入状态转移概率,将其转化为马尔可夫链,即令

$$S_i = (a_{i_1}, a_{i_2}, \cdots, a_{i_m}) \qquad i_1, i_2, \cdots, i_m \in (1, 2, \cdots, q)$$

从而得到马尔可夫信源状态空间为

$$\begin{bmatrix} S_1 & S_2 & \cdots & S_{q^m} \\ & p(S_j \mid S_i) & \end{bmatrix}$$

式中,状态转移概率 $p(S_j \mid S_i)$ 由信源符号条件概率

$$p(a_{i_{m+1}} \mid a_{i_1} a_{i_2} \cdots a_{i_m})$$

确定,其中 $i, j \in (1, 2, \cdots, q^m)$。

下面计算遍历的 m 阶马尔可夫信源所能提供的平均信息量,即信源的极限熵 H_∞。

由前面的分析可知,当时间足够长后,遍历的 m 阶马尔可夫信源可以视作平稳信源来处理。又因为信源发出的符号只与最近的 m 个符号有关,所以根据式(3-22)可得

$$H_\infty = \lim_{N \to \infty} H(X_N \mid X_1, X_2, \cdots, X_{N-1}) =$$

$$H(X_{m+1} \mid X_1, X_2, \cdots, X_m) = H_{m+1} \tag{3-49}$$

即 m 阶马尔可夫信源的极限熵 H_∞ 等于 m 阶条件熵。

下面计算 H_{m+1}。

对于齐次、遍历的马尔可夫链,其状态 S_j 由 $(a_{k_1}, \cdots, a_{k_m})$ 唯一确定,因此有

$$p(a_{k_{m+1}} \mid a_{k_m}, \cdots, a_{k_1}) = p(a_{k_{m+1}} \mid S_j) \tag{3-50}$$

上式两端同取对数,并对 $(a_{k_{m+1}}, a_{k_m}, \cdots, a_{k_1})$ 和 S_j 取统计平均,然后取负,得

$$左端 = - \sum_{k_{m+1}, \cdots, k_1; S_j} p(a_{k_{m+1}}, \cdots, a_{k_1}; S_j) \cdot \log p(a_{k_{m+1}} \mid a_{k_m}, \cdots, a_{k_1}) =$$

$$- \sum_{k_{m+1}, \cdots, k_1} p(a_{k_{m+1}}, \cdots, a_{k_1}) \cdot \log p(a_{k_{m+1}} \mid a_{k_m}, \cdots, a_{k_1}) =$$

$$H(a_{k_{m+1}} \mid a_{k_m}, a_{k_{m-1}}, \cdots, a_{k_1}) = H_{m+1}$$

$$右端 = -\sum_{k_{m+1},\cdots,k_1;S_j} p(a_{k_{m+1}},\cdots,a_{k_1};S_j) \cdot \log p(a_{k_{m+1}} \mid S_j) =$$

$$-\sum_{k_{m+1},\cdots,k_1;S_j} p(a_{k_m},\cdots,a_{k_1},S_j) p(a_{k_{m+1}} \mid S_j) \cdot \log p(a_{k_{m+1}} \mid S_j) =$$

$$-\sum_{k_{m+1}} \sum_{S_j} p(S_j) p(a_{k_{m+1}} \mid S_j) \log p(a_{k_{m+1}} \mid S_j) =$$

$$\sum_{S_j} p(S_j) H(X \mid S_j)$$

亦即

$$H_{m+1} = \sum_{S_j} p(S_j) H(X \mid S_j)$$

式中 $p(S_j)$ 是马尔可夫链的平稳分布,它可以根据定理 3.5.1 给出的方法计算。熵函数 $H(X \mid S_j)$ 表示信源处于某一状态 S_j 时发出一个消息符号的平均不确定性。

下面举例说明马尔可夫信源熵的计算方法。

例 3.5.4　考虑图 3.4 所示的二阶马尔可夫信源状态转移图。该信源的 4 个状态都是遍历的。于是,根据定理 3.5.1 可知,设

$$\boldsymbol{W} = \begin{bmatrix} W_1 & W_2 & W_3 & W_4 \end{bmatrix}$$

式中, $W_1 = p(S_1), W_2 = p(S_2), W_3 = p(S_3), W_4 = p(S_4)$。由方程(3-46)

$$\boldsymbol{WP} = \boldsymbol{W}$$

及条件

$$p(S_1) + p(S_2) + p(S_3) + p(S_4) = 1$$

可以解得:

$$p(S_1) = p(S_4) = \frac{5}{14}$$

$$p(S_2) = p(S_3) = \frac{1}{7}$$

从而求得信源熵 H_∞ ,即

$$H_\infty = H_{m+1} = H_3 =$$

$$-\sum_{S_j} \sum_i p(S_j) p(a_i \mid S_j) \log p(a_i \mid S_j) =$$

$$\sum_{S_j} p(S_j) H(X \mid S_j) =$$

$$\frac{5}{14} H(0.8, 0.2) + \frac{1}{7} H(0.5, 0.5) +$$

$$\frac{1}{7} H(0.5, 0.5) + \frac{5}{14} H(0.8, 0.2) =$$

$$\left(\frac{5}{7} \times 0.721\,9\right) \text{bit/符号} + \left(\frac{2}{7} \times 1\right) \text{bit/符号} = 0.80 \text{ bit/符号}$$

3.6　信源的相关性和剩余度

实际的离散信源可能是非平稳的。对于非平稳信源,极限熵 H_∞ 不一定存在,为了处理方

便，一般假定它是平稳的。并用平稳信源熵 H_∞ 近似表示非平稳信源极限熵 H_∞。在这种情况下，又进一步假设该信源是 k 阶马尔可夫信源，同时用 k 阶马尔可夫信源熵 H_{k+1} 近似表示 H_∞。转化成马尔可夫信源之后，和实际信源之间的近似程度取决于记忆长度 k。k 越大，阶数越高，近似程度越好，反之，k 越小，近似程度越差。这种信源输出不同符号之间的依存关系称为信源的相关性。衡量相关性程度的就是信源剩余度。

当离散平稳信源输出符号为一随机序列时，由式（3-25）可知

$$H(X_N \mid X_1, X_2, \cdots, X_{N-1}) \leqslant H(X_{N-1} \mid X_1, \cdots, X_{N-2}) \leqslant$$

$$H(X_{N-2} \mid X_1, \cdots, X_{N-3}) \leqslant \cdots \leqslant H(X_2 \mid X_1) \leqslant H(X_1)$$

当离散平稳信源输出符号是等概率分布时熵最大，其平均自信息量 $H_0 = \log q$。于是，有

$$H_0 \geqslant H_1 \geqslant H_2 \geqslant \cdots \geqslant H_{m+1} \geqslant \cdots \geqslant H_\infty$$

由此看出，由于信源输出符号间的依赖关系趋强使信源熵减小，这就是信源的相关性。

如果信源输出符号间的相关程度越长，信源的实际熵越小，趋于极限熵 H_∞；若相关程度减小，信源实际熵增大。当信源输出符号间彼此不存在依存关系且为等概分布时，信源实际熵趋于最大熵 H_0。

为了衡量信源的相关性程度，引入信源剩余度（冗余度）的概念。

定义 3.6.1　信源剩余度定义为

$$R = 1 - \frac{H_\infty}{H_0} \tag{3-51}$$

式中，H_∞ 为信源实际熵；$H_0 = H_{\max}$ 为信源最大熵，当信源输出符号集有 q 个元素且为等概分布时，$H_0 = H_{\max} = \log q$。

一个信源的实际信息熵与具有同样符号集的最大熵的比值称为熵的相对率

$$\eta = \frac{H_\infty}{H_0} \tag{3-52}$$

于是，又可以定义信源剩余度为

$$R = 1 - \eta \tag{3-53}$$

从式（3-53）看出，信源剩余度的大小能够反映出离散信源输出的符号序列中符号之间依赖关系，信源剩余度越大，表示信源输出符号间的依赖关系越强，即符号间的记忆长度越长，且信源的实际熵小，熵的相对率小。反之，信源剩余度越小，表示信源输出符号间的依赖关系越弱，即符号间的记忆长度越短，且信源的实际熵大，熵的相对率大。

在设计实际通信系统时，信源剩余度的存在对传输是不利的，应尽量压缩信源剩余度，以使每个信源发出的符号平均携带的信息量最大。反之，若考虑通信中的抗干扰问题，则信源剩余度是有利的，此时，常常人为地加入某种特殊的剩余度，以增强通信系统的抗干扰能力。这些内容将在后续章节中的信源编码和信道编码中得到进一步的论述和理解。

习　题

3.1　设有一离散无记忆信源，其概率空间为

$$\begin{bmatrix} X \\ P \end{bmatrix} = \begin{bmatrix} 0 & 1 & 2 & 3 \\ 3/8 & 1/4 & 1/4 & 1/8 \end{bmatrix}$$

该信源发出的消息符号序列为(202 120 130 213 001 203 210 110 321 010 021 032 011 223 210)。求：

（1）此消息的自信息？

（2）在此消息中平均每个符号携带的信息量？

3.2 某一无记忆信源的符号集为{0,1}，已知信源的概率空间为

$$\begin{bmatrix} X \\ P \end{bmatrix} = \begin{bmatrix} 0 & 1 \\ 1/4 & 3/4 \end{bmatrix}$$

（1）求消息符号的平均熵；

（2）由 100 个符号构成的序列，求每一特定序列(例如有 m 个"0"和$(100-m)$个"1"构成)的自信息量的表达式；

（3）计算（2）中的熵。

3.3 设一离散无记忆信源为

$$\begin{bmatrix} X \\ P \end{bmatrix} = \begin{bmatrix} a_1 & a_2 & a_3 & a_4 & a_5 & a_6 \\ 0.2 & 0.19 & 0.18 & 0.17 & 0.16 & 0.17 \end{bmatrix}$$

求信源的熵，并解释为什么 $H(X) > \log 6$ 不能满足信源的极值性。

3.4 有一离散无记忆信源，其输出为 $X \in \{0,1,2\}$，相应的概率为 $p_0 = 1/4$，$p_1 = 1/4$，$p_2 = 1/2$。设计两个独立实验去观察它，其结果分别为 $Y_1 \in \{0,1\}$，$Y_2 \in \{0,1\}$，已知条件概率如题表 3.1 所列。

题表 3.1

$p(y_1|x)$	0	1	$p(y_2|x)$	0	1
0	1	0	0	1	0
1	0	1	1	1	0
2	1/2	1/2	2	0	1

（1）求 $I(X;Y_1)$ 和 $I(X;Y_2)$，并判断哪一个实验好些；

（2）求 $I(X;Y_1Y_2)$，并计算做 Y_1 和 Y_2 两个实验比做 Y_1 或 Y_2 中的一个实验各可多得多少关于 X 的信息；

（3）求 $I(X;Y_1|Y_2)$ 和 $I(X;Y_2|Y_1)$，并解释它们的含义。

3.5 某信源的消息符号集的概率分布和二进制代码如题表 3.2 所列。

题表 3.2

信源	u_0	u_1	u_2	u_3
p	$\frac{1}{2}$	$\frac{1}{4}$	$\frac{1}{8}$	$\frac{1}{8}$
代码	0	10	110	111

（1）求消息的符号熵；

（2）求每个消息符号所需要的平均二进制码的个数或平均代码长度。进而用这一结果求码序列中的一个二进制码的熵；

(3) 当消息是由符号序列组成时,各符号之间若相互独立,求其对应的二进制码序列中出现"0"和"1"的无条件概率 p_0 和 p_1,求相邻码间的条件概率 $p_{0|1}$、$p_{1|0}$、$p_{1|1}$ 和 $p_{0|0}$。

3.6 二重扩展信源的熵为 $H(X^2)$,而一阶马尔可夫信源的熵为 $H(X_2|X_1)$。试比较两者的大小,并说明原因。

3.7 设有一个信源,它产生 0,1 序列的消息。该信源在任意时间而且不论以前发出过什么消息符号,均按 $p(0)=0.4,p(1)=0.6$ 的概率发出符号。

(1) 试问这个信源是否平稳;

(2) 试计算 $H(X^2)$,$H(X_3|X_1,X_2)$ 及 $\lim\limits_{N\to\infty}H_N(X)$;

(3) 试计算 $H(X^4)$ 并写出 X^4 信源中可能发出的所有符号。

3.8 设信源发出二重延长消息 x_iy_j,其中第一个符号为 A,B,C 三种消息,第二个符号为 D,E,F,G 四种消息,概率 $p(x_i)$ 和 $p(y_j|x_i)$ 如题表 3.3 所列。

题表 3.3

$p(x_i)$		A	B	C
		1/2	1/3	1/6
$p(y_j|x_i)$	D	1/4	3/10	1/6
	E	1/4	1/5	1/2
	F	1/4	1/5	1/6
	G	1/4	3/10	1/6

求该二次扩展信源的共熵 $H(XY)$。

3.9 设有一概率空间,其概率分布为 $p_1,p_2,\cdots,p_q$。若取 $p_1'=p_1-\varepsilon,p_2'=p_2+\varepsilon$,其中 $0<2\varepsilon\leqslant p_1-p_2$,而其他概率值不变。试证明由此所得新的概率空间的熵是增加的,并用熵的物理意义予以解释。

3.10 在一个二进制信道中,信源消息集 $X=\{0,1\}$,且 $p(1)=p(0)$,信宿的消息集 $Y=\{0,1\}$,信道传输概率 $p(1|0)=\dfrac{1}{4}$,$p(0|1)=\dfrac{1}{8}$。求:

(1) 该情况所能提供的平均互信息量 $I(X;Y)$;

(2) 在接收端收到 $y=0$ 后,所提供的关于传输消息 x 的平均条件互信息量 $I(X;y=0)$。

3.11 设有一个马尔可夫信源,已知转移概率为 $p(S_1|S_1)=\dfrac{2}{3}$,$p(S_2|S_1)=\dfrac{1}{3}$,$p(S_1|S_2)=1$,$p(S_2|S_2)=0$。试画出状态转移图,并求出信源熵。

3.12 设有一个一阶平稳马尔可夫链 $X_1,X_2,\cdots,X_r,\cdots$,各 X_r 取值于集 $A=\{a_1a_2\cdots a_q\}$,已知起始概率 $p(x_r)$ 为 $p_1=P(X_1=x_1)=\dfrac{1}{2}$,$p_2=p_3=\dfrac{1}{4}$,其转移概率如题表 3.4 所列。

(1) 求 $X_1X_2X_3$ 的联合熵和平均符号熵;

(2) 求这个链的极限平均符号熵;

(3) 求 H_0,H_1,H_2 和它们对应的冗余度。

3.13 设有一信源,它在开始时以 $p(a)=0.6,p(b)=0.3,p(c)=0.1$ 的概率发出 X_1。如果 X_1 为 a 时,则 X_2 为 a,b,c 的概率为 1/3;如果 X_1 为 b 时,则 X_2 为 a,b,c 的概率为

$1/3$；如果 X_1 为 c 时，则 X_2 为 a,b 的概率为 $1/2$，而为 c 的概率是 0。而且后面发出 X_i 的概率只与 X_{i-1} 有关。又 $p(X_i|X_{i-1})=p(X_2|X_1)$，$i \geq 3$。试利用马尔可夫信源的图示法画出状态转移图，并计算信源熵 H_∞。

题表 **3.4**

i	j		
	1	2	3
1	1/2	1/4	1/4
2	2/3	0	1/3
3	2/3	1/3	0

3.14　一个马尔可夫过程的基本符号 0,1,2,这三个符号以等概率出现。具有相同的转移概率，并且没有固定约束。

（1）画出单纯马尔可夫过程的状态图，并求稳定状态下的马尔可夫信源熵 H_1；

（2）画出二阶马尔可夫过程的状态图，并求稳定状态下二阶马尔可夫信源熵 H_2。

3.15　一阶马尔可夫信源的状态图如题图 3.1 所示，信源 X 的符号集为 $\{0,1,2\}$，并定义 $\bar{p}=1-p$。

（1）求信源平稳后的概率分布 $p(0),p(1)$ 和 $p(2)$；

（2）求此信源的熵；

（3）求近似信源的熵 $H(X)$，并与 H_∞ 进行比较（近似认为此信源为无记忆时，符号的概率分布等于平稳分布）；

（4）对一阶马尔可夫信源 p 取何值时 H_∞ 为最大值，又当 $p=0$ 或 $p=1$ 时结果如何？

3.16　某一阶马尔可夫信源的状态图如题图 3.2 所示，信源 X 的符号集为 $\{0,1,2\}$。

（1）求平稳后的信源的概率分布；

（2）求信源熵 H_∞；

（3）求当 $p=0$ 或 $p=1$ 时信源的熵，并说明其理由。

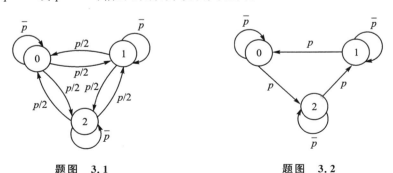

题图　**3.1**　　　　　　　　　　题图　**3.2**

3.17　有一个二元无记忆信源，其发 0 的概率为 p，而 $p \ggg 1$，所以在发出的二元序列中经常出现的是那些一串为 0 的序列（称高概率序列）。对于这样的信源我们可以用另一新信源来代替，新信源中只包含这些高概率序列。这时新信源 $S_n=[S_1,S_2,S_3,\cdots,S_n,S_{n+1}]$，共有 $n+1$ 个符号，它与高概率的二元序列的对应关系如下：

二元序列：$001,01,0001,00000001,1,\cdots,\overbrace{00\cdots01}^{n位},\overbrace{00\cdots000}^{n位}$，新信源符号：$S_3,S_2,S_4,S_8$，$S_1,\cdots,S_n,S_{n+1}$，

(1) 求 $H(S_n)$；

(2) 当 $n\to\infty$ 时，求信源的熵 $H(S)=\lim\limits_{n\to\infty}H(S_n)$。

3.18　设某马尔可夫信源的状态集合 $S=\{S_1,S_2,S_3\}$，符号集 $X=\{a_1,a_2,a_3\}$。在某状态 $S_i(i=1,2,3)$ 下发符号 $a_k(k=1,2,3)$ 的概率 $p(a_k|S_i)(i=1,2,3;k=1,2,3)$ 标在相应的线段旁，如题图 3.3 所示。

(1) 求状态极限概率并找出符号的极限概率；

(2) 计算信源处在 $S_j(j=1,2,3)$ 状态下输出符号的条件熵 $H(X|S_j)$；

(3) 信源的极限熵 H_∞。

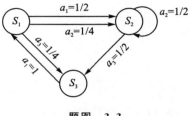

题图　3.3

3.19　设某齐次马氏链的一步转移概率矩阵为

$$\begin{array}{c}\begin{array}{ccc}0 & 1 & 2\end{array}\\ \begin{array}{c}0\\1\\2\end{array}\begin{bmatrix}q & p & 0\\ q & 0 & p\\ 0 & q & p\end{bmatrix}\end{array}$$

试求：

(1) 该马氏链的二步转移概率矩阵；

(2) 平稳后状态"0"，"1"，"2"的极限概率。

3.20　黑白传真机的消息元只有黑色和白色两种，即 $X=\{黑,白\}$，一般气象图上，黑色的出现概率 $p(黑)=0.3$，白色的出现概率 $p(白)=0.7$，黑白消息前后有关联，其转移概率为 $p(白|白)=0.9143,p(黑|白)=0.0857,p(白|黑)=0.2,p(黑|黑)=0.8$。

求：该题的一阶马尔可夫信源的不确定性 $H(X|X)$，并画出该信源的状态转移图。

3.21　有一个二元马尔可夫信源，其状态转移概率如题图 3.4 所示，括弧中的数表示转移时发出的符号。求各状态的稳定概率和信源的符号熵。

3.22　一阶马尔可夫信源的状态转移图如题图 3.5 所示。求：

(1) 稳态下状态的概率分布；

(2) 信源的熵。

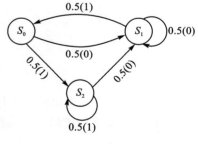

题图　3.4

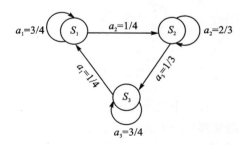

题图　3.5

3.23　设信源 X 发出两个消息 x_1 和 x_2,它们的概率分布为 $p(x_1)=\dfrac{3}{4},p(x_2)=\dfrac{1}{4}$,求该信源的熵和冗余度。

3.24　设信源产生 A,B,C 三种符号,$P(B|B)=1/2,P(A|B)=P(C|B)=1/4,P(A|A)=5/8,P(B|A)=1/4,P(C|A)=1/8,P(C|C)=5/8,P(B|C)=1/4,P(A|C)=1/8$。试计算冗余度。

3.25　用 α,β,γ 三个字符组字,设组成的字有以下三种情况 :

(1)只用 α 一个字母的单字母字;

(2)是用 α 开头或结尾的两字母字;

(3)是把 α 夹在中间的三字母字。

假定由这三种字母组成一种简单语言,试计算当所有字等概出现时的语言的冗余度。

3.26　序列 $AAABABAABBAAAABAABAA|A$ 是一种新语言序列中的一部分。试根据该序列求:

(1)字母 A,B 的出现概率、联合概率和条件概率(假定条件概率只存在于相邻两字母);

(2)每个字母的平均信息量和语言的冗余度;

(3)试问这种语言是否便于读写。

第4章　离散信道及其容量

4.1　信道的数学模型及其分类

　　信道是信息传输的媒介或通道。信道有输入端和输出端。输入端接受某一物理事件集中的任一元素,输出端则输出受扰的输入事件。因此,信道的存在意味着变化的能量可以通过一种媒介将输入端发生的物理事件传输给观察该事件的物体。

　　信道可以看成是一个变换器,它将输入事件 x 变换成输出事件 y。由于干扰的存在,一个输入事件总是以一定的概率变换成各种可能的输出事件。所以,观测者只能从统计的观点来判断输出事件。输入事件的概率空间以 $[X\ P]$ 表示,输出事件的概率空间以 $[Y\ P]$ 表示。输入事件 x 通过信道后变换成输出事件 y,可以采用条件概率分布函数 $p(y\mid x)$ 描述,如图 4.1 所示。

　　根据输入、输出事件的时间特性和输入、输出事件集合的特点,可以将信道划分为各种不同的类型。

　　(1) **离散信道**　输入空间 X 和输出空间 Y 均为离散事件集,离散信道有时也称为数字信道。

　　(2) **连续信道**　输入空间 X 和输出空间 Y 都是连续事件集,又称作模拟信道。

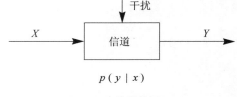

图 4.1　信道模型

　　(3) **半连续信道**　输入和输出空间,一个是离散集,另一个是连续集的情况。如果输入集是离散的,输出集是连续的,就称作输入离散、输出连续的信道。这种情况在实际中是会常常遇到的。

　　(4) **时间离散的连续信道**　信道输入和输出分别为有限或可数无限个取自连续集 X 和 Y 的序列 $(X_1, X_2, \cdots, X_N)$ 和 $(Y_1, Y_2, \cdots, Y_N)$。其中 $X_i \in X, i = 1, 2, \cdots, N; Y_j \in Y, j = 1, 2, \cdots, N$。

　　(5) **波形信道**　信道的输入和输出都是时间的实函数 $X(t)$ 和 $Y(t)$。实质上,信道的输入和输出都是连续随机信号。此时,信道干扰也可看作是时间 t 的连续函数。

　　根据信道的输入和输出个数,可将信道划分为两类。

　　(1) **两端信道(两用户信道)**　信道的输入和输出都只有一个事件集。它是只有一个输入端和一个输出端的单向通信信道,又称作单路信道。

　　(2) **多端信道(多用户信道,网络信道)**　信道的输入和输出中至少有一个具有两个或两个以上的事件集,即三个或更多个用户之间相互通信的情况。

1. 多元接入信道

　　多个不同信源的信息经过几个编码器编码后,送入同一信道传输。接收端仅由一个译码器译出不同信源的信息,送给不同的信宿。卫星通信系统中多个地面站与一个公用卫星通信的上行线路就是多元接入信道,如图 4.2 所示。

2. 广播信道

它的特点是单一输入、多个输出。多个不同信源的信息经过一个公用的编码器后,送入信道,而信道输出通过不同的译码器译码后送给不同信宿。卫星与多个地面站的下行通信系统可看成是广播信道,如图 4.3 所示。

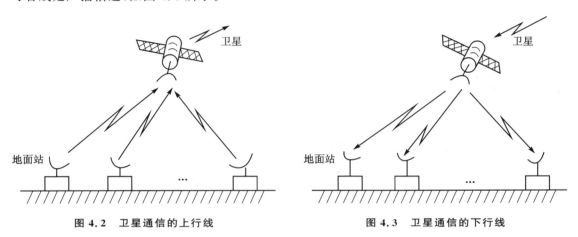

图 4.2 卫星通信的上行线　　　　　　　图 4.3 卫星通信的下行线

本章主要研究单路通信的情况,多用户信息理论请参阅本书第 10 章。

根据信道的统计特性,可将信道分为两类。

(1) 恒参信道　信道的统计特性不随时间变化,卫星通信信道在某种意义下可近似视为恒参信道。

(2) 随参信道　信道的统计特性随时间变化,如短波通信中,其信道可看成随参信道。

根据信道的记忆特性,可将信道划分为两类。

(1) 无记忆信道　信道输出集 Y 仅与当前输入集 X 有关,而与过去集 X 无关,称为无记忆信道。

在无记忆信道中,如果考虑到输入、输出事件集合的特点,则其又可分为离散无记忆信道和连续无记忆信道。离散无记忆信道的理论是目前发展得最成熟、最完整的,通过所给出的信道矩阵,就可以计算出信道容量。连续无记忆信道,只有干扰是高斯的才可以计算信道容量;而对于非高斯干扰,只能给出信道容量的上、下界。

(2) 有记忆信道　信道输出集 Y 不仅与当前输入集 X 有关,而且与过去的输入集 X 有关,称为有记忆信道。如果信道输出集 Y 只与过去有限时间段上的输入有关,则称作有限记忆信道。有限记忆信道的统计特性具有马尔可夫特性。码间串扰信道和衰落信道都是有记忆信道。

下面给出一些特殊信道的定义。

无损信道是输出完全由输入决定的信道。对于无损信道,下面的定义是等价的。

① 总存在输出符号集 $b_1, \cdots, b_k$,使得 $P(Y \in b_i | x = x_i) = 1$;

② 对于所有的输入分布,只要 $p(y_j) \neq 0$,则必存在一个 x_i 使得 $p(x_i | y_j) = 1$;

③ 对于所有可能的输入分布,已知 Y 时,X 的不确定度为 0,即 $H(X|Y) = 0$。

无噪信道的输出完全由输入决定,定义如下。

① 对所有的 x_i,必存在一个 y_j 使得 $p(y_j|x_i)=1$;

② 在 X 已知时,Y 的不确定度为 0,即 $H(Y|X)=0$。定义①与②等价。

确定信道既是无损信道又是无噪信道。就是说,只有当一个信道既满足无损信道的条件,又满足确定信道的条件时,它才是无噪的。

无用信道是从输出不能得到有关输入的任何信息的信道。下面给出它的各种等价定义。

① 对于所有的输入分布,$H(X|Y)=H(X)$;

② 输入与输出完全独立;

③ 信道矩阵中的每一行都相同。

4.2　离散无记忆信道

4.2.1　离散信道的数学模型

设离散信道的输入空间 $A=\{a_1,a_2,\cdots,a_r\}$,相应的概率分布为 $\{p_i\}$,$i=1,2,\cdots,r$。输出空间 $B=\{b_1,b_2,\cdots,b_s\}$,相应的概率分布为 $\{q_j\}$,$j=1,2,\cdots,s$。信道输入序列为 $\boldsymbol{X}=\{X_1,X_2,\cdots,X_N\}$,其取值为 $\boldsymbol{x}=\{x_1,x_2,\cdots,x_N\}$,其中 $x_n\in A$,$1\leqslant n\leqslant N$。相应的输出序列为 $\boldsymbol{Y}=\{Y_1,Y_2,\cdots,Y_N\}$,其取值为 $\boldsymbol{y}=\{y_1,y_2,\cdots,y_N\}$,其中 $y_n\in B$,$1\leqslant n\leqslant N$。信道特性可用转移概率

$$p(\boldsymbol{y}\mid\boldsymbol{x})=p(y_1,y_2,\cdots,y_N\mid x_1,x_2,\cdots,x_N) \tag{4-1}$$

来描述。信道的数学模型可表示为

$$\{\boldsymbol{X},p(\boldsymbol{y}\mid\boldsymbol{x}),\boldsymbol{Y}\}$$

定义 4.2.1　若离散信道对任意 N 长的输入、输出序列有

$$p(\boldsymbol{y}\mid\boldsymbol{x})=\prod_{n=1}^{N}p(y_n\mid x_n) \tag{4-2}$$

则称它为离散无记忆信道,简记为 DMC。其数学模型为

$$\{\boldsymbol{X},p(y_n\mid x_n),\boldsymbol{Y}\}$$

对于 DMC,在任何时刻信道的输出只与此时的信道输入有关,而与以前的输入无关。

这一点可以从下面的推导中看出。

$$p(\boldsymbol{y}\mid\boldsymbol{x})=p(y_1\cdots y_N;x_1\cdots x_N)/p(x_1\cdots x_N)=$$
$$p(y_1\mid y_2\cdots y_N;x_1\cdots x_N)\cdot$$
$$p(y_2\cdots y_N;x_1\cdots x_N)/p(x_1\cdots x_N)=$$
$$p(y_1\mid y_2\cdots y_N;x_1\cdots x_N)\cdot p(y_2\mid y_3\cdots y_N;x_1\cdots x_N)\cdots$$
$$p(y_N\mid x_1\cdots x_N)\cdot p(x_1\cdots x_N)/p(x_1\cdots x_N)=$$
$$p(y_1\mid x_1\cdots x_N)\cdot p(y_2\mid x_1\cdots x_N)\cdots p(y_N\mid x_1\cdots x_N)$$

只有在任何时刻信道的输出只与此时信道输入有关,而与其他时刻无关时,上式才可写为定义式(4-2)。

定义 4.2.2　对任意 n 和 m,$i\in A$,$j\in B$,若离散无记忆信道还满足

$$P(y_n=j\mid x_n=i)=P(y_m=j\mid x_m=i)$$

则称此信道为平稳的或恒参的。

平稳信道下的转移概率不随时间变化,因而平稳的离散无记忆信道可用一维概率分布描述。一般情况下若无特殊声明,所讨论的离散无记忆信道都是平稳的。这样,在离散无记忆条件下,只须研究单个字母的传输。

根据信道的统计特性不同,离散信道又可分为三种情况。

1. 无扰(无噪)信道

信道中不存在随机干扰,或者随机干扰很小,可以略去不计。输出符号 y_n 与输入符号 x_n 有确定的一一对应的关系,$1 \leqslant n \leqslant N$,即

$$y_n = f(x_n)$$

且

$$p(y_n \mid x_n) = \begin{cases} 1 & y_n = f(x_n) \\ 0 & y_n \neq f(x_n) \end{cases} \tag{4-3}$$

2. 有干扰无记忆信道

信道中存在随机干扰,输出符号与输入符号之间无确定的对应关系。但是,信道中任一时刻的输出符号仅统计依赖于对应时刻的输入符号,而与非对应时刻的输入符号及其他任意时刻的输出符号无关。这种信道称为有干扰无记忆离散信道。可用下述条件概率表示:

$$p(\boldsymbol{y} \mid \boldsymbol{x}) = p(y_1 y_2 \cdots y_N \mid x_1 x_2 \cdots x_N) = \prod_{n=1}^{N} p(y_n \mid x_n) \tag{4-4}$$

3. 有干扰有记忆信道

实际信道往往是既有干扰,又有记忆。此时,信道特性不满足式(4-3)和式(4-4)。例如,在数字信道中,由于信道滤波中滤波器的频率特性不理想造成了码字之间的干扰,因而可将其视为有干扰有记忆信道。

4.2.2　单符号离散信道

单符号离散信道的输入随机变量为 X,其取值为 $x,x \in A = \{a_1, a_2, \cdots, a_r\}$;输出随机变量为 Y,其取值为 $y,y \in B = \{b_1, b_2, \cdots, b_s\}$。信道传递概率为

$$p(y \mid x) = P(Y = b_j \mid X = a_i) = p(b_j \mid a_i)$$
$$i = 1, 2, \cdots, r \qquad j = 1, 2, \cdots, s \tag{4-5}$$

信道的传递概率又称为转移概率。它是一个条件概率,且

$$p(b_j \mid a_i) \geqslant 0 \qquad i = 1, 2, \cdots, r; j = 1, 2, \cdots, s$$

$$\sum_{j=1}^{s} p(b_j \mid a_i) = 1 \qquad i = 1, 2, \cdots, r$$

由于信道中存在干扰,因此,输入符号 a_i 在传输中将会产生错误,这种信道干扰对传输的影响可用传递概率 $p(b_j \mid a_i), i = 1, 2, \cdots, r; j = 1, 2, \cdots, s$ 来描述。于是,信道传递概率实际上是一个传递概率矩阵,称为信道矩阵 $\boldsymbol{P}$,即

$$\boldsymbol{P} = \{p(b_j \mid a_i), i = 1, 2, \cdots, r; j = 1, 2, \cdots, s\}$$

或

$$P = \begin{bmatrix} p_{11} & p_{12} & \cdots & p_{1s} \\ p_{21} & p_{22} & \cdots & p_{2s} \\ \vdots & \vdots & & \vdots \\ p_{r1} & p_{r2} & \cdots & p_{rs} \end{bmatrix}$$

例 4.2.1 二元对称信道。

给定一个离散信道如图 4.4 所示。输入符号集和输出符号集分别为 $A = \{0,1\}$ 和 $B = \{0,1\}$，并且传递概率为

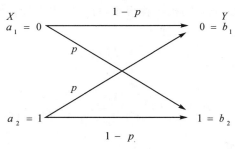

图 4.4 二元对称信道

$$p(b_1 \mid a_1) = p(0 \mid 0) = 1 - p = \bar{p}$$
$$p(b_2 \mid a_2) = p(1 \mid 1) = 1 - \bar{p}$$
$$p(b_1 \mid a_2) = p(0 \mid 1) = p$$
$$p(b_2 \mid a_1) = p(1 \mid 0) = p$$

式中，$\bar{p}$ 表示单个符号无错误传输的概率，而 p 表示单个符号传输中发生错误的概率。

二元对称信道简记为 BSC。BSC 的信道矩阵为

$$P = \begin{bmatrix} \bar{p} & p \\ p & \bar{p} \end{bmatrix}$$

例 4.2.2 二元删除信道。

对于二元删除信道，$r = 2, s = 3$。输入集 X 取值于 $A = \{0,1\}$，输出集取值于 $B = \{0,2,1\}$。其传递概率如图 4.5 所示。信道矩阵为

$$P = \begin{bmatrix} p & 1-p & 0 \\ 0 & 1-q & q \end{bmatrix}$$

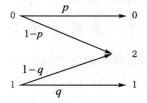

图 4.5 二元删除信道

且有

$$\sum_{j=1}^{3} p(b_j \mid a_i) = 1 \qquad i = 1,2$$

式中，p 和 q 表示单个符号无错误传输的概率，$1-p$ 和 $1-q$ 表示单个符号传输中发生错误的概率。

例 4.2.3 二元对称消失信道。

与二元删除信道相同，二元对称消失信道中，$r = 2, s = 3$。输入集 X 的取值为 $A = \{0,1\}$，输出集取值为 $B = \{0, x, 1\}$。输出集中多了一个符号 x，使得在一定概率下，输入 X 的输出为"0"还是为"1"不可确定，这就使一定概率的 X 在输出端"消失"了。二元对称消失信道的传递

概率如图 4.6 所示。

信道矩阵为

$$\boldsymbol{P} = \begin{bmatrix} 1-p-q & q & p \\ p & q & 1-p-q \end{bmatrix}$$

离散信道中的一般概率关系有以下几种。

先验概率

$$p(a_i) = P(X = a_i) \qquad i = 1, 2, \cdots, r$$

联合概率

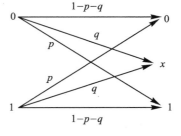

图 4.6　二元对称消除信道

$$p(a_i, b_j) = P(X = a_i, Y = b_j) \qquad i = 1, 2, \cdots, r; \; j = 1, 2, \cdots, s$$

且有

$$p(a_i, b_j) = p(a_i) p(b_j \mid a_i) = p(b_j) p(a_i \mid b_j)$$

前向概率（即信道传递概率）

$$p(b_j \mid a_i) = P(Y = b_j \mid X = a_i)$$

后向概率（又称后验概率）

$$p(a_i \mid b_j) = P(X = a_i \mid Y = b_j)$$

后向概率 $p(a_i \mid b_j)$ 是指信道输出端接收到符号为 b_j 的条件下，信道输入端为符号 a_i 的概率。应用贝叶斯公式可由先验概率和信道传递概率求得后向概率

$$p(a_i \mid b_j) = \frac{p(a_i) p(b_j \mid a_i)}{\sum_{i=1}^{r} p(a_i) p(b_j \mid a_i)} \qquad i = 1, 2, \cdots, r; \; j = 1, 2, \cdots, s$$

输出符号概率

$$p(b_j) = P(Y = b_j)$$

应用全概率公式可以从先验概率和信道传递概率求得输出符号概率

$$p(b_j) = \sum_{i=1}^{r} p(a_i) p(b_j \mid a_i) \qquad j = 1, 2, \cdots, s$$

或用矩阵形式表示

$$\left[p(b_1), p(b_2), \cdots, p(b_s) \right]^{\mathrm{T}} = \boldsymbol{P}^{\mathrm{T}} \left[p(a_1), p(a_2), \cdots, p(a_r) \right]^{\mathrm{T}} \tag{4-6}$$

式中，$\boldsymbol{P}$ 为信道矩阵。

4.2.3　信道疑义度

当取 X 表示一个信道的输入集，Y 表示其输出集时，在第 2 章所引入的条件熵的概念就有了明确的物理意义。

定义 4.2.3　称输入空间 X 对输出空间 Y 的条件熵

$$H(X \mid Y) = \mathrm{E}[H(X \mid b_j)] = -\sum_i \sum_j p(a_i b_j) \log p(a_i \mid b_j) \tag{4-7}$$

为信道疑义度。

从定义可以看出，信道疑义度的含义是，输出端收到全部输出符号 Y 以后，对输入 X 尚存在的平均不确定程度。这种对 X 尚存在的不确定性是由于传输过程中信道干扰引起的。

式（4-7）中，$H(X \mid b_j)$ 是后验熵，即

$$H(X \mid b_j) = - \sum_{i=1}^{r} p(a_i \mid b_j) \log p(a_i \mid b_j) \tag{4-8}$$

这是信道输出端接收到符号 b_j 以后,关于输入符号的信息测度。

如果是一一对应的无扰信道,那么接收到输出符号集 Y 以后,对输入集 X 的平均不确定性完全消除,显然,此时信道疑义度 $H(X|Y)=0$。

由 2.3 节中式(2-38)可知,$H(X|Y) \leqslant H(X)$,即若原始信源 X 的平均不确定度为 $H(X)$,则在接收到输出符号集 Y 以后,总是要消除一些对输入符号 X 的不确定性,获得一些信息。为此在这里引入平均互信息量的概念。

例 4.2.4 考虑图 4.7 所示的一种特殊的二元删除信道。

输入集 X 的概率分布为

$$\boldsymbol{P}_X = \begin{bmatrix} \dfrac{1}{4} & \dfrac{3}{4} \end{bmatrix}$$

信道矩阵为

$$\boldsymbol{P} = \begin{bmatrix} \dfrac{1}{2} & \dfrac{1}{2} & 0 \\ 0 & \dfrac{1}{3} & \dfrac{2}{3} \end{bmatrix}$$

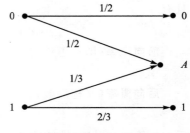

图 4.7 二元删除信道

则输出集 Y 的概率分布为

$$\boldsymbol{P}_Y = \boldsymbol{P}_X \cdot \boldsymbol{P} = \begin{bmatrix} \dfrac{1}{4} & \dfrac{3}{4} \end{bmatrix} \begin{bmatrix} \dfrac{1}{2} & \dfrac{1}{2} & 0 \\ 0 & \dfrac{1}{3} & \dfrac{2}{3} \end{bmatrix} = \begin{bmatrix} \dfrac{1}{8} & \dfrac{3}{8} & \dfrac{1}{2} \end{bmatrix}$$

即

$$P(Y=0) = \frac{1}{8}, \qquad P(Y=A) = \frac{3}{8}, \qquad P(Y=1) = \frac{1}{2}$$

X, Y 的联合概率分布为

$$P_{XY}(0,0) = P_{Y|X}(0 \mid 0) \cdot P_X(0) = \frac{1}{2} \cdot \frac{1}{4} = \frac{1}{8}$$

同样可得

$$P_{XY}(0,A) = \frac{1}{8}, \qquad P_{XY}(0,1) = 0$$

$$P_{XY}(1,0) = 0, \qquad P_{XY}(1,A) = \frac{1}{4}, \qquad P_{XY}(1,1) = \frac{1}{2}$$

在给定 Y 的条件下,X 的条件概率分布,即后验概率为

$$P_{X|Y}(0 \mid 0) = 1, \qquad P_{X|Y}(0 \mid A) = \frac{1}{3}, \qquad P_{X|Y}(0 \mid 1) = 0$$

$$P_{X|Y}(1 \mid 0) = 0, \qquad P_{X|Y}(1 \mid A) = \frac{2}{3}, \qquad P_{X|Y}(1 \mid 1) = 1$$

输入集 X 和输出集 Y 的熵分别为

$$H(X) = P_X(0) \cdot \log \frac{1}{P_X(0)} + P_X(1) \cdot \log \frac{1}{P_X(1)} =$$

$$\frac{1}{4}\text{lb }4+\frac{3}{4}\text{lb }\frac{4}{3}\approx 0.811\text{ bit}$$

$$H(Y)=P_Y(0)\cdot\log\frac{1}{P_Y(0)}+P_Y(A)\cdot\log\frac{1}{P_Y(A)}+$$

$$P_Y(1)\cdot\log\frac{1}{P_Y(1)}\approx 1.406\text{ bit}$$

信道疑义度为

$$H(X\mid Y)=P_{XY}(0,0)\log\frac{1}{P_{X\mid Y}(0\mid 0)}+P_{XY}(1,0)\log\frac{1}{P_{X\mid Y}(1\mid 0)}+$$

$$P_{XY}(0,A)\log\frac{1}{P_{X\mid Y}(0\mid A)}+P_{XY}(1,A)\log\frac{1}{P_{X\mid Y}(1\mid A)}+$$

$$P_{XY}(0,1)\log\frac{1}{P_{X\mid Y}(0\mid 1)}+P_{XY}(1,1)\log\frac{1}{P_{X\mid Y}(1\mid 1)}\approx 0.344\text{ bit}$$

另外，$H(X|Y)$ 还可以通过下式计算：

$$H(X\mid Y)=H(X\mid Y=0)\cdot P_Y(0)+H(X\mid Y=A)\cdot P_Y(A)+H(X\mid Y=1)\cdot P_Y(1)$$

条件熵分别为

$$H(X\mid Y=0)=0\text{ bit},\quad H(X\mid Y=A)\approx 0.918\text{ bit},\quad H(X\mid Y=1)=0\text{ bit}$$

从上面可以看出 $H(X|Y=A)>H(X)$，就是说当观察到 $Y=A$ 时，X 会有更大的不确定性，即观察到 $Y=A$ 时的 X 比仅通过采样得到的 X 具有更多的信息量。而 $H(X|Y=0,1)=0$ 说明 $Y=0,1$ 时可确定输入 X 的值。这样，三者平均后的信道疑义度 $H(X|Y)$ 仍具有小于 $H(X)$ 的性质。

4.2.4　平均互信息

定义 4.2.4　原始信源熵与信道疑义度之差称为平均互信息。

$$I(X;Y)\stackrel{\text{def}}{=\!=}H(X)-H(X\mid Y)\tag{4-9}$$

式（4-9）的含义是，接收到输出符号集 Y 以后，平均每个符号获得的关于信源 X 的信息量。

将信源熵 $H(X)$ 和条件熵 $H(X|Y)$ 代入式（4-9）以后，可以得到平均互信息 $I(X;Y)$ 的不同形式的表达式：

$$I(X;Y)=-\sum_X p(x)\log p(x)+\sum_{XY}p(x,y)\log p(x\mid y)=$$

$$\sum_{XY}p(x,y)\log\frac{1}{p(x)}-\sum_{XY}p(x,y)\log\frac{1}{p(x\mid y)}=$$

$$\sum_{XY}p(x,y)\log\frac{p(x\mid y)}{p(x)}=\sum_{XY}p(x,y)\log\frac{p(x,y)}{p(x)p(y)}=$$

$$\sum_{XY}p(x,y)\log\frac{p(y\mid x)}{p(y)}=I(Y;X)\tag{4-10}$$

从式（4-10）看出，平均互信息 $I(X;Y)$ 和概率 $p(x)$，$p(y|x)$ 有关，因此，对于不同的信源和不同的信道，有不同的 $I(X;Y)$。

式（4-10）还给出了平均互信息 $I(X;Y)$ 的互易性，即

$$I(X;Y)=I(Y;X)\tag{4-11}$$

另外,根据式(2-38),$H(X|Y) \leqslant H(X)$,所以

$$I(X;Y) = H(X) - H(X \mid Y) \geqslant 0 \tag{4-12}$$

$I(X;Y)$具有非负性。

平均互信息 $I(X;Y)$ 是信源概率分布 $p(x)$ 和信道传递概率 $p(y|x)$ 的凸函数。更具体地,对于分别固定信源或信道有以下两个重要定理。

定理 4.2.1 对于固定的信道,平均互信息量 $I(X;Y)$ 是信源概率分布 $p(x)$ 的上凸函数。

证明: 设 $p(y|x)$ 为固定的信道。令 $p_1(x)$ 和 $p_2(x)$ 为信源的两种分布,相应的交互信息量分别记为 $I[p_1(x)]$ 和 $I[p_2(x)]$。

再选择信源符号集 X 的另一种概率分布 $p(x)$,且令

$$p(x) = \theta p_1(x) + \bar{\theta} p_2(x)$$

式中,$0 < \theta < 1$,$0 < \bar{\theta} < 1$,$\theta + \bar{\theta} = 1$。相应的信道输出端的平均互信息为 $I[p(x)]$。

根据平均互信息的定义,有

$$\theta I[p_1(x)] + \bar{\theta} I[p_2(x)] - I[p(x)] = \sum_{XY} \theta p_1(x,y) \log \frac{p(y \mid x)}{p_1(y)} +$$

$$\sum_{XY} \bar{\theta} p_2(x,y) \log \frac{p(y \mid x)}{p_2(y)} - \sum_{XY} p(x,y) \log \frac{p(y \mid x)}{p(y)} =$$

$$\sum_{XY} \theta p_1(x,y) \log \frac{p(y \mid x)}{p_1(y)} + \sum_{XY} \bar{\theta} p_2(x,y) \log \frac{p(y \mid x)}{p_2(y)} -$$

$$\sum_{XY} [\theta p_1(x,y) + \bar{\theta} p_2(x,y)] \log \frac{p(y \mid x)}{p(y)}$$

上式中,应用

$$p(xy) = p(x)p(y \mid x) =$$
$$[\theta p_1(x) + \bar{\theta} p_2(x)]p(y \mid x) =$$
$$\theta p_1(x)p(y \mid x) + \bar{\theta} p_2(x)p(y \mid x) =$$
$$\theta p_1(xy) + \bar{\theta} p_2(xy)$$

合并后,有

$$\theta I[p_1(x)] + \bar{\theta} I[p_2(x)] - I[p(x)] =$$
$$\theta \sum_{XY} p_1(x,y) \log \left[\frac{p(y \mid x)}{p_1(y)} \middle/ \frac{p(y \mid x)}{p(y)} \right] +$$
$$\bar{\theta} \sum_{XY} p_2(x,y) \log \left[\frac{p(y \mid x)}{p_2(y)} \middle/ \frac{p(y \mid x)}{p(y)} \right] =$$
$$\theta \sum_{XY} p_1(x,y) \log \frac{p(y)}{p_1(y)} + \bar{\theta} \sum_{XY} p_2(x,y) \log \frac{p(y)}{p_2(y)} \tag{4-13}$$

先求式(4-13)中的第一项。

由 2.3 节中詹森不等式(2-18)可知

$$\mathrm{E}[\log(\bullet)] \leqslant \log[\mathrm{E}(\bullet)]$$

于是有

$$\sum_{XY} p_1(x,y) \log \frac{p(y)}{p_1(y)} \leqslant \log \sum_{XY} p_1(xy) \frac{p(y)}{p_1(y)} =$$

$$\log \sum_Y \frac{p(y)}{p_1(y)} \sum_X p_1(x,y) =$$

$$\log \sum_Y \frac{p(y)}{p_1(y)} p_1(y) =$$

$$\log \sum_Y p(y) = \text{lb } 1 = 0 \text{ bit}$$

同理,式(4-13)中的第二项有

$$\sum_{XY} p_2(x,y) \log \frac{p(y)}{p_2(y)} \leqslant 0$$

故得

$$\theta I[p_1(x)] + \bar{\theta} I[p_2(x)] - I[p(x)] \leqslant 0$$

从而有

$$I[\theta p_1(x) + \bar{\theta} p_2(x)] \geqslant \theta I[p_1(x)] + \bar{\theta} I[p_2(x)] \tag{4-14}$$

由式(4-14)以及上凸函数的定义式(2-13)可知,平均互信息 $I(X;Y)$ 是输入信源 X 的概率分布 $p(x)$ 的上凸函数。

例 4.2.5　考虑二元信道,其信源概率空间为

$$\begin{bmatrix} X \\ P \end{bmatrix} = \begin{bmatrix} 0 & 1 \\ \omega & 1-\omega \end{bmatrix}$$

信道矩阵为

$$\boldsymbol{P} = \begin{bmatrix} \bar{p} & p \\ p & \bar{p} \end{bmatrix}$$

式中,$p = 1 - \bar{p}$ 为信道错误传递概率。

该信道的互信息量为

$$I(X;Y) = H(Y) - H(Y \mid X) =$$

$$H(Y) - \sum_{XY} p(xy) \log \frac{1}{p(y \mid x)} =$$

$$H(Y) - \sum_X p(x) \sum_Y p(y \mid x) \log \frac{1}{p(y \mid x)} =$$

$$H(Y) - \sum_X p(x) \left(p \log \frac{1}{p} + \bar{p} \log \frac{1}{\bar{p}} \right) =$$

$$H(Y) - \left(p \log \frac{1}{p} + \bar{p} \log \frac{1}{\bar{p}} \right) = H(Y) - H(p)$$

由条件概率的关系式可知

$$p(Y=0) = \omega \bar{p} + (1-\omega) p = \omega \bar{p} + \bar{\omega} p$$

$$p(Y=1) = \omega p + (1-\omega) \bar{p} = \omega p + \bar{\omega}\, \bar{p}$$

所以

$$H(Y) = (\omega \bar{p} + \bar{\omega} p) \log \frac{1}{\omega \bar{p} + \bar{\omega} p} +$$

$$(\omega p + \overline{\omega}\,\overline{p}) \log \frac{1}{\omega p + \overline{\omega}\,\overline{p}} = H(\omega \overline{p} + \overline{\omega}p)$$

于是

$$I(X;Y) = H(\omega \overline{p} + \overline{\omega}p) - H(p) \tag{4-15}$$

在式(4-15)中,当信道固定,即 p 为一个固定常数时,可得出 $I(X;Y)$ 是信源输入分布 ω 上的凸函数,如图 4.8 所示。图示曲线表明,对于固定的信道,输入符号集 X 的概率分布不同时,在接收端平均每个符号所获得的信息量就不同。而当输入符号为等概分布时,即 $\omega = \overline{\omega} = 1/2$,平均互信息量 $I(X;Y)$ 为最大值,这时,接收每个符号所获得的信息量最大。

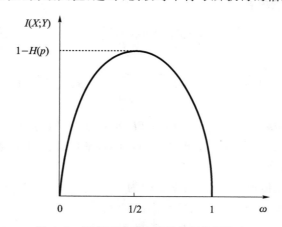

图 4.8　固定二元对称信道的平均互信息

定理 4.2.2　对于固定的信源分布,平均互信息量 $I(X;Y)$ 是信道传递概率 $p(y|x)$ 的下凸函数。

证明:设 $p(x)$ 为固定的信源分布,令 $p_1(y|x)$ 和 $p_2(y|x)$ 为两条不同的信道,相应的互信息量分别记为 $I[p_1(y|x)]$ 和 $I[p_2(y|x)]$。

再选择信道的另一种传递概率为 $p(y|x)$,且令

$$p(y|x) = \theta p_1(y|x) + \overline{\theta} p_2(y|x)$$

其中,$0 < \theta < 1, \theta + \overline{\theta} = 1$。相应的平均互信息量为 $I[p(y|x)]$。

根据平均互信息的定义,有

$$I[p(y|x)] - \theta I[p_1(y|x)] - \overline{\theta} I[p_2(y|x)] =$$

$$\sum_{XY} p(x,y) \log \frac{p(y|x)}{p(y)} - \sum_{XY} \theta p_1(x,y) \log \frac{p_1(y|x)}{p(y)} -$$

$$\sum_{XY} \overline{\theta} p_2(x,y) \log \frac{p_2(y|x)}{p(y)} =$$

$$\sum_{XY} [\theta p_1(x,y) + \overline{\theta} p_2(x,y)] \log \frac{p(x|y)}{p(x)} -$$

$$\sum_{XY} \theta p_1(x,y) \log \frac{p_1(x|y)}{p(x)} - \sum_{XY} \overline{\theta} p_2(x,y) \log \frac{p_2(x|y)}{p(x)} =$$

$$\theta \sum_{XY} p_1(x,y) \log \frac{p(x|y)}{p_1(x|y)} + \overline{\theta} \sum_{XY} p_2(x,y) \log \frac{p(x|y)}{p_1(x|y)} \tag{4-16}$$

先求上式中的第一项。应用詹森不等式得

$$\theta \sum_{XY} p_1(x,y) \log \frac{p(x \mid y)}{p_1(x \mid y)} \leqslant \theta \log \left[\sum_{XY} p_1(x,y) \frac{p(x \mid y)}{p_1(x \mid y)} \right] =$$

$$\theta \log \left[\sum_{XY} p_1(x) p(x \mid y) \right] = \theta \log \sum_{Y} p_1(y) \sum_{X} p(x \mid y) =$$

$$\theta \log \sum_{Y} p_1(y) = \theta \log 1 = 0$$

同理，求得式(4-16)中的第二项为

$$\bar{\theta} \sum_{XY} p_2(x,y) \log \frac{p(x \mid y)}{p_2(x \mid y)} \leqslant 0$$

故得

$$I[p(y \mid x)] - \theta I[p_1(y \mid x)] - \bar{\theta} I[p_2(y \mid x)] \leqslant 0$$

即

$$I[p(y \mid x)] \leqslant \theta I[p_1(y \mid x)] + \bar{\theta} I[p_2(y \mid x)]$$

于是有

$$I[\theta p_1(y \mid x) + \bar{\theta} p_2(y \mid x)] \leqslant \theta I[p_1(y \mid x)] + \bar{\theta} I[p_2(y \mid x)] \qquad (4-17)$$

根据下凸函数的定义式(2-17)可知，平均互信息 $I(X;Y)$ 是信道传递概率 $p(y \mid x)$ 的下凸函数。

例 4.2.6（续例 4.2.5）　已知二元对称信道的平均互信息为

$$I(X;Y) = H(\omega \bar{p} + \bar{\omega} p) = H(p)$$

当固定信源的概率分布 ω 时，则平均互信息 $I(X;Y)$ 是信道特性 p 的下凸函数，如图 4.9 所示。

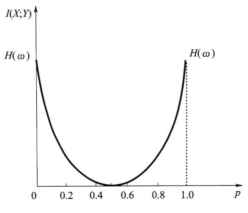

图 4.9　固定二元信源平均互信息

从图 4.9 中可知，当二元信源固定后，改变信道特性 p 可获得不同的平均互信息 $I(X;Y)$。当 $p = \frac{1}{2}$ 时，$I(X;Y) = 0$，即在信道输出端获得的信息最小，这意味着信源的信息全部损失在信道中，这是一种最差的信道，其噪声和干扰最大。我们后面将会看到，定理 4.2.2 是信息率失真理论的基础。

例 4.2.7　掷骰子，如果结果是 1，2，3 或 4，则抛一次硬币；如果结果是 5 或者 6，则抛两次硬币。试计算从抛硬币的结果可以得到多少掷骰子的信息量。

本题可以用一个无记忆信道来描述,如图 4.10 所示。设掷骰子结果是 $1,2,3$ 或 4 的事件 $X=0$,结果是 $5,6$ 为事件 $X=1$。输出符号集 $Y=0$ 表示抛币出现 0 次正面,$Y=1$ 表示出现 1 次正面,$Y=2$ 表示 2 次正面。

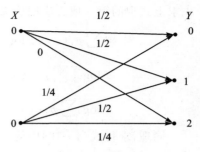

图 4.10　无记忆信道

信源概率空间为

$$\begin{bmatrix} X \\ P_X \end{bmatrix} = \begin{bmatrix} 0 & 1 \\ 2/3 & 1/3 \end{bmatrix}$$

信道矩阵为

$$\boldsymbol{P}_{Y|X} = \begin{bmatrix} \dfrac{1}{2} & \dfrac{1}{2} & 0 \\ \dfrac{1}{4} & \dfrac{1}{2} & \dfrac{1}{4} \end{bmatrix}$$

输出符号集 Y 的概率分布为

$$P_Y = P_X \cdot \boldsymbol{P}_{Y|X} = \begin{bmatrix} \dfrac{2}{3} & \dfrac{1}{3} \end{bmatrix} \begin{bmatrix} \dfrac{1}{2} & \dfrac{1}{2} & 0 \\ \dfrac{1}{4} & \dfrac{1}{2} & \dfrac{1}{4} \end{bmatrix} = \begin{bmatrix} \dfrac{5}{12} & \dfrac{1}{2} & \dfrac{1}{12} \end{bmatrix}$$

所以有

$$H(Y) = P_Y(0) \log \frac{1}{P_Y(0)} + P_Y(1) \log \frac{1}{P_Y(1)} + P_Y(2) \log \frac{1}{P_Y(2)} =$$

$$\frac{5}{12} \operatorname{lb} \frac{12}{5} + \frac{1}{2} \operatorname{lb} 2 + \frac{1}{12} \operatorname{lb} 12 \approx 1.325 \text{ bit}$$

又可以求出

$$H(Y \mid X) \approx 1.166 \text{ bit}$$

所以

$$I(X;Y) = H(Y) - H(Y \mid X) \approx 1.325 - 1.166 = 0.159 \text{ bit}$$

即从输出得到输入的信息量为 0.159 比特。

4.2.5　各种熵、信道疑义度及平均互信息量之间的相互关系

(1) 输入 X、输出 Y 之间的联合熵小于或等于 X 的熵与 Y 的熵之和,即

$$H(X,Y) \leqslant H(X) + H(Y)$$

等号成立的条件为 X,Y 相互独立。

(2) X,Y 的联合熵等于在 Y 的条件下 X 的熵与 Y 的熵之和,或 X 的条件下 Y 的熵与 X 的熵之和,即

$$H(X,Y) = H(X \mid Y) + H(Y) = H(Y \mid X) + H(X)$$

(3) 平均互信息量等于 X 的熵减去给定 Y 的条件下 X 的熵,即

$$I(X;Y) = H(X) - H(X \mid Y)$$

(4) 从 Y 得到的 X 的信息量与从 X 得到的 Y 的信息量相等,即平均互信息量的值与 X, Y 的顺序无关,即

$$I(X;Y) = I(Y;X)$$

（5）平均互信息量等于 X,Y 的熵与它们的联合熵之差，即
$$I(X;Y) = H(X) + H(Y) - H(X,Y)$$

（6）平均互信息量总是大于或等于 0，即
$$I(X;Y) = I(Y;X) \geqslant 0$$

（7）X 与 X 的平均互信息量等于 X 的熵，即
$$I(X;X) = H(X)$$

4.3　离散无记忆扩展信道

在 4.2 节中，讨论了最简单的离散信道，即信道的输入和输出都只是单个随机变量的信道。实际上，一般离散信道的输入和输出是一随机变量序列。本节将要讨论一般离散信道中，输入或输出随机序列中的每一个随机变量都取值于同一输入或输出符号集的情况。

4.3.1　N 次扩展信道

为了直观、明了地理解离散无记忆 N 次扩展信道的内涵，先回顾一下简单的离散无记忆信道的数学模型。

简单的离散无记忆信道的输入和输出都是单个随机变量，其数学模型如图 4.11 所示。

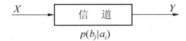

图 4.11　简单离散无记忆信道

信道的输入随机变量 X 取值于符号集 $A = \{a_1, a_2, \cdots, a_r\}$。信道的输出随机变量 Y 取值于符号集 $B = \{b_1, b_2, \cdots, b_s\}$。信道的传递概率为 $p(b_j|a_i)$。信道矩阵为

$$\boldsymbol{P} = \begin{bmatrix} p_{11} & p_{12} & \cdots & p_{1s} \\ p_{21} & p_{22} & \cdots & p_{2s} \\ \vdots & \vdots & & \vdots \\ p_{r1} & p_{r2} & \cdots & p_{rs} \end{bmatrix} \qquad (4-18)$$

且满足
$$\sum_{j=1}^{s} p_{ij} = 1 \qquad i = 1, 2, \cdots, r$$

这意味着矩阵中每一行之和为 1。其中
$$p_{ij} = p(b_j \mid a_i) = P(Y = b_j \mid X = a_i)$$

其概率空间为 $[I, p(b_j|a_i), Y]$。

简单的离散无记忆信道，其输入和输出实际上是单个消息符号。这种模型是讨论 N 次扩展信道的基础。

一般离散无记忆信道的数学模型基本上同于输入和输出为单符号的简单离散无记忆信道的模型。只不过其输入和输出不是单个随机变量 X 和 Y，而是随机序列 $\boldsymbol{X} = (X_1, X_2, \cdots, X_N)$ 和 $\boldsymbol{Y} = (Y_1, Y_2, \cdots, Y_N)$。它们的概率空间为 $[\boldsymbol{X}, p(\boldsymbol{y}|\boldsymbol{x}), \boldsymbol{Y}]$。

在一般离散无记忆信道中,输入随机变量序列 $\boldsymbol{X}$ 中的任一分量 X_i,$i=1,2,\cdots,N$,可以取值于不同的输入消号符号集。同样,输出随机变量序列 $\boldsymbol{Y}$ 中的任一分量 Y_j,$j=1,2,\cdots,N$ 可以取值于不同的输出消号符号集。

现在我们讨论 N 次扩展信道,它与前一章讨论的 N 次扩展信源相类似。

设有简单的离散无记忆信道,其输入随机变量为 X,它取值于输入符号集 $A=\{a_1,a_2,\cdots,a_r\}$,其输出随机变量为 Y,它取值于输出符号集 $B=\{b_1,b_2,\cdots,b_s\}$。信道矩阵为

$$\boldsymbol{P}=\begin{bmatrix} p_{11} & p_{12} & \cdots & p_{1s} \\ p_{21} & p_{22} & \cdots & p_{2s} \\ \vdots & \vdots & & \vdots \\ p_{r1} & p_{r2} & \cdots & p_{rs} \end{bmatrix}$$

且满足

$$\sum_{j=1}^{s} p_{ij}=1 \qquad i=1,2,\cdots,r$$

则此离散无记忆信道的 N 次扩展信道的数学模型如图 4.12 所示。

在 N 次扩展信道中,输入随机序列 $\boldsymbol{X}=(X_1,X_2,\cdots,X_N)$ 中每一个分量 X_i,$i=1,2,\cdots,N$ 都取值于同一符号集 $A=\{a_1,a_2,\cdots,a_r\}$。这是和一般离散无记忆信道的不同之处。而符号集 A 共有 r 个符号,所以输入随机矢量 $\boldsymbol{X}$ 的可能取值共有 r^N 个。同理,输出随机矢量 $\boldsymbol{Y}$ 的可能取值共有 s^N 个。它们分别是

$$\alpha_k \qquad k=1,2,\cdots,r^N$$

和

$$\beta_h \qquad h=1,2,\cdots,s^N$$

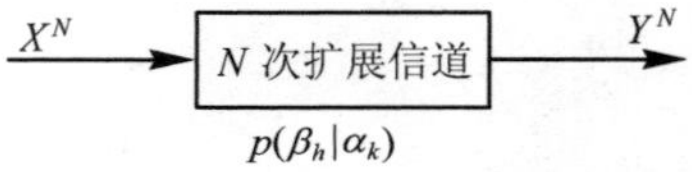

图 4.12　N 次扩展信道

根据信道的无记忆特性,有

$$p(\boldsymbol{y}\mid\boldsymbol{x})=p(y_1,y_2,\cdots,y_N\mid x_1,x_2,\cdots,x_N)=\prod_{i=1}^{N}p(y_i\mid x_i)$$

N 次扩展信道的信道矩阵为

$$\boldsymbol{\Pi}=\begin{bmatrix} \pi_{11} & \pi_{12} & \cdots & \pi_{1s^N} \\ \pi_{21} & \pi_{22} & \cdots & \pi_{2s^N} \\ \vdots & \vdots & & \vdots \\ \pi_{r^N1} & \pi_{r^N2} & \cdots & \pi_{r^Ns^N} \end{bmatrix} \qquad (4-19)$$

其中

$$\pi_{kh}=p(\beta_h\mid\alpha_k) \qquad k=1,2,\cdots,r^N;h=1,2,\cdots,s^N$$
$$\alpha_k=(a_{k_1},a_{k_2},\cdots,a_{k_N}) \quad k_i,i=1,2,\cdots,N$$
$$k_i\in(1,2,\cdots,r)$$
$$\beta_h=(b_{h_1},b_{h_2},\cdots,b_{h_N}) \quad h_i,i=1,2,\cdots,N$$
$$h_i\in(1,2,\cdots,s)$$

且满足

$$\sum_{h=1}^{s^N}\pi_{kh}=1 \qquad k=1,2,\cdots,r^N$$

这仍意味着 N 次扩展信道矩阵中各行之和仍为 1。由于是无记忆的,故

$$\pi_{kh} = p(\beta_h \mid \alpha_k) = p(b_{h_1} b_{h_2} \cdots b_{h_N} \mid a_{k_1} a_{k_2} \cdots a_{k_N}) = \prod_{i=1}^{N} p(b_{h_i} \mid a_{k_i})$$

$$k = 1, 2, \cdots, r^N \qquad h = 1, 2, \cdots, s^N \qquad (4-20)$$

例 4.3.1 考虑二元无记忆对称信道的二次扩展信道。二元对称信道如图 4.13 所示。

由于二元无记忆对称信道的输入和输出随机变量 X 和 Y 都取值于同一符号集 $\{0,1\}$,因此,二次扩展信道的输入符号集为 $A^2 = (00, 01, 10, 11)$,共有 $r^N = 2^2 = 4$ 个输入符号。而输出符号集为 $B^2 = (00, 01, 10, 11)$,共有 $s^N = 2^2 = 4$ 个输出符号。根据信道的无记忆特性,求得二次扩展信道的传递概率 $p(\beta_h \mid \alpha_k), h, k = 1, 2, 3, 4$ 为

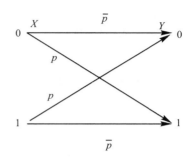

图 4.13 二元对称信道

$$p(\beta_1 \mid \alpha_1) = p(00 \mid 00) = p(0 \mid 0) p(0 \mid 0) = \overline{p}^2$$

$$p(\beta_2 \mid \alpha_1) = p(01 \mid 00) = p(0 \mid 0) p(1 \mid 0) = \overline{p}p$$

$$p(\beta_3 \mid \alpha_1) = p(10 \mid 00) = p(1 \mid 0) p(0 \mid 0) = p\overline{p}$$

$$p(\beta_4 \mid \alpha_1) = p(11 \mid 00) = p(1 \mid 0) p(1 \mid 0) = p^2$$

同样,还可求得

$$\pi_{kh} = p(\beta_h \mid \alpha_k) \qquad h = 1, 2, 3, 4; \; k = 1, 2, 3, 4$$

最后求得二元对称信道的二次扩展信道的信道矩阵为

$$\boldsymbol{\Pi} = \begin{bmatrix} \overline{p}^2 & \overline{p}p & p\overline{p} & p^2 \\ \overline{p}p & \overline{p}^2 & p^2 & p\overline{p} \\ p\overline{p} & p^2 & \overline{p}^2 & \overline{p}p \\ p^2 & p\overline{p} & \overline{p}p & \overline{p}^2 \end{bmatrix}$$

二元对称信道的二次扩展信道如图 4.14 所示。

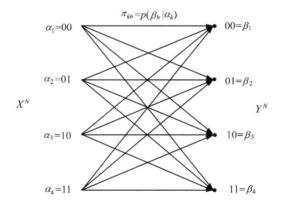

图 4.14 二元对称信道的二次扩展信道

根据平均互信息的定义,不难求得 N 次扩展信道的平均互信息

$$I(\boldsymbol{X}; \boldsymbol{Y}) = I(X^N; Y^N) =$$

$$H(X^N) - H(X^N \mid Y^N) =$$

$$H(Y^N) - H(Y^N \mid X^N) =$$

$$\sum_{X^N Y^N} p(\alpha_k \beta_h) \log \frac{p(\alpha_k \mid \beta_h)}{p(\alpha_k)} =$$

$$\sum_{X^N Y^N} p(\alpha_k \beta_h) \log \frac{p(\beta_h \mid \alpha_k)}{p(\beta_h)}$$

$$k = 1, 2, \cdots, r^N \qquad h = 1, 2, \cdots, s^N \tag{4-21}$$

对于 N 次扩展信道,人们最关心的问题是平均互信息 $I(X^N, Y^N)$ 与传输单个符号时的平均互信息 $I(X_i; Y_i)$ 之间的联系。下面两个定理可以回答这个问题。

4.3.2 定 理

在一般离散信道中,关于传输长为 N 的随机序列所获得的平均互信息,存在下述两个定理。

定理 4.3.1 若信道的输入和输出分别是 N 长序列 $\boldsymbol{X}$ 和 $\boldsymbol{Y}$,且信道是无记忆的,亦即信道传递概率为

$$p(\boldsymbol{y} \mid \boldsymbol{x}) = \prod_{i=1}^{N} p(y_i \mid x_i)$$

或者

$$p(\beta_h \mid \alpha_k) = \prod_{i=1}^{N} p(b_{h_i} \mid a_{k_i}) \qquad k = 1, 2, \cdots, r^N \qquad h = 1, 2, \cdots, s^N$$

则存在

$$I(\boldsymbol{X}; \boldsymbol{Y}) \leqslant \sum_{i=1}^{N} I(X_i; Y_i) \tag{4-22}$$

式中,X_i 和 Y_i 是随机序列 $\boldsymbol{X}$ 和 $\boldsymbol{Y}$ 中第 i 位随机变量。式(4-22)意味着平均互信息 $I(\boldsymbol{X}; \boldsymbol{Y})$ 小于或等于单个随机变量 X_i 和 Y_i 的互信息 $I(X_i; Y_i)$,$i = 1, 2, \cdots, N$ 之和。

证明: 由式(4-21)得

$$I(\boldsymbol{X}; \boldsymbol{Y}) = \sum_{X, Y} p(\alpha_k, \beta_h) \log \frac{p(\beta_h \mid \alpha_k)}{p(\beta_h)} =$$

$$\mathrm{E}\left[\log \frac{p(\beta_h \mid \alpha_k)}{p(\beta_h)}\right]$$

由于信道是无记忆的,故有

$$I(\boldsymbol{X}; \boldsymbol{Y}) = \mathrm{E}\left[\log \frac{p(b_{h_1} \mid a_{k_1}) p(b_{h_2} \mid a_{k_2}) \cdots p(b_{h_N} \mid a_{k_N})}{p(\beta_h)}\right] \tag{4-23}$$

按平均互信息的定义,有

$$\sum_{i=1}^{N} I(X_i; Y_i) = \sum_{i=1}^{N}\left\{\sum_{X_i Y_i} p(a_{k_i}, b_{h_i}) \log \frac{p(b_{h_i} \mid a_{k_i})}{p(b_{h_i})}\right\} =$$

$$\sum_{X_1 Y_1} p(a_{k_1}, b_{h_1}) \log \frac{p(b_{h_1} \mid a_{k_1})}{p(b_{h_1})} +$$

$$\sum_{X_2 Y_2} p(a_{k_2}, b_{h_2}) \log \frac{p(b_{h_2} \mid a_{k_2})}{p(b_{h_2})} + \cdots +$$

$$\sum_{X_N Y_N} p(a_{k_N}, b_{h_N}) \log \frac{p(b_{h_N} \mid a_{k_N})}{p(b_{h_N})} =$$

$$\sum_{X_1 Y_1} \cdots \sum_{X_N Y_N} p(a_{k_1}, \cdots, a_{k_N}; b_{h_1}, \cdots, b_{h_N}) \times$$

$$\log \left[\frac{p(b_{h_1} \mid a_{k_1}) p(b_{h_2} \mid a_{k_2}) \cdots p(b_{h_N} \mid a_{k_N})}{p(b_{h_1}) p(b_{h_2}) \cdots p(b_{h_N})} \right] =$$

$$\mathrm{E} \left[\log \frac{p(b_{h_1} \mid a_{k_1}) p(b_{h_2} \mid a_{k_2}) \cdots p(b_{h_N} \mid a_{k_N})}{p(b_{h_1}) p(b_{h_2}) \cdots p(b_{h_N})} \right] \tag{4-24}$$

由式(4-23)和式(4-24)得

$$I(\boldsymbol{X}; \boldsymbol{Y}) - \sum_{i=1}^{N} I(X_i; Y_i) =$$

$$\mathrm{E} \left[\log \frac{p(b_{h_1} \mid a_{k_1}) p(b_{h_2} \mid a_{k_2}) \cdots p(b_{h_N} \mid a_{k_N})}{p(\beta_h)} - \right.$$

$$\left. \log \frac{p(b_{h_1} \mid a_{k_1}) p(b_{h_2} \mid a_{k_2}) \cdots p(b_{h_N} \mid a_{k_N})}{p(b_{h_1}) p(b_{h_2}) \cdots p(b_{h_N})} \right] =$$

$$\mathrm{E} \left[\log \frac{p(b_{h_1}) p(b_{h_2}) \cdots p(b_{h_N})}{p(\beta_h)} \right] \tag{4-25}$$

根据詹森不等式,得

$$\mathrm{E} \left[\log \frac{p(b_{h_1}) p(b_{h_2}) \cdots p(b_{h_N})}{p(\beta_h)} \right] \leqslant$$

$$\log \mathrm{E} \left[\frac{p(b_{h_1}) p(b_{h_2}) \cdots p(b_{h_N})}{p(\beta_h)} \right] =$$

$$\log \sum_{XY} p(\alpha_k \beta_h) \left[\frac{p(b_{h_1}) p(b_{h_2}) \cdots p(b_{h_N})}{p(\beta_h)} \right] =$$

$$\log \sum_{XY} p(\alpha_k \mid \beta_h) p(b_{h_1}) p(b_{h_2}) \cdots p(b_{h_N}) =$$

$$\log \sum_{Y} p(b_{h_1}) p(b_{h_2}) \cdots p(b_{h_N}) = \log 1 = 0$$

从而证得

$$I(\boldsymbol{X}; \boldsymbol{Y}) \leqslant \sum_{i=1}^{N} I(X_i; Y_i)$$

在上述证明中,应用了

$$\sum_{X} p(\alpha_k \mid \beta_h) = 1 \qquad h = 1, 2, \cdots, s^N$$

$$\sum_{Y} p(b_{h_1}) p(b_{h_2}) \cdots p(b_{h_N}) = 1$$

当信源是无记忆时,则式(4-22)等号成立。下面给出证明。

由于信源是无记忆的,故信源输出序列中各分量是统计独立的,此时

$$p(\alpha_k) = p(a_{k_1}) p(a_{k_2}) \cdots p(a_{k_N})$$

$$k_i \in (1, 2, \cdots, r) \qquad i = 1, 2, \cdots, N$$

边沿分布

$$p(\beta_h) = \sum_X p(\alpha_k, \beta_h) = \sum_X p(\alpha_k) p(\beta_h \mid \alpha_k) =$$

$$\sum_X p(a_{k_1}) p(a_{k_2}) \cdots p(a_{k_N}) p(b_{h_1} \mid a_{k_1}) p(b_{h_2} \mid a_{k_2}) \cdots p(b_{h_N} \mid a_{k_N}) =$$

$$\sum_{X_1} p(a_{k_1}) p(b_{h_1} \mid a_{k_1}) \sum_{X_2} p(a_{k_2}) p(b_{h_2} \mid a_{k_2}) \cdots \sum_{X_N} p(a_{k_N}) p(b_{h_N} \mid a_{k_N}) =$$

$$\sum_{X_1} p(a_{k_1} b_{h_1}) \sum_{X_2} p(a_{k_2} b_{h_2}) \cdots \sum_{X_N} p(a_{k_N} b_{h_N}) =$$

$$p(b_{h_1}) p(b_{h_2}) \cdots p(b_{h_N})$$

将上式代入式(4-25),则有

$$I(\boldsymbol{X}; \boldsymbol{Y}) = \sum_{i=1}^{N} I(X_i; Y_i) \tag{4-26}$$

这表明,当信源和信道都是无记忆时,则集 $\boldsymbol{X}$ 和 $\boldsymbol{Y}$ 的平均互信息等于它们的分量的平均互信息之和。

定理 4.3.2 若信道的输入和输出分别是 N 长序列 $\boldsymbol{X}$ 和 $\boldsymbol{Y}$,且信源是无记忆的,亦即

$$p(\boldsymbol{x}) = \prod_{i=1}^{N} p(x_i)$$

或者

$$p(a_k) = p(a_{k_1}) p(a_{k_2}) \cdots p(a_{k_N}) \qquad k = 1, 2, \cdots, r^N$$

则存在

$$I(\boldsymbol{X}; \boldsymbol{Y}) \geqslant \sum_{i=1}^{N} I(X_i; Y_i) \tag{4-27}$$

式中,X_i, Y_i 是随机序列 $\boldsymbol{X}$ 和 $\boldsymbol{Y}$ 中对应的第 i 位随机变量。

证明: 由式(4-21)得

$$I(\boldsymbol{X}; \boldsymbol{Y}) = \sum_{XY} p(\alpha_k, \beta_h) \log \frac{p(\alpha_k \mid \beta_h)}{p(\alpha_k)} =$$

$$E\left[\log \frac{p(\alpha_k \mid \beta_h)}{p(\alpha_k)}\right]$$

由于信源是无记忆的,因此

$$I(\boldsymbol{X}; \boldsymbol{Y}) = E\left[\log \frac{p(\alpha_k \mid \beta_h)}{p(a_{k_1}) p(a_{k_2}) \cdots p(a_{k_N})}\right]$$

按平均互信息的定义,又有

$$\sum_{i=1}^{N} I(X_i; Y_i) = \sum_{i=1}^{N} \sum_{X_i Y_i} p(a_{k_i}, b_{h_i}) \log \frac{p(a_{k_i} \mid b_{h_i})}{p(a_{k_i})} =$$

$$\sum_{X_1 Y_1} \sum_{X_2 Y_2} \cdots \sum_{X_N Y_N} p(a_{k_1} a_{k_2} \cdots a_{k_N}; b_{h_1} b_{h_2} \cdots b_{h_N}) \times$$

$$\log \frac{p(a_{k_1} \mid b_{h_1}) p(a_{k_2} \mid b_{h_2}) \cdots p(a_{k_N} \mid b_{h_N})}{p(a_{k_1}) p(a_{k_2}) \cdots p(a_{k_N})} =$$

$$E\left[\log \frac{p(a_{k_1} \mid b_{h_1}) p(a_{k_2} \mid b_{h_2}) \cdots p(a_{k_N} \mid b_{h_N})}{p(a_{k_1}) p(a_{k_2}) \cdots p(a_{k_N})}\right]$$

从而,可得到

$$\sum_{i=1}^{N} I(X_i; Y_i) - I(\boldsymbol{X}; \boldsymbol{Y}) = E\left[\log \frac{p(a_{k_1} \mid b_{h_1}) p(a_{k_2} \mid b_{h_2}) \cdots p(a_{k_N} \mid b_{h_N})}{p(\alpha_k \mid \beta_h)}\right]$$

根据詹森不等式可解得

$$E\left[\log \frac{p(a_{k_1} \mid b_{h_1}) p(a_{k_2} \mid b_{h_2}) \cdots p(a_{k_N} \mid b_{h_N})}{p(\alpha_k \mid \beta_h)}\right] \leqslant$$

$$\log E\left[\frac{p(a_{k_1} \mid b_{h_1}) p(a_{k_2} \mid b_{h_2}) \cdots p(a_{k_N} \mid b_{h_N})}{p(\alpha_k \mid \beta_h)}\right] =$$

$$\log \sum_{XY} p(\alpha_k \beta_h) \left\{\frac{p(a_{k_1} \mid b_{h_1}) p(a_{k_2} \mid b_{h_2}) \cdots p(a_{k_N} \mid b_{h_N})}{p(\alpha_k \mid \beta_h)}\right\} =$$

$$\log \sum_{XY} p(\beta_h) p(a_{k_1} \mid b_{h_1}) p(a_{k_2} \mid b_{h_2}) \cdots p(a_{k_N} \mid b_{h_N}) =$$

$$\log \left\{\sum_{Y} p(\beta_h) \sum_{X} p(a_{k_1} \mid b_{h_1}) p(a_{k_2} \mid b_{h_2}) \cdots p(a_{k_N} \mid b_{h_N})\right\} =$$

$$\log \sum_{X} p(a_{k_1} \mid b_{h_1}) p(a_{k_2} \mid b_{h_2}) \cdots p(a_{k_N} \mid b_{h_N}) = \log 1 = 0$$

故式(4-27)得证,即

$$I(\boldsymbol{X}; \boldsymbol{Y}) \geqslant \sum_{i=1}^{N} I(X_i; Y_i)$$

当信道是无记忆时,即

$$p(\beta_h \mid \alpha_k) = \prod_{i=1}^{N} p(b_{h_i} \mid a_{k_i})$$

则式(4-27)等号成立。

这是因为信源是无记忆的,故有

$$p(\alpha_k, \beta_h) = p(\alpha_k) p(\beta_h \mid \alpha_k) =$$

$$\prod_{i=1}^{N} p(a_{k_i}) \prod_{i=1}^{N} p(b_{h_i} \mid a_{k_i}) = \prod_{i=1}^{N} p(a_{k_i}, b_{h_i})$$

而其中边沿分布

$$p(\beta_h) = \sum_{X} p(\alpha_k, \beta_h) = \sum_{X} \prod_{i=1}^{N} p(a_{k_i}, b_{h_i}) = \prod_{i=1}^{N} p(b_{h_i})$$

于是得

$$p(\alpha_k \mid \beta_h) = \frac{p(\alpha_k, \beta_h)}{p(\beta_h)} = \frac{\prod\limits_{i=1}^{N} p(a_{k_i}, b_{h_i})}{\prod\limits_{i=1}^{N} p(b_{h_i})} = \prod_{i=1}^{N} p(a_{k_i} \mid b_{h_i})$$

这样,我们可以得到

$$E\left[\log \frac{p(a_{k_1} \mid b_{h_1}) p(a_{k_2} \mid b_{h_2}) \cdots p(a_{k_N} \mid b_{h_N})}{p(\alpha_k \mid \beta_h)}\right] = E \log 1 = 0$$

所以式(4－27)等号成立。

从定理 4.3.1 和 4.3.2 的证明中可知,当信源和信道都是无记忆的,则式(4－22)和式(4－27)可同时满足,即它们的等号成立。此时

$$I(\boldsymbol{X};\boldsymbol{Y}) = \sum_{i=1}^{N} I(X_i;Y_i) \qquad (4-28)$$

这相当于 N 个独立信道并联的情况。

上述讨论是针对一般离散信道进行的。如果信道的输入随机序列 $\boldsymbol{X}=(X_1 X_2 \cdots X_N)$ 中的分量 $X_i, i=1,2,\cdots,N$ 取值于同一信源符号集 $A=(a_1,a_2,\cdots,a_r)$,并具有同一种概率分布,它们通过相同的信道传输到输出端,信道输出随机序列为 $\boldsymbol{Y}=(Y_1,Y_2,\cdots,Y_N)$,其各个分量 $Y_i, i=1,2,\cdots,N$ 也取值于同一符号集 $B=\{b_1,b_2,\cdots,b_s\}$。此时

$$I(X_1;Y_1) = I(X_2;Y_2) = \cdots = I(X_N;Y_N) = I(X;Y)$$

于是得

$$\sum_{i=1}^{N} I(X_i;Y_i) = NI(X;Y) \qquad (4-29)$$

式中,N 是随机序列的长度。这样,对于离散无记忆信道的 N 次扩展信道,当信源也是无记忆时,则有

$$I(\boldsymbol{X};\boldsymbol{Y}) = NI(X;Y) \qquad (4-30)$$

式(4－30)表明,当信源是无记忆时,对于无记忆的 N 次扩展信道,其平均互信息 $I(\boldsymbol{X};\boldsymbol{Y})$ 等于原来信道的平均互信息 $I(X;Y)$ 的 N 倍。

对于无扰的一一对应信道,接收到的平均互信息就是输入信源的熵。这是因为

$$I(X;Y) = H(X) - H(X \mid Y)$$

由于是一一对应信道,故 $H(X|Y)=0$,所以

$$I(X;Y) = H(X)$$

同理可得

$$I(X_i;Y_i) = H(X_i)$$

若信源序列为 $\boldsymbol{X}=(X_1 X_2 \cdots X_N)$,则从定理 4.3.1 不难得到

$$H(\boldsymbol{X}) \leqslant \sum_{i=1}^{N} H(X_i) \qquad (4-31)$$

式(4－31)表明,平稳信源序列的熵小于序列中对应的单符号信源熵之和。只有当平稳信源序列中各分量统计独立时,平稳信源序列的熵才等于对应的单符号信源熵之和。

4.4　信道的组合

前面几节分析了离散信道。实际中常常会遇到两个或更多个信道组合在一起的情况。例如,待发送的消息比较多时,可能要用两个或更多个信道并行地传送,香农称这种信道为积信道;有时消息会依次地通过几个信道串行地传送,如无线电中继信道,称此种信道为级联信道;有时将两个以上信道联合起来,这类信道香农称为和信道。在研究较复杂的信道时,往往也可以将它们分解成几个简单的,已经解决的信道的组合,这样,可使问题简化。

本节仅介绍级联信道。

级联信道又称为串联信道。它们的模型如图 4.15 所示。

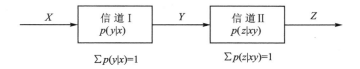

图 4.15　级联信道

考虑信道 I 和信道 II 都是离散无记忆信道的情况。信道 I 的输入随机变量为 X，它取值于输入符号集 $A=\{a_1,a_2,\cdots,a_r\}$，输出随机变量为 Y，它取值于符号集 $B=\{b_1,b_2,\cdots,b_s\}$；信道 II 的输入随机变量为 Y，输出随机变量为 Z，它取值于输出符号集 $C=\{c_1,c_2,\cdots,c_l\}$。信道 I 的传递概率为 $p(y|x)=p(b_j|a_i),i=1,2,\cdots,r;j=1,2,\cdots,s$。信道 II 的传递概率为 $p(z|xy)=p(c_k|a_ib_j),i=1,2,\cdots,r;j=1,2,\cdots,s;k=1,2,\cdots,l$。显然，信道 II 的传递概率一般与前面的符号 x 和 y 均有关。

对于级联信道中的平均互信息，引入两个定理。

定理 4.4.1　级联信道中的平均互信息满足以下关系

$$I(XY;Z)\geqslant I(Y;Z) \tag{4-32}$$

$$I(XY;Z)\geqslant I(X;Z) \tag{4-33}$$

等号成立的充要条件，对所有的 x,y,z，有

$$p(z\mid xy)=p(z\mid y) \tag{4-34}$$

$$p(z\mid xy)=p(z\mid x) \tag{4-35}$$

上式中，$I(XY;Z)$ 表示联合随机变量 XY 与随机变量 Z 之间的平均互信息，也就是接收到 Z 后获得关于联合变量 XY 的信息量，而 $I(Y;Z)$ 是接收到 Z 后获得关于随机变量 Y 的信息量，$I(X;Z)$ 是接收到 Z 后获得关于随机变量 X 的信息量。

先证明式(4-32)。

证明：根据平均互信息的定义得

$$I(XY;Z)=\sum_{XYZ}p(xyz)\log\frac{p(z\mid xy)}{p(z)}=E\left[\log\frac{p(z\mid xy)}{p(z)}\right] \tag{4-36}$$

而

$$I(Y;Z)=\sum_{YZ}p(yz)\log\frac{p(z\mid y)}{p(z)}=$$

$$\sum_{XYZ}p(xyz)\log\frac{p(z\mid y)}{p(z)}=E\left[\log\frac{p(z\mid y)}{p(z)}\right] \tag{4-37}$$

在式(4-37)中，对 $\log[p(z\mid y)/p(z)]$ 取数学期望，用 $\sum_{XYZ}p(xyz)$ 代 $\sum_{YZ}p(yz)$ 是完全可以的。这样，就使式(4-36)和式(4-37)都是对 XYZ 求期望。于是

$$I(Y;Z)-I(XY;Z)=E\left[\log\frac{p(z\mid y)}{p(z)}-\log\frac{p(z\mid xy)}{p(z)}\right]=$$

$$E\left[\log\frac{p(z\mid y)}{p(z\mid xy)}\right] \tag{4-38}$$

应用詹森不等式得

$$E\left[\log \frac{p(z\mid y)}{p(z\mid xy)}\right] \leqslant \log E\left[\frac{p(z\mid y)}{p(z\mid xy)}\right]=$$

$$\log \sum_{XYZ} p(xyz)\frac{p(z\mid y)}{p(z\mid xy)}=$$

$$\log \sum_{XYZ} p(x,y)p(z\mid y)=$$

$$\log \sum_{XY} p(x,y)\sum_{Z} p(z\mid y)=$$

$$\log \sum_{XY} p(x,y)=\mathrm{lb}\ 1=0\ \mathrm{bit}$$

故证得

$$I(XY;Z)\geqslant I(Y;Z)$$

在上述证明中,因为

$$\sum_{Z} p(z\mid xy)=1$$

$$\sum_{Y} p(y\mid x)=1$$

$$\sum_{XY} p(xy)=1$$

故

$$\sum_{Z} p(z\mid y)=\sum_{Z}\frac{p(z,y)}{p(y)}=\frac{1}{p(y)}\sum_{Z} p(z,y)=\frac{1}{p(y)}p(y)=1$$

现证式(4-32)等号成立。

当

$$p(z\mid xy)=p(z\mid y)$$

则式(4-38)右边为零,即

$$I(Y;Z)-I(XY;Z)=0$$

故式(4-32)中等号成立:

$$I(XY;Z)=I(Y;Z)$$

用同样的方法可以证明平稳信源序列熵式(4-31)成立。

在定理4.4.1中,等号成立的条件是 $p(z\mid xy)=p(z\mid y)$,它表示输出随机变量 Z 仅依赖于变量 Y,而与前面的 X 无关。这意味着随机变量 X,Y,Z 构成一个一阶马尔可夫链。这就是说,级联信道的输入和输出变量之间构成一个马尔可夫链,并且存在下述定理。

定理4.4.2 若随机变量 X,Y,Z 构成一个马尔可夫链,则有

$$I(X;Z)\leqslant I(X;Y) \tag{4-39}$$

$$I(X;Z)\leqslant I(Y;Z) \tag{4-40}$$

先证明式(4-40)。

证明:因为变量 X,Y,Z 组成一阶马尔可夫链,故

$$p(z\mid xy)=p(z\mid y) \qquad 对一切 x,y,z$$

于是,式(4-32)中等号成立,得

$$I(XY;Z)=I(Y;Z)$$

将上述结果代入式(4-33)中后,式(4-40)得证。

$$I(Y;Z) \geqslant I(X;Z)$$

式(4-40)中,等号成立的条件是

$$p(z \mid xy) = p(z \mid x) \qquad 对一切 x,y,z$$

这是因为 X,Y,Z 组成一阶马尔可夫链,故 $p(z \mid xy) = p(z \mid y)$。于是得到

$$p(z \mid y) = p(z \mid x)$$

再根据平均互信息的定义,可得

$$I(Y;Z) = E\left[\log \frac{p(z \mid y)}{p(z)}\right] = E\left[\log \frac{p(z \mid x)}{p(z)}\right] = I(X;Z)$$

故式(4-40)中等号成立。

再证明式(4-39)。

证明:根据马尔可夫过程的特性,即马尔可夫过程的逆是马尔可夫的,故变量 Z,Y,X 也是马尔可夫链。所以有

$$p(x \mid yz) = p(x \mid y) \qquad 对一切 x,y,z$$

用与式(4-40)同样的证明方法,可得

$$I(X;Y) \geqslant I(X;Z)$$

故式(4-39)成立。

而且当且仅当 $p(x \mid yz) = p(x \mid y) = p(x \mid z)$,对一切 x,y,z 时,式(4-39)等号成立。

定理 4.4.2 是一个很重要的结论,式(4-40)表明,通过串联信道的传输只会丢失信息,不会增加信息,至多保持原来的消息量。

如果信道满足

$$p(x \mid y) = p(x \mid z) \qquad 对一切 x,y,z \qquad (4-41)$$

即串联信道的总的信道矩阵等于第一级信道矩阵时,通过串联信道传输后不会增加信息的损失。当图 4.15 中第二个信道是无噪——对应信道时,这个条件显然是满足的。如果第二个信道是数据处理系统,定理 4.4.2 就表明通过数据处理后,一般只会增加信息的损失,最多只能保持原来获得的信息,不可能比原来获得的信息有所增加。也就是说,对接收到的数据 Y 进行处理后,无论变量 Z 是 Y 的确定对应关系还是概率关系,决不会减少关于 X 的不确定性。若要使数据处理后获得的关于 X 的平均互信息保持不变,必须满足式(4-41)。故定理 4.4.2 称为数据处理定理。

数据处理定理说明,在任何信息传输系统中,最后获得的信息至多是信源所提供的信息。如果一旦在某一过程中丢失一些信息,以后的系统不管如何处理,如不触及丢失信息过程的输入端,就不能再恢复已丢失的信息。这就是信息不增性原理,它与热熵不减原理正好对应。这一点深刻地反映了信息的物理意义。

例 4.4.1　设有两个离散二元对称信道,其串联信道如图 4.16 所示。

设第一个二元对称信道的输入符号的概率空间为

$$\begin{bmatrix} X \\ P \end{bmatrix} = \begin{bmatrix} 0 & 1 \\ 1/2 & 1/2 \end{bmatrix}$$

并设两个二元对称信道的信道矩阵均为

$$\boldsymbol{P}_1 = \boldsymbol{P}_2 = \begin{bmatrix} 1-p & p \\ p & 1-p \end{bmatrix}$$

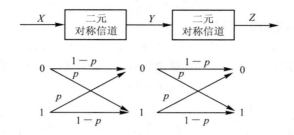

图 4.16　二元对称信道的串联

如果设 X,Y,Z 为马尔可夫链,则串联信道的总的信道矩阵为

$$\boldsymbol{P}=\boldsymbol{P}_1\boldsymbol{P}_2=\begin{bmatrix}1-p & p \\ p & 1-p\end{bmatrix}\begin{bmatrix}1-p & p \\ p & 1-p\end{bmatrix}=$$

$$\begin{bmatrix}(1-p)^2+p^2 & 2p(1-p) \\ 2p(1-p) & (1-p)^2+p^2\end{bmatrix}$$

于是,根据平均互信息的定义,可以算出

$$I(X;Y)=1-H(p)$$
$$I(X;Z)=1-H[2p(1-p)]$$

上式中 $H(\cdot)$ 是 $[0,1]$ 区域内的熵函数。如果在两个二元对称信道串联之后再增加一个级联环节,可得

$$I(X;W)=1-H[3p(1-p)^2+p^2]$$

依次类推, n 个二元对称信道经串联后,其平均互信息量用曲线表示,如图 4.17 所示。

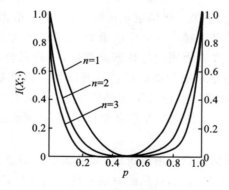

图 4.17　n 级二元对称信道串联的平均互信息

从图 4.16 中看出,当 $n=1$ 时,串联信道退化为一个二元对称信道,其平均互信息量 $I(X;\cdot)$ 等于 $I(X;Y)$ 曲线。当 $n=2$ 时,曲线 $I(X;\cdot)$ 等于 $I(X;Z)$ 曲线。从图 4.17 看出

$$I(X;Y)>I(X;Z)$$

这意味着二元对称信道经串联后只会增加信息的损失。当串联级数 n 增加时,损失的信息越大。

定理 4.4.2 是在串联的单符号离散信道中证明的,对于输入和输出是随机序列的一般信道,定理 4.4.2 仍然成立。

例 4.4.2　一串联信道如图 4.18 所示,求总的信道矩阵,设 X,Y,Z 满足马氏链的性质。

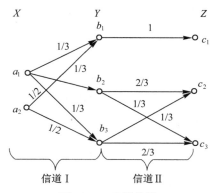

图 4.18　串联信道

由图可知信道 I , II 的信道矩阵分别为

$$\boldsymbol{P}_{Y|X}=\begin{bmatrix}\dfrac{1}{3}&\dfrac{1}{3}&\dfrac{1}{3}\\[2mm]\dfrac{1}{2}&0&\dfrac{1}{2}\end{bmatrix}$$

$$\boldsymbol{P}_{Z|Y}=\begin{bmatrix}1&0&0\\[1mm]0&\dfrac{2}{3}&\dfrac{1}{3}\\[2mm]0&\dfrac{1}{3}&\dfrac{2}{3}\end{bmatrix}$$

根据马氏链的性质,总的信道矩阵中的每个元素满足

$$p(c_k\mid a_i)=\sum_j p(b_j\mid a_i)p(c_k\mid b_j)$$
$$i=1,2\qquad j,k=1,2,3$$

所以,图 4.18 中串联信道的信道矩阵为

$$\boldsymbol{P}_{Z|X}=\boldsymbol{P}_{Y|X}\cdot\boldsymbol{P}_{Z|Y}=$$

$$\begin{bmatrix}\dfrac{1}{3}&\dfrac{1}{3}&\dfrac{1}{3}\\[2mm]\dfrac{1}{2}&0&\dfrac{1}{2}\end{bmatrix}\cdot\begin{bmatrix}1&0&0\\[1mm]0&\dfrac{2}{3}&\dfrac{1}{3}\\[2mm]0&\dfrac{1}{3}&\dfrac{2}{3}\end{bmatrix}=\begin{bmatrix}\dfrac{1}{3}&\dfrac{1}{3}&\dfrac{1}{3}\\[2mm]\dfrac{1}{2}&\dfrac{1}{6}&\dfrac{1}{3}\end{bmatrix}$$

于是,图 4.18 中的级联信道则等效为图 4.19 中的信道。

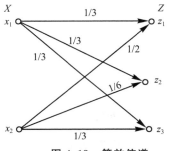

图 4.19　等效信道

4.5 信道容量

研究信道的目的是要讨论信道中平均每个符号所能传送的信息量。信道容量是对平均互信息 $I(X;Y)$ 求极大值的问题。信道容量对信道的传输速率有十分重要的意义。

4.5.1 信道容量的定义

定义 4.5.1 信道容量定义为平均互信息的最大值：

$$C \stackrel{\text{def}}{=\!=} \max_{p(x)} \{I(X;Y)\} \qquad (4-42)$$

其单位是 bit 或 hat。

由定理 4.2.1 知,平均互信息 $I(X;Y)$ 是输入变量 X 的概率分布 $p(x)$ 的上凸函数。因此对于一个固定的信道,总存在一种信源,使传输每个符号平均获得的信息量,即平均互信息 $I(X;Y)$ 最大。而相应的概率分布 $p(x)$ 称为最佳输入分布。

根据 $I(X;Y)$ 的定义式可知,$I(X;Y)$ 的值是由信道传递概率决定的。信道传递概率矩阵描述了信道的统计特性,因此信道容量 C 仅与信道的统计特性有关,由信道传递概率矩阵决定,而与信源分布 $p(x)$ 无关。但由于平均互信息 $I(X;Y)$ 在数值计算上表现为输入分布 $p(x)$ 的上凸函数,所以总存在一个使某一特定信道的信息量达到极大值的信道容量 C 的信源。

信道容量表征信道传送信息的最大能力。实际中信道传送的信息量必须小于信道容量,否则在传送过程中将会出现错误。这一点在后面的章节中将要进一步讨论。

信道容量是一个信道传输信息量的最大能力的度量。信道中平均每个符号所能传送的信息量定义为信息传输率 R(单位:比特/符号)。由于平均互信息 $I(X;Y)$ 的含义是接收到符号 Y 后平均每个符号获得的关于 X 的信息量,因此信道的信息传输率就是平均互信息。

$$R = I(X;Y) = H(X) - H(X \mid Y) \qquad (4-43)$$

有时人们所关心的是信道在单位时间内平均传输的信息量。如果平均传输一个符号为 t 秒,则信道每秒钟平均传输的信息量 R_t(单位:bit/s)为

$$R_t = \frac{1}{t} I(X;Y) \qquad (4-44)$$

一般称为信息传输速率。

这样,信道容量实际上是某一个固定信道的最大的信息传输率。

若平均传输一个符号需要 t 秒钟,则信道在单位时间内平均传输的最大信息量 C_t(单位:bit/s)为

$$C_t = \frac{1}{t} \max_{p(x)} \{I(X;Y)\} \qquad (4-45)$$

例 4.5.1 二元对称信道的信道容量。

二元对称信道的平均互信息

$$I(X;Y) = H(\omega \overline{p} + \overline{\omega} p) - H(p)$$

从图 4.8 看出,平均互信息 $I(X;Y)$ 对信源概率分布 ω 存在一个最大值,即当 $\omega = \overline{\omega} = \frac{1}{2}$ 时,

$H(\omega\overline{p}+\overline{\omega}p)=H\left(\dfrac{1}{2}\right)=1$。因而二元对称信道的信道容量 C（单位：bit）为

$$C=1-H(p) \tag{4-46}$$

由此可见，信道容量 C 仅为信道传递概率 p 的函数，而与信道输入变量 X 的概率分布 ω 无关。不同的二元对称信道（其传递概率 p 不同）的信道容量也将不同，如图 4.20 所示。

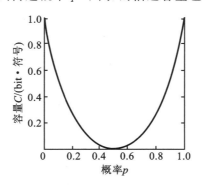

图 4.20　二元对称信道的信道容量

研究信道的核心问题是求出信道容量 C 以及达到信道容量 C 的信源概率分布 $p(x)$。一般来说这是一个十分困难的问题。下面我们将讨论几类特殊的信道以及一些常用的计算信道容量的方法。

4.5.2　离散无噪信道

离散无噪信道的输出 Y 和输入 X 之间有着确定的关系，一般有以下三类。

1. 无损信道

无损信道的一个输入对应多个互不相交的输出，如图 4.21 所示。

不难看出，其信道矩阵中每一列只有一个非零元素，即信道输出端接收到 Y 以后必可知发送端的状态 X。图 4.21 中所示的信道，当 $r=3$ 时，其信道矩阵为

$$\boldsymbol{P}=\begin{bmatrix} \dfrac{1}{2} & \dfrac{1}{2} & 0 & 0 & 0 & 0 \\ 0 & 0 & \dfrac{3}{5} & \dfrac{3}{10} & \dfrac{1}{10} & 0 \\ 0 & 0 & 0 & 0 & 0 & 1 \end{bmatrix}$$

信道的后验概率

$$p(a_i\mid b_j)=\begin{cases} 0 & (b_j\notin B_i) \\ 1 & (b_j\in B_i) \end{cases}$$

故知信道疑义度 $H(X|Y)=0$。

$H(X|Y)$ 又称为损失熵，它表示信源符号通过有噪信道传输后所引起的信息量的损失。因为

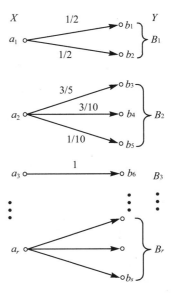

图 4.21　无损信道

$$H(X \mid Y) = H(X) - I(X;Y)$$

故此,损失熵等于信源 X 含有的信息量减去信道输出端接收到符号集 Y 之后平均每个符号所获得的关于输入集 X 的信息量。换句话说,信源 X 含有的信息量等于信道输出端接收到符号集 Y 以后获得的关于输入集 X 的信息量加上在信道传输过程中损失掉的信息量。

在这类信道中,因为信源发生符号 a_i,并不能断定在信道输出端会发生那一个 b_j,而是依一定概率取 B_i 中的某一个 b_j,因此噪声熵 $H(Y \mid X) > 0$。于是,可以求出无损信道的平均互信息为

$$I(X;Y) = H(X) < H(Y) \tag{4-47}$$

其信道容量

$$C = \max_{p(x)} \{I(X;Y)\} = \max_{p(x)} H(X) = \log r \tag{4-48}$$

2. 确定信道

确定信道如图 4.22 所示。它的一个输出对应着多个互不相交的输入。这时,信道矩阵中每一行只有一个"1",其余元素均等于 0,即信源发出某一个 a_i,可以知道信道输出端接收到的是那一个 b_j。这是多一对应信道。在图 4.22 中,当 $s=2$ 时,其信道矩阵为

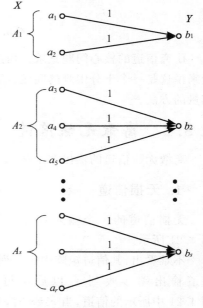

图 4.22　确定信道

$$\boldsymbol{P} = \begin{bmatrix} 1 & 0 & 0 \\ 1 & 0 & 0 \\ 0 & 1 & 0 \\ 0 & 1 & 0 \\ 0 & 1 & 0 \end{bmatrix}$$

信道的传递概率为

$$p(b_j \mid a_i) = \begin{cases} 0 & ; a_i \notin A_j \\ 1 & ; a_i \in A_j \end{cases}$$

因此,噪声熵 $H(Y \mid X) = 0$。

在这类信道中,信道输出端接收到某个 b_j 以后,并不能断定是哪一个输入符号 a_i,因而信道疑义度 $H(X \mid Y) > 0$。于是,可以求出确定信道的平均互信息为

$$I(X;Y) = H(Y) < H(X) \tag{4-49}$$

其信道容量

$$C = \max_{p(x)} \{I(X;Y)\} = \max_{p(x)} H(Y) = \log s \tag{4-50}$$

达到此类信道的信道容量的概率分布是使信道输出分布为等概分布的输入分布。

3. 无损确定信道

无损确定信道的输入和输出是一一对应关系。如图 4.23 所示。

很明显,无损确定信道的信道矩阵为单位阵。在图 4.23 中,当 $r=3$ 时,其信道矩阵为

$$P=\begin{bmatrix}1&0&0\\0&1&0\\0&0&1\end{bmatrix}$$

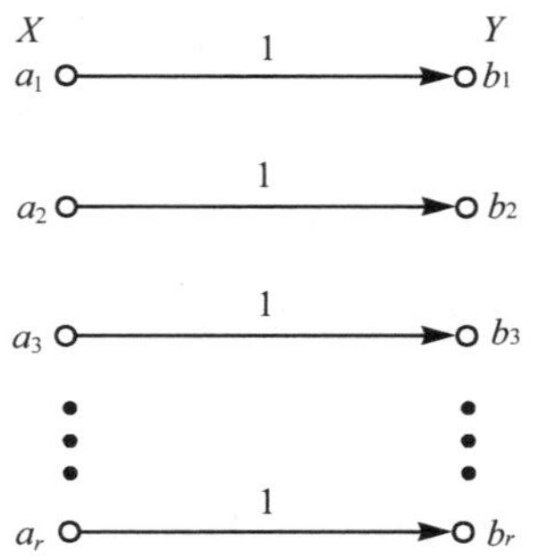

图 4.23　无损确定信道

信道的前向概率 $p(b_j|a_i)$和后向概率 $p(a_i|b_j)$一致。即

$$p(b_j \mid a_i)=p(a_i \mid b_j)=\begin{cases}0 & i\neq j\\1 & i=j\end{cases}$$

由此,信道的噪声熵 $H(Y|X)$和损失熵 $H(X|Y)$均等于零。故无损确定信道的平均互信息为

$$I(X;Y)=H(X)=H(Y) \qquad (4-51)$$

它表示信道输出端接收到符号 Y 后,平均获得的信息量就是信源发出每个符号所含有的平均信息量,信道中没有损失信息。

其信道容量

$$C=\max_{p(x)}\{I(X;Y)\}=\max_{p(x)}H(X)=\log r \qquad (4-52)$$

从以上三种情况可知,对于无噪信道,求信道容量 C 的问题,已经从求 $I(X;Y)$的极值问题退化为求 $H(X)$或 $H(Y)$的极值问题。这个问题已在第 2 章中解决。

4.5.3　离散对称信道

离散信道中有一类特殊的信道,其特点是信道矩阵具有很强的对称性,现在介绍这类信道。

定义 4.5.2　若一个离散无记忆信道的信道矩阵中,每一行都是同一集中其他行的同一组元素的不同排列,则称此类信道为离散输入对称信道。

例如,信道矩阵

$$P=\begin{bmatrix}\frac{1}{3}&\frac{1}{3}&\frac{1}{6}&\frac{1}{6}\\[4pt]\frac{1}{6}&\frac{1}{3}&\frac{1}{6}&\frac{1}{3}\end{bmatrix}$$

对于输入对称信道有

$$\begin{aligned}H(Y\mid X)=&-\sum_{ij}p(a_ib_j)\log p(b_j\mid a_i)=\\&-\sum_i p(a_i)\sum_j p(b_j\mid a_i)\log p(b_j\mid a_i)=\\&-\sum_j p(b_j\mid a_k)\log p(b_j\mid a_k)=H(Y\mid X=a_k)\end{aligned}$$

定义 4.5.3　若一个离散无记忆信道的信道矩阵中,每一列都是同一集中其他列的同一组元素的不同排列,则称该类信道为离散输出对称信道。

例如,信道矩阵

$$P=\begin{bmatrix}0.4&0.6\\0.6&0.4\\0.5&0.5\end{bmatrix}$$

定义 4.5.4 若一个离散无记忆信道的信道矩阵中,按照信道的输出集 Y(即信道矩阵的行)可以将信道矩阵划分成 n 个子集(子矩阵),每个子矩阵中的每一行(列)都是其他行(列)的同一组元素的不同排列,则称这类信道为离散准对称信道。当划分的子集只有一个时,信道是关于输入和输出对称的,这类信道称为对称信道。

例如,信道矩阵为

$$P = \begin{bmatrix} 0.8 & 0.1 & 0.1 \\ 0.1 & 0.1 & 0.8 \end{bmatrix}$$

是准对称信道,它可以划分为两个子矩阵

$$P_1 = \begin{bmatrix} 0.8 & 0.1 \\ 0.1 & 0.8 \end{bmatrix}, \qquad P_2 = \begin{bmatrix} 0.1 \\ 0.1 \end{bmatrix}$$

满足定义 4.5.4 中的条件,所以它是准对称信道。

定义 4.5.5 若一个离散无记忆信道的信道矩阵中,每一行都是由同一集($p_i, i=1,2,\cdots,k$)的诸元素不同排列组成;而且,每一列也是由同一集($q_j, j=1,2,\cdots,r$)的诸元素不同排列组成,亦即信道矩阵 P 中每一行是另一行的置换,每一列是另一列的置换:具有这种对称性信道矩阵的信道称为对称离散信道。

例如,信道矩阵

$$P = \begin{bmatrix} \dfrac{1}{3} & \dfrac{1}{3} & \dfrac{1}{6} & \dfrac{1}{6} \\ \dfrac{1}{6} & \dfrac{1}{6} & \dfrac{1}{3} & \dfrac{1}{3} \end{bmatrix}$$

或

$$P = \begin{bmatrix} \dfrac{1}{2} & \dfrac{1}{3} & \dfrac{1}{6} \\ \dfrac{1}{6} & \dfrac{1}{2} & \dfrac{1}{3} \\ \dfrac{1}{3} & \dfrac{1}{6} & \dfrac{1}{2} \end{bmatrix}$$

均满足对称性,所对应的信道是对称离散信道。

定理 4.5.1 实现离散准对称无记忆信道信道容量的输入符号集的分布为等概分布。

这个定理在后面的例 4.5.3 中将会给出证明。

定理 4.5.2 若一个离散对称信道具有 r 个输入符号,s 个输出符号,则当输入为等概分布时,达到信道容量 C,且

$$C = \log s - H(p_1' p_2' \cdots p_s') \qquad (4-53)$$

式中,$p_1' p_2' \cdots p_s'$ 为信道矩阵中的任一行。

证明: 考察平均互信息

$$I(X;Y) = H(Y) - H(Y \mid X)$$

上式右端第二项为噪声熵

$$H(Y \mid X) = \sum_{XY} p(xy) \log \frac{1}{p(y \mid x)} =$$

$$\sum_X p(x) \sum_Y p(y \mid x) \log \frac{1}{p(y \mid x)} =$$

$$\sum_X p(x) H(Y \mid X = x)$$

式中条件熵

$$H(Y \mid X = x) = \sum_Y p(y \mid x) \log \frac{1}{p(y \mid x)}$$

是固定 $X = x$ 时对 Y 求和。由于信道的对称性，所以 $H(Y|X=x)$ 与 x 无关，从而有

$$H(Y \mid X = x) = H(p'_1, p'_2, \cdots, p'_s)$$

因此得

$$I(X;Y) = H(Y) - H(p'_1, p'_2, \cdots, p'_s)$$

根据信道容量的定义，可得

$$C = \max_{p(x)} \{I(X;Y)\} = \max_{p(x)} \{H(Y) - H(p'_1, p'_2, \cdots, p'_s)\}$$

由于已知 $H(Y) \leqslant \log s$，而其等号成立的充要条件是输出 Y 为等概分布，所以

$$C = \log s - H(p'_1, p'_2, \cdots, p'_s)$$

这表明达到信道容量 C 的概率分布是使输出为等概分布的信道输入分布。换句话说，求离散对称信道的信道容量，实质上是求一种输入分布 $p(x)$，它使输出熵 $H(Y)$ 达最大。

从式(4-53)也可看出，离散对称信道的信道容量 C 仅与信道矩阵中任一行矢量$(p'_1 p'_2 \cdots p'_s)$有关。

引理　对于对称信道，只有当信道输入分布为等概分布时，输出分布才能为等概分布。

证明：因为信道输出概率

$$p(b_j) = \sum_{i=1}^r p(a_i, b_j) = \sum_{i=1}^r p(b_j \mid a_i) p(a_i)$$

当输入为等概分布，$p(a_i) = 1/r, i = 1, 2, \cdots, r$ 时，则

$$p(b_j) = \frac{1}{r} \sum_{i=1}^r p(b_j \mid a_i) = \frac{1}{r} H_j$$

式中令

$$H_j = \sum_{i=1}^r p(b_j \mid a_i)$$

H_j 是信道矩阵 $\boldsymbol{P}$ 中第 j 列元素之和，由对称信道性质知，H_j 是一个与 j 无关的常数。

现在计算 H_j 值。

$$sH_j = \sum_{j=1}^s H_j =$$

$$\sum_{j=1}^s \sum_{i=1}^r p(b_j \mid a_i) =$$

$$\sum_{j=1}^s \sum_{i=1}^r p(b_j \mid a_i) \frac{p(a_i)}{p(a_i)} =$$

$$\sum_{i=1}^r \frac{1}{p(a_i)} \sum_{j=1}^s p(a_i b_j) =$$

$$\sum_{i=1}^r \frac{1}{p(a_i)} p(a_i) = r$$

故 $H_j = r/s$，于是得

$$p(b_j) = \frac{1}{r} \cdot \frac{r}{s} = \frac{1}{s} \qquad j = 1, 2, \cdots, s$$

上式表明,当信道输入为等概分布 $p(a_i) = \dfrac{1}{r}, i = 1, 2, \cdots, r$ 时,输出分布亦为等概分布

$p(b_j) = \dfrac{1}{s}, j = 1, 2, \cdots, s$,需要指出的是,对于离散输入对称信道,信道容量 C 的计算式也可以写为

$$C = \max_{p(x)} \{H(Y)\} - H(p'_1, p'_2, \cdots, p'_s)$$

但是不一定存在有一种输入分布能使输出分布是等概的。此时的信道容量为

$$C \leqslant \log s - H(p'_1, p'_2, \cdots, p'_s)$$

而对于离散对称信道,其信道矩阵中每一列都是由同一集 $(q'_1, q'_2, \cdots, q'_r)$ 中的诸元素的不同排列组成,所以保证了当输入符号 X 为等概分布时,输出符号 Y 一定也是等概分布。此时,输出熵 $H(Y) = \log s$。

例 4.5.2　设某离散对称信道的信道矩阵为

$$\boldsymbol{P} = \begin{bmatrix} \dfrac{1}{2} & \dfrac{1}{3} & \dfrac{1}{6} \\[2mm] \dfrac{1}{6} & \dfrac{1}{2} & \dfrac{1}{3} \\[2mm] \dfrac{1}{3} & \dfrac{1}{6} & \dfrac{1}{2} \end{bmatrix}$$

用定理 4.5.1 中式(4-53)求得该信道的信道容量为

$$C = \log_2 s - H(p'_1, p'_2, \cdots, p'_s) = \log_2 s - H\left(\frac{1}{2}, \frac{1}{3}, \frac{1}{6}\right) =$$

$$\log_2 3 + \frac{1}{2} \log_2 \frac{1}{2} + \frac{1}{3} \log_2 \frac{1}{3} + \frac{1}{6} \log_2 \frac{1}{6} = 0.126 \text{ 比特 / 符号}$$

计算结果表明,在这个对称信道中,每个符号平均能够传输的最大信息量为 0.126 比特。而且只有当信道输入符号是等概分布时才能达到这个最大值。

定义 4.5.6　若信道输入符号和输出符号个数相同,且信道矩阵为

$$\boldsymbol{P} = \begin{bmatrix} \overline{p} & \dfrac{p}{r-1} & \dfrac{p}{r-1} & \cdots & \dfrac{p}{r-1} \\[2mm] \dfrac{p}{r-1} & \overline{p} & \dfrac{p}{r-1} & \cdots & \dfrac{p}{r-1} \\[2mm] \vdots & \vdots & \vdots & & \vdots \\[2mm] \dfrac{p}{r-1} & \dfrac{p}{r-1} & \dfrac{p}{r-1} & \cdots & \overline{p} \end{bmatrix}$$

则称此信道为强对称信道或均匀信道。式中,$p + \overline{p} = 1$。

由以上定义可知,均匀信道是对称信道的一种特例。其输入符号数和输出符号数相等。而且信道中总的错误概率为 p,对称地平均分配给 $r-1$ 个输出符号,r 为输入符号的个数。二元对称信道就是 $r = 2$ 的均匀信道。一般信道的信道矩阵中各行之和为 1,但各列之和不一定等于 1,而均匀信道中各列之和亦等于 1。

由定理 4.5.2 有以下推论。

推论　均匀信道的信道容量为
$$C = \log r - p \log(r-1) - H(p) \qquad (4-54)$$
证明： 由定理 4.5.1 有
$$C = \log r - H(p_1', p_2', \cdots, p_s') =$$
$$\log r - H\left(\overline{p}, \frac{p}{r-1}, \frac{p}{r-1}, \cdots, \frac{p}{r-1}\right) =$$
$$\log r + \overline{p} \log \overline{p} + \frac{p}{r-1}\log \frac{p}{r-1} + \cdots + \frac{p}{r-1}\log \frac{p}{r-1} =$$
$$\log r + \overline{p} \log \overline{p} + p \log \frac{p}{r-1} =$$
$$\log r - p \log(r-1) - H(p)$$
其中，p 是总的错误传递概率；$\overline{p}$ 是正确传递概率。

这种信道中，达到信道容量 C 的信道输入分布为等概分布。

二元对称信道是 $r=2$ 的均匀信道，由式（4-54）可得其信道容量为
$$C = 1 - H(p)$$

4.5.4　一般离散信道

现在讨论一般有 r 个输入符号和 s 个输出符号的离散无记忆信道达到信道容量的输入概率分布所应满足的条件。

信道容量定义为在信道固定的条件下，对所有可能的输入概率分布 $p(x)$ 求平均互信息的极大值，即寻找使平均互信息 $I(X;Y)$ 达极大值的输入概率分布。在前面已经导出，平均互信息 $I(X;Y)$ 是输入概率分布 $p(x)$ 的上凸函数，因此 $I(X;Y)$ 对 $p(x)$ 的极大值必定存在。

平均互信息 $I(X;Y)$ 是 r 个变量（$p(a_i), i=1,2,\cdots,r$）的多元函数，且满足约束条件 $\sum_{i=1}^{r} p(a_i) = 1$，故可用拉格朗日乘子法来计算这个条件极值。

推导过程如下：

引进一个新函数
$$F = I(X;Y) - \lambda \sum_X p(a_i) \qquad (4-55)$$
其中，λ 为拉格朗日乘子，是待定常数，可根据约束条件求出 λ。

求解下述方程组
$$\frac{\partial F}{\partial p(a_i)} = \frac{\partial \left[I(X;Y) - \lambda \sum_X p(a_i)\right]}{\partial p(a_i)} = 0$$
$$\sum_X p(a_i) = 1 \qquad i=1,2,\cdots,r \qquad (4-56)$$
该方程组可改写成
$$\frac{\partial F}{\partial p(a_i)} = \frac{\partial}{\partial p(a_i)} I(X;Y) - \frac{\partial}{\partial p(a_i)}\left\{\lambda \sum_X p(a_i)\right\} = 0 \qquad i=1,2,\cdots,r \quad (4-57)$$
考虑式（4-57）中第二项
$$\frac{\partial}{\partial p(a_i)}\lambda \sum_X p(a_i) = \lambda \frac{\partial}{\partial p(a_i)}\left[\sum_X p(a_i)\right] =$$

$$\lambda \frac{\partial}{\partial p(a_i)} [p(a_1) + p(a_2) + \cdots + p(a_i) + \cdots + p(a_r)] =$$

$$\lambda(0 + \cdots + 1 + 0 + \cdots + 0) = \lambda \qquad (4-58)$$

考虑式(4-57)中第一项

按定义,平均互信息为

$$I(X;Y) = \sum_{i=1}^{r} \sum_{j=1}^{s} p(a_i) p(b_j \mid a_i) \log \frac{p(b_j \mid a_i)}{p(b_j)} \qquad (4-59)$$

式中

$$p(b_j) = \sum_{i=1}^{r} p(a_i) p(b_j \mid a_i) \qquad (4-60)$$

对式(4-60)取对数然后求导

$$\frac{\partial}{\partial p(a_i)} \log p(b_j) = \left\{ \frac{\partial}{\partial p(a_i)} \ln p(b_j) \right\} \log e =$$

$$\left\{ \frac{1}{p(b_j)} \left[\frac{\partial}{\partial p(a_i)} p(b_j) \right] \right\} \log e =$$

$$\left\{ \frac{1}{p(b_j)} \frac{\partial}{\partial p(a_i)} \cdot \left[\sum_{i=1}^{r} p(a_i) p(b_j \mid a_i) \right] \right\} \log e =$$

$$\frac{p(b_j \mid a_i)}{p(b_j)} \log e \qquad (4-61)$$

在式(4-61)中应用了下述关系式。即若令

$$q_i = \sum_i p_i p_{ij}$$

则

$$\frac{\partial q_i}{\partial p_i} = p_{ij}$$

由式(4-59)、式(4-61)有

$$\frac{\partial}{\partial p(a_i)} I(X;Y) =$$

$$\frac{\partial}{\partial p(a_i)} \left\{ \sum_{i=1}^{r} \sum_{j=1}^{s} p(a_i) p(b_j \mid a_i) \log \frac{p(b_j \mid a_i)}{p(b_j)} \right\} =$$

$$\sum_{j=1}^{s} \left\{ \frac{\partial}{\partial p(a_i)} \left[\sum_{i=1}^{r} p(a_i) p(b_j \mid a_i) \right] \log \frac{p(b_j \mid a_i)}{p(b_j)} \right\} +$$

$$\sum_{i=1}^{r} \sum_{j=1}^{s} p(a_i) p(b_j \mid a_i) \frac{\partial}{\partial p(a_i)} \left\{ \log \frac{p(b_j \mid a_i)}{p(b_j)} \right\} =$$

$$\sum_{j=1}^{s} p(b_j \mid a_i) \log \frac{p(b_j \mid a_i)}{p(b_j)} +$$

$$\sum_{i=1}^{r} \sum_{j=1}^{s} p(a_i) p(b_j \mid a_i) \frac{\partial}{\partial p(a_i)} \log p(b_j \mid a_i) -$$

$$\sum_{i=1}^{r} \sum_{j=1}^{s} p(a_i) p(b_j \mid a_i) \frac{\partial}{\partial p(a_i)} \log p(b_j) =$$

$$\sum_{j=1}^{s} p(b_j \mid a_i) \log \frac{p(b_j \mid a_i)}{p(b_j)} -$$

$$\sum_{k=1}^{r} \sum_{j=1}^{s} p(a_k) p(b_j \mid a_k) \cdot \frac{p(b_j \mid a_i)}{p(b_j)} \log \mathrm{e} =$$

$$\sum_{j=1}^{s} p(b_j \mid a_i) \log \frac{p(b_j \mid a_i)}{p(b_j)} - \sum_{j=1}^{s} p(b_j) \frac{p(b_j \mid a_i)}{p(b_j)} \log \mathrm{e} =$$

$$\sum_{j=1}^{s} p(b_j \mid a_i) \log \frac{p(b_j \mid a_i)}{p(b_j)} - \sum_{j=1}^{s} p(b_j \mid a_i) \log \mathrm{e} =$$

$$\sum_{j=1}^{s} p(b_j \mid a_i) \log \frac{p(b_j \mid a_i)}{p(b_j)} - \log \mathrm{e} \tag{4-62}$$

在式(4-62)中,应用了下述关系式

$$\frac{\partial}{\partial p(a_i)} \log p(b_j \mid a_i) = 0$$

$$\sum_{k=1}^{r} p(a_k) p(b_j \mid a_k) = \sum_{k=1}^{r} p(a_k b_j) = p(b_j)$$

由式(4-57)、式(4-58)、式(4-62)可得

$$\sum_{j=1}^{s} p(b_j \mid a_i) \log \frac{p(b_j \mid a_i)}{p(b_j)} - \log \mathrm{e} - \lambda = 0$$

即

$$\sum_{j=1}^{s} p(b_j \mid a_i) \log \frac{p(b_j \mid a_i)}{p(b_j)} = \log \mathrm{e} + \lambda$$

于是,方程组式(4-56)就变换成

$$\sum_{j=1}^{s} p(b_j \mid a_i) \log \frac{p(b_j \mid a_i)}{p(b_j)} = \log \mathrm{e} + \lambda \qquad i = 1, 2, \cdots, r \tag{4-63}$$

$$\sum_{i=1}^{r} p(a_i) = 1$$

假定已求得使平均互信息 $I(X;Y)$ 达到极大值的输入概率分布是 $p(a_i), i = 1, 2, \cdots, r$,则将式(4-63)中等式左侧方程式取数学期望,可得

$$\sum_{i=1}^{r} \sum_{j=1}^{s} p(a_i) p(b \mid a_i) \log \frac{p(b_j \mid a_i)}{p(b_j)} = \lambda + \log \mathrm{e} \tag{4-64}$$

按信道容量的定义,式(4-64)中左边即信道容量,所以得

$$C = \lambda + \log \mathrm{e} \tag{4-65}$$

式(4-65)中,由于 λ 是待定常数,故并未求得真正的计算结果,要真正求解出信道容量 C,尚应做进一步假定。但虽做进一步假定,运算仍将十分复杂,几乎不易得到准确结果。

定理 4.5.3　设有一般离散信道,它有 r 个输入符号,s 个输出符号。当且仅当存在常数 C 使输入分布 $p(a_i)$ 满足

(1) $\qquad\qquad I(a_i;Y) = C \qquad p(a_i) \neq 0 \qquad$ 对一切 i

(2) $\qquad\qquad I(a_i;Y) \leqslant C \qquad p(a_i) = 0 \qquad$ 对一切 i $\qquad$ (4-66)

时,$I(X;Y)$ 达极大值。此时,常数 C 即为所求的信道容量。

式(4-66)中,

$$I(a_i;Y) \stackrel{\text{def}}{=\!=} \sum_{j=1}^{s} p(b_j \mid a_i) \log \frac{p(b_j \mid a_i)}{p(b_j)} \qquad (4-67)$$

称为条件互信息。它表示信道输出端接收到符号集 Y 以后,获得关于 $X=a_i$ 的信息量。或者说,信源符号 $X=a_i$ 对信道输出端符号集 Y 平均提供的互信息。

现在将条件式(4-66)改换成另一种表示式。

由式(4-62)、式(4-65),不难将式(4-66)改写成下式:

(1)
$$\frac{\partial I(X;Y)}{\partial p_i} = \lambda \qquad p_i \neq 0 \qquad 对一切 i$$

(2)
$$\frac{\partial I(X;Y)}{\partial p_i} \leqslant \lambda \qquad p_i = 0 \qquad 对一切 i$$

$$\qquad (4-68)$$

显然,式(4-68)和式(4-66)是等价的。其中,$p_i = p(a_i)$,$i=1,2,\cdots,r$。

为书写方便,将平均互信息 $I(X;Y)$ 简写成 $I(P)$,其中概率分布 $P=\{p_i, i=1,2,\cdots,r\}$。

在证明定理 4.5.3 之前,先给出一个表示式

$$\lim_{\theta \to 0} \frac{1}{\theta} \{ I[\theta Q + (1-\theta)P] - I(P) \} = \sum_{i=1}^{r} (q_i - p_i) \frac{\partial I(P)}{\partial p_i} \qquad (4-69)$$

先证明式(4-69)。

证明: 因为

$$I(P) = I(p_1 p_2 \cdots p_r)$$

所以

$$I[\theta Q + (1-\theta)P] - I(P) = I[P + \theta(Q-P)] - I(P) =$$
$$I[p_1 + \theta(q_1 - p_1), p_2 + \theta(q_2 - p_2), \cdots, p_r + \theta(q_r - p_r)] - I(p_1, p_2, \cdots, p_r) =$$
$$I[p_1 + \theta(q_1 - p_1), p_2 + \theta(q_2 - p_2), \cdots, p_r + \theta(q_r - p_r)] -$$
$$I[p_1, p_2 + \theta(q_2 - p_2), \cdots, p_r + \theta(q_r - p_r)] +$$
$$I[p_1, p_2 + \theta(q_2 - p_2), \cdots, p_r + \theta(q_r - p_r)] -$$
$$I[p_1, p_2, p_3 + \theta(q_3 - p_3), \cdots, p_r + \theta(q_r - p_r)] +$$
$$I[p_1, p_2, p_3 + \theta(q_3 - p_3), \cdots, p_r + \theta(q_r - p_r)] +$$
$$\vdots$$
$$I[p_1, p_2, \cdots, p_{r-1}, p_r + \theta(q_r - p_r)] - I(p_1, p_2, \cdots, p_r)$$

由于当 $\theta \to 0$ 时,有

$$\lim_{\theta \to 0} \frac{1}{\theta} \{ I[p_1, p_2, \cdots, p_i + \theta(q_i - p_i), p_{i+1}, \cdots, p_r] -$$
$$I(p_1, p_2, \cdots, p_i, p_{i+1}, \cdots, p_r) \} =$$
$$(q_i - p_i) \frac{\partial I(P)}{\partial p_i}$$

故可得到

$$\lim_{\theta \to 0} \frac{1}{\theta} \{ I[P + \theta(Q - P)] - I(P) \} =$$
$$(q_1 - p_1) \frac{\partial I}{\partial p_1} + (q_2 - p_2) \frac{\partial I}{\partial p_2} + \cdots + (q_r - p_r) \frac{\partial I}{\partial p_r} =$$

$$\sum_{i=1}^{r} (q_i - p_i) \frac{\partial I(P)}{\partial p_i}$$

式(4-69)证毕。下面证明定理 4.5.3。

证明: 先证充分性。

命题是,假设有一个输入分布 $P = \{p(a_i)\}$ 满足式(4-68),现在要证明输入分布 P 一定使平均互信息 $I(P)$ 达到极大值。或者说,要证明对于其他任何输入分布 $Q = \{q_i\}$,有

$$I(Q) \leqslant I(P) \tag{4-70}$$

由于平均互信息 $I(X;Y)$ 是输入分布 P 的上凸函数,若设 $0 < \theta < 1, \theta + \bar{\theta} = 1$,则有

$$\theta I(Q) + \bar{\theta} I(P) \leqslant I[\theta Q + \bar{\theta} P]$$

移项后得

$$I(Q) - I(P) \leqslant \{I(\theta Q + \bar{\theta} P) - I(P)\}/\theta$$

上式对一切 θ 均成立。取 $\theta \to 0$,并由式(4-69)得

$$I(Q) - I(P) \leqslant \sum_{i=1}^{r} (q_i - p_i) \frac{\partial}{\partial p_i} I(P) \tag{4-71}$$

式中

$$p_i = p(a_i)$$
$$q_i = q(a_i)$$

因为输入分布 P 满足式(4-68),即

$$\frac{\partial}{\partial p_i} I(P) = \lambda \qquad p_i \neq 0 \qquad 对一切 i$$

$$\frac{\partial}{\partial p_i} I(P) \leqslant \lambda \qquad p_i = 0 \qquad 对一切 i$$

所以得

$$I(Q) - I(P) \leqslant \lambda \left[\sum_{i=1}^{r} (q_i - p_i) \right] = \lambda \left[\sum_{i=1}^{r} q_i - \sum_{i=1}^{r} p_i \right] = 0$$

故充分性得证

$$I(Q) \leqslant I(P)$$

然后证必要性。

命题是,假设有一输入概率分布 P 使 $I(X;Y)$ 达到极大值 $I(P)$,应证明输入概率分布 P 满足条件式(4-66)。

设有另一其他输入概率分布 $Q = \{q_i\}$,因为输入概率分布 P 使 $I(X;Y)$ 达到极大,所以有

$$I[\theta Q + (1-\theta) P] - I(P) \leqslant 0 \tag{4-72}$$

式中,$0 < \theta < 1, \theta + \bar{\theta} = 1$。

式(4-72)两边除以 θ,并取 $\theta \to 0$,由式(4-69)得

$$\sum_{i=1}^{r} (q_i - p_i) \frac{\partial}{\partial p_i} I(P) \leqslant 0 \tag{4-73}$$

对于输入概率分布 P,因为完备性 $\sum_{i=1}^{r} p_i = 1$,所以其中至少有一个分量不为零,令 $p_l \neq 0$。

再选择另一种输入概率分布 $Q = \{q_i\}$,并且满足

$$q_l = p_l - \varepsilon \tag{4-74a}$$
$$q_i = p_i \qquad\qquad i \neq l; i \neq j \tag{4-74b}$$

$$q_j = p_j + \varepsilon \qquad (4-74c)$$

式中 ε 为任意数。为保证概率的非负性,故 ε 必满足 $-p_j \leqslant \varepsilon \leqslant p_l$。

由式(4-74),式(4-73)可转变为

$$-\varepsilon \frac{\partial}{\partial p_l} I(P) + \varepsilon \frac{\partial}{\partial p_j} I(P) \leqslant 0$$

令

$$\frac{\partial}{\partial p_l} I(P) = \lambda$$

可得

$$\varepsilon \frac{\partial}{\partial p_j} I(P) \leqslant \lambda \varepsilon \qquad (4-75)$$

当 $p_j = 0$ 时,由式(4-74c)可知,ε 总取正数,得

$$\frac{\partial}{\partial p_j} I(P) \leqslant \lambda \qquad (4-76)$$

当 $p_j \neq 0$ 时,由式(4-74c)看出,此时,ε 可取正数,也可取负数。如果 ε 取正数,由式(4-75)得

$$\frac{\partial}{\partial p_j} I(P) \leqslant \lambda \qquad (4-77)$$

如果 ε 取负数,由式(4-75)得

$$\frac{\partial}{\partial p_j} I(P) \geqslant \lambda \qquad (4-78)$$

故当 $p_j \neq 0$ 时,由式(4-77)、式(4-78)得

$$\frac{\partial}{\partial p_j} I(P) = \lambda \qquad (4-79)$$

由式(4-76)、式(4-79)可知,输入分布 P 满足条件式(4-68)。

故必要性得证。

下面利用例 4.5.3 对定理 4.5.1 进行证明。

例 4.5.3 达到准对称离散无记忆信道时,信道容量的输入符号分布应为等概分布。

证明:将准对称信道的信道矩阵分为一些对称子阵 P_l,在每个子阵中,其每一行(列)都是其他行(列)的同一组元素的组合。当输入为等概分布时,有

$$I(a_i;Y) = \sum_{j=0}^{s-1} p(b_j \mid a_i) \log \frac{p(b_j \mid a_i)}{\frac{1}{k} \sum_{k=0}^{r-1} p(b_j \mid a_k)} =$$

$$\sum_l \sum_{Y_l} p(b_j \mid a_i) \log \frac{p(b_j \mid a_i)}{\frac{1}{k} \sum_{k=0}^{r-1} p(b_j \mid a_k)}$$

因为在每个子集 Y_l 的子阵 P_l 中,每一列都是其他列的同一组元素的组合,所以子阵 P_l 中的每个输出 b_j,其概率

$$\frac{1}{k} \cdot \sum_{k=0}^{r-1} p(b_j \mid a_k) \qquad j \in Y_l$$

都相等,且子阵 P_l 中的每一行又都是其他行的同一组元素的排列,所以对任意 a_i,有

$$\sum_{j \in Y_l} p(b_j \mid a_i) \log \frac{p(b_j \mid a_i)}{\dfrac{1}{k} \sum_{k=0}^{r-1} p(b_j \mid a_k)}$$

都相等。因此对任意 a_i，$I(a_i;Y)$ 都相等，满足定理 4.5.3 中的条件，从而证得准对称离散无记忆信道的信道容量在输入为等概分布时获得。

离散对称信道是准对称信道的一个特例，它在输入为等概分布时达到信道容量

$$C = \log s - H(p'_1, p'_2, \cdots, p'_s)$$

4.5.5　离散无记忆 N 次扩展信道

对于一般离散无记忆信道，由定理 4.3.1 中式（4-22）有

$$I(\boldsymbol{X};\boldsymbol{Y}) \leqslant \sum_{i=1}^{N} I(X_i;Y_i)$$

所以 N 次扩展信道的信道容量为

$$C^N = \max_{p(x)} \{I(\boldsymbol{X};\boldsymbol{Y})\} = \max_{p(x)} \sum_{i=1}^{N} I(X_i;Y_i) = \sum_{i=1}^{N} C_i \qquad (4-80)$$

式中

$$C_i = \max_{p(x)} \{I(X_i;Y_i)\} \qquad (4-81)$$

式（4-81）中 C_i 表示在某时刻 i 通过离散无记忆信道传输的最大信息量。由于输入随机序列 $\boldsymbol{X} = (X_1, X_2, \cdots, X_N)$ 是在同一信道中传输，所以有 $C_i = C, i = 1, 2, \cdots, N$，亦即任何时刻 i 通过离散无记忆信道传输的最大信息量都相同，于是得

$$C^N = NC \qquad (4-82)$$

式（4-82）表明，对于离散无记忆 N 次扩展信道，其信道容量等于单符号离散信道的信道容量的 N 倍。而且只有当输入信源是无记忆的，同时序列中每一分量 $X_i, i = 1, 2, \cdots, N$ 的分布各自达到最佳分布时，N 次扩展信道的信道容量才能达到 NC。

一般情况下，离散消息序列在离散无记忆 N 次扩展信道中传输时，其平均互信息量为

$$I(\boldsymbol{X};\boldsymbol{Y}) \leqslant NC \qquad (4-83)$$

4.5.6　独立并联信道

一般的独立并联信道如图 4.24 所示。

在独立并联信道中，每一个信道的输出 Y_i 仅与本信道的输入 X_i 有关，而与其他信道的输入和输出无关。有时，也有将其称为并用信道。

由定理 4.3.1 可以推广到 N 个独立并联信道中，从而推导出联合平均互信息

$$I(\boldsymbol{X};\boldsymbol{Y}) = I(X_1 X_2 \cdots X_N; Y_1 Y_2 \cdots Y_N) \leqslant \sum_{i=1}^{N} I(X_i;Y_i)$$

$$(4-84)$$

式（4-84）表示独立并联信道的联合平均互信息不大于各自信道的平均互信息之和。

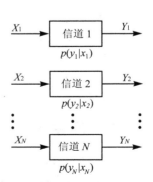

图 4.24　独立并联信道

根据定义,独立并联信道的信道容量为

$$C = \max_{p(x_1, x_2, \cdots, x_N)} \{I(X_1 X_2 \cdots X_N ; Y_1 Y_2 \cdots Y_N)\} \leqslant \sum_{i=1}^{N} C_i \qquad (4-85)$$

式中,C_i 是各个独立信道的信道容量,亦即

$$C_i = \max_{p(x_i)} \{I(X_i ; Y_i)\} \qquad (4-86)$$

式(4-85)中,等号成立的条件是输入变量 $X_i, i=1,2,\cdots,N$ 相互独立。

证明 独立并联信道同时输入 $x_{i^1}^1, x_{i^2}^2, \cdots, x_{i^N}^N$ 时,输出 $y_{j^1}^1, y_{j^2}^2, \cdots, y_{j^N}^N$ 的条件概率为

$$p(y_{j^1}^1 \cdots y_{j^N}^N \mid x_{i^1}^1 \cdots x_{i^N}^N) = p(y_{j^1}^1 \mid x_{i^1}^1) \cdots p(y_{j^N}^N \mid x_{i^N}^N)$$

式中,$x_{i^k}^k, y_{j^k}^k, k=1,2,\cdots,N$,分别表示第 k 个信道的输入、输出符号。当输入变量 $X_i, i=1, 2,\cdots,N$ 相互独立时,则

$$p(x_{i^1}^1, x_{i^2}^2, \cdots, x_{i^N}^N) = p(x_{i^1}^1) p(x_{i^2}^2) \cdots p(x_{i^N}^N)$$

并取信道的平均互信息为

$$I(X_1 X_2 \cdots X_N ; Y_1 Y_2 \cdots Y_N) = \sum_{i^1} \sum_{i^2} \cdots \sum_{i^N} \sum_{j^1} \cdots \sum_{j^N} p(x_{i^1}^1, \cdots, x_{i^N}^N) \cdot$$

$$p(y_{j^1}^1 \cdots y_{j^N}^N \mid x_{i^1}^1 \cdots x_{i^N}^N) \log \frac{p(y_{j^1}^1 \cdots y_{j^N}^N \mid x_{i^1}^1 \cdots x_{i^N}^N)}{\sum_{i^1 \cdots i^N j^1 \cdots j^N} p(y_{j^1}^1 \cdots y_{j^N}^N \mid x_{i^1}^1 \cdots x_{i^N}^N) p(x_{i^1}^1 \cdots x_{i^N}^N)} =$$

$$\sum_{i^1 \cdots i^N j^1 \cdots j^N} p(x_{i^1}^1) p(y_{j^1}^1 \mid x_{i^1}^1) \cdots p(x_{i^N}^N) p(y_{j^N}^N \mid x_{i^N}^N) \cdot$$

$$\left(\log \frac{p(y_{j^1}^1 \mid x_{i^1}^1)}{\sum_{i^1 j^1} p(y_{j^1}^1 \mid x_{i^1}^1) p(x_{i^1}^1)} + \cdots + \log \frac{p(y_{j^N}^N \mid x_{i^N}^N)}{\sum_{i^N j^N} p(y_{j^N}^N \mid x_{i^N}^N) p(x_{i^N}^N)} \right) =$$

$$\sum_{i^1 j^1} p(y_{j^1}^1 \mid x_{i^1}^1) p(x_{i^1}^1) \cdot \log \frac{p(y_{j^1}^1 \mid x_{i^1}^1)}{\sum_{i^1 j^1} p(y_{j^1}^1 \mid x_{i^1}^1) p(x_{i^1}^1)} + \cdots +$$

$$\sum_{i^N j^N} p(y_{j^N}^N \mid x_{i^N}^N) p(x_{i^N}^N) \cdot \log \frac{p(y_{j^N}^N \mid x_{i^N}^N)}{\sum_{i^N j^N} p(y_{j^N}^N \mid x_{i^N}^N) p(x_{i^N}^N)} =$$

$$I(X_1 ; Y_1) + \cdots + I(X_N ; Y_N)$$

从而证得独立并联信道的信道容量在输入相互独立时等于各个独立信道的信道容量之和。

当 N 个独立并联信道的各个独立信道矩阵均为 $\boldsymbol{P}$ 时,可以将这个并联信道看作一个 P^N 信道。该信道的信道容量在输入相互独立时为

$$C_{P^N} = N C_P$$

它是单独信道的 N 倍。

4.5.7 信源和信道匹配

信源发出的消息符号一般要通过信道来传输。对于某一信道其信道容量是一定的。而且只有当输入符号的概率分布 $P(x)$ 满足一定条件时才能达到信道容量 C。这就是说只有一定的信源才能使某一信道的信息传输率达到最大。一般情况下信源与信道连接时,其信息传输

率 $R = I(X;Y)$ 并未达到最大。这样,信道的信息传输率还有提高的可能。当信源与信道连接时,若信息传输率达到了信道容量,则称此信源与信道达到匹配;否则认为信道尚有剩余。

信道剩余度定义为

$$信道剩余度 = C - I(X;Y) \tag{4-87}$$

式中,C 是该信道的信道容量,$I(X;Y)$ 是信源通过该信道实际传输的平均信息量。

也可以用下式来描述信源与信道的匹配程度,即

$$相对剩余度 = \frac{C - I(X;Y)}{C} = 1 - \frac{I(X;Y)}{C} \tag{4-88}$$

在无损信道中,信道容量 $C = \log r$(r 是信道输入符号的个数)而 $I(X;Y) = H(X)$。这里 $H(X)$ 是输入信道的信源熵,因而

$$无损信道的相对剩余度 = 1 - \frac{H(X)}{\log r} \tag{4-89}$$

与第 3 章信源剩余度比较,可见式(4-89)就是信源的剩余度。对于无损信道,可以通过信源编码,减少信源的剩余度,使信息传输率达到信道容量。信源编码就是将信源输出的消息变换成新信源的消息来传输,从而使新信源的熵接近最大熵,这样,新信源的消息通过信道的信息传输率接近最大值,信道剩余度接近于零,信道得到充分利用。这就是香农无失真信源编码理论,它使信源和信道达到匹配,传输的信息量达到最大,提高了信息传输的有效性。

习　题

4.1　设有一离散无记忆信源,其概率空间为

$$\begin{bmatrix} X \\ P \end{bmatrix} = \begin{bmatrix} x_1 & x_2 \\ 0.6 & 0.4 \end{bmatrix}$$

它们通过一干扰信道,信道输出端的接收符号集为 $Y = [y_1, y_2]$,信道传递概率如题图 4.1 所示。

试求:

(1) 信源 X 中事件 x_1 和 x_2 分别含有的自信息;

(2) 收到消息 $y_j (j=1,2)$ 后,获得的关于 $x_i (i=1,2)$ 的信息量;

(3) 信源 X 和信源 Y 的信息熵;

(4) 信道疑义度 $H(X|Y)$ 和噪声熵 $H(Y|X)$;

(5) 接收到消息 Y 后获得的平均互信息。

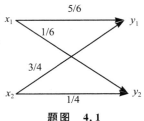

题图　4.1

4.2　设有一个有扰离散信道的输入端是以等概率出现的 A,B,C,D 四个字母。该信道的正确传输概率为 $1/2$,错误传输概率平均分布在其他三个字母上。验证在该信道上每个字母传输的平均信息量为 0.21 bit。

4.3　举例说明二元对称信道的特征。

4.4　举例说明二元删除信道的特征。

4.5　考虑 一个二元删除信道

$$P(X=0) = \frac{1}{3}, \qquad P(X=1) = \frac{2}{3}$$

$$P(Y=0 \mid X=0)=\frac{2}{3}, \qquad P(Y=? \mid X=0)=\frac{1}{6}, \qquad P(Y=1 \mid X=0)=\frac{1}{6}$$

$$P(Y=0 \mid X=1)=\frac{1}{6}, \qquad P(Y=? \mid X=1)=\frac{1}{6}, \qquad P(Y=1 \mid X=1)=\frac{2}{3}$$

试求：$H(X),H(Y),H(X|Y)$ 以及 $H(Y|X)$ 与 $I(X;Y)$。

4.6 如果一个信道，输入为从 $0 \sim s$ 的整数，输出是输入集中的一部分，判断该信道的类型。

4.7 如果一个信道的输入为整数集 $\{i \in [-n,n]\}$，输出为输入的平方，问这种信道属于哪一种信道？当输入集变为 $\{i \in [0,n]\}$ 呢？

4.8 举例说明下列信道：

(1) 无损的，但既不是确定的也不是对称的信道；

(2) 无噪信道；

(3) 对称无损，但不确定的信道；

(4) 无用的确定信道。

4.9 证明无损信道 n 种定义的等价性。

4.10 证明确定信道 n 种定义的等价性。

4.11 证明无噪信道定义间的相互等价性。

4.12 证明无用信道 n 种定义间的等价性。

4.13 证明 $H(X,Y|Z)=H(X|Z)+H(Y|X,Z)$。该关系式的意义是什么？

4.14 证明 $H(Z|X,Y) \leqslant H(Z|X)$，等号成立的条件为 $p(x_i y_j \mid z_k)=p(x_i \mid z_k)p(y_j \mid z_k)$。并给出该式的含义。

4.15 证明：

(1) $H(X+Y|Y)=H(X|Y)$。

(2) 如果 X,Y 相互独立，证明 $H(X+Y) \geqslant \max\{H(X),H(Y)\}$。

4.16 证明输入对称信道有下列关系式成立。

$$H(X \mid Y)=\sum_{j=1}^{s} p(y_j \mid x_i) \log \frac{1}{p(y_j \mid x_i)}=I(x_i;Y)$$

4.17 证明输出对称信道在输入为等概分布时，输出也是等概分布。

4.18 已知随机噪声电压的概率密度函数 $p(x)=\frac{1}{2}$，$-1 \text{ V} \leqslant x \leqslant +1 \text{ V}$，若把噪声幅度从 0 V 开始向两边按 0.1 V 分层量化，并且每秒取十个记录，求这些记录的信息量。

4.19 设有一批电阻，按阻值分 70% 是 2 kΩ，30% 是 5 kΩ；按瓦数分 64% 是 1/8 W，其余是 1/4 W。现已知 2 kΩ 阻值的电阻中 80% 是 1/8 W。问通过测量阻值可以平均得到的关于瓦数的信息量是多少？

4.20 设二进制对称信道的传递矩阵为

$$\begin{bmatrix} \dfrac{2}{3} & \dfrac{1}{3} \\[2mm] \dfrac{1}{3} & \dfrac{2}{3} \end{bmatrix}$$

(1) 若 $P(0)=3/4,P(1)=1/4$，求 $H(X)$、$H(X|Y)$、$H(Y|X)$ 和 $I(X;Y)$；

（2）求该信道的信道容量及其达到信道容量的输入概率分布。

4.21 一个系统传送如题图 4.2 所示的脉冲组，每个脉冲宽 1 ms，幅度分别为 1，2，3 V。每一脉冲组由 4 个码元组成，其后跟一个幅度为 -1 V 的间隔码元。要求计算这个系统的条件下消息的平均信息速率。

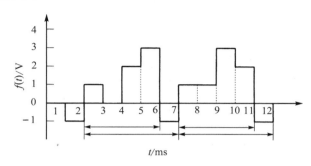

题图 **4.2**

4.22 证明无损信道的充要条件是信道的传递矩阵中每一列有一个也只有一个非零元素。

4.23 已知某信源的各个消息分别为字母 A,B,C,D，现用二进制码元对各消息字母作信源编码，$A \to 00, B \to 01, C \to 10, D \to 11$，每个二进制码元的宽度为 5 ms。

（1）若各个字母以等概率出现，计算传输的平均信息速率；

（2）若各个字母的出现概率分别为 $P(A)=\frac{1}{5}, P(B)=\frac{1}{4}, P(C)=\frac{1}{4}, P(D)=\frac{3}{10}$，试求：传输的平均信息速率。

4.24 若上题中的字母 A,B,C,D 用四进制脉冲作信源编码，码元幅度分别为 0，1，2，3 V，码元宽度为 10 ms。重新计算上题中两种情况下的平均信息速率。

4.25 在有扰离散信道上传输符号 0 和 1，在传输过程中每 100 个符号发生一个错误。已知 $P(0)=P(1)=\frac{1}{2}$，信源每秒钟内发出 1 000 个符号。求此信道的信道容量。

4.26 设有扰离散信道的传输情况分别如题图 4.3 所示。试求这种信道的信道容量。

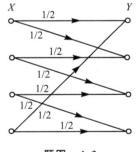

题图 **4.3**

4.27 设有一个有扰离散信道的输入符号集合 $X=\{x_1,x_2,x_3\}$，输出符号集合 $Y=\{y_1, y_2,y_3\}$，信道传输概率 $p(y_1|x_1)=1, p(y_2|x_2)=p(y_3|x_3)=\varepsilon$，$p(y_2|x_3)=p(y_3|x_2)=\varepsilon'$，且 $\varepsilon+\varepsilon'=1$。求该信道的信道容量。

4.28 求下列二个信道的信道容量，并加以比较。

（1）$\begin{pmatrix} \bar{p}-\varepsilon & p-\varepsilon & 2\varepsilon \\ p-\varepsilon & \bar{p}-\varepsilon & 2\varepsilon \end{pmatrix}$；　（2）$\begin{pmatrix} \bar{p}-\varepsilon & p-\varepsilon & 2\varepsilon & 0 \\ p-\varepsilon & \bar{p}-\varepsilon & 0 & 2\varepsilon \end{pmatrix}$

其中 $p+\bar{p}=1$。

4.29 设下述消息将通过一个二进制无记忆对称信道进行传送。$M_1=00, M_2=01, M_3=10, M_4=11$，这四种消息在发送端是等概率分布的。试问，输入是 M_1 和输出第一个数字是 0 的互信息是多少？如果知道第二个数字也是 0，这时又会带来多少附加信息？

4.30　设信道的基本符号集合为 $\{S_i\}$，$i=1,2,3,4,5$，它们的时间长度分别为 $t_1=1,t_2=2,t_3=3,t_4=4,t_5=5$ 个(码元时间)，用这样的基本符号编成的消息序列不能出现 S_1S_1，S_2S_2,S_1S_2,S_2S_1 这四种符号相连的情况。

(1) 求这种编码信道的信道容量；

(2) 若信源的消息集合为 $\{x_i\}$，$i=1,2,\cdots,7$，它们的出现概率分别为 $p(x_1)=\dfrac{1}{2}$，$p(x_2)=\dfrac{1}{4}$，$p(x_3)=\dfrac{1}{8}$，$p(x_4)=\dfrac{1}{16}$，$p(x_5)=\dfrac{1}{32}$，$p(x_6)=p(x_7)=\dfrac{1}{64}$。试求利用上述信道来传输这些消息时的信息传输速率。

4.31　若有二个串接的离散信道，它们的信道矩阵都是

$$\mathbf{P}=\begin{bmatrix} 0 & 0 & 0 & 1 \\ 0 & 0 & 0 & 1 \\ \dfrac{1}{2} & \dfrac{1}{2} & 0 & 0 \\ 0 & 0 & 1 & 0 \end{bmatrix}$$

并设第一个信道的输入符号 $X=\{x_1,x_2,x_3,x_4\}$ 是等概率分布。求 $I(X;Z)$ 和 $I(X;Y)$，并加以比较。

4.32　一个通信系统，每秒传送 10^5 个二进制码元。求在信噪功率比为 5 和 10 的条件下，信道容量各为多大？

4.33　在二元对称信道中传送 $X=\{0,1\}$ 消息，接收端收到的消息为 $Y=\{0,1\}$。由于信道上存在干扰，平均每 100 个消息中产生一个错误(把 0 误作 1，或把 1 误作 0)。求该信道所能提供的平均信息量。

4.34　为了传输一个由字母 A,B,C,D 组成的符号集，把每个字母编码成两个二元码脉冲序列，以 00 代表 A，01 代表 B，10 代表 C，11 代表 D。每个二元码脉冲宽度为 5 ms。

(1) 不同字母等概率出现时，计算传输的平均信息速率。

(2) 若每个字母出现的概率分别为 $p_A=\dfrac{1}{5}$，$p_B=\dfrac{1}{4}$，$p_C=\dfrac{1}{4}$，$p_D=\dfrac{3}{10}$。试求传输的平均信息速率。

4.35　求题图 4.4 中信道的信道容量及其最佳的输入概率分布。并求当 $\varepsilon=0$ 和 $1/2$ 时的信道容量 C。

4.36　求题图 4.5 中信道的信道容量及其最佳的输入概率分布。

4.37　设有一个二元对称信道，其信道矩阵如题图 4.6 所示。设该信道以 1 500 个二元符号/秒的速度传输输入符号。现有一消息序列共有 14 000 个二元符号，并设在这消息中 $p(0)=p(1)=\dfrac{1}{2}$。问从信息传输的角度来考虑，10 s 内能否将这消息序列无失真地传送完？

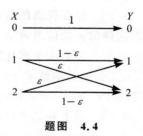

题图　4.4

4.38　把 n 个二元对称信道串接起来，每个二元对称信道的错误传递概率为 p。证明这 n 个串接信道可以等效于一个二元对称信道，其错误传递概率为 $\dfrac{1}{2}[1-(1-2p)^n]$。并证明

$\lim\limits_{n\to 0} I(X_0;X_n)=0$，设 $p\neq 0$ 或 1。信道的串接如题图 4.7 所示。

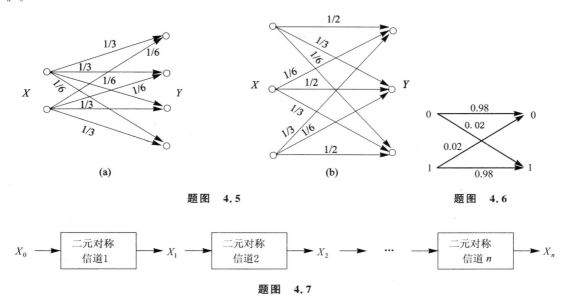

(a)

(b)

题图　4.5

题图　4.6

$X_0 \rightarrow$ 二元对称信道1 $\rightarrow X_1 \rightarrow$ 二元对称信道2 $\rightarrow X_2 \rightarrow \cdots \rightarrow$ 二元对称信道 n $\rightarrow X_n$

题图　4.7

4.39　已知当信道矩阵 $\boldsymbol{Q}$ 的列可以分成若干个子集 B_i，由 B_i 为列组成的矩阵 $\boldsymbol{Q}_i$ 是对称矩阵。那么，这种信道矩阵 $\boldsymbol{Q}$ 所对应的信道称为准对称信道。试求出准对称信道的信道容量的一般表达式。

第5章 无失真信源编码

5.1 编码器

通信的根本问题是将信源的输出经信道传输后,在接收端精确地或近似地复现出来。为此,首先需要解决的有两个问题:一个是信源的输出应如何描述,即如何计算它产生的信息量;另一个是如何表示信源的输出,即信源编码问题。这两个问题都与信宿对于通信质量的要求有关。如果要求准确地复现信源的输出,就要保证信源产生的全部信息无损地传送给信宿,这时的信源编码就是无失真信源编码。

为了分析方便,当研究信源编码时,将信道编码看成是信道的一部分,不考虑信道编码。

由于无失真信源编码可以不考虑抗干扰问题,所以它的数学描述比较简单。信源编码器如图 5.1 所示。

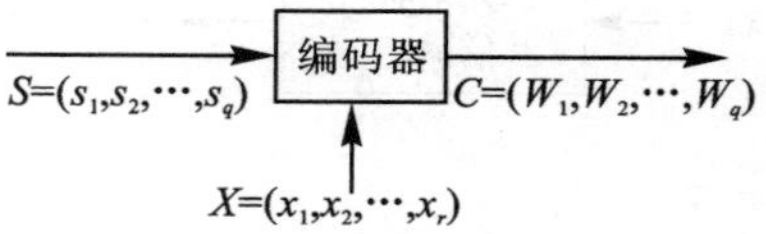

$$S=(s_1,s_2,\cdots,s_q) \rightarrow \boxed{\text{编码器}} \rightarrow C=(W_1,W_2,\cdots,W_q)$$
$$X=(x_1,x_2,\cdots,x_r)$$

图 5.1 信源编码器

信源编码器的输入是信源符号集 $S=(s_1,s_2,\cdots,s_q)$,共有 q 个信源符号。同时存在另一符号集,称为码符号集 $X=(x_1,x_2,\cdots,x_r)$,共有 r 个码符号。码符号集中的元素称为码元或者码符号。编码器的作用就是将信源符号集 S 中的符号 $s_i,i=1,2,\cdots,q$(或者长为 N 的信源符号序列)变换成由基本符号 $x_j,j=1,2,\cdots,r$ 组成的长为 l_i 的一一对应的输出符号序列。输出符号序列又称为码字,并用 $W_i,i=1,2,\cdots,q$ 表示,它与信源符号 $s_i,i=1,2,\cdots,q$ 是一一对应关系。

码字的集合称为代码组 C 或码 C,即

$$C=(W_1,W_2,\cdots,W_q)$$

其中码字

$$W_i=(x_{i_1}x_{i_2}\cdots x_{i_{l_i}}) \qquad i=1,2,\cdots,q$$

式中,长度 l_i 称为码字长度,简称码长。

从上述可知,信源编码就是从信源符号到输出码符号的一种映射。若要实现无失真编码,那么这种映射必须是一一对应的、可逆的。

例 5.1.1 设有一个二元信道的信源编码器,其信源概率空间为

$$\begin{bmatrix} S \\ P \end{bmatrix} = \begin{bmatrix} s_1 & s_2 & \cdots & s_q \\ p(s_1) & p(s_2) & \cdots & p(s_q) \end{bmatrix}$$

二元信道是常用的一种信道,它的信道基本符号集为$\{0,1\}$。若将信源 S 通过一个二元信道传输,就必须把信源符号 s_i 变换成由 0,1 符号组成的码符号序列,亦即进行编码。可用不同的码符号序列,即二元序列 W_i 使其与信源符号 s_i 一一对应,这样就得到不同的码,如表 5.1 所列。它们都是二元码,二元码是数字通信和计算机系统中最常用的一种码。

一般情况下,码可分为两类:一类是固定长度码,另一类是可变长度码。

固定长度码又称定长码或称等长码,码中所有码字的长度都相同,如表 5.1 中码 1 是定长码。

表　5.1

信源符号 s_i	信源符号出现概率 $p(s_i)$	码　1	码　2
s_1	$p(s_1)$	00	0
s_2	$p(s_2)$	01	01
s_3	$p(s_3)$	10	001
s_4	$p(s_4)$	11	111

可变长度码又称变长码,变长码中码字长短不一,即一组码中码符号个数不同,如表 5.1 中码 2 是变长码。

若一组码中所有码字都不相同,则称此码为非奇异码;反之,称为奇异码。显然,表 5.1 中码 1 和码 2 都是非奇异码,而表 5.2 中码 1 和码 2 都是奇异码。

表　5.2

信源符号 s_i	信源符号出现概率 $p(s_i)$	码　1	码　2
s_1	$p(s_1)$	0	0
s_2	$p(s_2)$	11	10
s_3	$p(s_3)$	00	00
s_4	$p(s_4)$	11	10

若把 N 次无记忆扩展信源的概念加以引申,便可得到 N 次扩展码。

设有信源集合 $S=(s_i,i=1,2,\cdots,q)$,经信源编码后,得到代码组 $C=(W_i,i=1,2,\cdots,q)$,代码组 C 是码字 W_i 的集合,码字 $W_i,i=1,2,\cdots,q$ 是和原始信源符号 $s_i,i=1,2,\cdots,q$ 一一对应的。

信源 S 的 N 次扩展信源为 $S^N=(\alpha_j,j=1,2,\cdots,q^N)$,其中,$N$ 次扩展信源符号为 $\alpha_j,j=1,2,\cdots,q^N$,且 $\alpha_j=s_{j_1}s_{j_2}\cdots s_{j_N}$。经信源编码后,相应的有 $C^N=(W_j,j=1,2,\cdots,q^N)$。其中,码字 $W_j,j=1,2,\cdots,q^N$ 是和 N 次扩展信源 S^N 中信源符号 $\alpha_j,j=1,2,\cdots,q^N$ 一一对应的。

例如,对于二次扩展信源,$S^N=S^2=(\alpha_j,j=1,2,\cdots,q^2)$,相应的代码组 $C^2=(W_j,j=1,2,\cdots,q^2)$。现求表 5.1 中码 2 的二次扩展码。此时,因为信源 $S=(s_1,s_2,s_3,s_4)$,代码组 $C=(0,01,001,111)$。故其二次扩展信源 S^2 为

$$S^2=(\alpha_j,j=1,2,\cdots,16)=$$
$$(\alpha_1=s_1s_1,\alpha_2=s_1s_2,\alpha_3=s_1s_3,\cdots,\alpha_{16}=s_4s_4)$$

相应地,其二次扩展码示于表 5.3。

表　5.3

二次扩展信源符号 $\alpha_j,j=1,2,\cdots,16$	码　字 $W_j,j=1,2,\cdots,16$
$\alpha_1=s_1s_1$	00
$\alpha_2=s_1s_2$	001
$\alpha_3=s_1s_3$	0001
$\vdots$	$\vdots$
$\alpha_{16}=s_4s_4$	111111

本章讨论的都是同价码,即码符号集 x 中每个码符号所占的传输时间都相同的码。显然,对同价码来说,定长码中每个码字 $W_i,i=1,2,\cdots,q$ 的传输时间相等;而变长码中每个码字 $W_i,i=1,2,\cdots,q$ 的传输时间不一定相等。

5.2 分组码

信源编码过程可以视为一种映射,即将信源符号集 $S=(s_i,i=1,2,\cdots,q)$ 中的每一个元素 s_i 映射为码集合中的一个长度为 l_i 的码字 $W_i,i=1,2,\cdots,q$。

定义 5.2.1 将信源符号集中的每个信源符号 s_i 映射成一个固定的码字 W_i,这样的码称为分组码。

分组码的基本特性:

若采用分组码对信源符号进行编码,自然应要求分组码具备某些属性,以保证在信道的输出端能够迅速地将码译出。为此,首先讨论分组码的一些直观属性。

1. 奇异性

定义 5.2.2 若一种分组码中的所有码字都互不相同,则称此分组码为非奇异码,否则称为奇异码。

分组码是非奇异性的仅仅是正确译码的必要条件,这是由于非奇异码的分组码并不能保证能正确地译出,因为当码字排在一起时还可能出现奇异性,如表 5.4 所示的码。

表 5.4

信源符号 s_i	C_1	C_2
s_1	0	0
s_2	11	10
s_3	00	00
s_4	11	01

显然,表 5.4 中 C_1 是奇异码,C_2 是非奇异码。但若传送分组码 C_2 时,在信道输出端接收到 00 时,并不能确定发送端的消息是 s_1s_1,还是 s_3。

2. 唯一可译性

定义 5.2.3 设信源符号 $s_i,i=1,2,\cdots,q$ 映射为一个固定的码字 $W_i,i=1,2,\cdots,q$,则码 $\alpha_j=(s_{j_1},s_{j_2},\cdots,s_{j_N})$ 映射为 $W_j=(W_{j_1},W_{j_2},\cdots,W_{j_N})$ 的分组码称为原分组码的 N 次扩展。

定义 5.2.4 一个分组码若对于任意有限的整数 N,其 N 阶扩展码均为非奇异的,则称之为唯一可译码。

唯一可译码的物理含义是十分清楚的,即不仅要求不同的码字表示不同的信源符号,而且还进一步要求对由信源符号构成的消息序列进行编码时,在接收端仍能正确译码,而不会发生混淆。

同是唯一可译码,其译码方法仍有不同。如表 5.5 中列出的两组唯一可译码,其译码方法有所不同,当传送码 C_1 时,信道输出端接收到一个码字后不能立即译码,还须等到下一个码字接收到时才能判断是否可以译码。而若传送码 C_2 时,则无此限制,接收到一个完整码字后立即可以译码。对此,称后一种码 C_2 为瞬时码,有时又称为逗点码。

表　5.5

信源符号 s_i	码　C_1	码　C_2
s_1	1	1
s_2	10	01
s_3	100	001
s_4	1000	0001

3.　即时码

定义 5.2.5　无须考虑后续的码符号即可从码符号序列中译出码字,这样的唯一可译码称为即时码。

下面讨论唯一可译码成为即时码的条件。

定义 5.2.6　设 $W_i = W_{i_1} W_{i_2} \cdots W_{i_l}$ 为一个码字,对于任意的 $1 \leqslant j \leqslant l$,称码符号序列的前 j 个元素 $W_{i_1} W_{i_2} \cdots W_{i_j}$ 为码字 W_i 的前缀。

按照上述定义,有下述命题。

命题 5.2.1　一个唯一可译码成为即时码的充分必要条件是其中任何一个码字都不是其他码字的前缀。

证明:充分性是显然的。

因为如果没有一个码字是其他码字的前缀,则在接收到一个相当于一个完整码字的码符号序列后,便可立即译码,而无须考虑其后面的码符号。

必要性可用反证法证明。

若设 W_i 是 W_j 的前缀,则在收到相当于 W_i 的码符号序列后,还不能立即判定它是一个完整的码字;若想正确译码,还必须参考后续的码符号。这与即时码的定义相矛盾,从而证明了必要性。

即时码或称瞬时码,有时又称为非延长码,它是唯一可译码的一类子码。故即时码一定是唯一可译码;反之,唯一可译码不一定是即时码。因为有些非即时码(延长码)具有唯一可译性,但不满足前缀条件,不能即时译码。

二元即时码可用图 5.2 所示的树图来构造。

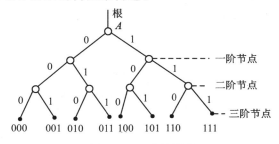

图 5.2　二进制树图

对于 r 进制树图(图 5.2 为 $r=2$ 的二进制树图),有树根、树枝和节点。树图最顶部的节点称为树根,树枝的尽头称为节点,每个节点生出的树枝数目等于码符号数 r。从树根到终端节点各树枝代表的码符号顺次连接,就得到了编码码字。

树图中自根部经过一个分枝到达 r 个节点称为一阶节点。二阶节点的可能个数为 r^2 个,一般 n 级节点有 r^n 个。若将从每个节点发出的 r 个分枝分别标以 $0,1,\cdots,r-1$,则每个 n 级节点需要用 n 个 r 元数字表示。如果指定某个 n 阶节点为终端节点表示一个信源符号,则该节点就不再延伸,相应的码字即为从树根到此端点的分枝标号序列,其长度为 n。这样构造的码满足即时码的条件。因为从树根到每一个终端节点所走的路径均不相同,故一定满足对前缀的限制。如果有 q 个信源符号,那么在码树上就要选择 q 终端节点,相应的 r 元基本符号表示就是码字。由这样的方法构造出来的码称为树码,若树码的各个分支都延伸到最后一级端点,则此时将共有 r^n 个码字,这样的码树称为整树,如图 5.3 所示;否则就称为非整树,如图 5.4 所示。

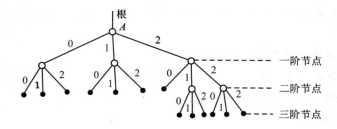

图 5.3 整 树

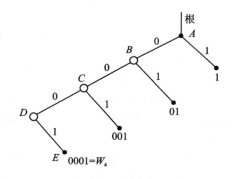

图 5.4 非整树

5.3 定长码

要实现无失真的信源编码,不但要求信源符号 $s_i,i=1,2,\cdots,q$ 与码字 $W_i,i=1,2,\cdots,q$ 是一一对应的,而且还要求码符号序列的逆变换也是唯一的。也就是说,一个码的任意一串有限长的码符号序列(码字)只能被唯一地译成所对应的信源符号序列。

如果对一个简单信源 S 进行定长编码,那么信源 S 存在唯一可译定长码的条件是

$$q \leqslant r^l \tag{5-1}$$

式中，q 是信源 S 的符号个数，r 是信道基本码符号数，l 是定长码的码长。

　　例如在表 5.6 中，信源 S 共有 $q=4$ 个信源符号，现进行二元等长编码，其中，码基本符号个数为 $r=2$，即 $X=\{x_1,x_2\}=\{0,1\}$。由式(5-1)可知，信源 S 存在唯一可译定长码的条件是，其码长 l 必须不小于 2。

表　5.6

信源符号	信源符号概率	码　1	码　2
s_1	$p(s_1)$	00	00
s_2	$p(s_2)$	01	11
s_3	$p(s_3)$	10	10
s_4	$p(s_4)$	11	11

　　如果对信源 S 的 N 次扩展信源 S^N 进行定长编码，若要编得的定长码是唯一可译码，则必须满足

$$q^N \leqslant r^l \tag{5-2}$$

式中，q 是信源 $S=(s_1,s_2,\cdots,s_q)$ 的符号个数；q^N 是信源 S 的 N 次扩展信源 $S^N=(\alpha_1,\alpha_2,\cdots,\alpha_{q^N})$ 的码符号个数，$\alpha_j=(s_{j_1},s_{j_2},\cdots,s_{j_N})$，$s_{j_k}\in S$，$k=1,2,\cdots,N$；$r$ 是基本码符号集 $X=(x_1,x_2,\cdots,x_r)$ 的个数。

　　当把 N 次扩展信源 S^N 的信源符号序列 α_j，$j=1,2,\cdots,q^N$ 变换成长度为 l 的码字 $W_j=(x_{j_1},x_{j_2},\cdots,x_{j_l})$，$x_{j_1},x_{j_2},\cdots,x_{j_l}\in X$ 时，如果要求编得的定长码是唯一可译码，则应满足式(5-2)。

　　换句话说，只有当 l 长的码符号序列数(r^l)不小于 N 次扩展信源的符号个数(q^N)时，才可能存在定长非奇异码。

　　现在分析一下式(5-2)的含义。

　　对式(5-2)两边取 2 为底的对数，有

$$N \log q \leqslant l \log r$$

或

$$\frac{l}{N} \geqslant \frac{\log q}{\log r} = \log_r q \tag{5-3}$$

若令 $N=1$，则有

$$l \geqslant \log_r q \tag{5-4}$$

式(5-4)和式(5-1)是一致的。在式(5-3)中，$\frac{l}{N}$ 表示 S^N 中平均每个原始信源符号所需要的码符号个数。而式(5-3)则表示，对于定长唯一可译码，平均每个原始信源符号至少需要用 $\log_r q$ 个码符号来变换。

　　当基本码符号集 $X=(x_1,x_2,\cdots,x_r)$ 中 $r=2$(二元码)时，则式(5-3)变为

$$\frac{l}{N} \geqslant \log q \tag{5-5}$$

上式的含义是，对于二元定长唯一可译码，平均每个信源符号至少需要用 $\log_2 q$ 个二元符号来变换。

例如英文电报有 32 个符号(26 个英文字母加上 6 个标点符号),即 $q=32$,若采用二元码时,则 $r=2$。对信源 S 的逐个符号 s_i,$i=1,2,\cdots,32$ 进行二元编码,则

$$l \geqslant \log_r q = \text{lb } 32 = 5$$

这就是说,每个英文电报符号至少要用 5 位二元符号进行编码才能得到信源唯一可译码。

现在讨论定长信源编码定理。

对信源编码的要求是能够无失真或无差错地从编码结果中恢复出信源符号,即可以正确地译码。定长信源编码定理讨论了编码的有关参数对译码差错的限制关系。

定理 5.3.1(等长信源编码定理)

设一个离散无记忆信源

$$\begin{bmatrix} S \\ P \end{bmatrix} = \begin{bmatrix} s_1 & s_2 & \cdots & s_q \\ p(s_1) & p(s_2) & \cdots & p(s_q) \end{bmatrix}$$

的熵为 $H(S)$,其 N 次扩展信源为

$$\begin{bmatrix} S^N \\ P \end{bmatrix} = \begin{bmatrix} \alpha_1 & \alpha_2 & \cdots & \alpha_{q^N} \\ p(\alpha_1) & p(\alpha_2) & \cdots & p(\alpha_{q^N}) \end{bmatrix}$$

现在用码符号集 $X=\{x_1,x_2,\cdots,x_r\}$ 对 N 次扩展信源 S^N 进行长度为 l 的定长编码,对于 $\forall \varepsilon>0,\delta>0$,只要满足

$$\frac{l}{N}\log r \geqslant H(S)+\varepsilon \tag{5-6}$$

则当 N 足够大时,必可使译码差错 $p(\overline{G_\varepsilon})$ 小于 δ,几乎可实现无失真编码。

反之,若

$$\frac{l}{N}\log r \leqslant H(S)-2\varepsilon \tag{5-7}$$

则当 N 足够大时,译码错误概率(p_ε)趋于 1。意味着不可能实现无失真编码。

在定理 5.3.1 中,前一部分视为正定理,后一部分视为逆定理。

证明: 首先证明正定理部分。

信源 S 中每个信源符号 s_i 的自信息为

$$I(s_i) = -\log p(s_i) \qquad i=1,2,\cdots,q \tag{5-8}$$

对于 S 的 N 次扩展信源 S^N,信源符号为 $\alpha_j = (s_{j_1},s_{j_2},\cdots,s_{j_N})$,并且信源是无记忆的,故有

$$p(\alpha_j) = \prod_{k=1}^{N} p(s_{j_k}) \qquad j=1,2,\cdots,q^N \tag{5-9}$$

信源符号 α_j 的自信息为

$$I(\alpha_j) = -\log p(\alpha_j) =$$
$$-\log \left(\prod_{k=1}^{N} p(s_{j_k}) \right) = \sum_{k=1}^{N} I(s_{j_k}) \tag{5-10}$$

显然,$I(s_{j_k})$,$k=1,2,\cdots,N$ 是相互独立的随机变量。$I(s_{j_k})$ 的均值为信源熵,即

$$H(S) = E[I(s_{j_k})] =$$
$$-\sum_{i=1}^{q} p(s_{j_{k_i}}) \log p(s_{j_{k_i}}) = -\sum_{i=1}^{q} p(s_i) \log p(s_i)$$

$$(j=1,2,\cdots,q^N;\ k=1,2,\cdots,N) \tag{5-11}$$

$I(s_{j_k})$ 的方差为

$$
\begin{aligned}
D[I(s_{j_k})] &= \mathrm{E}[I(s_{j_k})-H(S)]^2 = \\
&= \mathrm{E}[I^2(s_{j_k})]-H^2(S) = \\
&= \sum_{i=1}^{q} p(s_{j_{k_i}})[\log p(s_{j_{k_i}})]^2 - H^2(S) = \\
&= \sum_{i=1}^{q} p(s_i)[\log p(s_i)]^2 - H^2(S) < \infty
\end{aligned} \tag{5-12}
$$

按照同样的方法可得到 $I(\alpha_j)$ 的均值和方差。

$I(\alpha_j)$ 的均值是 N 次扩展信源的熵

$$\mathrm{E}[I(\alpha_j)] = H(S^N) = NH(S) \tag{5-13}$$

$I(\alpha_j)$ 的方差为

$$
\begin{aligned}
D[I(\alpha_j)] &= ND[I(s_i)] = \\
&= N\{E[I^2(s_i)]-[H(S)]^2\} = \\
&= N\left\{\sum_{i=1}^{q} p(s_i)[\log p(s_i)]^2 - \left[-\sum_{i=1}^{q} p(s_i)\log p(s_i)\right]^2\right\}
\end{aligned} \tag{5-14}
$$

显然，当 q 为有限值时，$D[I(\alpha_j)]<\infty$，即方差有限。由上述关系式，并应用车贝晓夫不等式，对于任意的 $\varepsilon>0$，有

$$p\{|I(\alpha_j)-NH(S)| \geqslant N\varepsilon\} \leqslant \frac{D[I(\alpha_j)]}{(N\varepsilon)^2}$$

即

$$p\left\{\left|\frac{I(\alpha_j)}{N}-H(S)\right| \geqslant \varepsilon\right\} \leqslant \frac{D[I(s_i)]}{N\varepsilon^2}$$

令

$$\delta(N,\varepsilon) = \frac{D[I(s_i)]}{N\varepsilon^2}$$

则

$$\lim_{N\to\infty} \delta(N,\varepsilon) = \lim_{N\to\infty} \frac{D[I(s_i)]}{N\varepsilon^2} = 0 \tag{5-15}$$

式(5-15)表明，自信息量 $I(\alpha_j)$ 的均值 $\dfrac{I(\alpha_j)}{N}$ 依概率收敛于信源熵 $H(S)$。或言之，事件 $\left|\dfrac{I(\alpha_j)}{N}-H(S)\right| \geqslant \varepsilon$ 是不经常出现的事件。

这样，就可以将 N 次扩展信源 S^N 中的信源序列 $\alpha_j, j=1,2,\cdots,q^N$ 分为两部分：一部分是经常出现的事件 G_ε；另一部分是不经常出现的事件 $\overline{G_\varepsilon}$。它们是两个互不相交的集合，即

$$G_\varepsilon = \left\{\alpha_j : \left|\frac{I(\alpha_j)}{N}-H(S)\right| < \varepsilon\right\} \tag{5-16}$$

$$\overline{G_\varepsilon} = \left\{\alpha_j : \left|\frac{I(\alpha_j)}{N}-H(S)\right| \geqslant \varepsilon\right\} \tag{5-17}$$

显然,$G_\varepsilon \bigcup \overline{G}_\varepsilon = S^N$,故

$$p(G_\varepsilon) + p(\overline{G}_\varepsilon) = 1$$

且有

$$1 \geqslant p(G_\varepsilon) \geqslant 1 - \delta(N,\varepsilon) \tag{5-18}$$

$$0 \leqslant p(\overline{G}_\varepsilon) \leqslant \delta(N,\varepsilon) \tag{5-19}$$

将信源序列 α_j,$j=1,2,\cdots,q^N$ 分为两部分之后,可以只需对经常出现的信源序列进行编码。这样处理之后,所需要的码字总数就减少了。

下面研究经常出现的信源序列。设在集合 G_ε 中,信源序列 α_j 有 M_G 个。根据式 (5-16),信源序列 α_j 的自信息 $I(\alpha_j)$ 满足

$$-\varepsilon < \frac{I(\alpha_j)}{N} - H(S) < \varepsilon$$

或

$$N[H(S)-\varepsilon] < I(\alpha_j) < N[H(S)+\varepsilon]$$

按自信息的定义,上式可改写为

$$2^{-N[H(S)-\varepsilon]} > p(\alpha_j) > 2^{-N[H(S)+\varepsilon]} \tag{5-20}$$

又设在集合 G_ε 中,N 次扩展信源序列 α_j,$j=1,2,\cdots,q^N$ 的最小概率为 $\min\limits_{\alpha_j \in G_\varepsilon} p(\alpha_j)$。因为集合 G_ε 为和事件,其概率 $p(G_\varepsilon)$ 必为集合内所有序列的概率之和,于是有

$$1 \geqslant p(G_\varepsilon) \geqslant N_G \cdot \min\limits_{\alpha_j \in G_\varepsilon} p(\alpha_j) \tag{5-21}$$

根据式(5-20),有

$$\min\limits_{\alpha_j \in G_\varepsilon} p(\alpha_j) > 2^{-N[H(S)+\varepsilon]} \tag{5-22}$$

于是得

$$M_G \leqslant \frac{p(G_\varepsilon)}{\min\limits_{\alpha_j \in G_\varepsilon} p(\alpha_j)} \leqslant 2^{N[H(S)+\varepsilon]} \qquad (上界) \tag{5-23}$$

同样,设在集合 G_ε 中,N 次扩展信源序列 α_j,$j=1,2,\cdots,q^N$ 的最大概率为 $\max\limits_{\alpha_j \in G_\varepsilon} p(\alpha_j)$。由式(5-18)可得

$$1 - \delta(N,\varepsilon) \leqslant p(G_\varepsilon) \leqslant M_G \cdot \max\limits_{\alpha_j \in G_\varepsilon} p(\alpha_j) \tag{5-24}$$

于是得

$$M_G > \frac{p(G_\varepsilon)}{\max\limits_{\alpha_j \in G_\varepsilon} p(\alpha_j)} \tag{5-25}$$

然后由式(5-20)得

$$M_G > [1 - \delta(N,\varepsilon)]2^{N[H(S)-\varepsilon]} \qquad (下界) \tag{5-26}$$

由此得到集合 G_ε 中信源序列数目 M_G 的上、下界。

若仅对 G_ε 集合中的元素进行编码,则要求码字总数 r^l 满足

$$r^l \geqslant M_G \tag{5-27}$$

显然,M_G 应取上界,故有

$$r^l \geqslant 2^{N[H(S)+\varepsilon]} \tag{5-28}$$

对式(5-28)取对数,可得

$$l \log r \geqslant N[H(S)+\varepsilon]$$

于是有

$$\frac{l}{N} \geqslant \frac{H(S)+\varepsilon}{\log r}$$

证毕。

当选取定长码的码字长度 l 满足式(5-6),就能使 G_ε 中所有的信源序列 α_j 都有不同的码字与之一一对应。在这种编码下,集 $\overline{G_\varepsilon}$ 中的信源序列 $\alpha_j \in \overline{G_\varepsilon}$ 被抛弃,因为没有对这样的 α_j 进行编码。但这样的信源序列仍可能出现,因而会造成译码错误。其错误概率是集 $\overline{G_\varepsilon}$ 出现的概率,因而有

$$p_\varepsilon = p(\overline{G_\varepsilon}) \leqslant \delta(N,\varepsilon) = \frac{D[I(s_i)]}{N\varepsilon^2} \tag{5-29}$$

式中,方差 $D[I(s_i)]$ 为一常数,ε 为给定的任意正数,因此对 $\forall \delta < 0$,只要

$$N > \frac{D[I(s_i)]}{\varepsilon^2 \delta}$$

则有

$$p(\overline{G_\varepsilon}) < \delta \tag{5-30}$$

这意味着当 N 充分大时,$p(\overline{G_\varepsilon}) \to 0$,译码错误概率 $p_\varepsilon \to 0$。

现在证明逆定理部分。

如果码长 l 满足

$$\frac{l}{N} \log r \leqslant H(S) - 2\varepsilon$$

则有

$$\log r^l \leqslant N[H(S) - 2\varepsilon]$$

亦即码字总数

$$r^l \leqslant 2^{N[H(S)-2\varepsilon]} \tag{5-31}$$

根据 M_G 的下界式(5-26)可知,此时选取的码字总数小于集 G_ε 中可能有的信源序列数,因而集 G_ε 中将有一些信源序列不能用长为 l 的不同码字来对应。将那些可以给予不同码字对应的信源序列的概率和记作 $P[G_\varepsilon$ 中 r^l 个 $\alpha_j]$,必满足

$$P[G_\varepsilon \text{ 中 } r^l \text{ 个 } \alpha_j] \leqslant r^l \cdot \max_{\alpha_j \in G_\varepsilon} p(\alpha_j) \tag{5-32}$$

由式(5-20)和式(5-31)得

$$P[G_\varepsilon \text{ 中 } r^l \text{ 个 } \alpha_j] \leqslant 2^{-N[H(S)-\varepsilon]} \cdot 2^{N[H(S)-2\varepsilon]} = 2^{-N\varepsilon} \tag{5-33}$$

又因正确译码概率

$$\overline{p_\varepsilon} = 1 - p_\varepsilon = P[G_\varepsilon \text{ 中 } r^l \text{ 个 } \alpha_j]$$

由式(5-33)得错误译码概率为

$$p_\varepsilon = 1 - \overline{p_\varepsilon} \geqslant 1 - 2^{-N\varepsilon} \tag{5-34}$$

由此可见,当 $N \to \infty$ 时,译码错误概率 $p_\varepsilon \to 1$。

式(5-34)表明,在选取码长 l 满足式(5-7)的条件下,当 $N \to \infty$,将使许多经常出现的信

源序列 α_j 被舍弃而未编码,这样,译码时肯定会出错。

定理 5.3.2 设有离散无记忆信源,其熵为 $H(S)$,若对信源长为 N 的符号序列进行定长编码,设码字是从 r 个码符号集中选取 l 个码元构成,对于任意 $\varepsilon > 0$,只要满足

$$\frac{l}{N} \geqslant \frac{H(S) + \varepsilon}{\log r}$$

则当 N 足够大时,译码错误概率为任意小,几乎可以实现无失真编码。

反之,若满足

$$\frac{l}{N} \leqslant \frac{H(S) - 2\varepsilon}{\log r}$$

则不可能实现无失真编码。而当 N 足够大时,译码错误概率近似等于 1。

需要指出的是,定理 5.3.1 是在平稳无记忆离散信源条件下证明的。但它同样适合于平稳有记忆信源,只是要求有记忆信源的极限熵 $H_\infty(S)$ 和极限方差 σ_∞^2 存在即可。对于平稳有记忆信源,式(5-6)和式(5-7)中 $H(S)$ 应改为极限熵 $H_\infty(S)$。

当二元编码时,$r = 2$,式(5-6)成为

$$\frac{l}{N} \geqslant H(S) + \varepsilon \tag{5-35}$$

由式(5-35)看出,定理 5.3.2 给出了定长编码时平均每个信源符号所需的二元码符号数的理论极限,这个极限由信源熵 $H(S)$ 决定。

比较式(5-5)和式(5-35)可知,当信源符号序列具有等概分布时,两式就完全一致,但在一般情况下,信源符号并非等概率分布,而且符号之间相互关联,故信源极限熵 $H_\infty(S)$ 将远小于 $H_{\max}(S) = \log r$。根据定理 5.3.2 知,这时在定长编码中每个信源符号平均所需的二元码符号可大大减少,从而提高了编码效率。

例如,以英文电报符号为例,不难求得英文电报信源的极限熵 $H_\infty(S) \approx 1.4$ 比特/符号,由式(5-35)得

$$\frac{l}{N} > 1.4 \qquad 二元符号 / 信源符号$$

上式表明,平均每个英文信源符号只需近似用 1.4 个二元符号来编码,这比由式(5-5)计算的需要 5 位二元符号减少了许多。从而提高了信息传输效率。

现在我们简要介绍信源编码效率。

将定理 5.3.2 的条件式改写成

$$l \log r > N H(S) \tag{5-36}$$

从式(5-36)看出,其左边为 l 长码符号序列所能携带的最大信息量,右边为 N 长信源序列平均携带的信息量。于是定理 5.3.2 表明,只要码符号序列所能携带的信息量大于信源序列所携带的信息量,则可以实现无失真传输,当然条件是 N 足够大。

定义 5.3.1 设熵为 $H(S)$ 的离散无记忆信源,若对信源的长为 N 的符号序列进行定长编码,设码字是从 r 个码符号集中选取 l 个码元构成,定义 R 为编码速率(单位为 bit/符号),即

$$R \stackrel{\text{def}}{=\!=} \frac{l \log r}{N} \tag{5-37}$$

为编码速率。

这时,定理 5.3.2 可转化为

$$R \geqslant H(S) + \varepsilon$$

上式表明,编码后信源的信息传输速率大于信源熵,则可以实现几乎无失真传输。

为了衡量各种实际定长编码方法的编码效果,我们引进编码效率。

定义 5.3.2　称信源熵 $H(S)$ 和编码速率 R 之比,即

$$\eta = H(S)/R \tag{5-38}$$

为编码效率。

由式(5-38)知,编码效率 $\eta < 1$。此外,由定理 5.3.2 得最佳编码效率为

$$\eta = H(S)/[H(S) + \varepsilon] \qquad \varepsilon > 0 \tag{5-39}$$

由式(5-29)知,当方差 $D[I(s_i)]$ 和 ε 均为定值时,只要 N 足够大,错误概率 p_E 就可以小于任一正数 δ。如果,当允许错误概率 p_E 小于 δ 时,信源序列长度 N 必满足

$$N \geqslant \frac{D[I(s_i)]}{\varepsilon^2 \delta} \tag{5-40}$$

由式(5-39)、式(5-40)可得

$$N \geqslant \frac{D[I(s_i)]}{H^2(S)} \frac{\eta^2}{(1-\eta)^2 \delta} \tag{5-41}$$

上式给出了在已知方差和信源熵的条件下,信源序列长度 N 与最佳编码效率 η 和允许错误概率 p_E 的关系。显然,容许错误概率越小,编码效率又要越高,那么,信源序列长度 N 必须越长。在实际情况下,要实现几乎无失真的定长编码,N 需要的长度将会大到难以实现,现举例如下。

例 5.3.1　设有离散无记忆信源

$$\begin{bmatrix} S \\ P \end{bmatrix} = \begin{bmatrix} s_1 & s_2 & s_3 & s_4 & s_5 & s_6 & s_7 & s_8 \\ 0.4 & 0.18 & 0.10 & 0.10 & 0.07 & 0.06 & 0.05 & 0.04 \end{bmatrix}$$

其信息熵

$$H(S) = E[-\log p(s_i)] =$$

$$-\sum_{i=1}^{8} p(s_i) \log p(s_i) = 2.55 \text{ bit/ 符号}$$

自信息的方差

$$D[I(s_i)] = \sum_{i=1}^{8} p(s_i)[\log p(s_i)]^2 - [H(S)]^2 =$$

$$\sum_{i=1}^{8} p(s_i)[\log p(s_i)]^2 - (2.55)^2 = 7.82 \text{ bit}^2$$

如果对信源符号采用定长二元编码,要求编码效率 $\eta = 90\%$,允许错误概率 $\delta \leqslant 10^{-6}$,由

$$\eta = H(S)/[H(S) + \varepsilon] = 0.9$$

求得 $\varepsilon = 0.28$。根据式(5-41)得

$$N \geqslant \frac{D[I(s_i)]}{\varepsilon^2 \delta} = \frac{7.82}{0.28^2 \times 10^{-6}} = 9.8 \times 10^7 \approx 10^8$$

即信源序列长度 N 需长达 10^8 以上才能实现上述给定的要求,这在实际上很难实现。由此可见,欲提高编码有效性需要付出很大的代价。

例 **5.3.2** 设离散无记忆信源

$$\begin{bmatrix} S \\ P \end{bmatrix} = \begin{bmatrix} s_1 & s_2 \\ \dfrac{3}{4} & \dfrac{1}{4} \end{bmatrix}$$

其信息熵

$$H(S) = \frac{1}{4}\,\mathrm{lb}\,4 + \frac{3}{4}\,\mathrm{lb}\,\frac{4}{3} = 0.811 \text{ bit/ 信源符号}$$

其自信息的方差

$$D[I(s_i)] = \sum_{i=1}^{2} p_i(\log p_i)^2 - [H(S)]^2 =$$

$$\frac{3}{4}\left(\mathrm{lb}\,\frac{3}{4}\right)^2 + \frac{1}{4}\left(\mathrm{lb}\,\frac{1}{4}\right)^2 - (0.811)^2 = 0.4715$$

若对信源 S 采取等长二元编码时,要求编码效率 $\eta = 0.96$,允许错误概率 $\delta \leqslant 10^{-5}$。则根据式(5-41),求得

$$N \geqslant \frac{0.4715}{(0.811)^2} \frac{(0.96)^2}{0.04^2 \times 10^{-5}} = 4.13 \times 10^7$$

即信源序列长度需长达 4×10^7 以上,才能实现给定的要求,这在实际中是很难实现的。因此,一般来说,当 N 有限时,高传输效率的等长码往往会引入一定的失真和错误,它不像变长码那样可以实现无失真编码。

5.4 变长码

这一节讨论对信源进行变长编码的问题。变长码往往在码符号序列长度 N 不大时就能编出效率很高而且无失真的信源码。

要实现无失真的信源编码,变长码必须是唯一可译码。变长码要满足唯一可译码的条件,它必须是非奇异码,而且任意有限长 N 次扩展码也应该是非奇异的。为能即时进行译码,变长码还必须是即时码。

5.4.1 码的分类和主要编码方法

按照编码规则的局限性可分为分组码与卷积码。若编码规则仅局限在本码组之内,即本码组的监督元仅与本码组的信息元相关,则称这类码为分组码。如果本码组的监督元不仅和本码组的信息元相关,而且还和本码组相邻的前 $N-1$ 个码组的信息元相关,则这类码称为卷积码。

在分组码中又可分为奇异码和非奇异码。观察表 5.7 中各个码,显然码 1 是奇异码,码 2 是非奇异码。

显然,奇异码不是唯一可译码。而非奇异码可以分为非唯一可译码和唯一可译码。表 5.7 中码 3 是唯一可译码,但码 2 不是唯一可译码,这是因为码 2 的二次扩展码是奇异的。所以要成为唯一可译码不只是它们本身应是非奇异的,而且对于有限长 N 次扩展码也应是非奇异的。

表　5.7

信源符号 s_i	符号出现概率 $p(s_i)$	码 1	码 2	码 3	码 4
s_1	1/2	0	0	1	1
s_2	1/4	11	10	10	01
s_3	1/8	00	00	100	001
s_4	1/8	11	01	1000	0001

唯一可译码又可分为非即时码和即时码。表 5.7 中码 3 是非即时码,而码 4 是即时码。这是因为,对于码 3,当接收端接收到一个完整的码字后,不能立即译码,还需等下一个码字发出后,才能判断是否可以译码。对于码 4,每个码字都是以码符号 1 为终端,相当于一个逗点,一旦一个码字发完,立即可以译码,故又称逗点码。

非即时码又称为延长码,即时码又称为非延长码。

上述分类中,每一层次上的两个集合互不相交,且分法唯一,所以以后的证明中可以应用排中律。

信源编码中有以下三种主要方式。

1．匹配编码

根据编码对象的概率分布,分别给予不同长度的代码。对于概率大的信源符号,所给的代码长度短;反之,概率小的信源符号代码长度长。

2．变换编码

它先对信号进行变换,从一种信号空间变换为另一种信号空间,然后针对变换后的信号进行编码。

3．识别编码

识别编码目前主要用于印刷或打字机等有标准形状的文字、符号和数据的编码。

本书中仅从匹配编码的概念讨论信源和信道的编码问题。

5.4.2　克拉夫特不等式和麦克米伦不等式

关于信源符号数和码字长度之间应满足什么条件才能构成唯一可译码,有下述定理。

定理 5.4.1　设信源符号集为 $S=(s_1,s_2,\cdots,s_q)$,码符号集为 $X=(x_1,x_2,\cdots,x_r)$,对信源进行编码,相应的码字为 $W=(W_1,W_2,\cdots,W_q)$,其分别对应的码长为 $l_1,l_2,\cdots,l_q$,则即时码存在的充要条件是

$$\sum_{i=1}^{q} r^{-l_i} \leqslant 1 \qquad (5-42)$$

式(5-42)称为克拉夫特(Kraft)不等式。

证明：证充分性

应用树图结构证明充分性。

假定满足克拉夫特不等式的码长为 $l_1,l_2,\cdots,l_q$。设 q 个码字中长度为 i 的共有 n_i 个,并

设最大码长为 l，则有

$$\sum_{i=1}^{l} n_i = q \tag{5-43}$$

因为 $l_1, l_2, \cdots, l_q$ 满足克拉夫特不等式，故有

$$r^{-l_1} + r^{-l_2} + \cdots + r^{-l_i} + \cdots + r^{-l_q} \leqslant 1 \tag{5-44}$$

在式(5-44)中，设

$\quad l_i = 1 \quad$ 即 r^{-1} 的共有 n_1 项

$\quad l_i = 2 \quad$ 即 r^{-2} 的共有 n_2 项

$\quad \vdots$

$\quad l_i = l \quad$ 即 r^{-l} 的共有 n_l 项

合并同类项后，式(5-42)转化成

$$\sum_{i=1}^{l} n_i r^{-i} \leqslant 1 \tag{5-45}$$

上式两端同乘 r_l，得

$$\sum_{i=1}^{l} n_i r^{l-i} \leqslant r^l \tag{5-46}$$

即

$$n_l \leqslant r^l - n_1 r^{l-1} - n_2 r^{l-2} - \cdots - n_{l-1} r \tag{5-47}$$

因为 l, n_i, r 都是正整数，在式(5-45)中左边去掉一项，可得

$$\sum_{i=1}^{l-1} n_i r^{-i} < 1$$

同理，可推得

$$n_{l-1} < r^{l-1} - n_1 r^{l-2} - n_2 r^{l-3} - \cdots - n_{l-2} r \tag{5-48}$$

依次类推，还可得到

$$n_{l-2} < r^{l-2} - n_1 r^{l-3} - n_2 r^{l-4} - \cdots - n_{l-3} r \tag{5-49}$$

$$\vdots$$

$$n_3 < r^3 - n_1 r^2 - n_2 r \tag{5-50}$$

$$n_2 < r^2 - n_1 r \tag{5-51}$$

$$n_1 < r \tag{5-52}$$

这样，式(5-42)的条件转化成 n_i, r 及最大长度 l 满足不等式(5-47)～式(5-52)的条件。

根据不等式(5-47)～式(5-52)，采用树图法可以构造即时码。

因为码符号个数为 r，故树图中一级节点有 r 个。由于 $n_1 \leqslant r$，显然从这 r 个端点中可以选出 n_1 个点作为终端节点，其余的 $r - n_1$ 个点作为中间节点并继续延伸。

码树中二级节点的总数共有 $r(r - n_1) = r^2 - n_1 r$ 个。由于 $n_2 \leqslant r^2 - n_1 r$，故又可以从这 $r^2 - n_1 r$ 个节点中取 n_2 个节点作为终端节点，余下的 $r^2 - n_1 r - n_2$ 个节点作为中间节点并继续延伸。

如此下去，当式(5-47)～式(5-52)均成立时，总可以找出 n_i 个节点作为终端节点，直到

$\sum_{i=1}^{q} n_i = q$，这时就可以构造出整个树图。

从上述码树构造过程看出，如果只取终端节点作为码字，则所得结果必为即时码。

证必要性

证明式(5-42)是构造即时码的必要条件比较简单，只需将上述证明过程反推回去即可。

可以将定理 5.4.1 的结果推广到唯一可译码的情况。

定理 5.4.2 在定理 5.4.1 所给定的条件下，唯一可译码存在的充要条件是

$$\sum_{i=1}^{q} r^{-l_i} \leqslant 1 \tag{5-53}$$

式中，r 为码符号个数，l_i 为码字长度，q 为信源符号个数。式(5-53)称为麦克米伦(McMillan)不等式。该不等式与克拉夫特不等式在形式上完全相同。这个不等式首先由克拉夫特于 1949 年在即时码的条件下给出。后来，麦克米伦在 1956 年证明唯一可译码也满足此不等式。

证明：充分性

由于即时码就是唯一可译码，所以由定理 5.4.1 可知，充分性显然成立。

必要性

设式(5-53)成立。对任意 n，等式

$$\left[\sum_{i=1}^{q} r^{-l_i}\right]^n = (r^{-l_1} + r^{-l_2} + \cdots + r^{-l_q})^n =$$

$$\sum_{i_1=1}^{q} r^{-l_{i_1}} \sum_{i_2=1}^{q} r^{-l_{i_2}} \cdots \sum_{i_n=1}^{q} r^{-l_{i_n}} =$$

$$\sum_{i_1=1}^{q} \sum_{i_2=1}^{q} \cdots \sum_{i_n=1}^{q} r^{-(l_{i_1}+l_{i_2}+\cdots+l_{i_n})} \tag{5-54}$$

式(5-54)的右边共有 q^n 项，代表了 n 个码字组成的码字序列的总数。其中每项对应于 n 个码字组成的一个码字序列，如图 5.5 所示。

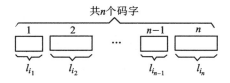

图 5.5 码字序列

图 5.5 中，$1,2,\cdots,n$ 表示码字的序列，$l_{i_1},l_{i_2},\cdots,l_{i_n}$ 分别为对应的码字的码长。令

$$k = l_{i_1} + l_{i_2} + \cdots + l_{i_n} \qquad i_1,i_2,\cdots,i_n \in (1,2,\cdots,q)$$

即 k 可视为由 n 个长度分别为 $l_{i_1},l_{i_2},\cdots,l_{i_n}$ 的码字组成的码字序列的总长度。

因为是变长码，故单个码字 W_i 对应的长度 l_i 的取值范围是

$$l_{\min} \leqslant l_i \leqslant l_{\max}$$

相应地，码字序列的总长 k 的取值范围为

$$n l_{\min} \leqslant k \leqslant n l_{\max}$$

若令 $l_{\min}=1$，则有

$$n \leqslant k \leqslant n\,l_{\max}$$

式(5-54)为各 r^{-k} 项之和。又因为 $l_{i_1},l_{i_2},\cdots,l_{i_n}$ 都可以取 $l_1,l_2,\cdots,l_q$ 中之任一值,而 $l_1,l_2,\cdots,l_q$ 又都可取 $1(=l_{\min}),2,\cdots,l_{\max}$ 中之一,故相同数值的 k 的出现会不止一次,即在 q^n 个码字序列中,码符号序列总长度相等的码字序列不止一个,现设为 N_k 个。

例如在表 5.7 中,对于码 2 码字长度有 $l_1=1,l_2=l_3=l_4=2$。在 $n=2$ 的码字序列中,如表 5.8 所示,序列总长度 k 的取值是 2,3,4。当 $k=3$ 时,共有 6 个不同的码字序列,所以这时 $N_k=6$。

于是,经同类项合并后,式(5-54)可写成

$$\left[\sum_{i=1}^{q} r^{-l_i}\right]^n = \sum_{k=n}^{n\,l_{\max}} N_k r^{-k} \tag{5-55}$$

表 5.8

信源符号	码 字	信源符号	码 字
s_1s_1	00	s_3s_1	000
s_1s_2	010	s_3s_2	0010
s_1s_3	000	s_3s_3	0000
s_1s_4	001	s_3s_4	0001
s_2s_1	100	s_4s_1	010
s_2s_2	1010	s_4s_2	0110
s_2s_3	1000	s_4s_3	0100
s_2s_4	1001	s_4s_4	0101

因为已知是唯一可译码,故总长为 k 的所有码字序列必定是不相同的,即非奇异的,故必存在下列关系

$$N_k \leqslant r^k \tag{5-56}$$

将式(5-56)代入式(5-55),可得

$$\left[\sum_{i=1}^{q} r^{-l_i}\right]^n \leqslant \sum_{k=n}^{n\,l_{\max}} r^k r^{-k} = \sum_{k=n}^{n\,l_{\max}} 1 =$$
$$n\,l_{\max} - n + 1 \leqslant n\,l_{\max} \tag{5-57}$$

于是有

$$\sum_{i=1}^{q} r^{-l_i} \leqslant (n\,l_{\max})^{1/n} \tag{5-58}$$

因为对于一切正整数 n,式(5-58)均成立,所以可取极限

$$\lim_{n\to\infty}(n\,l_{\max})^{1/n} = 1$$

故

$$\sum_{i=1}^{q} r^{-l_i} \leqslant 1$$

证毕。

由于即时码是唯一可译码的一个子集,所以上述证明也可视为即时码存在的必要条件的

证明过程。

应该注意的是,定理 5.4.1 和定理 5.4.2 只是给出了即时码或唯一可译码存在的充分必要条件。也就是说,如果码字长度和码符号数满足克拉夫特(或麦克米伦)不等式时,必可构造出即时码(或唯一可译码),否则不能构造出即时码(或唯一可译码)。但是,该定理并不能作为判别一种码是否为即时码(或唯一可译码)的判据。例如,在码字中有两个码字长度相同即 $l_i = l_j$,则这两个码字无论是否相同,都有可能使不等式成立。然而,当这两个码字相同时,显然,它们不可能是唯一可译码。

5.4.3　唯一可译码判别准则

在定义 5.2.4 中,虽然给出了判断唯一可译码的方法,但在应用中却十分困难,因为不可能一一检查所有 N 阶扩展码的奇异性。下面给出一种判别唯一可译码的准则。

设 S_0 为原始码字的集合。再构造一列集合 $S_1, S_2, \cdots$。为得到集合 S_1,首先考察 S_0 中所有的码字。若码字 W_j 是码字 W_i 的前缀,即 $W_i = W_j A$,则将后缀 A 列为 S_1 中的元素,S_1 就是由所有具有这种性质的 A 构成的集合。

一般地,要构成 $S_n, n>1$,则将 S_0 与 S_{n-1} 比较。若有码字 $W \in S_0$,且 W 是 $U \in S_{n-1}$ 的前缀,即 $U = WA$,则取后缀为 S_n 中的元素。同样,若有码字 $U' \in S_{n-1}$ 是 $W' \in S_0$ 的前缀,即 $W' = U'A'$,则后缀 A' 也为 S_n 中的元素。如此便可构成集合 S_n。

命题 5.4.1　一种码是唯一可译码的充要条件是 $S_1, S_2, \cdots$ 中没有一个含有 S_0 中的码字。

关于命题 5.4.1 的证明参见文献[27]。

例 5.4.1　设消息集共有 6 个元素 $\{x_1, x_2, \cdots, x_6\}$,它们分别被编码为 $a, c, abb, bad, deb, bbcde$。按照上述唯一可译码存在的充要条件和构码方法,可构造出如表 5.9 所列码符号集 $(S_1, S_2, \cdots, S_7)$。

表 5.9 中,S_0 为原始码字,为得到 S_1,首先考察 S_0 中所有码字,若码字中 w_j 是 w_i 的前缀,即 $w_i = w_j A$,则将后缀 A 列为 S_1 中的元素。此例中 $w_i = \{abb\}$,故 $w_j = \{a\}$,$A = \{bb\}$,从而码符号 S_1 是由 bb 构成的集合,即 $S_1 = \{bb\}$。

根据上述构码方法,可以构造码符号 $S_n, n>1$,例如:令 $U = wA$,虽然此例中码字 $U = \{bbcde\}$,前缀 $w = \{bb\}$,后缀 $A = \{cde\}$,从而码符号 S_2 是 cde 构成的集合,即 $S_2 = \{cde\}$。类似地可以构造出 S_3, S_4, S_5, S_6, S_7 的码符号集合。从表 5.9 中原始码集合看出,当 $n>7$ 时,S_n 是空集。

由于 $S_1, S_2, \cdots, S_7$ 中都不包含 S_0 集的元素,因此 S_0 是唯一可译码。

表　5.9

S_0	S_1	S_2	S_3	S_4	S_5	S_6	S_7
a	bb	cde	de	b	ad	d	eb
c				$bcde$			
abb							
bad			$S_n = \phi(n>7)$				
deb							
$bbcde$							

5.4.4 变长编码定理

1. 码平均长度

定义 5.4.1 设有信源

$$\begin{bmatrix} S \\ P \end{bmatrix} = \begin{bmatrix} s_1 & s_2 & \cdots & s_q \\ p(s_1) & p(s_2) & \cdots & p(s_q) \end{bmatrix}$$

编码后的码字分别为 $W_1, W_2, \cdots, W_q$，各码字相应的码长分别为 $l_1, l_2, \cdots, l_q$。因是唯一可译码,信源符号 s_i 和码字 W_i 一一对应,则这个码的平均长度为

$$\overline{L} = \sum_{i=1}^{q} p(s_i) l_i \qquad (5-59)$$

码平均长度 $\overline{L}$ 表示每个信源符号编码相对平均需用的码符号个数,因此,式(5-59)的单位是码符号/信源符号。

当信源给定时,信源熵 $H(S)$ 就确定了,而编码后每个信源符号平均用 $\overline{L}$ 个码元来变换。故平均每个码元载荷的信息量就是编码后信道的信息传输率(单位为 bit/码符号)

$$R = H(X) = \frac{H(S)}{\overline{L}} \qquad (5-60)$$

如果传输一个码符号平均需要 t 秒时间,则编码后信道每秒传输的信息量(单位为 bit/s)为

$$R_t = \frac{H(S)}{\overline{L}t} \qquad (5-61)$$

由式(5-61)可见,R_t 越大,信息传输率就越高。因此,人们感兴趣的码是使平均码长 $\overline{L}$ 为最短的码。

定义 5.4.2 对应一给定的信源和一给定的码符号集,若有一种唯一可译码,其码平均长度 $\overline{L}$ 小于所有其他的唯一可译码,则称这种码为紧致码,或最佳码。

信源变长编码的核心问题就是寻找紧致码。

定理 5.4.3 对于熵为 $H(S)$ 的离散无记忆信源

$$\begin{bmatrix} S \\ P \end{bmatrix} = \begin{bmatrix} s_1 & s_2 & \cdots & s_q \\ p(s_1) & p(s_2) & \cdots & p(s_q) \end{bmatrix}$$

若用具有 r 个码符号的集 $X = (x_1 x_2 \cdots x_r)$ 对该信源进行编码,则一定存在一种编码方式构成唯一可译码,其平均码长 $\overline{L}$ 满足

$$\frac{H(S)}{\log r} \leqslant \overline{L} < 1 + \frac{H(S)}{\log r} \qquad (5-62)$$

该定理指出,平均码长 $\overline{L}$ 不能小于极限值 $H(S)/\log r$,否则唯一可译码不存在。同时又给出了平均码长的上界($1 + H(S)/\log r$)。但是,并不是说大于这个上界就不能构成唯一可译码,只是因为我们总希望平均码长 $\overline{L}$ 尽可能短。当平均码长 $\overline{L}$ 小于上界时,唯一可译码也存在。只是平均码长 $\overline{L}$ 达到下界时才成为最佳码。

证明:先证下界成立

将式(5-62)下界条件改写为

$$H(S) - \overline{L} \log r \leqslant 0 \qquad\qquad (5-63)$$

根据定义有

$$H(S) - \overline{L} \log r = -\sum_{i=1}^{q} p(s_i) \log p(s_i) - \log r \sum_{i=1}^{q} p(s_i) l_i =$$

$$-\sum_{i=1}^{q} p(s_i) \log p(s_i) + \sum_{i=1}^{q} p(s_i) \log r^{-l_i} =$$

$$\sum_{i=1}^{q} p(s_i) \log \frac{r^{-l_i}}{p(s_i)} \qquad\qquad (5-64)$$

应用詹森不等式

$$E[f(x)] \leqslant f[E(x)]$$

有

$$H(S) - \overline{L} \log r \leqslant \log \sum_{i=1}^{q} p(s_i) \frac{r^{-l_i}}{p(s_i)} = \log \sum_{i=1}^{q} r^{-l_i}$$

因为存在唯一可译码的充要条件是

$$\sum_{i=1}^{q} r^{-l_i} \leqslant 1$$

这样,总可以找到一种唯一可译码,其码长满足克拉夫特不等式,故

$$H(S) - \overline{L} \log r \leqslant \log 1 = 0$$

于是有

$$\overline{L} \geqslant \frac{H(S)}{\log r} \qquad\qquad (5-65)$$

式(5-65)等号成立的充要条件是

$$p(s_i) = r^{-l_i} \qquad\qquad 对 \ \forall i \qquad\qquad (5-66)$$

这可以从式(5-64)得到证明。将式(5-66)代入式(5-64)中,有

$$H(S) - \overline{L} \log r = \sum_{i=1}^{q} p(s_i) \log \frac{r^{-l_i}}{p(s_i)} = \sum_{i=1}^{q} p(s_i) \log 1 = 0$$

故

$$\overline{L} = \frac{H(S)}{\log r} \qquad\qquad (5-67)$$

式(5-67)的意义是清楚的,只有当选择每个码字的相应码长等于

$$l_i = \frac{-\log p(s_i)}{\log r} = -\log_r p(s_i) \qquad\qquad 对 \ \forall i \qquad\qquad (5-68)$$

时,$\overline{L}$ 才能达到下界值。

令

$$\alpha_i = \frac{-\log p(s_i)}{\log r} = \frac{\log p(s_i)}{\log \left(\frac{1}{r}\right)} \qquad\qquad (5-69)$$

则式(5-68)可转化为

$$p(s_i) = \left(\frac{1}{r}\right)^{\alpha_i} \qquad\qquad (5-70)$$

这意味着当式(5-65)等号成立时,每个信源符号 s_i 的概率 $p(s_i)$ 满足式(5-70)。

现在证明上界成立

$$\overline{L} < 1 + \frac{H(S)}{\log r} \tag{5-71}$$

要证明的问题是,由于上界的含义是表示平均码长 $\overline{L}$ 小于上界 $(1+H(S)/\log r)$ 仍然存在唯一可译码,因此只要证明可选择一种唯一可译码满足式(5-71)即可。

首先,将信源符号 s_i 的概率 $p(s_i)$ 表示成

$$p(s_i) = \left(\frac{1}{r}\right)^{\alpha_i}$$

选择每个码字的长度 l_i 为 α_i。由于 r 是正整数,而 $\alpha_i = \log p(s_i)/\log(1/r)$ 不一定是整数。故

若 α_i 是整数   则选择 $l_i = \alpha_i$

若 α_i 不是整数   则选择 l_i 满足下式

$$\alpha_i < l_i < \alpha_i + 1$$

由此得到选择码长 l_i 应满足

$$\alpha_i \leqslant l_i < \alpha_i + 1 \qquad (\text{对 } \forall i) \tag{5-72}$$

将式(5-69)代入式(5-72)中的下界,有

$$l_i \geqslant \frac{-\log p(s_i)}{\log r}$$

即

$$p(s_i) \geqslant r^{-l_i} \tag{5-73}$$

式(5-73)对一切 i 求和,得

$$\sum_{i=1}^{q} r^{-l_i} \leqslant \sum_{i=1}^{q} p(s_i) = 1 \tag{5-74}$$

式(5-74)为克拉夫特不等式。表明所选择的变长码是唯一可译码。

将式(5-69)代入式(5-72)中的上界,有

$$l_i < \frac{-\log p(s_i)}{\log r} + 1$$

对该不等式取数学期望,有

$$\sum_{i=1}^{q} p(s_i) l_i < \frac{-\sum_{i=1}^{q} p(s_i) \log p(s_i)}{\log r} + 1$$

从而得

$$\overline{L} < \frac{H(S)}{\log r} + 1 \tag{5-75}$$

由式(5-74)和式(5-75)知,对于上述所选择的码长为 l_i 的码,其平均码长 $\overline{L}$ 小于上界 $(H(S)/\log r + 1)$,而且存在唯一可译码。由此上界得证。

此外,如果信源熵中对数的底取为 r,由式(5-62)得

$$H_r(S) \leqslant \overline{L} < H_r(S) + 1$$

由于
$$H_r(S) = -\sum_{i=1}^{q} p(s_i)\log rp(s_i)$$

这样,平均码长 $\overline{L}$ 的下界则为信源熵 $H_r(S)$。

2. 变长无失真信源编码定理

变长无失真信源编码定理即香农第一定理。

定理 5.4.4 设离散无记忆信源为
$$\begin{bmatrix} S \\ P \end{bmatrix} = \begin{bmatrix} s_1 & s_2 & \cdots & s_q \\ p(s_1) & p(s_2) & \cdots & p(s_q) \end{bmatrix}$$

其信源熵为 $H(S)$。它的 N 次扩展信源为
$$\begin{bmatrix} S^N \\ P \end{bmatrix} = \begin{bmatrix} \alpha_1 & \alpha_2 & \cdots & \alpha_{q^N} \\ p(\alpha_1) & p(\alpha_2) & \cdots & p(\alpha_{q^N}) \end{bmatrix}$$

显然扩展信源 S^N 的熵为 $H(S^N)$。码符号集 $X=(x_1,x_2,\cdots,x_r)$。现对信源 S^N 进行编码,总可以找到一种编码方法,构成唯一可译码,使信源 S 中的每个信源符号所需的码字平均长度满足

$$\frac{H(S)}{\log r} + \frac{1}{N} > \frac{\overline{L}_N}{N} \geqslant \frac{H(S)}{\log r} \tag{5-76}$$

或

$$H_r(S) + \frac{1}{N} > \frac{\overline{L}_N}{N} \geqslant H_r(S) \tag{5-77}$$

当 $N\to\infty$ 时,则

$$\lim_{N\to\infty}\frac{\overline{L}_N}{N} = H_r(S) \tag{5-78}$$

其中,$\overline{L}_N$ 是无记忆 N 次扩展信源 S^N 中每个信源符号 α_i 所对应的平均码长。

$$\overline{L}_N = \sum_{i=1}^{q^N} p(\alpha_i)\lambda_i$$

式中,λ_i 是 α_i 所对应的码字长度。

$\dfrac{\overline{L}_N}{N}$ 表示离散无记忆信源 S 中每个信源符号 s_i 所对应的平均码长。

$\overline{L}$ 和 $\dfrac{\overline{L}_N}{N}$ 两者都是每个原始信源符号 s_i,$i=1,2,\cdots,q$ 所需要的码符号的平均数。但不同的是,对于 $\dfrac{\overline{L}_N}{N}$,为了得到这个平均值,不是直接对单个信源符号 s_i 进行编码,而是对其 N 次扩展信源符号序列 α_j,$j=1,2,\cdots,q^N$ 进行编码得到的。

证明: 将 S^N 视为一个新的离散无记忆信源,应用定理 5.4.3 中式(5-75),可得
$$H_r(S^N) + 1 > \overline{L}_N \geqslant H_r(S^N)$$

由第 3 章 3.3 节知,N 次无记忆扩展信源 S^N 的熵 $H_r(S^N)$ 是信源 S 的熵 $H_r(S)$ 的 N 倍,即
$$H_r(S^N) = NH_r(S)$$

于是有

$$NH_r(S) + 1 > \overline{L}_N \geqslant NH_r(S)$$

两边除 N,可得

$$H_r(S) + \frac{1}{N} > \frac{\overline{L}_N}{N} \geqslant H_r(S)$$

于是,式(5-77)得证。

显然,当 $N \to \infty$ 时,有

$$\lim_{N \to \infty} \frac{\overline{L}_N}{N} = H_r(S)$$

此式表明,当 N 充分大时,每个信源符号所对应的平均码长 $\dfrac{\overline{L}_N}{N}$ 等于 r 进制的信源熵 $H_r(S)$。

若编码的平均码长 $\dfrac{\overline{L}_N}{N}$ 小于该信源熵 $H_r(S)$,则唯一可译码不存在。这是因为不能生成和信源符号一一对应的码字,在译码或反变换时必然要带来失真和差错。

将定理 5.4.4 的结论推广到平稳遍历的有记忆信源,一般离散信源或马尔可夫信源,便有

$$\lim_{N \to \infty} \frac{\overline{L}_N}{N} = \frac{H_\infty}{\log r} \qquad (5-79)$$

式中,H_∞ 为有记忆信源的极限熵。

香农第一定理是香农信息论的主要定理之一。

类似于 5.3 节中定义 5.3.1,可以定义变长编码的编码速率为

$$R \stackrel{\text{def}}{=\!=} \frac{\overline{L}_N}{N} \log r \qquad (5-80)$$

它表示编码后平均每个信源符号能载荷的最大信息量。于是,定理 5.4.4 又可用下面算式表述:若

$$H(S) \leqslant R < H(S) + \varepsilon$$

就存在唯一可译的变长编码。若

$$R < H(S)$$

则不存在唯一可译的变长编码。且不能实现无失真的信源编码。

定理 5.4.5 对于变长编码,编码效率定义为

$$\eta = \frac{H(S)}{R} = \frac{H_r(S)}{\overline{L}} \qquad (5-81)$$

其中,$\overline{L}$ 为平均码长。此处 $\overline{L} = \dfrac{\overline{L}_N}{N}$。因为

$$\overline{L} \geqslant \frac{H(S)}{\log r} = H_r(S)$$

故编码效率 η 一定是小于或等于 1 的数。

平均码长 $\overline{L}$ 越短,即 $\overline{L}$ 越接近它的极限值 $H_r(S)$,那么编码效率将趋于 1,效率就越高,因此我们可以用码的效率 η 来衡量各种编码质量的优劣。

另外,为了衡量各种编码与最佳码的差距,下面引入码的剩余度概念。

定义 5.4.3 对于变长码,定义码的剩余度为

$$\gamma = 1 - \eta = 1 - \frac{H_r(S)}{\overline{L}} \qquad (5-82)$$

例 5.4.2　有一离散无记忆信源

$$\begin{bmatrix} S \\ P \end{bmatrix} = \begin{bmatrix} s_1 & s_2 \\ p_1 = 3/4 & p_2 = 1/4 \end{bmatrix}$$

其熵为

$$H(S) = \frac{1}{4}\,\mathrm{lb}\,4 + \frac{3}{4}\,\mathrm{lb}\,\frac{4}{3} = 0.811 \quad \text{bit/ 信源符号}$$

现在用二元码符号(0,1)来构造一个即时码

$$s_1 \to 0, \quad s_2 \to 1$$

这时平均码长

$$\overline{L} = 1 \quad \text{二元码符号 / 信源符号}$$

编码的效率为

$$\eta = \frac{H(S)}{\overline{L}} = 0.811$$

得信道的信息传输速率为

$$R = 0.811 \quad \text{bit/ 二元码符号}$$

进一步,我们对信源 S 的二次扩展信源 S^2 进行编码。其二次扩展信源 S^2 和对应的即时码如表 5.10 所列。

表　5.10

α_i	$p(a_i)$	即时码
$s_1 s_1$	9/16	0
$s_1 s_2$	3/16	10
$s_2 s_1$	3/16	110
$s_2 s_2$	1/16	111

这个码的平均长度

$$\overline{L}_2 = \left(\frac{9}{16}\times 1 + \frac{3}{16}\times 2 + \frac{3}{16}\times 3 + \frac{1}{16}\times 3\right) \quad \text{二元码符号 / 二个信源符号} =$$

$$\frac{27}{16} \quad \text{二元码符号 / 二个信源符号}$$

信源 S 中每一单个符号的平均码长为

$$\overline{L} = \frac{\overline{L}_2}{2} = 27/32 \quad \text{二元码符号 / 信源符号}$$

其编码效率为

$$\eta_2 = \frac{32 \times 0.811}{27} = 0.961$$

得信道的信息传输速率为

$$R_2 = 0.961 \quad \text{bit/ 二元码符号}$$

可见编码复杂了一些,但信息传输效率有了提高。

用同样方法可进一步对信源 S 的三次和四次扩展信源进行编码,并求出其编码效率分别为

$$\eta_3 = 0.985$$
$$\eta_4 = 0.991$$

这时信道的信息传输率分别为

$$R_3 = 0.985 \quad \text{bit/ 二元码符号}$$
$$R_4 = 0.991 \quad \text{bit/ 二元码符号}$$

将此例与例 5.3.2 相比较,对于同一信源,要求编码效率都达到 96％时,变长码只需对二次扩展信源($N=2$)进行编码,而等长码则要求 N 大于 4.13×10^7。很明显,用变长码编码时,N 不需很大就可以达到相当高的编码效率,而且可实现无失真编码。随着扩展信源次数的增加,编码效率会越来越接近于 1,编码后信道的信息传输率 R 也越来越接近于无噪无损二元对称信道的信道容量 $C=1$ 比特/二元码符号,并达到信源与信道匹配,使信道得到充分利用。

5.4.5 变长码的编码方法

获得变长码的常见方法有香农、霍夫曼、费诺等编码方法,下面分别介绍这三种方法。

1. 香农编码方法

香农第一定理指出了平均码长与信源之间的关系,同时也指出了可以通过编码使平均码长达到极限值,这是一个很重要的极限定理。如何构造这种码?香农第一定理指出,选择每个码字的长度 l_i 使之满足式(5-72)可以得到这种码。这种编码方法称为香农编码。

香农编码法多余度稍大,而实用性不大,但有重要的理论意义。其编码方法如下。

(1) 将信源发出的 N 个消息符号按其概率的递减次序依次排列,参见表 5.11。

$$p_1 \geqslant p_2 \geqslant \cdots \geqslant p_q$$

(2) 按下式计算第 i 个消息的二进制代码组的码长 l_i,并取整

$$-\log p(s_i) \leqslant l_i < -\log p(s_i) + 1$$

表 5.11 香农编码

消息序号 s_i	消息概率 $p(s_i)$	累加概率 P_i	$-\log p(s_i)$	代码组长度 l_i	二进制代码组
s_1	0.20	0	2.34	3	000
s_2	0.19	0.2	2.41	3	001
s_3	0.18	0.39	2.48	3	011
s_4	0.17	0.57	2.56	3	100
s_5	0.15	0.74	2.74	3	101
s_6	0.10	0.89	3.34	4	1110
s_7	0.01	0.99	6.66	7	1111110

(3) 为了编成唯一可译码,首先计算第 i 个消息的累加概率

$$P_i = \sum_{k=1}^{i-1} p(s_k)$$

(4) 将累加概率 P_i(为小数)变换成二进制数。

(5) 去除小数点,并根据码长 l_i,取小数点后 l_i 位数作为第 i 个消息的代码组。l_i 由下式

确定

$$l_i = -\log p(s_i) + 1 \qquad （取整）$$

下面举例说明。

例 5.4.3　香农编码。计算第 i 位消息的代码组。

设 $i=4$，首先求第 4 位消息的二进制代码组的码长 l_4。

$$l_4 = -\log p(s_4) = -\log_2 0.17 = 2.56 \qquad （取整）$$

故 $\qquad l_4 = 3$

再计算累加概率 P_4

$$P_4 = \sum_{k=1}^{3} p(s_k) = p(s_1) + p(s_2) + p(s_3) =$$
$$0.2 + 0.19 + 0.18 = 0.57$$

将累加概率 P_4 变换成二进制数

$$P_4 = 0.57 \rightarrow 0 \times 2^0 + 1 \times 2^{-1} + 0 \times 2^{-2} + 0 \times 2^{-3} + 1 \times 2^{-4} + \cdots$$

故变换成二进制数后为 $0.100\cdots$

去除小数点，并根据码长 $l_4 = 3$ 取小数点后三位作为第 4 个消息的代码组，即 100。

其他位消息的代码组可用同样方法求得。

由表 5.11 可以看出，一共有 5 个三位的代码组，各代码组之间至少有一位数字不相同，故是唯一可译码。同时可以看出，这 7 个代码组都不是延长码组，它们都属于即时码。

平均码长

$$\overline{L} = \sum_{i=1}^{q} p(s_i) l_i = 3.14 \quad 码元／符号$$

平均信息传输速率

$$R = \frac{H(S)}{\overline{L}} = \frac{2.61}{3.14} \text{ bit/ 码元时间} = 0.831 \text{ bit/ 码元时间}$$

2. 霍夫曼码

霍夫曼（Huffman）于 1952 年提出了一种构造紧致码的方法，称为霍夫曼码。它是一种编码效率相对高的变长无失真信源编码方法。适用于多元独立信源，这种编码充分利用了信源概率分布特征进行编码，是一种最佳概率编码。

其编码步骤如下：

（1）将 q 个信源按概率分布大小依递减次序排列，参见表 5.12。

$$p_1 \geqslant p_2 \geqslant \cdots \geqslant p_q$$

（2）用 0，1 码符号分别代表概率最小的两个信源符号，并将这两个概率最小的信源符号合并成一个，从而得到只包含 $q-1$ 个符号的新信源 s_1，称为缩减信源。

（3）把缩减信源 s_1 的符号仍按概率大小依递减次序排列，再将其最后两个概率最小的符号合并成一个符号，并分别用 0 和 1 码符号表示，这样又形成了 $q-2$ 个符号的缩减信源 s_2。

（4）依此继续下去，直至信源最后只剩两个符号为止。将这最后两个信源符号分别用二进制符号"0"和"1"表示。

（5）然后，从最后一级缩减信源开始，向前返回，就得出各信源符号所对应的码符号序列，即相应的码字。

霍夫曼码的编码结果并不唯一。这是因为编码过程中对缩减信源的两个概率最小的符号分配码无"0"或"1"是任意的,所以可得到不同的码字,但其码长 $\overline{L}$ 不变。

下面举例说明这种编码方法。

例 5.4.4 设有离散无记忆信源

$$\begin{bmatrix} S \\ P \end{bmatrix} = \begin{bmatrix} s_1 & s_2 & s_3 & s_4 & s_5 \\ 0.4 & 0.2 & 0.2 & 0.1 & 0.1 \end{bmatrix}$$

对其进行霍夫曼编码,编码过程如表 5.12 所示。

该霍夫曼码的平均码长

$$\overline{L} = \sum_{i=1}^{5} p(s_i) l_i =$$

$$0.4 \times 1 + 0.2 \times 2 + 0.2 \times 3 \times 0.1 \times 4 + 0.1 \times 4 =$$

$$2.2 \text{ 码元 / 信源符号}$$

其编码效率

$$\eta = \frac{H_r(S)}{\overline{L}} = 0.965$$

从表 5.12 所给出的码字看出,霍夫曼码是即时码。这一结论从码树图 5.6 看得更为清楚。图 5.6 是例 5.4.4 的码树。

表 5.12　霍夫曼编码

信源符号 s_i	概率 $p(s_i)$	编码过程 s_1		编码过程 s_2		编码过程 s_3		码字 W_i	码长 l_i
s_1	0.4	1	0.4	1	0.4	1	0.6 0 / 0.4 1	1	1
s_2	0.2	10	0.2	01	0.4	0 00		01	2
s_3	0.2	000	0.2	0 000	0.2	1 01		000	3
s_4	0.1	0 0010	0.2	1 001				0010	4
s_5	0.1	1 0011						0011	4

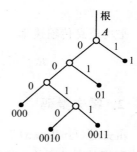

图 5.6　例 5.4.4 的码树

定理 5.4.6 霍夫曼码是紧致码

证明: 设霍夫曼编码中,第 j 步缩减信源为 S_j,缩减信源被编码为 C_j,其平均码长为 $\overline{L}_j$。注意到 S_j 中的某一元素 s_a 为前一次缩减信源 S_{j-1} 中的两个概率最小的符号 s_{a_0},s_{a_1} 的合成,即

$$p(s_a) = p(s_{a_0}) + p(s_{a_1}) \tag{5-83}$$

设 C_{j-1} 为第 $j-1$ 步缩减信源的编码,其平均码长为 $\overline{L}_{j-1}$。因此有

$$\overline{L}_{j-1} = \overline{L}_j + p(s_{a_0}) + p(s_{a_1}) \tag{5-84}$$

由于

$$\overline{L}_j = \sum_{i=1}^{m} p(s_i) l_{s_i}$$

故

$$\overline{L}_{j-1} = \sum_{\substack{i=1 \\ i \neq a}}^{m} p(s_i)l_{s_i} + [p(s_{a_0}) + p(s_{a_1})](l_{s_a} + 1) =$$

$$\sum_{i=1}^{m} p(s_i)l_{s_i} + p(s_{a_0}) + p(s_{a_1}) =$$

$$\overline{L}_j + p(s_{a_0}) + p(s_{a_1})$$

下面证明,如果 C_j 是紧致码,则 C_{j-1} 必是紧致码。

设紧致码 C_j 的平均码长为 $\overline{L}_j$,而 C_{j-1} 是按霍夫曼规则编得的码,其平均码长为 $\overline{L}_{j-1}$。已知

$$\overline{L}_{j-1} = \overline{L}_j + p(s_{a_0}) + p(s_{a_1})$$

应用反证法。若用另外的方法得到紧致码 C'_{j-1},其平均码长为 $\overline{L}'_{j-1}$,并且

$$\overline{L}'_{j-1} < \overline{L}_{j-1}$$

记 C'_{j-1} 的码字为 $W'_1, W'_2, \cdots, W'_{a_0}, \cdots, W'_{a_1}$,而相应的码字长度为 $l'_1 \leqslant l'_2 \leqslant \cdots \leqslant l'_{a_0} \leqslant l'_{a_1}$。

因为 C'_{j-1} 是紧致码,则必有 $l'_{a_0} = l'_{a_1}$。

利用码 C'_{j-1},可以构造对应于 S_j 的一组码 C'_j,其方法如下。

取 $x'_1, x'_2, \cdots$ 为 S_j 的码字,仅将最后两个码字 x_{a_0} 和 x_{a_1} 的最末一位去掉,合并成一个码字。设这样构成的码 C'_j 的平均码长为 $\overline{L}'_j$,则应有

$$\overline{L}'_{j-1} = \overline{L}'_j + p(s_{a_0}) + p(s_{a_1}) \tag{5-85}$$

因为 $\overline{L}_{j-1} < \overline{L}'_{j-1}$,所以 $\overline{L}'_j < \overline{L}_j$。而这与 C_j 是紧致码的假设相矛盾。因此,如果 C_j 是紧致码,则 C_{j-1} 亦必为紧致码。

由此,因为霍夫曼编码方法最后一步所得到的缩减信源编码为"0"和"1",它们是紧致码,故知,霍夫曼码是紧致码。

霍夫曼编码方法得到的码并非是唯一的。造成非唯一的原因如下。

(1) 每次对信源缩减时,赋予信源最后两个概率最小的符号,用 0 和 1 是可以任意的,所以可得到不同的霍夫曼码;

(2) 对信源进行缩减时,两个概率最小的符号合并后的概率与其他信源符号的概率相同时,这两者在缩减信源中进行概率排序时,其位置放置次序是可以任意的,故会得到不同的霍夫曼码。

这样,由霍夫曼编码法可获得不止一个唯一可译码。如表 5.13 给出了例 5.4.4 的另一种霍夫曼码。

由表 5.13 给出的霍夫曼码,其平均码长

$$\overline{L} = \sum_{i=1}^{5} p(s_i)l_i =$$

$(0.4 \times 2 + 0.2 \times 2 + 0.2 \times 2 + 0.1 \times 3 + 0.1 \times 3)$ 码元 / 符号 $=$

2.2 码元 / 符号

其编码效率

$$\eta = \frac{H_r(S)}{\overline{L}} = 0.965$$

该码的码树如图 5.7 所示。

由表 5.12 和表 5.13 构成的两种霍夫曼码,有相同的平均码长和编码效率。但两种码的质量不完全相同,我们可用码方差来表示其编码质量。

$$\sigma_l^2 = E\left[(l-\overline{L})^2\right] = \sum_{i=1}^q p(s_i)(l_i - \overline{L})^2 \quad (5-86)$$

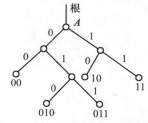

图 5.7　表 5.13 中霍夫曼码树

表 5.12 中霍夫曼码的方差

$$\sigma_{l1}^2 = \sum_{i=1}^q p(s_i)(l_i - \overline{L})^2 =$$

$$0.4 \times (1-2.2)^2 + 0.2 \times (2-2.2)^2 +$$

$$0.2 \times (3-2.2)^2 + 0.1 \times (4-2.2)^2 +$$

$$0.1 \times (4-2.2)^2 = 1.36$$

而表 5.13 中霍夫曼码方差

$$\sigma_{l2}^2 = 0.4 \times (2-2.2)^2 + 0.2 \times (2-2.2)^2 + 0.2 \times (2-2.2)^2 +$$

$$0.1 \times (3-2.2)^2 + 0.1(3-2.2)^2 = 0.16$$

表 5.13　另一种霍夫曼码

信源符号 s_i	概率 $p(s_i)$	编码过程			码字 W_i	码长 l_i
		s_1	s_2	s_3		
s_1	0.4	00 → 0.4	00 → 0.4	0 00 → 0.6 0 / 0.4 1	00	2
s_2	0.2	10 → 0.2	01 → 0.2	1 01	10	2
s_3	0.2	11 → 0.2	0 10		11	2
s_4	0.1	0 010 → 0.2	1 11		010	3
s_5	0.1	1 011			011	3

由此可见,第二种霍夫曼码编码方法得到的码方差要比第一种霍夫曼编码方法得到的码方差小许多。故第二种霍夫曼码的质量要好。

从此例看出,进行霍夫曼编码时,为得到码长方差最小的码,应使合并的信源符号位于缩减信源序列尽可能高的位置上,这样可以充分利用短码。

霍夫曼码是用概率匹配方法进行信源编码。它有两个明显的特点:首先,霍夫曼码的编码方法保证了概率大的符号对应于短码,概率小的符号对应于长码,充分利用了短码,提高了编码效率;其次,每次缩减信源的最后二个码字总是最后一位不同,从而保证了霍夫曼码是紧致即时码。

3. r 元霍夫曼码

二进制霍夫曼码的编码方法可以很容易推广到 r 进制的情况。只是编码过程中构成缩减信源时,每次都是将 r 个概率最小的符号合并,并分别用 $0,1,\cdots,(r-1)$ 码符号表示。

为了充分利用短码,使霍夫曼码的平均码长最短,必须使最后一个缩减信源有 r 个信源符号。因此,对于 r 元霍夫曼编码,信源 S 符号个数 q 必须满足

$$q = (r-1)\theta + r \tag{5-87}$$

式中,θ 表示信源缩减的次数。

例如,$r=2$ 的二元码,信源 S 的符号个数 q 必须满足

$$q = \theta + 2 \tag{5-88}$$

若信源 S 的符号个数 q 不满足式(5-87),则用虚设方法,增补一些概率为零的信源符号,使之满足式(5-87)。这样得到的 r 元霍夫曼码一定是紧致码。

例 5.4.5　设有一个离散无记忆信源

$$\begin{bmatrix} S \\ P \end{bmatrix} = \begin{bmatrix} s_1 & s_2 & s_3 & s_4 & s_5 & s_6 & s_7 & s_8 \\ 0.4 & 0.2 & 0.1 & 0.1 & 0.05 & 0.05 & 0.05 & 0.05 \end{bmatrix}$$

码符号集 $X = (0, 1, 2)$,试构造一种三进制霍夫曼码。

编码过程参见表 5.14。

表 5.14 中,信源 s_9 是增补的,并令其概率为零。这样,$q+i=9$,满足式(5-87)。i 为增补信源数。

表 5.14　$r=3$ 元霍夫曼码

信源符号 s_i	概率 $p(s_i)$	编码过程				码字 W_i	码长 l_i
		s_1	s_2	s_3	s_4		
s_1	0.4				0.4 → 0 ; 0.4 → 1 ; 0.2 → 2	1	1
s_2	0.2		0.2 →	0.2 ┐0		00	2
s_3	0.1		0.1 →	0.1 ┤1		02	2
s_4	0.1	0.1 →	0.1 →	0.1 ┘2		20	2
s_5	0.05	0.1 →	0.1 ┐0			21	2
s_6	0.05	0.05 →	0.05 ┤1			22	2
s_7	0.05	0.05 →	0.05 ┘2			010	3
s_8	0.05	0.05 ┐0				011	3
s_9	0	0.05 ┤1 ; 0 ┘2					

由表 5.14 给出的三元霍夫曼码,其平均码长

$$\overline{L} = \sum_{i=1}^{8} p(s_i) l_i =$$

$$0.4 \times 1 + 0.2 \times 2 + 0.1 \times 2 + 0.1 \times 2 + 0.05 \times 2 +$$

$$0.05 \times 2 + 0.05 \times 3 + 0.05 \times 3 = 1.7$$

该三元霍夫曼码的码树如图 5.8 所示。从图 5.8 可知,当信源符号个数 q 不满足式(5-87)时,所得的码树一定是非整树。从码树的角度看,这种编码方法应尽量利用短码。就是说,要充分应用一阶节点。如果码字不够时,再从某个节点伸出若干树枝,引出二阶节点作为终端节点,生成码字。如此类推。显然,这样生成的码,平均码长 $\overline{L}$ 最短。

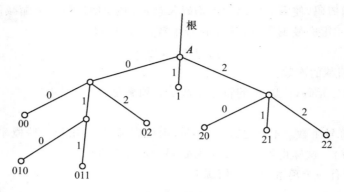

图 5.8　三元霍夫曼码树

霍夫曼码虽然是最佳码,但它要求信源的速率可控。如果信源产生消息的速率不可控,则由于各消息的码长不一样,即占有时间不同,会引起速率匹配的问题。要解决这个问题需要一个存储容量为无限大的缓冲寄存器。若存储器容量有限,就有可能发生溢出而丢失信息。

4.　费诺码

费诺(Fano)编码属于概率匹配编码,也是一种常见的编码方法,但它不是最佳的编码方法。不过有时也可得到紧致码的性能。其编码过程如下:

(1) 将信源符号 $s_i, i=1,2,\cdots,q$ 依概率递减次序依次排列,即

$$p_1 \geqslant p_2 \geqslant \cdots \geqslant p_q$$

(2) 将依次排列的信源符号依概率分为两大组,使两个组的概率和近于相同,并对各组赋予一个二进制码符号"0"和"1";

(3) 将每一大组的信源符号进一步再分成两组,使划分后的两个组的概率和近于相同,并又分别赋予两个组一个二进制符号"0"和"1";

(4) 如此重复,直至每个组只剩下一个信源符号为止;

(5) 信源符号所对应的码符号序列即为费诺码。

下面举例说明。

例 5.4.6　设有一个离散无记忆信源

$$\begin{bmatrix} S \\ P \end{bmatrix} = \begin{bmatrix} s_1 & s_2 & s_3 & s_4 & s_5 & s_6 & s_7 \\ 0.20 & 0.19 & 0.18 & 0.17 & 0.15 & 0.10 & 0.01 \end{bmatrix}$$

对其进行费诺编码。编码过程参见表 5.15。

该费诺码的平均码长

$$\overline{L} = \sum_{i=1}^{7} p(s_i) l_i =$$

$$0.20 \times 2 + 0.19 \times 3 + 0.18 \times 3 + 0.17 \times 2 +$$

$$0.15 \times 3 + 0.10 \times 4 + 0.01 \times 4 = 2.74 \text{ 码元 / 符号}$$

信息传输速率

$$R = \frac{H(S)}{\overline{L}} = \frac{2.61}{2.74} = 0.953 \text{ bit/ 码元}$$

由于费诺编码方法所得的平均码长比香农编码方法的小,所以它的信息传输速率比香农编码方法的大。

表 5.15　费诺码

消息序列 s_i	信源消息概率 $p(s_i)$	第一次分组	第二次分组	第三次分组	第四次分组	二元代码组	码　长 l_i
s_1	0.20		0			00	2
s_2	0.19	0	1	0		010	3
s_3	0.18			1		011	3
s_4	0.17		0			10	2
s_5	0.15	1		0		110	3
s_6	0.10		1	1	0	1110	4
s_7	0.01				1	1111	4

例 5.4.7　设有一个离散无记忆信源

$$\begin{bmatrix} S \\ P \end{bmatrix} = \begin{bmatrix} s_1 & s_2 & s_3 & s_4 & s_5 & s_6 \\ 0.32 & 0.22 & 0.18 & 0.16 & 0.08 & 0.04 \end{bmatrix}$$

对其进行费诺编码。编码过程参见表 5.16。

表 5.16　费诺码

消息序列 s_i	信源消息概率 $p(s_i)$	第一次分组	第二次分组	第三次分组	第四次分组	二元代码组	码　长 l_i
s_1	0.32	0	0			00	2
s_2	0.22		1			01	2
s_3	0.18		0			10	2
s_4	0.16	1		0		110	3
s_5	0.08		1		0	1110	4
s_6	0.04			1	1	1111	4

该费诺码的平均码长

$$\overline{L} = \sum_{i=1}^{6} p(s_i) l_i = 2.32 \text{ 码元 / 符号}$$

信源熵

$$H(S) = -\sum_{i=1}^{6} p(s_i) \log p(s_i) = 2.35 \text{ bit/ 符号}$$

编码效率

$$\eta = \frac{H(S)}{\overline{L}} = \frac{2.32}{2.35} = 0.987$$

得信道的信息传输速率为

$$R = 0.987 \text{ bit/ 二元码符号}$$

习 题

5.1 设有一离散无记忆信源,它有 6 个可能的输出,其概率分布如题 5.1 表所示,表中给出了对应的码 A,B,C,D,E 和 F。

题表 5.1

消息	$p(a_i)$	A	B	C	D	E	F
a_1	1/2	000	0	0	0	0	0
a_2	1/4	001	01	10	10	10	100
a_3	1/16	010	011	110	110	1100	101
a_4	1/16	011	0111	1110	1110	1101	110
a_5	1/16	100	01111	11110	1011	1100	111
a_6	1/16	101	011111	111110	1101	1111	011

(1) 求这些码中哪些是唯一可译码;

(2) 求哪些是非延长码(即时码);

(3) 对所有唯一可译码求出其平均码长 $\overline{L}$。

5.2 某气象员报告气象状态,有四种可能的消息:晴、云、雨和雾。若每个消息是等概的,那么发送每个消息最少所需的二元脉冲数是多少? 又若 4 个消息出现的概率分别为 $\frac{1}{4}, \frac{1}{8}, \frac{1}{8}$ 和 $\frac{1}{2}$,问在此情况下消息所需的二元脉冲数是多少? 如何编码?

5.3 令离散无记忆信源

$$\begin{bmatrix} S \\ P \end{bmatrix} = \begin{bmatrix} s_1 & s_2 & s_3 & s_4 & s_5 & s_6 & s_7 & s_8 & s_9 & s_{10} \\ 0.16 & 0.14 & 0.13 & 0.12 & 0.10 & 0.09 & 0.08 & 0.07 & 0.06 & 0.05 \end{bmatrix}$$

(1) 求最佳二元码,计算平均码长和编码效率;

(2) 求最佳三元码,计算平均码长和编码效率。

5.4 令离散无记忆信源 $\begin{bmatrix} S \\ P \end{bmatrix} = \begin{bmatrix} s_1 & s_2 & s_3 \\ 0.5 & 0.3 & 0.2 \end{bmatrix}$

(1) 求对 S 的最佳二元码、平均码长和编码效率;

(2) 求对 S^2 的最佳二元码、平均码长和编码效率;

(3) 求对 S^3 的最佳二元码、平均码长和编码效率。

5.5 已知一个信源所包含的六个符号的概率分别为 0.25,0.2,0.2,0.15,0.1,0.1。试用霍夫曼编码方法对这六个符号作信源编码,并求出代码组集合的平均长度,计算出信息传输速率。

5.6 已知一信源包含 8 个消息符号,其出现的概率如下表所列。

信源 s	A	B	C	D	E	F	G	H
概率 $p(s)$	0.1	0.18	0.4	0.05	0.06	0.1	0.07	0.04

（1）该信源在每秒内发出 1 个符号，求该信源的熵及信息传输速率；

（2）对这 8 个符号作霍夫曼编码，写出各代码组，并求出编码效率。

5.7　设离散信源的概率空间为

$$\begin{bmatrix} S \\ P \end{bmatrix} = \begin{bmatrix} s_1 & s_2 & s_3 & s_4 & s_5 & s_6 \\ 0.25 & 0.25 & 0.20 & 0.15 & 0.10 & 0.05 \end{bmatrix}$$

对其采用香农编码，并求出平均码长和编码效率。

5.8　设无记忆二元信源，其概率 $p_1 = 0.005$，$p_0 = 0.995$。信源输出 $N = 100$ 的二元序列。在长为 $N = 100$ 的信源序列中只对含有 3 个或小于 3 个"1"的各信源序列构成一一对应的一组等长码。

（1）求码字所需的最小长度；

（2）考虑没有给予编码的信源序列出现的概率，该等长码引起的错误概率 p_E 是多少。

5.9　设有离散无记忆信源

$$\begin{bmatrix} S \\ P \end{bmatrix} = \begin{bmatrix} s_1 & s_2 & s_3 & s_4 & s_5 & s_6 & s_7 & s_8 \\ 0.22 & 0.20 & 0.18 & 0.15 & 0.10 & 0.08 & 0.05 & 0.02 \end{bmatrix}$$

码符号集 $X = \{0,1,2\}$，现对该信源 S 进行三元霍夫曼编码，试求信源熵 $H(S)$，码平均长度 $\overline{L}$ 和编码效率 η。

5.10　设有一个离散无记忆信源，其概率空间为

$$\begin{bmatrix} S \\ P \end{bmatrix} = \begin{bmatrix} s_1 & s_2 & s_3 & s_4 & s_5 & s_6 \\ 0.32 & 0.22 & 0.18 & 0.16 & 0.08 & 0.04 \end{bmatrix}$$

进行费诺编码，并求其信源熵 $H(S)$，码平均长度 $\overline{L}$ 和编码效率 η。

5.11　设有一个信源发出符号 A 和 B，它们是相互独立地发出，并已知 $P(A) = \frac{1}{4}$，$P(B) = \frac{3}{4}$。

（1）计算该信源的熵；

（2）若用二进制代码组传输消息，$A \to 0, B \to 1$，求 $P(1), P(0)$；

（3）该信源发出二重延长消息时，采用费诺编码方法。求其平均传输速率及 $P(1)$，$P(0)$；

（4）若把该信源发出三重延长消息时，采用霍夫曼编码方法。求其平均传输速率及 $P(1), P(0)$。

5.12　设信源符号集

$$\begin{bmatrix} S \\ P \end{bmatrix} = \begin{bmatrix} s_1 & s_2 \\ 0.1 & 0.9 \end{bmatrix}$$

（1）求 $H(S)$ 和信源剩余度；

（2）设码符号为 $X = [0,1]$，编出 S 的紧致码，并求 S 的紧致码的平均码长 $\overline{L}$；

（3）把信源的 N 次无记忆扩展信源 S^N 编成紧致码，试求当 $N = 2,3,4,\infty$ 时的平均码长 $\left(\dfrac{\overline{L}_N}{N}\right)$；

（4）计算上述 $N = 1,2,3,4$ 这四种码的效率和码剩余度。

5.13 设一个信源符号集

$$\begin{bmatrix} S \\ P \end{bmatrix} = \begin{bmatrix} s_1 & s_2 & s_3 & s_4 & s_5 & s_6 & s_7 & s_8 \\ 0.4 & 0.2 & 0.1 & 0.1 & 0.05 & 0.05 & 0.05 & 0.05 \end{bmatrix}$$

码符号为 $X = [0, 1, 2]$,试构造一种三元的紧致码。

5.14 设信源 S 的 N 次扩展信源为 S^N,用霍夫曼编码法对它编码,而码符号为 $X = [x_1, x_2, \cdots, x_r]$,编码后所得的码符号可以看成一个新的信源

$$\begin{bmatrix} X \\ P \end{bmatrix} = \begin{bmatrix} x_1 & x_2 & \cdots & x_r \\ p_1 & p_2 & \cdots & p_r \end{bmatrix}$$

证明:当 $N \to \infty$ 时,新信源 X 符号集的概率分布 p_i 趋于 $\dfrac{1}{r}$(等概率分布)。

5.15 设有一个离散无记忆信源,其概率空间为

$$\begin{bmatrix} S \\ P \end{bmatrix} = \begin{bmatrix} s_1 & s_2 & s_3 & s_4 & s_5 & s_6 & s_7 & s_8 \\ 0.2 & 0.15 & 0.15 & 0.1 & 0.1 & 0.1 & 0.1 & 0.1 \end{bmatrix}$$

试编成两种三元即时码,并使它们的平均码长相同,但具有不同的码长方差。计算其平均码长和方差,说明哪一种码的质量更好些。

5.16 设有一个离散无记忆信源

$$\begin{bmatrix} S \\ P \end{bmatrix} = \begin{bmatrix} s_1 & s_2 & s_3 & s_4 & s_5 \\ 1/2 & 1/4 & 1/8 & 1/16 & 1/16 \end{bmatrix}$$

试编出霍夫曼码。

5.17 设有一个离散无记忆信源

$$\begin{bmatrix} S \\ P \end{bmatrix} = \begin{bmatrix} s_1 & s_2 & s_3 & s_4 & s_5 & s_6 & s_7 \\ 0.20 & 0.19 & 0.18 & 0.17 & 0.15 & 0.10 & 0.01 \end{bmatrix}$$

(1) 求该信源符号熵 $H(S)$;

(2) 用霍夫曼编码编成二元变长码,计算其编码效率;

(3) 用霍夫曼编码编成三元变长码,计算其编码效率;

(4) 当译码错误小于 10^{-3} 的定长二元码要达到(2)中霍夫曼编码的效率时,估计要多少个信源符号一起编才能办到。

5.18 设有一个离散无记忆信源

$$\begin{bmatrix} S \\ P \end{bmatrix} = \begin{bmatrix} s_1 & s_2 & s_3 & s_4 & s_5 & s_6 \\ 0.32 & 0.22 & 0.18 & 0.16 & 0.08 & 0.04 \end{bmatrix}$$

对其进行费诺编码,并求信源熵、码的平均长度和码的效率。

5.19 若某一信源有 N 个符号,并且每个符号均以等概出现,对此信源用最佳霍夫曼二元编码,试问当 $N = 2^i$ 和 $N = 2^i + 1$(i 为正整数)时,每个码字的长度等于多少?平均码长是多少?

第6章 有噪信道编码

第5章讨论了通信的有效性问题,即如何通过对信源进行编码,压缩信源的多余度,提高信道传输效率。本章讨论的中心问题则是在有噪信道中无差错传输信息的可靠性问题,即消息通过信道传输时如何选择编码方案以减少差错。

通信的可靠性显然与信道的统计特性有关,因为杂噪干扰是造成传递错误的主要因素。其次,编码方法和译码方法也将影响信息传输的可靠性。本章将分别讨论这些问题。

6.1 噪声信道的编码问题

在一般广义通信系统中,信道是十分重要的组成部分。信道的任务是以信号方式传输信息。针对有噪信道,信道的输入端和输出端分别连接着信道编码器和信道译码器,形成了一个新的信道,我们将这种变换后具有新特性的信道称为编码信道。如图 6.1 所示。编码信道是研究信道编码的一种信道模型。

图 6.1 编码信道

信道的特征是由信道传递概率 $p(Y|X)$ 来描述的。由此可以算出它的信道容量 C,只要在信道中实际传送的信息率 $R<C$,在接收端就应当能够无差错地译出发送端所输送的信息。这里,信道输入符号序列 X 代表 M 种信源符号,信源符号也可以是已经经过信源编码的 M 种码字,使从信道输出符号序列 Y 能正确地译出这 M 种码字,问题就在于如何用符号序列 X 组成这 M 种码字,才能达到无差错地传送,这就要编码。这种编码实质上是希望信源与信道特性相匹配,所以称为信道编码。

信道编码的编码对象是信源编码器输出的数字序列 M,又称为信息序列。通常是由二元符号 0,1 构成的序列,而且符号 0 和 1 是独立等概的。所谓信道编码,就是按一定的规则给数字序列 M 增加一些多余的码元,使不具有规律性的信息序列 M 变换为具有某种规律性的数字序列 X,又称为码序列。也就是说,码序列中信息序列的诸码元与多余码元之间是相关的。在接收端,信道译码器利用这种预知的编码规则来译码,或者说检验接收到的数字序列 R 中是否有错,或者纠正其中的差错。根据相关性来检测和纠正传输过程中产生的差错就是信道编码的基本思想。

在有噪信道中传输消息是会发生错误的,错误概率和信道统计特性、译码过程以及译码规则有关。本章我们讨论这些问题。

6.1.1 错误概率和译码规则

错误概率与信道统计特征有关。例如在二元对称信道中,单个符号的错误传递概率是 p,

单个符号的正确传递概率是 $\bar{p}=1-p$。因此,错误概率与信道统计特征有关。

但是,通信过程并不是信息传输到信道输出端就结束,还要经过译码过程才到达信宿。译码过程和译码规则对系统的错误概率影响很大。

我们举一个例子来说明译码规则对错误概率的影响。

例 6.1.1 设有一个二元对称信道,如图 6.2 所示,其输入符号为等概分布。

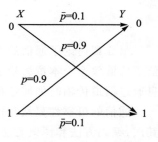

如果规定在信道输出端的译码器接收到符号 0 时,译码只把它译成 0;接收到 1 时,把它译成 1。那么译码错误概率 $p_E=0.9$。反之,如果规定在信道输出端的译码器接收到符号 0 时,译码器把它译成 1;接收到 1 时,把它译成 0。则译码错误概率 $p_E=0.1$。可见,错误概率既与信道统计特性有关,也与译码规则有关。

图 6.2   二元对称信道

6.1.2   译码规则

定义 6.1.1 设信道输入符号集为 $X=\{x_i,i=1,2,\cdots,r\}$,输出符号集为 $Y=\{y_j,j=1,2,\cdots,s\}$,若对每一个输出符号 y_j 都有一个确定的函数 $F(y_j)$,使 y_j 对应于唯一的一个输入符号 x_i,则称这样的函数为译码规则,记为

$$F(y_j)=x_i \qquad i=1,2,\cdots,r;j=1,2,\cdots,s \qquad (6-1)$$

显然,对于有 r 个输入、s 个输出的信道而言,按上述定义得到的译码规则共有 r^s 种。

例 6.1.2 设有一信道,其信道矩阵为

$$\boldsymbol{P}=\begin{bmatrix} 0.5 & 0.3 & 0.2 \\ 0.2 & 0.3 & 0.5 \\ 0.3 & 0.3 & 0.4 \end{bmatrix}$$

根据此信道矩阵,设计一个译码规则 A

$$A:\begin{matrix} F(y_1)=x_1 \\ F(y_2)=x_2 \\ F(y_3)=x_3 \end{matrix}$$

或设计另一个译码规则 B

$$B:\begin{matrix} F(y_1)=x_1 \\ F(y_2)=x_3 \\ F(y_3)=x_2 \end{matrix}$$

由于 $r=3,s=3,s$ 个输出符号中的每一个都可以译成 r 个输入符号中的任何一个,故按此信道矩阵总共可设计出 $3^3=27$ 种译码规则。当然,在所有的译码规则中,不是每一种译码规则都是合理的,因此要讨论选择译码规则的准则。

1. 错误概率

在确定译码规则 $F(y_j)=x_i,i=1,2,\cdots,r;j=1,2,\cdots,s$ 之后,若信道输出端接收到的符号为 y_j,则一定译成 x_i。如果发送端发送的就是 x_i,这就是正确译码;反之,若发送端发送的是 $x_k,k\neq i$,就认为是错误译码。于是,条件正确概率为

$$p(F(y_j) \mid y_j) = p(x_i \mid y_j)$$

而条件错误概率为

$$p(e \mid y_j) = 1 - p(x_i \mid y_j) = 1 - p[F(y_j) \mid y_j] \qquad (6-2)$$

因为译码过程有统计平均作用，经过译码后的平均错误概率 p_E 为

$$p_E = E[p(e \mid y_j)] = \sum_{j=1}^{s} p(y_j) p(e \mid y_j) \qquad (6-3)$$

式(6-3)的含义是，经过译码后，平均接收到一个符号所产生错误的大小。

2. 译码规则

选择译码规则总的原则应是使平均错误概率 p_E 最小。

由于错误概率 p_E 为非负项之和，欲使 p_E 最小，那么应使每一项为最小，又由于式(6-3)中 $p(y_j)$ 与译码规则无关，故欲使 p_E 最小，从式(6-2)看出，应使 $p(F(y_j)|y_j)$ 为最大，于是引出最大后验概率准则。

定义 6.1.2　选择译码函数 $F(y_j) = x^*$，使之满足条件

$$p(x^* \mid y_j) \geqslant p(x_i \mid y_j) \qquad 对 \ \forall i \qquad (6-4)$$

则称为最大后验概率译码规则。

最大后验概率译码规则也称为"理想观测者规则"或"最小错误概率准则"。它是选择这样一种译码函数，对于每一个输出符号 y_j，$j=1,2,\cdots,s$ 均译成具有最大后验概率的那个输入符号 x^*，则信道译码错误概率会最小。

但一般说来，后验概率是难以确定的，所以应用起来并不方便，这时引入极大似然译码规则。

定义 6.1.3　选择译码函数 $F(y_j) = x^*$，使之满足条件

$$p(y_j \mid x^*) p(x^*) \geqslant p(y_j \mid x_i) p(x_i) \qquad 对 \ \forall i \qquad (6-5)$$

则称为极大似然译码规则。

当输入符号为等概分布时

$$p(x_i) = p(x^*) \qquad i = 1,2,\cdots,r \qquad (6-6)$$

则式(6-5)可改写成

$$p(y_j \mid x^*) \geqslant p(y_j \mid x_i) \qquad 对 \ \forall i \qquad (6-7)$$

当信道输入符号为等概分布时，应用极大似然译码规则是很方便的，式(6-7)中的条件概率为信道矩阵中的元素。

从最大后验概率译码规则可以很容易推导出极大似然译码规则。由贝叶斯(Bayes)公式知，式(6-4)可改写成

$$\frac{p(y_j \mid x^*) p(x^*)}{p(y_j)} \geqslant \frac{p(y_j \mid x_i) p(x_i)}{p(y_j)} \qquad 对 \ \forall i$$

当输入为等概分布，$p(x^*) = p(x_i)$，$i=1,2,\cdots,r$，则得到极大似然译码规则

$$p(y_j \mid x^*) \geqslant p(y_j \mid x_i) \qquad 对 \ \forall i$$

3. 平均错误概率

根据上述译码规则，可以进一步写出平均错误概率

$$p_E = \sum_{j=1}^{s} p(y_j) p(e \mid y_j) =$$

$$\sum_Y \{1 - p[F(y_j) \mid y_j]\} p(y_j) =$$

$$\sum_Y p(y_j) - \sum_Y p[F(y_j) \mid y_j] p(y_j) =$$

$$1 - \sum_Y p[F(y_j), y_j] =$$

$$\sum_{XY} p(x_i, y_j) - \sum_Y p[F(y_j), y_j] =$$

$$\sum_{XY} p(x, y) - \sum_Y p[F(y), y] =$$

$$\sum_{XY} p(x, y) - \sum_Y p(x^*, y) =$$

$$\sum_{Y, X-x^*} p(x, y) \tag{6-8}$$

从而平均正确概率为

$$\overline{p_E} = 1 - p_E = \sum_Y p[F(y), y] = \sum_Y p(x^*, y) \tag{6-9}$$

若用条件概率表示,式(6-8)又可表示为

$$p_E = \sum_{Y, X-x^*} p(y \mid x) p(x) \tag{6-10}$$

若输入为等概分布,则

$$p_E = \frac{1}{r} \sum_{Y, X-x^*} p(y \mid x) \tag{6-11}$$

式(6-11)意味着,在输入为等概分布的条件下,译码错误概率 p_E 可用信道矩阵中的元素来表示。这种求和是除去信道矩阵中每列中对应于 $F(y_j)=x^*$ 的那一项后,求矩阵中其余元素之和。

例 6.1.3 已知信道矩阵

$$\boldsymbol{P} = \begin{bmatrix} \frac{1}{2} & \frac{1}{3} & \frac{1}{6} \\ \frac{1}{6} & \frac{1}{2} & \frac{1}{3} \\ \frac{1}{3} & \frac{1}{6} & \frac{1}{2} \end{bmatrix}$$

设计如下两种译码规则:

$$A: \begin{cases} F(y_1) = x_1 \\ F(y_2) = x_2 \\ F(y_3) = x_3 \end{cases}$$

及

$$B: \begin{cases} F(y_1) = x_1 \\ F(y_2) = x_3 \\ F(y_3) = x_2 \end{cases}$$

当输入为等概分布时,译码规则 A 就是极大似然译码规则。两种译码规则所对应的平均错误概率分别为

$$p_E(A) = \frac{1}{3}\sum_{Y,X-x^*} p(y\mid x) =$$

$$\frac{1}{3}\left[\left(\frac{1}{6}+\frac{1}{3}\right)+\left(\frac{1}{3}+\frac{1}{6}\right)+\left(\frac{1}{6}+\frac{1}{3}\right)\right] =$$

$$\frac{1}{3}\left[3\times\frac{1}{2}\right]=\frac{1}{2}$$

和

$$p_E(B) = \frac{1}{3}\sum_{Y,X-x^*} p(y\mid x) =$$

$$\frac{1}{3}\left[\left(\frac{1}{6}+\frac{1}{3}\right)+\left(\frac{1}{3}+\frac{1}{2}\right)+\left(\frac{1}{6}+\frac{1}{2}\right)\right] =$$

$$\frac{1}{3}\left[\frac{1}{2}+\frac{5}{6}+\frac{4}{6}\right] =$$

$$\frac{1}{3}\times\frac{12}{6}=\frac{2}{3}$$

可见,$p_E(A)<p_E(B)$,显然极大似然译码规则是最优的。

译码时发生错误是由信道中噪声污染引起的,因此平均错误概率 p_E 与信道疑义度 $H(X\mid Y)$ 有关。表述这种关系有下述引理。

引理 6.1.1　错误概率 p_E 与信道疑义度 $H(X\mid Y)$ 满足以下关系

$$H(X\mid Y)\leqslant H(p_E)+p_E\log(r-1) \tag{6-12}$$

这个不等式称为费诺不等式。

证明: 因为

$$H(p_E,1-p_E)+p_E\log(r-1) =$$

$$p_E\log\frac{1}{p_E}+(1-p_E)\log\frac{1}{1-p_E}+p_E\log(r-1) =$$

$$\sum_{Y,X-x^*} p(x,y)\log\frac{r-1}{p_E}+\sum_Y p(x^*,y)\log\frac{1}{1-p_E}$$

而条件熵

$$H(X\mid Y)=\sum_{X,Y} p(x,y)\log\frac{1}{p(x\mid y)} =$$

$$\sum_{Y,X-x^*} p(x,y)\log\frac{1}{p(x\mid y)}+\sum_Y p(x^*,y)\log\frac{1}{p(x^*\mid y)}$$

故

$$H(X\mid Y)-H(p_E,1-p_E)-p_E\log(r-1) =$$

$$\sum_{Y,X-x^*} p(x,y)\log\frac{p_E}{(r-1)p(x\mid y)}+\sum_Y p(x^*,y)\log\frac{1-p_E}{p(x^*\mid y)}$$

应用不等式

$$\log x\leqslant x-1$$

得

$$H(X \mid Y) - H(p_E, 1-p_E) - p_E \log(r-1) \leqslant$$

$$\sum_{Y, X-x^*} p(x,y) \left[\frac{p_E}{(r-1)p(x \mid y)} - 1 \right] +$$

$$\sum_{Y} p(x^*, y) \left[\frac{1-p_E}{p(x^* \mid y)} - 1 \right] =$$

$$\frac{p_E}{r-1} \sum_{Y, X-x^*} p(y) - \sum_{Y, X-x^*} p(x,y) +$$

$$(1-p_E) \sum_{Y} p(y) - \sum_{Y} p(x^*, y) =$$

$$p_E - p_E + (1-p_E) - (1-p_E) = 0$$

于是得证

$$H(X \mid Y) \leqslant H(p_E) + p_E \log(r-1)$$

式(6-12)可由图 6.3 解释。

虽然 p_E 与译码规则有关,但不管采用什么译码规则该不等式均成立。以 $H(X \mid Y)$ 为纵坐标,p_E 为横坐标,函数 $p_E \log(r-1) + H(p_E, 1-p_E)$ 随 p_E 变化的曲线如图 6.3 所示。对于给定的信源、信道和编码、译码规则,信道疑义度为

$$H(X \mid Y) = H(X) - I(X;Y)$$

就可以被确定,它是信源熵超过 $I(X;Y)$ 的部分。这个值给定了译码错误的下限。

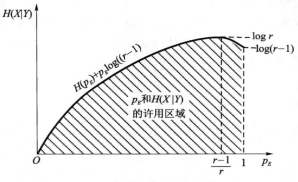

图 6.3   费诺不等式的几何意义

从费诺不等式可以看出,当作了一次译码判决后所保留的关于信源的不确定性可以分成两部分:第一部分是接收到 Y 后,判决是否发生错误的不确定性 $H(p_E, 1-p_E)$;第二部分是当判决是错误的,其错误概率为 p_E,并且确定到底是由 $(r-1)$ 个输入符号中哪一个输入符号引起错误的最大不确定性,且是 $(r-1)$ 个符号不确定性的最大值 $\log(r-1)$ 与 p_E 的乘积。从图 2 中可知,当信源、信道给定,信道疑义度 $H(X \mid Y)$ 就给定了译码错误概率的下限。

6.2   错误概率与编码方法

在 6.1 节中讨论了平均错误概率 p_E 与译码规则的关系。选择最佳译码规则只能使错误概率 p_E 有限地减小,无法使 p_E 任意地小。要想进一步减小错误概率 p_E,必须优选信道编码方法。

6.2.1　简单重复编码

设有二元对称信道如图 6.4 所示。

其信道矩阵为

$$\boldsymbol{P} = \begin{bmatrix} 0.99 & 0.01 \\ 0.01 & 0.99 \end{bmatrix}$$

选择最佳译码规则为

$$F(y_1) = x_1$$
$$F(y_2) = x_2$$

则总的平均错误概率，在输入分布为等概分布条件下有

$$p_E = \frac{1}{r} \sum_{Y, X-x^*} p(y \mid x) = \frac{1}{2}(0.01 + 0.01) = 10^{-2}$$

现采用简单重复编码，规定信源符号为"0"（或"1"）时，则重复发送三个"0"（或"1"）。如此构成的信道可以看成是二元对称信道的三次扩展信道$(BSC)^3$。输入符号和输出符号的关系如图 6.5 所示。

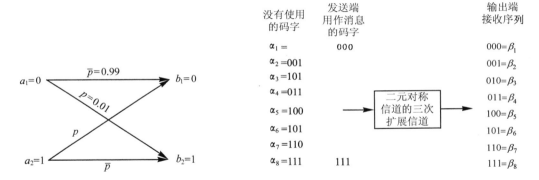

图 6.4　二元对称信道　　　　图 6.5　简单重复编码

这时信道矩阵为

$$\boldsymbol{P} = \begin{bmatrix} \overline{p}^3 & \overline{p}^2 p & \overline{p}^2 p & \overline{p} p^2 & \overline{p}^2 p & \overline{p} p^2 & \overline{p} p^2 & p^3 \\ p^3 & \overline{p} p^2 & \overline{p} p^2 & \overline{p}^2 p & \overline{p} p^2 & \overline{p}^2 p & \overline{p}^2 p & \overline{p}^3 \end{bmatrix}$$

设输入符号为等概分布，采用极大似然译码规则，即取信道矩阵中每列数值最大的元素所对应的 α_i 为 α^*，所以译码函数为

$$F(\beta_1) = \alpha_1 \qquad F(\beta_5) = \alpha_1$$
$$F(\beta_2) = \alpha_1 \qquad F(\beta_6) = \alpha_8$$
$$F(\beta_3) = \alpha_1 \qquad F(\beta_7) = \alpha_8$$
$$F(\beta_4) = \alpha_8 \qquad F(\beta_8) = \alpha_8$$

根据式（6-10），当输入为等概分布条件下，相应的平均错误概率为

$$p_E = \sum_{Y, X-x^*} p(\beta_j \mid \alpha_i) p(\alpha_i) = \frac{1}{M} \sum_{Y, X-x^*} p(\beta_j \mid \alpha_i) =$$

$$\frac{1}{2}\left[p^3 + \overline{p}p^2 + \overline{p}p^2 + \overline{p}p^2 + \overline{p}p^2 + \overline{p}p^2 + \overline{p}p^2 + p^3\right] =$$

$$p^3 + 3\overline{p}p^2 \approx 3 \times 10^{-4}$$

在这种情况下,采用"择多译码"的译码规则,即根据信道输出端接收序列中"0"多还是"1"多。如果是"0"多则译码器就判决为"0",如果是"1"多就判决为"1"。得到的平均错误概率与最大似然译码规则得到的结果是一致的。

采用简单重复编码方法,如果进一步增大重复次数 n,则会继续降低平均错误概率 p_E,不难算出

$$n = 5 \qquad p_E \approx 10^{-5}$$

$$n = 7 \qquad p_E \approx 4 \times 10^{-7}$$

$$n = 9 \qquad p_E \approx 10^{-8}$$

$$n = 11 \qquad p_E \approx 5 \times 10^{-10}$$

另一方面,在重复编码次数 n 增大,平均错误概率 p_E 下降的同时,信息传输率也要减小。由于

$$R = \frac{H(S)}{\overline{L}} = \frac{\log M}{n} \text{ bit/ 符号}$$

所以信息传输率表示,对 M 个信源(简单重复编码后的新信源)符号,每个符号所携带的最大信息量为 $\text{lb } M$,现用 n 个码符号来传输,平均每个码符号所携带的信息量为 R。

如果设每秒间隔内传输一个码符号,则有

$$n = 1(\text{无重复编码}) \qquad M = 2, R = \frac{\log M}{n} = \text{lb } 2 = 1 \text{ bit/s}$$

$$n = 3 \qquad M = 2, R = \frac{\log M}{n} = \frac{\text{lb } 2}{3} = \frac{1}{3} \text{ bit/s}$$

$$n = 5 \qquad M = 2, R = \frac{\log M}{n} = \frac{\text{lb } 2}{5} = \frac{1}{5} \text{ bit/s}$$

$$\vdots \qquad \qquad \vdots$$

$$n = 11 \qquad M = 2, R = \frac{\log M}{n} = \frac{\text{lb } 2}{11} = \frac{1}{11} \text{ bit/s}$$

由此可见,利用简单重复编码来减小平均错误概率 p_E 是以降低信息传输率 R 作为代价的。于是提出一个十分重要的问题,能否找到一种编码方法,使平均错误概率 p_E 充分小,而信息传输率 R 又可以保持在一定水平上,这就是香农第二定理所要回答的问题。

6.2.2　消息符号个数

在一个二元信道的 n 次无记忆扩展信道中,输入端共有 2^n 个符号序列可能作为消息符号,现仅选其中 M 个作为消息符号传递,见图 6.6。则当 M 选取大些,p_E 也跟着大,R 也大;M 选取小些,p_E 就降低些,而 R 也要降低。

现在我们考察一下具体情况。设简单重复编码次数 $n = 3$。那么发送端可供选择的消息符号数共有 8 个,$\alpha_j, j = 1, 2, \cdots, 8 (= 2^3)$。如果选择其中 M 个作为输入消息符号传递,则信道输出端将会接收到 8 个输出符号,$\beta_j, j = 1, 2, \cdots, 8 (= 2^3)$。然后,要从这 8 个输出符号中译

图 6.6　n 次扩展信道的消息符号

出 M 个消息符号。

当 $n=3$，$M=2$，且输入消息符号为等概分布，$p(x)=1/M$ 时，采用极大似然译码规则，有

$$p_E = \frac{1}{M} \sum_{Y,X-x^*} p(y \mid x) = 3 \times 10^{-4} \qquad 当 \ p = 0.01$$

而信息传输率

$$R = \frac{\log M}{n} = \frac{\mathrm{lb}\,2}{3} = \frac{1}{3} \ \text{bit/ 码符号}$$

当 $n=3$，$M=8$ 时

$$p_E = 3 \times 10^{-2}$$
$$R = 1 \ \text{bit/ 码符号}$$

当 $n=3$，$M=4$ 时

由于 $n=3$，$M=4$，从 $2^n = 2^3 = 8$ 个可供选择的消息符号中，取 $M=4$ 共有 C_8^4 种取法。不同的选取方法，亦即不同的编码方法，其平均错误概率是不同的。现在消息符号 α_j，$j=1$，$2,\cdots,8$ 为

$$\alpha_1 = 000 \qquad \alpha_5 = 100$$
$$\alpha_2 = 001 \qquad \alpha_6 = 101$$
$$\alpha_3 = 010 \qquad \alpha_7 = 110$$
$$\alpha_4 = 011 \qquad \alpha_8 = 111$$

设 $M=4$ 的第 1 种取法

$$\alpha_1 = 000 \qquad \alpha_4 = 011$$
$$\alpha_6 = 101 \qquad \alpha_7 = 110$$

则分别有

$$p_E = \frac{1}{M} \sum_{Y,X-x^*} p(y \mid x) \approx 2 \times 10^{-2}$$

$$R \approx \frac{\log M}{n} = \frac{\mathrm{lb}\,4}{3} = \frac{2}{3} \ \text{bit/ 码符号}$$

设 $M=4$ 的第 2 种取法

$$\alpha_1 = 000 \qquad \alpha_4 = 011$$
$$\alpha_5 = 100 \qquad \alpha_7 = 110$$

则分别有

$$p_E = \frac{1}{M} \sum_{Y,X-x^*} p(y \mid x) \approx 2 \times 10^{-2}$$

$$R = \frac{\log M}{n} = \frac{\text{lb } 4}{3} = \frac{2}{3}$$

设 $M = 4$ 的第 3 种取法

$$\alpha_1 = 000 \qquad \alpha_2 = 001$$

$$\alpha_3 = 010 \qquad \alpha_5 = 100$$

则分别有

$$p_E = \frac{1}{M} \sum_{Y, X - x^*} p(y \mid x) = 2.28 \times 10^{-2}$$

$$R = \frac{\log M}{n} = \frac{\text{lb } 4}{3} = \frac{2}{3} \text{ bit/ 码符号}$$

由此可见,输入消息符号个数 M 增大时,平均错误概率显然是增大了,但信息传输率也增大了。反之亦然。

6.2.3 (5.2)线性码

从前面的讨论看出,增大简单重复编码次数 n,虽然使平均错误概率 p_E 下降,但信息传输率 R 也降低了。如果增大输入消息符号个数 M,尽管可使信息传输率 R 增大,但却增大了平均错误概率 p_E。

现在我们引入(5.2)线性码。采用(5.2)线性码,并适当增大 n 和 M,可以得到低的平均错误概率和较好的信息传输率 R。

设取 $M = 4, n = 5$,这时信息传输率

$$R = \frac{\log M}{n} = \frac{\text{lb } 4}{5} = \frac{2}{5} \text{ bit/ 码符号}$$

而输入符号的 $4(M = 4)$ 个码字采用下述编码方法

$$\alpha_i = \alpha_{i_1} \alpha_{i_2} \alpha_{i_3} \alpha_{i_4} \alpha_{i_5} \qquad i = 1, 2, 3, 4 \tag{6-13}$$

其中,α_{i_k} 为 α_i 中第 k 个分量,$k = 1, 2, 3, 4, 5$,且码字 α_i 中各分量满足方程

$$a_{i_1} = a_{i_1}$$
$$a_{i_2} = a_{i_2}$$
$$a_{i_3} = a_{i_1} \oplus a_{i_2} \tag{6-14}$$
$$a_{i_4} = a_{i_1}$$
$$a_{i_5} = a_{i_1} \oplus a_{i_2}$$

其中,$\oplus$ 为模二和运算。或

$$a_i = \begin{bmatrix} 1 & 0 & 0 & 0 & 0 \\ 0 & 1 & 0 & 0 & 0 \\ 1 & 1 & 0 & 0 & 0 \\ 1 & 0 & 0 & 0 & 0 \\ 1 & 1 & 0 & 0 & 0 \end{bmatrix} \begin{bmatrix} a_{i_1} \\ a_{i_2} \\ a_{i_3} \\ a_{i_4} \\ a_{i_5} \end{bmatrix} \tag{6-15}$$

由上述编码方法则得到一种(5.2)线性码。如图 6.7 所示。

仍采用极大似然译码规则,经计算后得正确译码概率为

输入端发送序列 　　　　　　　　　　　　　　输出端接收序列　译码规则

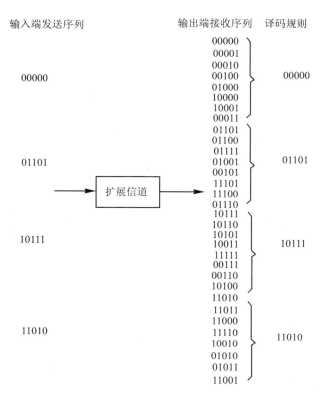

图 6.7　(5.2)线性码

$$\overline{p}_E = \overline{p}^5 + 5\overline{p}^4 p + 2\overline{p}^3 p^2$$

而平均错误译码概率为

$$p_E = 1 - \overline{p}_E = 1 - \overline{p}^5 - 5\overline{p}^4 p - 2\overline{p}^3 p^2 \approx$$
$$8\overline{p}^3 p^2 \approx 7.8 \times 10^{-4} \qquad 当\ p = 0.01$$

采用(5.2)线性码,此时,$n=5$,$M=4$,和前述 $n=3$,$M=4$ 比较,信息传输率 R 略有降低,但平均错误概率却要好得多。

6.2.4　汉明距离

定义 6.2.1　设 $X=(x_1,x_2,\cdots,x_n)$,$Y=(y_1,y_2,\cdots,y_n)$为两个 n 长的二元码字,则码字 X 和 Y 之间的汉明距离定义为

$$D(X,Y) = \sum_{i=1}^{n} x_k \oplus y_k \qquad\qquad (6-16)$$

其中⊕表模二和运算。

式(6-16)的含义是,两个码字之间的汉明距离就是它们在相同位上不同码符号的数目之总和。

不难证明,上述定义的距离满足距离公理。即汉明距离满足以下性质:

1. 非负性

$$D(X,Y) \geqslant 0$$

当且仅当 $X=Y$ 时等号成立。

2. 对称性

$$D(X,Y) = D(Y,X)$$

3. 三角不等式

$$D(X,Z) + D(Y,Z) \geqslant D(X,Y)$$

例 6.2.1 设有两个二元码

$$X = (1\ 0\ 1\ 1\ 1\ 1)$$
$$Y = (1\ 1\ 1\ 1\ 0\ 0)$$

则其汉明距离为

$$D(X,Y) = 3$$

定义 6.2.2 在二元码 C 中,任意两个码字的汉明距离的最小值,称为码 C 的最小距离,即

$$D_{\min} = \min[D(C_i,C_j)] \qquad C_i \neq C_j;\ C_i,C_j \in C \tag{6-17}$$

在任一码 C 中,码字的最小距离 $D_{\min}$ 与该码的译码错误概率有关。

例 6.2.2 设有 $n=3$ 的两组码

	C_1	C_2
α_1	000	000
α_2	011	001
α_3	101	010
α_4	110	100

则对于码 C_1 有

$$D_{\min} = 2$$

对于码 C_2 有

$$D_{\min} = 1$$

很明显,最小码间距离 $D_{\min}$ 越大,则平均错误概率 p_E 越小。在输入消息符号个数 M 相同的情况下,同样地 $D_{\min}$ 越大,p_E 越小。概括地讲,码组中最小距离越大,受干扰后,越不容易把一个码字错译成另一个码字,因而平均错误概率 p_E 小。如果最小码间距离 $D_{\min}$ 小,受干扰后很容易把一个码字错译成另一个码字,因而平均错误概率大。这意味着,在选择编码规则时,应使码字之间的距离越大越好。

下面我们将极大似然译码规则和汉明距离联系起来,用汉明距离来表示极大似然译码规则。

极大似然译码规则为

$$F(y_j) = x^*$$
$$p(y_j \mid x^*) \geqslant p(y_j \mid x_i) \qquad 对 \ \forall i \quad x_i = x^* \quad x_i \in C \tag{6-18}$$

式中,x_i——信道输入端作为消息的码字,码长为 n;

y_j——信道输出端接收到的可能有的码字,码长亦为 n;

$p(y_j|x_i)$——似然函数。

设码字 x_i 与 y_j 的距离为 D,则表示在传输过程中有 D 个位置发生错误,$n-D$ 个位置没有发生错误,即

$$x_i = x_{i_1} x_{i_2} \cdots x_{i_n} \qquad i=1,2,\cdots,r$$
$$y_j = y_{j_1} y_{j_2} \cdots y_{j_n} \qquad j=1,2,\cdots,s$$

当信道无记忆时,有

$$p(y_j \mid x_i) = p(y_{j_1} \mid x_{i_1})p(y_{j_2} \mid x_{i_2})\cdots p(y_{j_n} \mid x_{i_n}) = p^D \overline{p}^{(n-D)} \qquad (6-19)$$

从式(6-19)看出,当 $p<\dfrac{1}{2}$ 时,D 越大,则 $p(y_j|x_i)$ 越小;D 越小,则 $p(y_j|x_i)$ 越大。因此,极大似然译码规则式(6-18)就变成了这样一个含义:当接收到码字 y_j 后,在输入码字集 $\{x_i, i=1,2,\cdots,r\}$ 中寻找一个 x^*,使之与 y_j 的汉明距离为最短,即选取译码函数

$$F(y_j) = x^*$$

使之满足

$$D(x^*, y_j) = D_{\min}(x_i, y_j) \qquad (6-20)$$

综上所述,在有噪信道中,传输的平均错误概率 p_E 和各种编、译码方法有关。可采用使码的最小距离尽可能增大的编码方法,同时又采用将接收序列 y_j 译成与之距离最短的码字 x^* 的译码方法,则只要 n 足够长时,适当选择输入符号个数 M,就可以使平均错误概率很小,而信息传输率又能保持一定水平。

6.3 有噪信道编码定理

有噪信道编码定理称为香农第二定理,又称为信息论的基本定理。

定理 6.3.1 设有一离散无记忆平稳信道,其信道容量为 C,只要待传送的信息传输率 $R<C$,则存在一种编码,当输入序列长度 n 足够大时,则使译码错误概率任意小。

现在,我们在二元对称信道中来证明这个定理。

定理 6.3.1 的含义是,该信道有 r 个输入符号和 s 个输出符号,其信道容量为 C。由于输入符号序列长度为 n,因此可构成 r^n 个可供选择的输入消息符号。从 r^n 个符号集中找到 $M \leqslant 2^{n(c-\varepsilon)}$ 个码字(长度为 n)组成的一组码。这样编码后,信道的信息传输率(单位为比特/码符号)为

$$R = \frac{\text{lb}\, M}{n}$$

只要 $R<C$,就可以在有噪信道中以任意小的错误概率($p_E<\varepsilon$)传输信息,而且当 n 足够大时,可以以任意接近信道容量 C 的信息传输率 R 传递信息。

证明:设有一个二元对称信道,如图 6.2 所示。其错误传递概率为 $p\left(p<\dfrac{1}{2}\right)$,正确传递概率为 $\overline{p}(p+\overline{p}=1)$,并有信道容量

$$C = 1 - H(p)$$

假定已选用 M 个码字组成的一组码,其码长为 n。

设在发送端发某一个码字 x_0，通过信道传输，在信道输出端接收到长度为 n 的二元序列 y_j，所以码字 x_0 和 y_j 之间的平均汉明距离为

$$D_{av}(x_0, y_j) = np \qquad (6-21)$$

译码器接收到 y_j 之后，按照极大似然译码规则，译成与 y_j 汉明距离为最短的码字，或者说，在与 y_j 的距离等于或小于 np 的那些码字中去寻找所发送的码字 x_0。用 n 维空间的几何概念来看，二元序列 x_0, y_j 都是 n 维空间的一些点。于是，译码规则就转化成以 y_j 为球心，以 np 为半径的球体内去寻找 x_0，如图 6.8 所示。

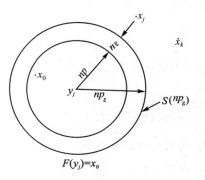

为保证译码可靠，将球体稍为扩大。令球半径为 $n(p+\varepsilon) = np_\varepsilon$，$\varepsilon$ 为任意小的正数。并用 $S(np_\varepsilon)$ 表示所设定的球体。

对于这种译码方法，可以表述为：如果在球体 $(S(np_\varepsilon))$ 内有一个唯一的码字，则判定这个码字为发送

图 6.8 译码规则示意图

的码字 x_0。显然，在这种译码方法中，发生译码错误的情况只有两种：一种是发送的码字 x_0 不落在这个球内；另一种情况是不但发送的码字 x_0 落在这个球内，而且至少还有一个其他的码字也落在这个球内。对应于这一译码方法的错误概率为

$$p_\varepsilon = P\{x_0 \overline{\in} S(np_\varepsilon)\} + P\{x_0 \in S(np_\varepsilon)\} \cdot P\{至少有一个其他码字 \in S(np_\varepsilon)\}$$

由于

$$P\{x_0 \in S(np_\varepsilon)\} \leqslant 1$$

故

$$p_\varepsilon \leqslant P\{x_0 \overline{\in} S(np_\varepsilon)\} + P\{至少有一个其他码字 \in S(np_\varepsilon)\} \qquad (6-22)$$

先考察式(6-22)中的第一项。它表示发送码字 x_0 在信道传输过程中所发生的错误大于 $n(p+\varepsilon)$ 的概率。在长度为 n 的二元序列(码字)中发生错误的平均个数是 np。那么，对于任何 n(为有限值)总会存在发生错误的个数超过它的平均值 np，即达到大于或等于 np。然而，当 n 增大时，这种可能性将会越来越小。从统计的角度来看，根据大数定理，对于任意两个正数 ε 和 δ，存在一个 n_0，对于任何 $n > n_0$，发生错误的个数超过它的平均值，即大于 $n(p+\varepsilon)$ 的概率小于 δ：

$$P\{错误个数 > np_\varepsilon\} < \delta$$

亦即，当 n 足够大时，有

$$P\{x_0 \overline{\in} S(np_\varepsilon)\} < \delta \qquad (6-23)$$

再考察式(6-22)中的第二项。从集合论的观点来看，第二项是一个和事件。该事件可表述为

$$\{至少有一个其他码字 \in S(np_\varepsilon)\} = \{\bigcup_k A_k\}$$

其中 事件 A_1 为某 1 个其他码字落入 $S(np_\varepsilon)$ 内；

  事件 A_2 为某另 1 个其他码字落入 $S(np_\varepsilon)$ 内；

  ⋮

故

$$P\{至少有一个其他码字 \in S(np_{\varepsilon})\} = P\{\bigcup_k A_k\}$$

根据事件的概率关系

$$P\{\bigcup_k A_k\} \leqslant \sum_k p(A_k)$$

所以

$$P\{至少有一个其他码字 \in S(np_{\varepsilon})\} \leqslant \sum_{x_i \neq x_0} P\{x_i \in S(np_{\varepsilon})\}$$

即

$$P\{至少有一个其他码字 \in S(np_{\varepsilon})\} \leqslant (M-1)P\{x_i \in S(np_{\varepsilon})\} \qquad (6-24)$$

式(6-24)中,因总共有 M 个输入码字,所以只有 $(M-1)$ 个不是发送 x_0 的其他码字,故此仅对 $(M-1)$ 个码字求和。此外,在式(6-24)中还认为 $P\{x_i \in S(np_{\varepsilon})\}$ 是 $(M-1)$ 个项中概率最大的那一个。

由式(6-22)、式(6-23)、式(6-24)得

$$p_{\varepsilon} \leqslant \delta + (M-1)P\{x_i \in S(np_{\varepsilon})\} \qquad x_i \neq x_0 \qquad (6-25)$$

式(6-25)中,δ 与所选择的编码无关。而第二项却在相当程度上依赖于所选择的码字。要计算这一项,需要引入随机编码的概念。

从 2^n 个可能的信道输入序列中,随机地选择 M 个输入码字。每次选择一个码字就有 2^n 个可能,做了 M 次随机的选择,组成有 M 个码字的一个码,这 M 个码字代表 M 个消息。所以总共有 2^{nM} 种不同的码可供选择。在随机选择的条件下,在这些码集合中,每一个码被选出来的概率是 2^{-nM}。对任何一个确定的码所得到的错误概率都由式(6-25)给出。现在,把式(6-25)对 2^{nM} 种可能的码取平均,得到总的平均错误概率 $\overline{p_E}$。由于 δ 不依赖所选择的码,所以只要对 $(M-1)$ 项的 $P\{x_i \in S(np_{\varepsilon})\}x_i \neq x_0$ 取平均即可。因此有

$$\langle p_{\varepsilon}\rangle \leqslant \delta + (M-1)\langle P[x_i \in S(np_{\varepsilon})]\rangle \leqslant$$
$$\delta + M\langle P[x_i \in S(np_{\varepsilon})]\rangle \qquad x_i \neq x_0 \qquad (6-26)$$

由于编码中产生 x_i 用的是随机编码方法,M 个码字都是从 2^n 个可供选择的二元序列中随机抽取的,所以基本事件总数,即 $x_i \neq x_0$ 的抽取可以有 2^n 种可能结果。而 x_i 落入球 $S(np_{\varepsilon})$ 内的事件数则有下述各种结果:

n 长二元序列发生 1 位错误落入球 $S(np_{\varepsilon})$ 内的个数为 C_n^1 个;

n 长二元序列发生 2 位错误落入球 $S(np_{\varepsilon})$ 内的个数为 C_n^2 个;

$\vdots$

n 长二元序列发生 np_{ε} 位错误落入球 $S(np_{\varepsilon})$ 内的个数为 $C_n^{np_{\varepsilon}}$ 个。

于是,所有可能落入球 $S(np_{\varepsilon})$ 内的序列总数为

$$N(np_{\varepsilon}) = C_n^0 + C_n^1 + C_n^2 + \cdots + C_n^{np_{\varepsilon}} = \sum_{k=0}^{np_{\varepsilon}} C_n^k \qquad (6-27)$$

这样,码字 $x_i(x_i \neq x_0)$ 落入球 $S(np_{\varepsilon})$ 内的平均概率等于落入球 $S(np_{\varepsilon})$ 内的不同的二元序列数 $N(np_{\varepsilon})$ 与长度为 n 的二元序列的总数 2^n 之比,即

$$\langle P[x_i \in S(np_{\varepsilon})]\rangle = \frac{N(np_{\varepsilon})}{2^n} = \sum_{k=0}^{np_{\varepsilon}} C_n^k / 2^n \qquad x_i \neq x_0 \qquad (6-28)$$

在式(6-28)中,np_{ε} 不一定是个整数。如果不是,则在求和时,最后一项的二项式系数中

可用比 np_ϵ 小一点的最大整数即可。现在引用二项式系数的一个不等式

$$\sum_{k=0}^{np_\epsilon} C_n^k \leqslant 2^{nH(p_\epsilon)} \qquad 当 \ p_\epsilon < \frac{1}{2} \tag{6-29}$$

式(6-29)的证明参见参考书目[6]。

于是得

$$\langle p_E \rangle \leqslant \delta + M 2^{-n[1-H(p_\epsilon)]} \qquad 当 \ p_\epsilon < \frac{1}{2} \tag{6-30}$$

式中

$$1 - H(p_\epsilon) = 1 - H(p+\epsilon) =$$
$$1 - H(p) + H(p) - H(p+\epsilon) =$$
$$C - [H(p+\epsilon) - H(p)] \tag{6-31}$$

因为信源熵 $H(p)$ 是概率 p 的凸函数,所以存在

$$H(p+\epsilon) \leqslant H(p) + \epsilon \frac{\mathrm{d}H}{\mathrm{d}p}$$

式中,$0 < p < \frac{1}{2}$。又因为

$$\frac{\mathrm{d}H}{\mathrm{d}p} = \log \frac{1}{p} - \log \frac{1}{1-p} = \log \frac{1-p}{p} > 0$$

故

$$1 - H(p_\epsilon) \geqslant C - \epsilon \log \frac{1-p}{p}$$

令

$$\epsilon_1 = \epsilon \log \frac{1-p}{p}$$

于是得

$$\langle p_E \rangle \leqslant \delta + M 2^{-n(C-\epsilon_1)} \tag{6-32}$$

若取

$$M = 2^{n(C-\epsilon_2)}$$

其中,ϵ_2 为任意大于零的小数,则有

$$\langle p_E \rangle \leqslant \delta + 2^{-n(\epsilon_2-\epsilon_1)} \tag{6-33}$$

式中

$$\epsilon_2 - \epsilon_1 = \epsilon_2 - \epsilon \log \frac{1-p}{p} \tag{6-34}$$

由式(6-34)看出,只要选取 ϵ 足够小,总能满足 $\epsilon_2 - \epsilon_1 > 0$。又从式(6-33)可知,当 $\epsilon_2 - \epsilon_1 > 0$,而 $n \to \infty$ 时,则 $\langle p_E \rangle \to 0$。

因为 $\langle p_E \rangle$ 是译码错误概率 p_E 对所有 2^{nM} 种随机码求得的平均值,所以在 2^{nM} 种随机码中一定会有些码的错误概率 p_E 小于 $\langle p_E \rangle$,故必存在一种编码,当 $n \to \infty$ 时,$p_E \to 0$。

定理 6.3.2 设有一离散无记忆平稳信道,其信道容量为 C,对于任意 $\epsilon > 0$,若选用码字总数 $M = 2^{n(C+\epsilon)}$,则无论 n 取多大,也找不到一种编码,使译码错误概率 p_E 任意地小。

证明：设选用 $M = 2^{n(C+\varepsilon)}$ 个码字组成一个码，不失一般性，认为码字为等概分布 $p(x_i) = \dfrac{1}{M}$，$i = 1, 2, \cdots, M$。于是，信源熵 $H(X^n) = \log M$。

一般 n 次扩展信道的平均互信息为

$$I(X^n; Y^n) = H(X^n) - H(X^n \mid Y^n) \leqslant nC \tag{6-35}$$

其中

$$H(X^n) = \log M = \text{lb } 2^{n(C+\varepsilon)}$$

故有

$$n\varepsilon \leqslant H(X^n \mid Y^n)$$

根据费诺不等式(6-12)有

$$n\varepsilon \leqslant H(X^n \mid Y^n) \leqslant H(p_E, 1 - p_E) + p_E \log(M - 1)$$

式中

$$H(p_E, 1 - p_E) \leqslant \text{lb } 2 \leqslant 1$$
$$(M - 1) < M = 2^{n(C+\varepsilon)}$$

所以

$$n\varepsilon \leqslant 1 + p_E \{n(C + \varepsilon)\}$$

或

$$p_E \geqslant \frac{n\varepsilon - 1}{n(C + \varepsilon)} = \frac{\varepsilon - \dfrac{1}{n}}{C + \varepsilon} \tag{6-36}$$

由式(6-36)知，当 n 增大时，错误概率 p_E 不会趋于零。

定理 6.3.2 称为有噪信道编码定理的逆定理。这个定理表明，当选择码字个数 $M = 2^{n(C+\varepsilon)}$ 时，信息传输率为

$$R = \frac{H(S)}{\overline{L}} = \frac{\log M}{n} = \frac{n(C + \varepsilon)\text{lb } 2}{n} = C + \varepsilon$$

显然，信息传输率 R 大于信道容量 C，因此，要想使信息传输率大于信道容量而又无错误地传输消息是不可能的。

由香农第二定理和它的逆定理可知，在任何信道中，信道容量等于进行可靠传输的最大信息传输率。

6.4　错误概率的上界

对于离散无记忆信道(DMC)，平均错误概率为

$$p_E \leqslant \exp\{-nE_r(R)\} \tag{6-37}$$

式(6-37)的证明过程可参见参考书目[3]。它表明平均错误概率 p_E 趋于零的速度是与 n 成指数关系。

式(6-37)中，$E_r(R)$ 为随机编码指数，又称可靠性函数或加拉格(Gallager)函数。一般可靠性函数 $E_r(R)$ 与信息传输率 R 的关系曲线如图 6.9 所示。它是一条下凸函数曲线。从图中可以看出在 $R < C$ 的范围内 $E_r(R) > 0$。

可靠性函数 $E_r(R)$ 在信道编码中有极其重要的意义，它表示在编码长度 n 已定时，是最佳编码错误概率的上界。同时指出，当 $n \to \infty$ 时，错误概率 p_E 逼近于零。由于 $E_r(R) > 0$，从

式(6-37)看出,p_E 趋于零的速度是很快的。因此,实际编码的码长 n 不需选择得很大。

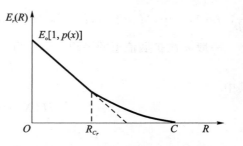

在实际问题中,为了达到一定的可靠性,亦即错误概率 p_E 应小于某个值(例如 10^{-6}),可靠性函数 $E_r(R)$ 可以帮助我们选择信息传输率 R 和编码长度 n。

可靠性函数的计算,一般来说是困难的。如图 6.9 所示,在 $0 \leqslant R < C$ 范围内 $E_r(R)$ 取正值,当 $R \geqslant C$ 时,$E_r(R) = 0$。这说明在任何离散无记忆信道中,信道容量 C 是一个分界点,他是一个可以达到的、最大的信息传输率。

图 6.9　离散无记忆信道 $E_r(R)$ 与 R 的关系曲线

习　题

6.1　设有一离散无记忆信道,其信道矩阵为

$$P = \begin{bmatrix} \dfrac{1}{2} & \dfrac{1}{3} & \dfrac{1}{6} \\[2mm] \dfrac{1}{6} & \dfrac{1}{2} & \dfrac{1}{3} \\[2mm] \dfrac{1}{3} & \dfrac{1}{6} & \dfrac{1}{2} \end{bmatrix}$$

若 $p(x_1) = \dfrac{1}{2}$,$p(x_2) = p(x_3) = \dfrac{1}{4}$。试求最佳译码时的平均错误概率。

6.2　设一离散无记忆信道的输入符号集为 $\{x_1, \cdots, x_K\}$,输出符号集为 $\{y_1, \cdots, y_J\}$,信道转移概率为 $p(y_j|x_k), k=1, \cdots, K, j=1, \cdots, J$,若译码器以概率 $\gamma_{kj}(k=1, \cdots, K)$ 对收到的 y_j 判决为 x_k。试证明对于给定的输入分布,任何随机判决方法得到的错误概率不低于最大后验概率译码时的错误概率。

6.3　将 M 个消息编成长度为 n 的二元数字序列,此特定的 M 个二元序列从 2^n 个可供选择的序列中独立、等概地选出。设采用极大似然译码规则译码。试求题图 6.1 中(a)、(b)、(c)三种信道下的平均译码错误概率。

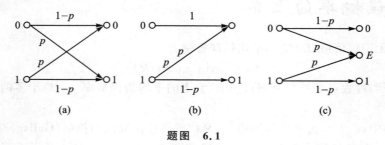

题图　6.1

6.4　设某一信道,其输入 X 的符号集为 $\left\{0, \dfrac{1}{2}, 1\right\}$,输出 Y 的符号集为 $\{0, 1\}$,信道矩阵为

$$P = \begin{bmatrix} 1 & 0 \\ \dfrac{1}{2} & \dfrac{1}{2} \\ 0 & 1 \end{bmatrix}$$

现有 4 个消息的信源通过这种信道传输(消息等概率出现)。若对信源进行编码,我们选这样一种码

$$C : \left\{ \left(x_1, x_2, \frac{1}{2}, \frac{1}{2} \right) \right\} \qquad x_i = 0 \text{ 或 } 1 \qquad i = 1, 2$$

其码长为 $n = 4$。并选取这样的译码规则

$$f(y_1, y_2, y_3, y_4) = \left(y_1, y_2, \frac{1}{2}, \frac{1}{2} \right)$$

(1) 试求这样编码后的信息传输率。

(2) 证明在选用的译码规则下,对所有码字有 $P_E = 0$。

6.5　设有一离散无记忆信道,其信道矩阵为

$$P = \begin{bmatrix} \dfrac{1}{2} & \dfrac{1}{2} & 0 & 0 & 0 \\ 0 & \dfrac{1}{2} & \dfrac{1}{2} & 0 & 0 \\ 0 & 0 & \dfrac{1}{2} & \dfrac{1}{2} & 0 \\ 0 & 0 & 0 & \dfrac{1}{2} & \dfrac{1}{2} \\ \dfrac{1}{2} & 0 & 0 & 0 & \dfrac{1}{2} \end{bmatrix}$$

(1) 计算信道容量 C;

(2) 找出一个码长为 2 的重复码,其信息传输率为 $\dfrac{1}{2} \text{lb} 5$。当输入码字为等概分布时,如果按最大似然译码规则设计译码器,求译码器输出端的平均错误概率。

6.6　设一离散无记忆信道的输入符号集为 $X = \{x_1, x_2, \cdots, x_r\}$,输出符号集为 $Y = \{y_1, y_2, \cdots, y_s\}$,信道转移概率为 $p(y_j | x_i)$, $i = 1, 2, \cdots, r, j = 1, 2, \cdots, s$,若译码器以概率 r_{ij} ($i = 1, 2, \cdots, s$) 对收到的 y_j 判决为 x_i。试证明对于给定的输入分布,任何随机判决方法得到的错误概率不低于最大后验概率译码时的错误概率。

6.7　考虑一个码长为 4 的二元码,其码字为 $W_1 = 0000, W_2 = 0011, W_3 = 1100, W_4 = 1111$,若将码字送入一个二元对称信道,该信道的单符号错误概率为 p,且 $p < 0.01$,输入码字的概率分布为 $p(W_1) = 1/2, p(W_2) = 1/8, p(W_3) = 1/8, p(W_4) = 1/4$。试找出一种译码规则使平均错误概率 p_E 最小。

6.8　证明最小码间距离为 $D_{\min}$ 的码用于二元对称信道能够纠正小于 $D_{\min}/2$ 个错误的所有组合。

6.9　证明 (n, k) 线性码的最小码间距离不能超过 $n - k + 1$。

6.10　给定一个二元对称信道,其输入符号为等概分布,单个符号的错误传递概率是 0.01。求当代码组长度 $n = 80$ 时,误码率 p_E 是多少?

第 7 章　限失真信源编码

第 5 章、第 6 章分别阐述了无失真信源编码定理(香农第一定理)和有噪信道编码定理(香农第二定理),上述表明:无论是无噪信道还是有噪信道,只要信息传输率 R 小于信道容量 C,总可以找到一种编码方法,使得编码后的信息传输率 R' 可以任意接近信道容量 C(即 $R' \to C$),而且信道所产生的错误译码概率达任意小。反之,如果 $R > C$,在任何信道上都不可能实现错误译码概率任意小的无失真传输;或者说,要实现错误译码概率任意小,在任何信道上传输都必然会产生失真。

现在的问题是,在通信系统中,信道传输信息时是否必须完全无失真。尤其终端接收者是人时通常并不需要完全无失真,这是因为人类主要通过视觉和听觉获取信息,然而人的视觉大多数情况下对于每秒 25 帧以上的图像认为是连续的,通常只需传送 25 帧/s 的图像就能满足人类通过视觉感知信息的要求,而不必占用更大的信息传输率。对于人类的听觉,大多数人只能听到几 kHz 到十几 kHz 的声音,对于经过专业训练的音乐家,一般也不过听到 20 kHz 的声音。所以实际生活中,通常总是要求在保证一定质量的前提下在信宿近似地再现信源输出的信息,或者说在保真度准则下允许信源输出存在一定的失真。

对于给定的信源(即给定信源熵 $H(X)$),在允许的失真条件下,信源熵所能压缩的极限理论值(即信息率失真函数 $R(D)$)及其计算,是本章所讨论的问题。

信息率失真理论是由香农提出来的,是研究信源熵压缩的问题,但采用了研究信道的方法,即在数学上将信源熵压缩看成通过一个信道,寻找在保真度准则下的最小的平均互信息。信息率失真理论是信号量化、模数转换、频带压缩和数据压缩的理论基础,在图像处理、数字通信等领域得到广泛应用。

7.1　失真测度

7.1.1　失真度

假设离散信源为

$$\begin{bmatrix} X \\ P \end{bmatrix} = \begin{bmatrix} x_1 & x_2 & \cdots & x_n \\ p(x_1) & p(x_2) & \cdots & p(x_n) \end{bmatrix}$$

经过信道传输后的输出序列为 $Y = [y_1, y_2, \cdots, y_m]$,用一个非负的函数 $d(x_i, y_j)$ 表示信源发出符号 x_i,接收端收到符号 y_j 的失真度的定量描述,将所有的 $d(x_i, y_j), i = 1, 2, \cdots, n; j = 1, 2, \cdots, m$ 排列起来,用矩阵表示为

$$[d] = \begin{bmatrix} d(x_1, y_1) & d(x_1, y_2) & \cdots & d(x_1, y_m) \\ d(x_2, y_1) & d(x_2, y_2) & \cdots & d(x_2, y_m) \\ \vdots & \vdots & & \vdots \\ d(x_n, y_1) & d(x_n, y_2) & \cdots & d(x_n, y_m) \end{bmatrix} \tag{7-1}$$

称$[d]$为失真矩阵,它是 $n \times m$ 阶矩阵。

式(7-1)中,对应于每一对(x_i, y_j),我们指定一个非负函数

$$d(x_i, y_j) \geqslant 0 \qquad \begin{matrix} (i = 1, 2, \cdots, n) \\ (j = 1, 2, \cdots, m) \end{matrix} \qquad (7-2)$$

称为单个符号的失真度(或称失真函数)。用来测度信源发出一个符号 x_i,而在接收端再现为接收符号集中一个符号 y_j 所引起的误差或失真。通常较小的 d 值代表较小的失真,而 $d(x_i, y_j) = 0$ 表示没有失真。

例 7.1.1 设信源符号序列为 $X = [0, 1]$,接收端收到符号序列为 $Y = [0, 1, 2]$,规定失真函数为

$$d(0,0) = d(1,1) = 0$$
$$d(0,1) = d(1,0) = 1$$
$$d(0,2) = d(1,2) = 0.5$$

求失真矩阵$[d]$。

解:由失真矩阵得

$$[d] = \begin{bmatrix} d(x_1, y_1) & d(x_1, y_2) & d(x_1, y_3) \\ d(x_2, y_1) & d(x_2, y_2) & d(x_2, y_3) \end{bmatrix} =$$
$$\begin{bmatrix} d(0,0) & d(0,1) & d(0,2) \\ d(1,0) & d(1,1) & d(1,2) \end{bmatrix} =$$
$$\begin{bmatrix} 0 & 1 & 0.5 \\ 1 & 0 & 0.5 \end{bmatrix}$$

失真函数 $d(x_i, y_j)$ 的函数形式可以根据需要任意选取,例如平方代价函数、绝对代价函数、均匀代价函数等。

失真函数的定义可推广到矢量传输的情况,假定离散矢量信源 N 长符号矢量序列为

$$\boldsymbol{X} = [X_1, X_2, X_3, \cdots, X_N]$$

式中,第 i 个符号 X_i 的取值为$\{x_1, x_2, \cdots, x_n\}$。经信道传输后,接收端收到的 N 长符号矢量序列为

$$\boldsymbol{Y} = [Y_1, Y_2, Y_3, \cdots, Y_N]$$

式中,第 i 个符号 Y_i 的取值为$\{y_1, y_2, \cdots, y_m\}$,则矢量失真函数定义为

$$d_N(\boldsymbol{X}, \boldsymbol{Y}) = \frac{1}{N} \sum_{i=1}^{N} d(X_i, Y_i)$$

矢量失真函数矩阵共有 $n^N \times m^N$ 个元素。

例 7.1.2 假定一离散矢量信源 $N = 3$,输出矢量序列为 $\boldsymbol{X} = X_1 X_2 X_3$,其中 $X_i, i = 1, 2, 3$ 的取值为$\{0, 1\}$;经信道传输后的输出为 $\boldsymbol{Y} = Y_1 Y_2 Y_3$,其中 $Y_i, i = 1, 2, 3$ 的取值为$\{0, 1\}$。定义失真函数为

$$d(0,0) = d(1,1) = 0$$
$$d(0,1) = d(1,0) = 1$$

求矢量失真矩阵$[d_N]$。

解:由矢量失真函数的定义得

$$d_N(\boldsymbol{X},\boldsymbol{Y}) = \frac{1}{N}\sum_{i=1}^{N}d(X_i,Y_i) =$$

$$\frac{1}{3}[d(X_1,Y_1)+d(X_2,Y_2)+d(X_3,Y_3)]$$

$$d_N(000,000) = \frac{1}{3}[d(0,0)+d(0,0)+d(0,0)] =$$

$$\frac{1}{3}[0+0+0] = 0$$

$$d_N(000,001) = \frac{1}{3}[d(0,0)+d(0,0)+d(0,1)] =$$

$$\frac{1}{3}[0+0+1] = \frac{1}{3}$$

类似可以得到其他元素数值,矢量失真矩阵为

$$[d_N] = \begin{bmatrix} 0 & \frac{1}{3} & \frac{1}{3} & \frac{2}{3} & \frac{1}{3} & \frac{2}{3} & \frac{2}{3} & 1 \\ \frac{1}{3} & 0 & \frac{2}{3} & \frac{1}{3} & \frac{2}{3} & \frac{1}{3} & 1 & \frac{2}{3} \\ \frac{1}{3} & \frac{2}{3} & 0 & \frac{1}{3} & \frac{2}{3} & 1 & \frac{1}{3} & \frac{2}{3} \\ \frac{2}{3} & \frac{1}{3} & \frac{1}{3} & 0 & 1 & \frac{2}{3} & \frac{2}{3} & \frac{1}{3} \\ \frac{1}{3} & \frac{2}{3} & \frac{2}{3} & 1 & 0 & \frac{1}{3} & \frac{1}{3} & \frac{2}{3} \\ \frac{2}{3} & \frac{1}{3} & 1 & \frac{2}{3} & \frac{1}{3} & 0 & \frac{2}{3} & \frac{1}{3} \\ \frac{2}{3} & 1 & \frac{1}{3} & \frac{2}{3} & \frac{1}{3} & \frac{2}{3} & 0 & \frac{1}{3} \\ 1 & \frac{2}{3} & \frac{2}{3} & \frac{1}{3} & \frac{2}{3} & \frac{1}{3} & \frac{1}{3} & 0 \end{bmatrix}$$

7.1.2　平均失真度

因为信源 X 和信宿 Y 都是随机变量,故单个符号失真度 $d(x_i,y_j)$ 也是随机变量,显然,我们需要讨论传输一个符号所引起的平均失真,即信源平均失真度。

假定离散信源为

$$\begin{bmatrix} X \\ P \end{bmatrix} = \begin{bmatrix} x_1 & x_2 & \cdots & x_n \\ p(x_1) & p(x_2) & \cdots & p(x_n) \end{bmatrix}$$

经过信道传输后的输出序列为 $Y=[y_1 y_2 \cdots y_m]$,失真矩阵$[d]$为

$$[d] = \begin{bmatrix} d(x_1,y_1) & d(x_1,y_2) & \cdots & d(x_1,y_m) \\ d(x_2,y_1) & d(x_2,y_2) & \cdots & d(x_2,y_m) \\ \vdots & \vdots & \cdots & \vdots \\ d(x_n,y_1) & d(x_n,y_2) & \cdots & d(x_n,y_m) \end{bmatrix}$$

由于 x_i 和 y_j 都是随机变量,所以失真函数 $d(x_i,y_j)$ 也是随机变量,称失真函数的数学期望为平均失真度,记为

$$\overline{D} = \mathrm{E}[d] = \sum_{i=1}^{n}\sum_{j=1}^{m} p(x_i,y_j)d(x_i,y_j) =$$
$$\sum_{i=1}^{n}\sum_{j=1}^{m} p(x_i)p(y_j\mid x_i)d(x_i,y_j) \tag{7-3}$$

式中,$p(x_i,y_j)$ 是联合概率分布,$i=1,2,\cdots,n$;$j=1,2,\cdots,m$;$p(x_i)$ 是信源符号概率分布,$i=1,2,\cdots,n$;$p(y_j|x_i)$ 是转移概率分布,$i=1,2,\cdots,n$;$j=1,2,\cdots,m$。

平均失真度 $\overline{D}$ 是对给定信源分布 $\{p(x_i)\}$ 在给定转移概率分布为 $\{p(y_j\mid x_i)\}$ 的信道中传输时的失真的总体量度。

对于矢量传输情况,若信源输出和经过信道传输到接收端的 N 长符号序列分别为 $X=[X_1,X_2,\cdots,X_N]$,$Y=[Y_1,Y_2,\cdots,Y_N]$,其中第 i 个位置上的符号取值分别为 $X_i\in\{x_1,x_2,\cdots,x_n\}$,$Y_i\in\{y_1,y_2,\cdots,y_m\}$,则平均失真度为

$$\overline{D}_N = \mathrm{E}[d_N] = \frac{1}{N}\sum_{i=1}^{N}\mathrm{E}[d(X_i,Y_i)] = \frac{1}{N}\sum_{i=1}^{N}\overline{D}_i \tag{7-4}$$

式中,$\overline{D}_i$ 是第 i 个位置上符号的平均失真。

显然,如果矢量信源是离散无记忆 N 次扩展信源,且矢量信道是离散无记忆 N 次扩展信道,则每个位置上符号的平均失真度 $\overline{D}_i$ 相等,且等于矢量平均失真度 $\overline{D}_N=\overline{D}_i$,$i=1,2,\cdots,N$。

例 7.1.3　设信源符号集为 $A=\{a_1,a_2,\cdots,a_{2r}\}$,概率分布为

$$p(a_i)=\frac{1}{2r} \qquad i=1,2,\cdots,2r$$

失真函数选为

$$d(a_i,a_j)=\begin{cases}1 & i=j\\0 & i\neq j\end{cases}$$

假定允许的失真度为

$$D^*=\frac{1}{2}$$

试分析在给定的失真度条件下信息压缩的程度。

解:根据信源概率分布求得信源熵 $H(X)$ 为

$$H(X)=H\left(\frac{1}{2r},\frac{1}{2r},\cdots,\frac{1}{2r}\right)=\log(2r)\ \mathrm{bit}$$

即如果对信源进行二进制无失真编码,平均每个符号至少需要 $\log(2r)$ 个比特码元。

当允许的失真度为 $D^*=\frac{1}{2}$ 时,平均每个符号需要的码元个数可以减少到什么程度呢?

假设采用如下编码方案:

(1) 当信源输出符号为 $a_1,a_2,\cdots,a_r$ 时,分别赋给一个码字;

(2) 当信源输出符号为 $a_{r+1},a_{r+2},\cdots,a_{2r}$ 时,将 a_r 的码字赋给它们。

即信源符号集 $A=\{a_1,a_2,\cdots,a_{2r}\}$,经编码后的符号集为 $B=\{a_1,a_2,\cdots,a_r\}$,等效试验信道为

$$\boldsymbol{P} = \left[p(a_j \mid a_i) \right] = \begin{bmatrix} 1 & 0 & \cdots & 0 \\ 0 & 1 & \cdots & 0 \\ \vdots & \vdots & \vdots & \vdots \\ 0 & 0 & \cdots & 1 \\ 0 & 0 & \cdots & 1 \\ 0 & 0 & \cdots & 1 \\ \vdots & \vdots & \vdots & \vdots \\ 0 & 0 & \cdots & 1 \end{bmatrix}$$

根据平均失真度的定义可以求得平均失真度为

$$\overline{D} = \mathrm{E}[d] = \sum_{i=1}^{2r} \sum_{j=1}^{2r} p(a_i) p(a_j \mid a_i) d(a_i, a_j) =$$

$$\sum_{i=r+1}^{2r} p(a_i) p(a_r \mid a_i) d(a_i, a_r) =$$

$$\sum_{i=r+1}^{2r} p(a_i) = \frac{1}{2}$$

上述编码方法满足 $\overline{D} \leqslant D^*$。

由信道矩阵可以看出,该试验信道是确定信道,故

$$H(Y \mid X) = 0$$

从而由平均互信息公式可得

$$I(X;Y) = H(Y) - H(Y \mid X) = H(Y)$$

不难求得信道输出概率分布为

$$\begin{cases} p(a_j) = \dfrac{1}{2r} & j = 1, 2, \cdots, r-1 \\[2mm] p(a_r) = \dfrac{r+1}{2r} \end{cases}$$

于是可求得信道输出符号集 B 的熵为

$$H(Y) = H\left(\frac{1}{2r}, \frac{1}{2r}, \cdots, \frac{1}{2r}, \frac{r+1}{2r}\right) = \log(2r) - \frac{r+1}{2r}\log(r+1)$$

即采用上述编码方案时,平均每个符号需要的二进制码元个数由原来的 $\log(2r)$ 减少到 $\log(2r) - \dfrac{r+1}{2r}\log(r+1)$,可见信息率减少了 $\dfrac{r+1}{2r}\log(r+1)$ 个码元。换句话说,信源的信息率由原来的 $\log(2r)$ 压缩到了 $\log(2r) - \dfrac{r+1}{2r}\log(r+1)$,即信息率压缩了 $\dfrac{r+1}{2r}\log(r+1)$。

本例中的编码方案只是满足 $\overline{D} \leqslant D^*$ 的一种压缩方法,而且也没有达到最大限度地压缩信息率,也就是说,还存在其他的编码方案,能够满足 $\overline{D} \leqslant D^*$,且信息率压缩大于 $\dfrac{r+1}{2r}\log(r+1)$。

在给定 $\overline{D} \leqslant D^*$ 下,信息率压缩的最大值是多少呢?信息率失真函数给出了压缩下界,本例中的压缩下界为

$$\log 2r - \frac{1}{2}\log(2r-1) - 1 \qquad \text{(参见例 7.4.2 的结果)}$$

容易证明,当 $r \geqslant 1$ 时,则 $H(Y) \geqslant \log 2r - \dfrac{1}{2} \log (2r-1) - 1$。

7.2　信息率失真函数

7.2.1　D 允许信道(试验信道)

对于信息容量为 C 的信道传输,信息传输率为 R 时,如果 $R > C$,就应该对信源进行压缩,使其压缩后信息传输率 R' 小于信道容量 C,但同时要保证压缩所引入的失真不超过预先规定的限度。

如果预先规定的平均失真度为 D,则称信源压缩后的平均失真度 $\overline{D}$ 不大于 D 的准则为保真度准则,保真度准则满足

$$\overline{D} \leqslant D$$

信息压缩问题就是对于给定的信源,在满足保真度准则的前提下,使信息率尽可能小。将满足保真度准则 $\overline{D} \leqslant D$ 的所有信道称为失真度 D 允许信道(也称 D 允许的试验信道),记为

$$B_D = \{ p(y \mid x) : \overline{D} \leqslant D \} \tag{7-5}$$

式中,$\overline{D}$ 为式(7-3)。

对于离散无记忆信道,相应地有

$$B_D = \{ p(y_j \mid x_i) : \overline{D} \leqslant D \} \qquad i = 1,2,\cdots,n \qquad j = 1,2,\cdots,m$$

7.2.2　信息率失真函数的定义

在 D 允许信道 B_D 中可以寻找一个信道 $p(Y|X)$,使给定的信源经过此信道传输时,其信道传输率 $I(X,Y)$ 达到最小,定义为信息率失真函数 $R(D)$,也称为率失真函数,即

$$R(D) = \min_{p(y|x) \in B_D} I(X,Y) \tag{7-6}$$

对于离散无记忆信源,率失真函数 $R(D)$ 可写成

$$R(D) = \min_{p(y_j|x_i) \in B_D} \sum_{i=1}^{n} \sum_{j=1}^{m} p(x_i) p(y_j \mid x_i) \cdot \log \frac{p(y_j \mid x_i)}{p(y_j)}$$

式中,$p(x_i), i = 1,2,\cdots,n$ 是信源符号概率分布;$p(y_j|x_i), i = 1,2,\cdots,n; j = 1,2,\cdots,m$ 是转移概率分布;$p(y_j), j = 1,2,\cdots,m$ 是接收端收到符号的概率分布。

对于给定的信源,在满足保真度准则 $\overline{D} \leqslant D$ 的前提下,信息率失真函数 $R(D)$ 是信息率允许压缩的最小值。

7.2.3　信息率失真函数 $R(D)$ 的性质

1. $R(D)$ 的定义域

由于平均失真度 D 是失真函数 $d(x,y)$ 的数学期望,且 $d(x,y) \geqslant 0$,所以平均失真度 D 是非负的,即 $D \geqslant 0$,其下界 $D_{\min} = 0$,对应于无失真情况。对于无失真信息传输,信息传输率应小于或等于信源的熵,即

$$R(0) \leqslant H(X)$$

由于 $I(X,Y) \geqslant 0$,而 $R(D)$ 是在约束条件下的 $I(X,Y)$ 的最小值,所以 $R(D) \geqslant 0$,而且是非负的函数,故其最小值应为零,取满足

$$R(D) = 0$$

的所有 D 中最小的,定义为 $R(D)$ 定义域的上限 $D_{\max}$,即 $D_{\max}$ 是满足 $R(D) = 0$ 的所有平均失真度 D 中的最小值。

根据前面分析,可以得到 $R(D)$ 的定义域为 $D \in [D_{\min}, D_{\max}] = [0, D_{\max}]$。

$R(D)$ 定义域的上限 $D_{\max}$ 可以这样定义:令 P_D 是使 $I(X,Y) = 0$ 的全体转移概率集合,所以

$$D_{\max} = \min_{p(y|x) \in P_D} \mathrm{E}[d(x,y)]$$

由于 $I(X,Y) = 0$ 的充要条件是 X 与 Y 统计独立,即对于所有的 $x \in X$ 和 $y \in Y$ 满足

$$p(y \mid x) = p(y)$$

因此

$$D_{\max} = \min \sum_Y p(y) \sum_X p(x) d(x,y)$$

由于信源概率分布 $p(x)$ 和失真函数 $d(x,y)$ 已经给定,因而求 $D_{\max}$ 相当于寻找分布 $p(y)$ 使该式右端最小。 如果选取 $\sum_X p(x) d(x,y)$ 最小时概率分布 $p(y) = 1$,而对其他的 $\sum_X p(x) d(x,y)$ 选取 $p(y) = 0$,则有

$$D_{\max} = \min_{y \in Y} \sum_X p(x) d(x,y)$$

允许失真度 D 是否能到零,它与单个符号的失真函数有关。一般情况下有 $D_{\min} = 0$。$D_{\min} = 0$ 只有满足失真函数矩阵的每一行至少存在一个为零的元素时才能达到。当不满足时,则 $D_{\min} > 0$,当 $D_{\min} \neq 0$ 时,此时 $D_{\min}$ 的求法如下:

$$D_{\min} = \min_{p(y|x)} \mathrm{E}[d(x,y)] = \min_{p(y|x)} \sum_X p(x) \sum_Y p(y \mid x) d(x,y) =$$

$$\sum_X p(x) \left[\min_{p(y|x)} \sum_Y p(y \mid x) d(x,y) \right]$$

对于给定的 x,选取 $d(x,y)$ 最小时,$p(y|x) = 1$,其他 $p(y|x) = 0$,则有

$$\min_{p(y|x)} \sum_Y p(y \mid x) d(x,y) = \min_{y \in Y} d(x,y)$$

所以

$$D_{\min} = \sum_X p(x) \left[\min_{y \in Y} d(x,y) \right]$$

例如:假定信源分布为 $p(x_1), p(x_2)$,失真矩阵为

$$[d] = \begin{bmatrix} \varepsilon & 1 \\ 1 & \varepsilon \end{bmatrix} \qquad (0 < \varepsilon < 1)$$

则可以求得

$$D_{\min} = \sum_X p(x) \left[\min_{y \in Y} d(x,y) \right] =$$

$$p(x_1)[\min \{\varepsilon, 1\}] + p(x_2)[\min \{1, \varepsilon\}] =$$

$$p(x_1)\varepsilon + p(x_2)\varepsilon = \varepsilon$$

而
$$D_{\max} = \min_{y \in Y} \sum_X p(x)d(x,y) =$$
$$\min \{p(x_1)\varepsilon + p(x_2), p(x_1) + p(x_2)\varepsilon\}$$

2. $R(D)$ 是关于 D 的下凸函数

下面证明在允许失真度 D 的定义域内,率失真函数 $R(D)$ 是 D 的 U 型下凸函数。

假定 D_1 和 D_2 是两个失真度,$p_1(y|x)$ 和 $p_2(y|x)$ 是在满足保真度准则 D_1 和 D_2 的前提下,使 $I(X,Y)$ 达到极小的信道,即

$$R(D_1) = \min_{p(y|x) \in B_{D_1}} I[p(y|x)] = I[p_1(y|x)]$$
$$R(D_2) = \min_{p(y|x) \in B_{D_2}} I[p(y|x)] = I[p_2(y|x)]$$

所以有

$$\sum_X \sum_Y p(x)p_1(y|x)d(x,y) \leqslant D_1$$
$$\sum_X \sum_Y p(x)p_2(y|x)d(x,y) \leqslant D_2$$

令 $0 < \alpha < 1$,且

$$D_0 = \alpha D_1 + (1-\alpha)D_2$$
$$p_0(y|x) = \alpha p_1(y|x) + (1-\alpha)p_2(y|x)$$

并记 D 是 $p_0(y|x)$ 所对应的失真度,则有

$$D = \sum_X \sum_Y p(x)p_0(y|x)d(x,y) =$$
$$\alpha \sum_X \sum_Y p(x)p_1(y|x)d(x,y) +$$
$$(1-\alpha) \sum_X \sum_Y p(x)p_2(y|x)d(x,y) \leqslant$$
$$\alpha D_1 + (1-\alpha)D_2 = D_0$$

所以 $p_0(y|x) \in B_{D_0}$,即 $p_0(y|x)$ 是满足保真度准则 D_0 的信道。由信息率失真函数定义得

$$R(D_0) = \min_{p(y|x) \in B_{D_0}} I[p(y|x)] \leqslant I[p_0(y|x)] =$$
$$I[\alpha p_1(y|x) + (1-\alpha)p_2(y|x)] \leqslant$$
$$\alpha I[p_1(y|x)] + (1-\alpha)I[p_2(y|x)] =$$
$$\alpha R(D_1) + (1-\alpha)R(D_2)$$

因此证得 $R(D)$ 是 D 的下凸函数。

3. $R(D)$ 在区间 $(0, D_{\max})$ 上是严格递减函数

$R(D)$ 显然是连续函数,因为 $I[p(y|x)]$ 是 $p(y|x)$ 的连续函数,由 $R(D)$ 的定义可知 $R(D)$ 也是连续函数。

$R(D)$ 显然是非增函数,因为若 $D_1 > D_2$,则满足保真度 D_1 和 D_2 的试验信道集合 B_{D_1} 和 B_{D_2} 有 $B_{D_1} \supset B_{D_2}$,由 $R(D)$ 的定义有

$$R(D_1) = \min_{p(y|x) \in B_{D_1}} I[p(y \mid x)]$$

$$R(D_2) = \min_{p(y|x) \in B_{D_2}} I[p(y \mid x)]$$

因为 $B_{D_1} \supset B_{D_2}$，而在一个较大范围内求极小值一定不大于在其中一个小范围内求极小值，即

$$\min_{p(y|x) \in B_{D_1}} I[p(y \mid x)] \leqslant \min_{p(y|x) \in B_{D_2}} I[p(y \mid x)]$$

所以有

$$R(D_1) \leqslant R(D_2)$$

要证明 $R(D)$ 是单调非递减函数，只须证明上式中等号不成立，可采用反证法。

在 $(0, D_{\max})$ 中任取两点 D_1 和 D_2，满足

$$0 < D_1 < D_2 < D_{\max}$$

假定 $R(D_1) \geqslant R(D_2)$ 中等号成立，则在 (D_1, D_2) 中 $R(D)$ 为常数。以下证明在 (D_1, D_2) 中 $R(D)$ 不是常数。

根据 $R(D)$ 的定义及定义域的讨论可知

$$R(D_1) = \min_{p(y|x) \in B_{D_1}} I[p(y \mid x)] = I[p_1(y \mid x)]$$

$$R(D_{\max}) = I[p_m(y \mid x)] = 0$$

式中，$p_m(y|x)$ 是率失真函数 $R(D) = 0$ 的信道。

在 $(0,1)$ 区间选取 ε，以满足

$$D_1 < (1 - \varepsilon)D_1 + \varepsilon D_{\max} < D_2$$

欲令

$$D_0 = (1 - \varepsilon)D_1 + \varepsilon D_{\max}$$

则有

$$D_1 < D_0 < D_2$$

令

$$p_0(y \mid x) = (1 - \varepsilon)p_1(y \mid x) + \varepsilon p_m(y \mid x)$$

则 $p_0(y|x)$ 对应的平均失真度为

$$D = \sum_X \sum_Y p(x)p_0(y \mid x)d(x,y) =$$

$$(1 - \varepsilon)\sum_X \sum_Y p(x)p_1(y \mid x)d(x,y) +$$

$$\varepsilon \sum_X \sum_Y p(x)p_m(y \mid x)d(x,y)$$

因为 $p_1(y|x)$，$p_m(y|x)$ 是满足保真度 D_1 和 $D_{\max}$ 的信道，所以

$$\sum_X \sum_Y p(x)p_1(y \mid x)d(x,y) \leqslant D_1$$

$$\sum_X \sum_Y p(x)p_m(y \mid x)d(x,y) \leqslant D_{\max}$$

则有

$$D \leqslant (1 - \varepsilon)D_1 + \varepsilon D_{\max} = D_0$$

即 $p_0(y|x)$ 是满足保真度 $D_0 = (1 - \varepsilon)D_1 + \varepsilon D_{\max}$ 的信道。

由率失真函数定义可以得到

$$R(D_0) = \min_{p(y|x) \in B_{D_0}} I[p(y \mid x)] = I[p_0(y \mid x)] =$$

$$I\left[(1-\varepsilon)p_1(y\mid x)+\varepsilon p_m(y\mid x)\right]\leqslant$$
$$(1-\varepsilon)I\left[p_1(y\mid x)\right]+\varepsilon I\left[p_m(y\mid x)\right]=$$
$$(1-\varepsilon)I\left[p_1(y\mid x)\right]=(1-\varepsilon)R(D_1)$$

因为 $\varepsilon\in(0,1)$，所以 $R(D_0)<R(D_1)$，而 $D_1<D_0<D_2$，所以在 (D_1,D_2) 中 $R(D)$ 不是常数，即命题不成立，$R(D_1)\geqslant R(D_2)$ 中等号不成立。到此证明了 $R(D)$ 是连续的递减函数，即 $R(D)$ 是严格递减函数。

根据 $R(D)$ 的三个性质，可以归纳三点结论：

(1) $R(D)$ 是非负函数，其定义域为 $0\sim D_{\max}$，其值为 $0\sim H(X)$；当 $D>D_{\max}$ 时，$R(D)=0$；

(2) $R(D)$ 是关于失真度 D 的下凸函数；

(3) $R(D)$ 是关于失真度 D 的严格递减函数。

根据前面的三点结论可以画出一般离散信源信息率失真函数 $R(D)$ 的典型曲线图形，如图 7.1 所示。图中设 $D_{\min}=0$，$R(D_{\min})\leqslant H(X)$，而 $R(D_{\max})=0$。从图中看出，$R(D_{\min})$ 和 $R(D_{\max})$ 是曲线边沿上的两个点。因而可看出 $R(D)$ 是一个单调递减的 U 型曲线。

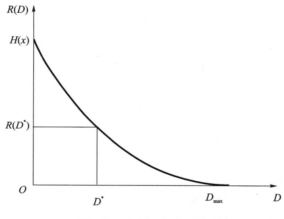

图 7.1　典型 $R(D)$ 曲线

由图 7.1 可见，当限定失真度不大于 D^* 时，信息率失真函数 $R(D^*)$ 是信息压缩所允许的最低限度。若 $R(D)<R(D^*)$，则必有 $D>D^*$，即若信息率压缩至 $R(D)<R(D^*)$，则失真度 D 必大于限定失真度 D^*。所以说信息率失真函数给出了限失真条件下信息压缩允许的下界。

7.3　限失真信源编码定理和逆定理

本节将重点讨论并证明两个定理：限失真信源编码定理及其逆定理。

7.3.1　限失真信源编码定理

假定一离散 n 长序列无记忆信源为

$$\begin{bmatrix}X\\P\end{bmatrix}=\begin{bmatrix}x_1 & x_2 & \cdots & x_N\\p(x_1) & p(x_2) & \cdots & p(x_N)\end{bmatrix}$$

接收端 n 长序列为 $Y = [y_1, y_2, \cdots, y_M]$,信源发送序列为 x_k 和接收序列 y_l 均为 n 长序列,称 Y 是长度为 n、码字数目为 M 的分组码,Y 中的元素称为码字。如果单字符传输时的失真函数为 $d(x_{ik}, y_{jk})$,则矢量传输时的失真函数为

$$d_n(x_i, y_j) = \frac{1}{n} \sum_{k=1}^{n} d(x_{ik}, y_{jk})$$

信源编码的过程是,当信源发送序列 x_i 时,就从分组码 Y 中选取一个码字 y_j,使失真最小,即

$$d_n(x_i \mid Y) = \min_{y_j \in Y} d_n(x_i, y_j) \tag{7-7}$$

所以分组码 Y 的平均失真度为

$$d_n(Y) = \mathrm{E}\{d_n(X_i, Y_j)\} = \sum_{i=1}^{N} p(x_i) d_n(x_i \mid Y) \tag{7-8}$$

由于信源是无记忆的,所以有

$$p(x_i) = \prod_{k=1}^{n} p(x_{ik})$$

如果 $d_n(Y) \leqslant D$,D 是预先给定的失真度,则称分组码 Y 是满足保真度准则 D 的允许码,把具有最少的码字数目的允许码记为 $M(n, D)$。

当采用随机编码方法时,考虑到接收端输出序列概率分布为 $q(y_j)$,则分组码 Y 的平均失真度为

$$\overline{d}_n(Y) = \mathrm{E}[d_n(Y)] = \sum_{i=1}^{N} \sum_{j=1}^{M} p(x_i) q(y_j) d_n(x_i \mid Y) \tag{7-9}$$

对于分组码 (M, n),其最大速率为

$$R = \frac{1}{n} \log M \tag{7-10}$$

定理 7.3.1 限失真信源编码定理

设离散 n 长序列无记忆信源为

$$\begin{bmatrix} X \\ P \end{bmatrix} = \begin{bmatrix} x_1 & x_2 & \cdots & x_N \\ p(x_1) & p(x_2) & \cdots & p(x_N) \end{bmatrix}$$

单字符失真函数为 $d(x_{ik}, y_{jk})$,给定单字符失真度下的信息率失真函数为 $R(D)$,则对于任意的 $\varepsilon > 0$ 和 $D \geqslant 0$,可以找到满足保真度准则 $(D + \varepsilon)$ 的允许码 (M, n)。当 n 足够大时,其速率 R 为

$$R < R(D) + \varepsilon \tag{7-11}$$

码字数目 M 选取为

$$M = 2^{n[R(D) + \varepsilon]} \tag{7-12}$$

其中 $R(D)$ 的单位为 bit。

证明:如果考虑所有满足 $\overline{d} \leqslant D + \varepsilon$ 和 $R < R(D) + \varepsilon$ 的码集合,那么这个集合中至少有一个分组码 B,使得 $d(B) \leqslant \overline{d}$,所以码集合 B 是速率 $R < R(D) + \varepsilon$ 的满足保真度准则 $(D + \varepsilon)$ 的允许码。

按照随机编码方法,根据码字概率分布随机地选取 M 个相互独立的码字 y_j,$j = 1, 2, \cdots$,M 构成分组码

$$B = (M, n) = [y_1, y_2, \cdots, y_M]$$

分组码 B 中所有码字都满足速率

$$R = \frac{1}{n} \operatorname{lb} M < R(D) + \varepsilon$$

那么，码字 $y_1, y_2, \cdots, y_M$ 的联合概率分布 $q(B)$ 为

$$q(B) = q(y_1, y_2, \cdots, y_M) = \prod_{j=1}^{M} q(y_j) \tag{7-13}$$

式中，$q(y_j), j = 1, 2, \cdots, M$ 是码字 y_j 的分布概率。

对于信源输出序列 x_i，选取 $\delta > 0$，则满足保真度准则 $(D+\delta)$ 的码 Y 的集合 U_i 为

$$U_i = \{(x_i, Y) : d_n(x_i, Y) \leqslant D + \delta\} \tag{7-14}$$

信息率失真函数小于 $R(D) + \delta$ 的码 Y 的集合 V_i 为

$$V_i = \left\{ (x_i, Y) : \frac{1}{n} \operatorname{lb} \frac{q(Y \mid x_i)}{q(Y)} < R(D) + \delta \right\} \tag{7-15}$$

相应地随机选择的一个码字落入集合 U_i 中的概率为

$$q(U_i) = \sum_{y_j \in U_i} q(y_j) \tag{7-16}$$

随机选择的 M 个码字都不落入集合 U_i 中的概率为

$$q^*(U_i) = [1 - q(U_i)]^M \tag{7-17}$$

所以能够在 U_i 中找到码字的概率为 $1 - q^*(U_i)$，相应的失真度 $d_n(x_i \mid B) \leqslant D + \delta$；在 U_i 中不能找到码字的概率为 $q^*(U_i)$，相应的失真度应小于给定的失真矩阵 $d(x_{ik}, y_{jk})$ 中的最大的元素，记为 $d_{\max}$，即

$$d_{\max} = \max_{(ik, jk)} d(x_{ik}, y_{jk})$$

则分组码 B 的平均失真度为

$$\bar{d}_n(B) = \sum_{i=1}^{N} \sum_{j=1}^{M} p(x_i) q(y_j) d(x_i \mid B) \leqslant$$

$$\sum_{i=1}^{N} p(x_i)\{(D+\delta)[1 - q^*(U_i)] + d_{\max} q^*(U_i)\} \leqslant$$

$$\sum_{i=1}^{N} p(x_i)(D+\delta) + \sum_{i=1}^{N} p(x_i) d_{\max} q^*(U_i) =$$

$$D + \delta + d_{\max} \sum_{i=1}^{N} p(x_i) q^*(U_i) =$$

$$D + \delta + d_{\max} \sum_{i=1}^{N} p(x_i)[1 - q(U_i)]^M \tag{7-18}$$

因为集合 U_i 包含集合 $U_i \cap V_i$，所以

$$q(U_i) \geqslant q(U_i \cap V_i)$$

即

$$q(U_i) = \sum_{y_j \in U_i} q(y_j) \geqslant \sum_{y_j \in U_i \cap V_i} q(y_j) \tag{7-19}$$

由式 (7-15) 得

$$q(y_j) = q(y_j \mid x_i) \mathrm{e}^{-n[R(D)+\delta]}$$

代入式 (7-19) 后得

$$q(U_i) \geqslant \sum_{y_j \in U_i \cap V_i} q(y_j \mid x_i) \mathrm{e}^{-n[R(D)+\delta]} \qquad (7-20)$$

利用不等式

$$(1 - \alpha\beta)^M \leqslant 1 - \beta + \mathrm{e}^{-M\alpha} \qquad (0 \leqslant \alpha, \beta \leqslant 1)$$

有

$$[1 - q(U_i)]^M = 1 - \mathrm{e}^{-n[R(D)+\delta]} \sum_{y_j \in U_i \cap V_i} q(y_j \mid x_i) \leqslant$$
$$1 - \sum_{y_j \in U_i \cap V_i} q(y_j \mid x_i) + \exp\{- M \mathrm{e}^{-n[R(D)+\delta]}\}$$

将上式代入式(7-18)中得到

$$\overline{d}_n(B) \leqslant D + \delta + d_{\max} \sum_{i=1}^{N} p(x_i) \Big[1 - \sum_{y_j \in U_i \cap V_i} q(y_j \mid x_i) +$$
$$\exp\{- M \mathrm{e}^{-n[R(D)+\delta]}\} \Big] \qquad (7-21)$$

选择 M 为

$$M = \mathrm{e}^{n[R(D)+2\delta]}$$

则当 $n \to \infty$ 时,有

$$\lim_{n\to\infty} \exp\{- M \mathrm{e}^{-n[R(D)+\delta]}\} = \lim_{n\to\infty} \exp\{- \mathrm{e}^{n\delta}\} = 0$$

所以当 n 足够大时,可以使

$$\exp\{- M \mathrm{e}^{-n[R(D)+\delta]}\} \leqslant \frac{\delta}{d_{\max}}$$

将上式代入式(7-21)中,得

$$\overline{d}_n(B) \leqslant D + \delta + d_{\max} \Big[\sum_{i=1}^{N} p(x_i) - \sum_{i=1}^{N} \sum_{y_j \in U_i \cap V_i} p(x_i) \cdot$$
$$q(y_j \mid x_i) \Big] + d_{\max} \Big[\sum_{i=1}^{N} p(x_i) \frac{\delta}{d_{\max}} \Big] =$$
$$D + 2\delta + d_{\max} \Big[1 - \sum_{i=1}^{N} \sum_{y_j \in U_i \cap V_i} p(x_i) q(y_j \mid x_i) \Big] \qquad (7-22)$$

令 $U = \bigcup_{i=1}^{N} s_i, V = \bigcup_{i=1}^{N} V_i$,则有

$$1 - \sum_{i=1}^{N} \sum_{y_j \in U_i \cap V_i} p(x_i) q(y_j \mid x_i) =$$
$$1 - p(U \cap V) = p(\overline{U} \cap \overline{V}) \leqslant p(\overline{U}) + p(\overline{V}) \qquad (7-23)$$

因为信源是无记忆的,所以有

$$p(x_i, y_j) = \prod_{k=1}^{n} p(x_{ik}) q(y_{jk} \mid x_{ik})$$

如果选择 $q(y_j \mid x_i)$ 为

$$q(y_j \mid x_i) = \prod_{k=1}^{n} q(y_{jk} \mid x_{ik})$$

则随机变量 $d(x_{ik}, y_{jk}), k=1,2,\cdots,n$ 是独立同分布的,其算术平均值 $d_n(x_i, y_j)$ 为

$$d_n(x_i,y_j) = \frac{1}{n}\sum_{k=1}^{n} d(x_{ik},y_{jk})$$

由弱大数定理可知，$d_n(x_i,y_j)$ 依概率收敛于 $d(x_{ik},y_{jk})$ 的均值 $\mathrm{E}[d]$。下式为 $E(d)$ 的表示式

$$\mathrm{E}[d] = \frac{1}{n}\sum_{k=1}^{n}\left[\sum_{i=1}^{N}\sum_{j=1}^{M} p(x_i,y_j) d(x_{ik},y_{jk})\right] = D$$

即 $d_n(x_i,y_j)$ 依概率收敛于 D，而

$$\overline{U} = \{(x_i,y_j):d_n(x_i,y_j) \geqslant D+\delta\}$$

所以

$$\lim_{n\to\infty} p(\overline{U}) = 0 \qquad (7-24)$$

因为 $q(y_j)$ 是 $p(x_i y_j)$ 的边沿分布，故

$$q(y_j) = \sum_{i=1}^{N} p(x_i)q(y_j \mid x_i) =$$
$$\sum_{i=1}^{N}\prod_{k=1}^{n} p(x_{ik})q(y_{jk} \mid x_{ik}) =$$
$$\prod_{k=1}^{n}\left[\sum_{i=1}^{N} p(x_{ik})q(y_{jk} \mid x_{ik})\right] =$$
$$\prod_{k=1}^{n} q(y_{jk})$$

所以码字中的每个符号都是相互独立的。

令

$$I_n(x_i,y_j) = \frac{1}{n}\,\mathrm{lb}\,\frac{q(y_j \mid x_i)}{q(y_j)} = \frac{1}{n}\sum_{k=1}^{n}\mathrm{lb}\,\frac{q(y_{jk} \mid x_{ik})}{q(y_{jk})} = \frac{1}{n}\sum_{k=1}^{n} I(x_{ik};y_{jk})$$

由弱大数定理可知，$I_n(x_i,y_j)$ 依概率收敛于 $I(x_{ik};y_{jk})$ 的均值 $\mathrm{E}[I]$ 为

$$E[I] = \frac{1}{n}\sum_{k=1}^{n}\left[\sum_{i=1}^{N}\sum_{j=1}^{M} p(x_i,y_j)\,\mathrm{lb}\,\frac{q(y_{jk} \mid x_{ik})}{q(y_{jk})}\right] = R(D)$$

即 $I_n(x_i,y_j)$ 依概率收敛于 $R(D)$，而

$$\overline{V} = \left\{(x_i,y_j):\frac{1}{n}\,\mathrm{lb}\,\frac{q(y_j \mid x_i)}{q(y_j)} \geqslant R(D)+\delta\right\}$$

所以

$$\lim_{n\to\infty} p(\overline{V}) = 0 \qquad (7-25)$$

由式 $(7-24)$ 和式 $(7-25)$ 可得，当 n 足够大时，可以满足

$$p(\overline{U}) \leqslant \frac{\delta}{d_{\max}}$$
$$p(\overline{V}) \leqslant \frac{\delta}{d_{\max}}$$

将上式和式 $(7-23)$ 代入式 $(7-22)$ 后得

$$\overline{d}_n(B) \leqslant D+2\delta+d_{\max}\left[\frac{\delta}{d_{\max}}+\frac{\delta}{d_{\max}}\right] = D+4\delta \qquad (7-26)$$

如果选取 $\varepsilon = 4\delta$，则

$$\overline{d}_n(B) \leqslant D + \varepsilon$$

即当 n 足够大时,分组码满足保真度准则$(D+\varepsilon)$,其码数目 M 为

$$M = 2^{n[R(D)+\delta]} = 2^{n[[R(D)+\varepsilon/2]]} < 2^{n[R(D)+\varepsilon]}$$

分组码 B 的速率 R 为

$$R = \frac{1}{n}\mathrm{lb}\, M < \frac{1}{n}\mathrm{lb}\, \{2^{n[R(D)+\varepsilon]}\} = R(D) + \varepsilon \tag{7-27}$$

由式(7-26)和式(7-27)可知,当 n 足够大时,存在分组码 $B=(M,n)$,满足保真度准则$(D+\varepsilon)$,且速率 $R<R(D)+\varepsilon$。

7.3.2　限失真信源编码逆定理

定理 7.3.2　限失真信源编码逆定理

设离散 n 长序列无记忆信源为

$$\begin{bmatrix} X \\ P \end{bmatrix} = \begin{bmatrix} x_1 & x_2 & \cdots & x_N \\ p(x_1) & p(x_2) & \cdots & p(x_N) \end{bmatrix}$$

单字符失真函数为 $d(x_{ik},y_{jk})$,设给定单字符失真度下的信息失真函数为 $R(D)$,则所有满足保真度准则 D 的信源码的速率都不小于 $R(D)$,即

$$\frac{1}{n}\mathrm{lb}\, M(n,D) \geqslant R(D)$$

证明:设 $B=[y_1,y_2,\cdots,y_M]$ 是允许码,且使平均失真度 $d(x_i,y_j)$ 最小的平均交互信息量为 $I(x_i;y_j)$,对于信源编码,$I(x_i;y_j)$ 为

$$I(x_i;y_j) = H(y_j) \leqslant \mathrm{lb}\, M \tag{7-28}$$

因为

$$I(x_i;y_j) = H(x_i) - H(x_i \mid y_j)$$

所以

$$I(x_i;y_j) = H(x_i) - H(x_{i1},x_{i2},\cdots,x_{in} \mid y_{j1},y_{j2},\cdots,y_{jn}) \tag{7-29}$$

其中

$$H(x_{i1},x_{i2},\cdots,x_{in} \mid y_{j1},y_{j2},\cdots,y_{jn}) \leqslant$$
$$\sum_{k=1}^{n} H(x_{ik} \mid y_{j1},y_{j2},\cdots,y_{jn}) \leqslant$$
$$\sum_{k=1}^{n} H(x_{ik} \mid y_{jk})$$

对于离散无记忆信源有

$$H(x_i) = \sum_{k=1}^{n} H(x_{ik}) \tag{7-30}$$

由式(7-29)和式(7-30)可得

$$\sum_{k=1}^{n} H(x_{ik}) - \sum_{k=1}^{n} H(x_{ik} \mid y_{jk}) \leqslant I(x_i;y_j) \leqslant \mathrm{lb}\, M \tag{7-31}$$

设 D_k 是对 x_{ik} 编码产生的平均失真度,则得

$$R(D_k) \leqslant I(x_{ik};y_{jk}) = H(x_{ik}) - H(x_{ik} \mid y_{jk}) \tag{7-32}$$

由 $R(D)$ 的下凸性可知

$$\frac{1}{n}\sum_{k=1}^{n}R(D_k)\geqslant R\left(\frac{1}{n}\sum_{k=1}^{n}D_k\right) \tag{7-33}$$

综合式(7-31)、式(7-32)和式(7-33),得

$$R\left(\frac{1}{n}\sum_{k=1}^{n}D_k\right)\leqslant\frac{1}{n}\sum_{k=1}^{n}R(D_k)\leqslant$$

$$\frac{1}{n}\sum_{k=1}^{n}\left[H(x_{ik})-H(x_{ik}\mid y_{jk})\right]\leqslant$$

$$\frac{1}{n}\operatorname{lb}M \tag{7-34}$$

因为设 B 为满足保真度准则 D 的允许码,所以

$$\frac{1}{n}\sum_{k=1}^{n}D_k\leqslant D$$

由 $R(D)$ 的单调递减性得

$$R(D)\leqslant R\left(\frac{1}{n}\sum_{k=1}^{n}D_k\right)\leqslant\frac{1}{n}\operatorname{lb}M$$

在允许码 B 中选择码数目最少的码 $M(n,D)$,则

$$\frac{1}{n}\operatorname{lb}M(n,D)\geqslant R(D)$$

由定理 7.3.1 和定理 7.3.2 可以得出,对于任意的 $D>0$,允许码 $M(n,D)$ 有

$$\lim_{n\to\infty}\frac{1}{n}\operatorname{lb}M(n,D)=R(D)$$

即对于任意 $D>0$,$R(D)$ 是允许码的可能的最小速率,为了达到这个速率,需要增大码序列长度 n 和增加码字数目 M。

7.4　信息率失真函数的计算

已知信源的概率分布 $p(x)$ 和失真函数 $d(x,y)$,就可以确定信源的信息率失真函数 $R(D)$,它是在约束条件,即保真度准则下,求极小值问题,一般情况下难于求得闭式解,常采用参量表示法,或采用迭代算法求解。

7.4.1　$R(D)$ 参量表示法求解

设离散信源的输入序列为

$$\begin{bmatrix}X\\P\end{bmatrix}=\begin{bmatrix}x_1 & x_2 & \cdots & x_n\\p(x_1) & p(x_2) & \cdots & p(x_n)\end{bmatrix}$$

输出序列为

$$\begin{bmatrix}Y\\P\end{bmatrix}=\begin{bmatrix}y_1 & y_2 & \cdots & y_m\\p(y_1) & p(y_2) & \cdots & p(y_m)\end{bmatrix}$$

字符传输的失真函数为 $d(x_i,y_j),i=1,2,\cdots,n;j=1,2,\cdots,m$。为了推导方便,引入记号:

$$d_{ij} = d(x_i, y_j), \qquad p_{ij} = p(y_j \mid x_i)$$
$$p_i = p(x_i), \qquad q_j = p(y_j)$$

式中

$$p(y_j) = \sum_{i=1}^{n} p(x_i) p(y_j \mid x_i) = \sum_{i=1}^{n} p_i p_{ij}$$

信息率失真函数 $R(D)$ 的计算是在约束条件

$$\begin{cases} \sum_{i=1}^{n} \sum_{j=1}^{m} p_i p_{ij} d_{ij} = D \\ \sum_{j=1}^{m} p_{ij} = 1 \qquad i = 1, 2, \cdots, n \end{cases} \qquad (7-35)$$

下,求

$$I(X;Y) = \sum_{i=1}^{n} \sum_{j=1}^{m} p_i p_{ij} \ln \frac{p_{ij}}{q_j} \qquad (7-36)$$

极小值问题。应用拉格朗日乘法,引入乘子 s 和 $\mu_i; i = 1, 2, \cdots, n$ 将上述条件极值问题转化成无条件极值问题:

$$\frac{\partial}{\partial p_{ij}} \Big[I(X;Y) - sD - \mu_i \sum_{j=1}^{m} p_{ij} \Big] = 0 \qquad i = 1, 2, \cdots, n \qquad (7-37)$$

由式(7-37)解出 p_{ij},然后代入式(7-36)中则得到在约束条件式(7-35)下的 $I(X;Y)$ 极小值,即 $R(D)$。

考虑式(7-37)中各表示式,有

$$\frac{\partial I(X;Y)}{\partial p_{ij}} = \frac{\partial}{\partial p_{ij}} \Big[\sum_{i=1}^{n} \sum_{j=1}^{m} p_i p_{ij} \ln \frac{p_{ij}}{q_j} \Big] =$$

$$\frac{\partial}{\partial p_{ij}} \Big[\sum_{i=1}^{n} \sum_{j=1}^{m} p_i p_{ij} \ln p_{ij} - \sum_{j=1}^{m} \Big(\sum_{i=1}^{n} p_i p_{ij} \Big) \ln q_j \Big] =$$

$$\frac{\partial}{\partial p_{ij}} \Big[\sum_{i=1}^{n} \sum_{j=1}^{m} p_i p_{ij} \ln p_{ij} - \sum_{j=1}^{m} q_j \ln q_j \Big] =$$

$$\Big[p_i p_{ij} \frac{1}{p_{ij}} + p_i \ln p_{ij} \Big] - \Big[q_j \frac{1}{q_j} \frac{\partial q_j}{\partial p_{ij}} + \frac{\partial q_j}{\partial p_{ij}} \ln q_j \Big] =$$

$$\Big[p_i + p_i \ln p_{ij} \Big] - \Big[p_i + p_i \ln q_j \Big] = p_i \ln \frac{p_{ij}}{q_j}$$

$$\frac{\partial}{\partial p_{ij}} [sD] = \frac{\partial}{\partial p_{ij}} \Big[s \sum_{i=1}^{n} \sum_{j=1}^{m} p_i p_{ij} d_{ij} \Big] = s p_i d_{ij}$$

$$\frac{\partial}{\partial p_{ij}} \Big[\mu_i \sum_{j=1}^{m} p_{ij} \Big] = \mu_i$$

所以式(7-37)转化为

$$p_i \ln \frac{p_{ij}}{q_j} - s p_i d_{ij} - \mu_i = 0$$
$$i = 1, 2, \cdots, n; \ j = 1, 2, \cdots, m \qquad (7-38)$$

求解式(7-38)得

$$p_{ij} = q_j \exp\{s d_{ij}\} \exp\left\{\frac{\mu_i}{p_i}\right\}$$

$$i = 1, 2, \cdots, n; \ j = 1, 2, \cdots, m \quad\quad (7-39)$$

令 $\lambda_i = \exp\left\{\dfrac{\mu_i}{p_i}\right\}$，并代入式 $(7-39)$ 可以得到

$$p_{ij} = \lambda_i q_j \exp\{s d_{ij}\} \quad\quad i = 1, 2, \cdots, n; \ j = 1, 2, \cdots, m \quad\quad (7-40)$$

因 $\sum\limits_{j=1}^{m} p_{ij} = 1$，将式 $(7-40)$ 对 j 求和可得到

$$1 = \sum_{j=1}^{m} \lambda_i q_j \exp\{s d_{ij}\} \quad\quad i = 1, 2, \cdots, n \quad\quad (7-41)$$

求解式 $(7-41)$ 可得 λ_i 值为

$$\lambda_i = \frac{1}{\sum\limits_{j=1}^{m} q_j \exp\{s d_{ij}\}} \quad\quad (7-42)$$

考虑到 $q_j = \sum\limits_{i=1}^{n} p_i p_{ij}$，将式 $(7-40)$ 两边同乘 p_i，并对 i 求和可得到

$$q_j = \sum_{i=1}^{n} p_i p_{ij} = \sum_{i=1}^{n} \lambda_i p_i q_j \exp\{s d_{ij}\} \quad\quad j = 1, 2, \cdots, m$$

即

$$\sum_{i=1}^{n} \lambda_i p_i \exp\{s d_{ij}\} = 1 \quad\quad j = 1, 2, \cdots, m \quad\quad (7-43)$$

将式 $(7-42)$ 代入式 $(7-43)$ 中，可得到关于 q_j 的 m 个方程

$$\sum_{i=1}^{n} \frac{p_i \exp\{s d_{ij}\}}{\sum\limits_{l=1}^{m} q_l \exp\{s d_{ij}\}} = 1 \quad\quad j = 1, 2, \cdots, m \quad\quad (7-44)$$

由式 $(7-44)$ 中可以解出以 s 为参量的 m 个 q_j 值，将这 m 个 q_j 值代入式 $(7-42)$ 中可以解出以 s 为参量的 n 个 λ_i 值，再将解得的 m 个 q_j 值和 n 个 λ_i 值代入式 $(7-40)$ 中，可以解出以 s 为参量的 mn 个 p_{ij} 值。

现在将解出的 mn 个 p_{ij} 值代入 7.1.2 节式 $(7-3)$ 中求出以 s 为参量的平均失真度 $D(s)$

$$D(s) = \sum_{i=1}^{n} \sum_{j=1}^{m} \lambda_i p_i q_j d_{ij} \exp\{s d_{ij}\} \quad\quad (7-45)$$

其中，λ_i 和 q_i 由式 $(7-41)$ 和 $(7-44)$ 求得。

将解出的 mn 个 p_{ij} 值代入式 $(7-36)$ 中求得在约束条件 $(7-35)$ 下的 $I(X,Y)$ 的极小值，即以 s 为参量的信息率失真函数 $R(s)$

$$R(s) = \sum_{i=1}^{n} \sum_{j=1}^{m} \lambda_i p_i q_j \exp\{s d_{ij}\} \ln \frac{\lambda_i q_j \exp\{s d_{ij}\}}{q_j} =$$

$$\sum_{i=1}^{n} \sum_{j=1}^{m} \lambda_i p_i q_j \exp\{s d_{ij}\} (\ln \lambda_i + s d_{ij}) =$$

$$\sum_{i=1}^{n} p_i \ln \lambda_i \left[\sum_{j=1}^{m} \lambda_i q_j \exp\{s d_{ij}\} \right] +$$

$$s \sum_{i=1}^{n} \sum_{j=1}^{m} \lambda_i p_i q_j d_{ij} \exp \{s d_{ij}\} =$$

$$\sum_{i=1}^{n} p_i \ln \lambda_i \left(\sum_{j=1}^{m} p_{ij} \right) + s D(s) =$$

$$\sum_{i=1}^{n} p_i \ln \lambda_i + s D(s) \qquad (7-46)$$

一般情况下,参量 s 无法消去,因此得不到 $R(D)$ 的闭式解,只有在某些特定的简单问题中才能消去参量 s,得到 $R(D)$ 的闭式解。若无法消去参量 s,就需要进行逐点计算。下面分析一下参量 s 的意义。

将 $R(D)$ 看成 $D(s)$ 和 s 的隐函数,而 λ_i 又是 s 的函数,利用全微分公式对 $R(D)$ 求导,可得

$$\frac{dR(D)}{dD} = \frac{\partial R(s)}{\partial D(s)} + \frac{\partial R(s)}{\partial s} \left(\frac{ds}{dD} \right) + \sum_{i=1}^{n} \frac{\partial R(s)}{\partial \lambda_i} \left(\frac{d\lambda_i}{dD} \right) =$$

$$s + D(s) \frac{ds}{dD} + \sum_{i=1}^{n} \frac{p_i}{\lambda_i} \cdot \frac{d\lambda_i}{dD} =$$

$$s + \left[D(s) + \sum_{i=1}^{n} \frac{p_i}{\lambda_i} \cdot \frac{d\lambda_i}{ds} \right] \frac{ds}{dD} \qquad (7-47)$$

为求出 $\dfrac{d\lambda_i}{ds}$,将式(7-41)对 s 求导,得到

$$\sum_{i=1}^{n} \left[p_i \exp \{s d_{ij}\} \frac{d\lambda_i}{ds} + \lambda_i p_i d_{ij} \exp \{s d_{ij}\} \right] = 0$$

将上式两边同乘以 q_j,并对 j 求和,可得

$$\sum_{j=1}^{m} q_j \sum_{i=1}^{n} \left[p_i \exp \{s d_{ij}\} \frac{d\lambda_i}{ds} + \lambda_i p_i d_{ij} \exp \{s d_{ij}\} \right] = 0$$

即

$$\sum_{i=1}^{n} p_i \left[\sum_{j=1}^{m} q_j \exp \{s d_{ij}\} \right] \frac{d\lambda_i}{ds} + \sum_{i=1}^{n} \sum_{j=1}^{m} \lambda_i p_i q_j d_{ij} \exp \{s d_{ij}\} = 0$$

将式(7-42)和(7-45)代入上式,可得

$$\sum_{i=1}^{n} p_i \frac{1}{\lambda_i} \frac{d\lambda_i}{ds} + D(s) = 0 \qquad (7-48)$$

将式(7-48)代入式(7-47)中,可得

$$\frac{dR(D)}{dD} = s \qquad (7-49)$$

式(7-49)表明,参量 s 是信息率失真函数 $R(D)$ 的斜率。由 $R(D)$ 在 $0<D<D_{max}$ 之间是严格单调减函数可知,s 是负值,且是 D 的递增函数,即 s 将随 D 的增加而增加。由 $R(D)$ 的性质可知,在 $D=0$ 处,$R(D)$ 的斜率有可能为 $-\infty$;当 $D>D_{max}$ 时,则 $R(D)=0$,其斜率为零。所以参量 s 的取值为 $(-\infty,0)$。进一步还可以证明:信息率失真函数 $R(D)$ 是参量 s 的连续函数;$R(D)$ 的斜率即参量 s 是失真度 D 的连续函数,在 $D=D_{max}$ 处,$R(D)$ 的斜率可能是不连续的。

7.4.2　应用参量表示式计算 $R(D)$ 的例题

为了深入理解和熟悉利用参量表示式计算 $R(D)$ 的方法,给出两个简单的例题,应用参量表示式来计算 $R(D)$。

例 7.4.1　二进制对称信源,设信源输入符号集为 $(0,1)$,其中 $p(0)=p$,$p(1)=1-p$,$p\leqslant\dfrac{1}{2}$。失真函数定义为

$$d_{ij}=\begin{cases}0 & i=j \\ 1 & i\neq j\end{cases}\qquad i,j=1,2$$

设输出符号集为 $(0,1)$,求信息率失真函数 $R(D)$。

解: 先引入两个假定:$p_1=p(0)=p$,$p_2=p(1)=1-p$。

计算步骤如下:

(1) 由式 $(7-43)$ 计算 λ_1 和 λ_2

$$\begin{cases}\lambda_1 p_1\exp\{sd_{11}\}+\lambda_2 p_2\exp\{sd_{21}\}=1 \\ \lambda_1 p_1\exp\{sd_{12}\}+\lambda_2 p_2\exp\{sd_{22}\}=1\end{cases}$$

求解后 λ_1 和 λ_2 为

$$\lambda_1=\frac{\exp\{sd_{22}\}-\exp\{sd_{21}\}}{p_1[\exp\{sd_{11}+sd_{22}\}-\exp\{sd_{12}+sd_{21}\}]}$$

$$\lambda_2=\frac{\exp\{sd_{11}\}-\exp\{sd_{12}\}}{p_2[\exp\{sd_{11}+sd_{22}\}-\exp\{sd_{12}+sd_{21}\}]}$$

将已知量代入得

$$\lambda_1=\frac{1}{p[1+\exp\{s\}]}$$

$$\lambda_2=\frac{1}{(1-p)[1+\exp\{s\}]}$$

(2) 由式 $(7-42)$ 计算 q_1 和 q_2

$$q_1\exp\{sd_{11}\}+q_2\exp\{sd_{12}\}=\frac{1}{\lambda_1}$$

$$q_1\exp\{sd_{21}\}+q_2\exp\{sd_{22}\}=\frac{1}{\lambda_2}$$

解出 q_1 和 q_2 为

$$q_1=\frac{\dfrac{1}{\lambda_1}\exp\{sd_{22}\}-\dfrac{1}{\lambda_2}\exp\{sd_{12}\}}{\exp\{sd_{11}+sd_{22}\}-\exp\{sd_{12}+sd_{21}\}}$$

$$q_2=\frac{\dfrac{1}{\lambda_2}\exp\{sd_{11}\}-\dfrac{1}{\lambda_1}\exp\{sd_{21}\}}{\exp\{sd_{11}+sd_{22}\}-\exp\{sd_{12}+sd_{21}\}}$$

将已知量及求得的 λ_1 和 λ_2 代入上式求得

$$q_1=\frac{p-(1-p)\exp\{s\}}{1-\exp\{s\}}$$

$$q_2 = \frac{(1-p)-p \exp\{s\}}{1-\exp\{s\}}$$

（3）将求得的 λ_1、λ_2 和 q_1、q_2 代入式(7-45)得到平均失真度 $D(s)$

$$D(s) = \lambda_1 p_1 q_1 d_{11} \exp\{s d_{11}\} + \lambda_1 p_1 q_2 d_{12} \exp\{s d_{12}\} +$$
$$\lambda_2 p_2 q_1 d_{21} \exp\{s d_{21}\} + \lambda_2 p_2 q_2 d_{22} \exp\{s d_{22}\} =$$
$$\frac{\exp\{s\}}{1+\exp\{s\}}$$

通过求解，参量 s 为

$$s = \ln \frac{D}{1-D}$$

（4）将参量 s 代入式(7-46)得到率失真函数 $R(D)$

$$R(D) = sD(s) + p_1 \ln \lambda_1 + p_2 \ln \lambda_2 \Big|_{s=\ln\frac{D}{1-D}} =$$
$$-[p \ln p + (1-p)\ln(1-p)] +$$
$$[D \ln D + (1-D)\ln(1-D)]$$

令 $\overline{p}=1-p$，$\overline{D}=1-D$，则

$$R(D) = -[p \ln p + \overline{p} \ln \overline{p}] + [D \ln D + \overline{D} \ln \overline{D}] =$$
$$H(p,\overline{p}) - H(D,\overline{D})$$

由 $R(D)$ 和 $H(p,\overline{p})$ 的性质可以确定出信息率失真函数的定义域 $0 \leqslant D \leqslant p$，$p \leqslant \frac{1}{2}$；值域为 $0 \leqslant R(D) \leqslant H(p,\overline{p})$。

对于不同 p 值可以得到一组 $R(D)$ 的曲线，如图 7.2 所示。由图 7.2 可以看出，对于给定的平均失真度 D，信源分布越均匀（p 值接近 $\frac{1}{2}$），$R(D)$ 就越大，即可压缩性越小；反之，信源分布越不均匀，$R(D)$ 就越小，即可压缩性越大。

例 7.4.2　r 进制对称信源，设信源输入符号集为 $X=[x_1,x_2,\cdots,x_r]$，信源符号等概率分布 $p(x_i)=\frac{1}{r}$，$i=1,2,\cdots,r$，输出符号集为 $Y=\{y_1,y_2,\cdots,y_r\}$，失真函数定义为

$$d(x_i,y_j) = \begin{cases} 0 & i=j \\ 1 & i \neq j \end{cases} \qquad i,j=1,2,\cdots,r$$

求信息率失真函数 $R(D)$。

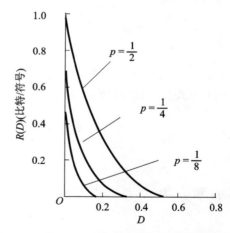

图 7.2　不同 p 值对应的信息率失真函数 $R(D)$

解：先引入假定：$p_i=p(x_i)=\frac{1}{r}$；$i=1,2,\cdots,r$；$d_{ij}=d(x_i,y_j)$；$i,j=1,2,\cdots,r$；$q_j=q(y_j)$；$j=1,2,\cdots,r$。

计算步骤如下：

（1）由式(7-43)确定出 λ_i，$i=1,2,\cdots,r$ 所满足的方程为

$$\begin{cases} \lambda_1 + \lambda_2 \exp\{s\} + \cdots + \lambda_r \exp\{s\} = r \\ \lambda_1 \exp\{s\} + \lambda_2 + \cdots + \lambda_r \exp\{s\} = r \\ \vdots \\ \lambda_1 \exp\{s\} + \lambda_2 \exp\{s\} + \cdots + \lambda_r = r \end{cases}$$

求解得 $\lambda_i , i = 1, 2, \cdots, r$ 为

$$\lambda_i = \frac{r}{1 + (r-1)\exp\{s\}} \qquad i = 1, 2, \cdots, r$$

（2）由式(7-42)确定出 $q_j , j = 1, 2, \cdots, r$ 所满足的方程为

$$\begin{cases} q_1 + q_2 \exp\{s\} + \cdots + q_r \exp\{s\} = \dfrac{1 + (r-1)\exp\{s\}}{r} \\[2mm] q_1 \exp\{s\} + q_2 + \cdots + q_r \exp\{s\} = \dfrac{1 + (r-1)\exp\{s\}}{r} \\[2mm] \vdots \\ q_1 \exp\{s\} + q_2 \exp\{s\} + \cdots + q_r = \dfrac{1 + (r-1)\exp\{s\}}{r} \end{cases}$$

求解得 $q_j , j = 1, 2, \cdots, r$ 为

$$q_j = \frac{1}{r} \qquad j = 1, 2, \cdots, r$$

（3）将 $\lambda_i , i = 1, 2, \cdots, r, q_j , j = 1, 2, \cdots, r$ 代入式(7-45)中得

$$D(s) = \frac{(r-1)\exp\{s\}}{1 + (r-1)\exp\{s\}}$$

求解得参量 s 为

$$s = \ln \frac{D}{(r-1)(1-D)}$$

（4）将参量 s 代入式(7-46)中，通过求解得到 $R(D)$ 为

$$R(D) = sD(s) + \sum_{i=1}^{r} p_i \ln \lambda_i \Bigg|_{s = \ln \frac{D}{(r-1)(1-D)}} =$$

$$\ln r - D \ln (r-1) + D \ln D + (1-D)\ln(1-D) =$$

$$\ln r - D \ln (r-1) - H(D, 1-D)$$

由 $R(D)$ 的性质可以确定出 $R(D)$ 的定义域为 $0 \leqslant D \leqslant 1 - \dfrac{1}{r}$，值域为 $0 \leqslant R(D) \leqslant \ln r$。

对于不同的 r 值可以得到一组 $R(D)$ 曲线，如图 7.3 所示。由图 7.3 可以看出，对于给定的平均失真度 D，r 越大，$R(D)$ 越大，信源可压缩性越小；反之，r 越小，$R(D)$ 越小，信源可压缩性越大。如果信源的分层数目为 r，那么在满足保真度准则 D 的前提下，分层越多，信源的可压缩性越小；反之，分层越少，信源的可压缩性越大。

信息率失真理论给出了在指定的失真度 D 条件下，信源熵 $H(X)$ 所能压缩的下界 $R(D)$，但是并没有指出具体的压缩方法。

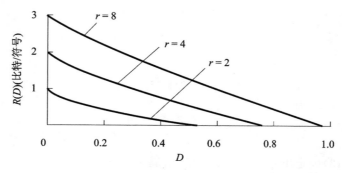

图 7.3　不同 r 值对应的信息率失真函数 $R(D)$

7.4.3　$R(D)$ 的迭代计算方法

计算信息率失真函数 $R(D)$ 的另一种方法是建立在参量表示法基础上的迭代算法。

设离散信源的输入序列为

$$\begin{bmatrix} X \\ P \end{bmatrix} = \begin{bmatrix} x_1 & x_2 & \cdots & x_n \\ p_1 & p_2 & \cdots & p_n \end{bmatrix}$$

输出序列为

$$\begin{bmatrix} Y \\ P \end{bmatrix} = \begin{bmatrix} y_1 & y_2 & \cdots & y_m \\ q_1 & q_2 & \cdots & q_m \end{bmatrix}$$

字符传输的失真函数为

$$d_{ij} = d(x_i, y_j) \qquad i = 1, 2, \cdots, n; j = 1, 2, \cdots, m$$

定义函数 $F(s, p_{ij}, q_j)$ 为

$$F(s, p_{ij}, q_j) = I(p_{ij}; q_j) - sD(p_{ij}) =$$

$$\sum_{i=1}^{n} \sum_{j=1}^{m} p_i p_{ij} \ln \frac{p_{ij}}{q_j} - s \sum_{i=1}^{n} \sum_{j=1}^{m} p_i p_{ij} d_{ij}$$

迭代算法计算 $R(D)$ 的基本思想是：对于给定的平均失真度 D 若存在 p_{ij}^* 和 q_j^*，在满足约束条件

$$\begin{cases} \sum_{i=1}^{n} \sum_{j=1}^{m} p_i p_{ij} d_{ij} = D \\ \sum_{j=1}^{m} p_{ij} = 1 \qquad i = 1, 2, \cdots, n \end{cases} \tag{7-50}$$

下，有

$$F(s, p_{ij}^*, q_j^*) = \min_{p_{ij}, q_j} F(s, p_{ij}, q_j)$$

则 $R(D)$ 的参量表达式为

$$D(s) = \sum_{i=1}^{n} \sum_{j=1}^{m} p_i p_{ij}^* d_{ij} \tag{7-51}$$

$$R(s) = sD(s) + F(s, p_{ij}^*, q_j^*) \tag{7-52}$$

式（7-51）和式（7-52）显然成立，因为 p_{ij}^* 和 q_j^* 满足约束条件式（7-50），所以有

$$D = \sum_{i=1}^{n} \sum_{j=1}^{m} p_i p_{ij}^* d_{ij}$$

该式以 s 为参量表示时就是式(7-51)；而由已知条件知道，对于满足保真度准则 D 下的 p_{ij} 和 q_j 有

$$
\begin{aligned}
F(s, p_{ij}^*, q_j^*) &= \min_{p_{ij}, q_j} F(s, p_{ij}, q_j) = \\
&\min_{p_{ij}, q_j} [I(p_{ij}; q_j) - sD(p_{ij})] = \\
&\min_{p_{ij}, q_j} [I(p_{ij}; q_j) - sD] = \\
&\min_{p_{ij}, q_j} I(p_{ij}; q_j) - sD
\end{aligned}
$$

代入式(7-52)中，可以求得

$$
\begin{aligned}
R(s) &= sD(s) + F(s, p_{ij}^*, q_j^*) = \\
&sD(s) + \min_{p_{ij}, q_j} I(p_{ij}; q_j) - sD
\end{aligned}
$$

因为 $D(s)$ 是 D 的参量表达式，即 $D(s) = D$，所以

$$R(s) = \min_{p_{ij}, q_j} I(p_{ij}; q_j)$$

于是，$R(s)$ 是满足约束条件式(7-50)下的 $I(p_{ij}; q_j)$ 的极小值，即信息率失真函数 $R(D)$ 的参量表达式。

不难证明，$F(s, p_{ij}, q_j)$ 是 p_{ij} 的下凸函数，同时也是 q_j 的下凸函数。

$R(D)$ 的迭代算法如下。

(1) 固定 p_{ij}，在 $\sum_{l=1}^{m} q_l = 1$ 约束条件下求 $F(s, p_{ij}, q_j)$ 的极值，转化成无条件极值问题，即

$$\frac{\partial}{\partial q_j} \left[F(s, p_{ij}, q_j) + \lambda \sum_{l=1}^{m} q_l \right] = 0 \qquad j = 1, 2, \cdots, m$$

经运算后有

$$-\sum_{i=1}^{n} \frac{p_i p_{ij}}{q_j} + \lambda = 0 \qquad j = 1, 2, \cdots, m$$

求解得

$$q_j = \frac{1}{\lambda} \sum_{i=1}^{n} p_i p_{ij} \qquad j = 1, 2, \cdots, m \qquad (7-53)$$

上式两端对 j 求和得

$$1 = \frac{1}{\lambda} \sum_{j=1}^{m} \sum_{i=1}^{n} p_i p_{ij} = \frac{1}{\lambda}$$

故求得 $\lambda = 1$。由于 $F(s, p_{ij}, q_j)$ 是 q_j 的下凸函数，其极值必为极小值。因此，式(7-53)是使 $F(s, p_{ij}, q_j)$ 极小的 q_j^*，即

$$q_j^* = \sum_{i=1}^{n} p_i p_{ij} \qquad j = 1, 2, \cdots, m \qquad (7-54)$$

(2) 固定 q_j，在 $\sum_{l=1}^{m} p_{ij} = 1$ 约束条件下求 $F(s, p_{ij}, q_j)$ 的极值，转化成无条件极值问题，即

$$\frac{\partial}{\partial p_{ij}} \left[F(s, p_{ij}, q_j) + \sum_{i=1}^{n} \lambda_i \sum_{l=1}^{m} p_{il} \right] = 0 \qquad i = 1, 2, \cdots, n; \ j = 1, 2, \cdots, m$$

经必要运算后有

$$p_i = \left(1 + \ln \frac{p_{ij}}{q_j}\right) - s p_i d_{ij} + \lambda_i = 0 \qquad i = 1, 2, \cdots, n;\ j = 1, 2, \cdots, m$$

求解得

$$p_{ij} = q_j \exp(s d_{ij}) \exp\left[-\left(1 + \frac{\lambda_i}{p_i}\right)\right] \qquad i = 1, 2, \cdots, n;\ j = 1, 2, \cdots, m$$

上式两端对 j 求和得

$$1 = \exp\left[-\left(1 + \frac{\lambda_i}{p_i}\right)\right] \sum_{j=1}^{m} q_j \exp(s d_{ij})$$

所以有

$$p_{ij} = \frac{q_j \exp(s d_{ij})}{\sum_{l=1}^{m} q_l \exp(s d_{il})} \qquad i = 1, 2, \cdots, n;\ j = 1, 2, \cdots, m \qquad (7-55)$$

由于 $F(s, p_{ij}, q_j)$ 是 p_{ij} 的下凸函数,其极值必为极小值。因此,式(7-55)是使 $F(s, p_{ij}, q_j)$ 极小的 p_{ij}^*,即

$$p_{ij}^* = \frac{q_j \exp(s d_{ij})}{\sum_{l=1}^{m} q_l \exp(s d_{il})} \qquad i = 1, 2, \cdots, n;\ j = 1, 2, \cdots, m \qquad (7-56)$$

(3) 将求得的 p_{ij}^* 和 q_j^* 代入式(7-51)和式(7-52),从而得到信息率失真函数 $R(D)$ 的参量表达式。

$$\begin{cases} D(s) = \sum_{i=1}^{n} \sum_{j=1}^{m} p_i p_{ij}^* d_{ij} \\ R(s) = s D(s) + F(s, p_{ij}^*, q_j^*) \end{cases}$$

将上述过程综合,可以得到迭代算法的步骤如下。

(1) 首先,设定 s 值,赋给 $p_{ij}(1)$ 初值,一般可取 $p_{ij}(1) = \frac{1}{n}$, $i = 1, 2, \cdots, n$; $j = 1, 2, \cdots, m$,其中括号中的值是迭代次数,在给定 $p_{ij}(1)$ 条件下求使 $F(s, p_{ij}, q_j)$ 极小的 $q_j(1)$, $j = 1, 2, \cdots, m$。

$$q_j(1) = \sum_{i=1}^{n} p_i p_{ij}(1) \qquad j = 1, 2, \cdots, m$$

(2) 其次,在计算出的 $q_j(1)$ 条件下求使 $F(s, p_{ij}, q_j)$ 极小的 $p_{ij}(2)$, $i = 1, 2, \cdots, n$; $j = 1, 2, \cdots, m$。

$$p_{ij}(2) = \frac{q_j \exp(s d_{ij})}{\sum_{l=1}^{m} q_l \exp(s d_{il})} \qquad i = 1, 2, \cdots, n;\ j = 1, 2, \cdots, m$$

(3) 重复步骤 1 和 2,计算出第 k 次迭代的 $p_{ij}(k)$ 和 $q_j(k)$, $i = 1, 2, \cdots, n$; $j = 1, 2, \cdots, m$。同时计算第 k 次迭代后的 $R(s)$ 值。

$$R(s) = s \sum_{i=1}^{n} \sum_{j=1}^{m} p_i p_{ij}(k) + F[s, p_{ij}(k), q_j(k)]$$

当 $R(s)$ 趋于稳定时,即相邻两次迭代后得到的 $R(s)$ 之差小于预先给定量,取迭代结果

$F(s, p_{ij}, q_j)$ 极小的 p_{ij}^* 和 q_j^*，即

$$p_{ij}^* = p_{ij}(k)$$
$$q_j^* = q_j(k) \qquad i = 1, 2, \cdots, n; \; j = 1, 2, \cdots, m$$

（4）最后，将迭代算法得到的

$$p_{ij}^* = p_{ij}(k)$$
$$q_j^* = q_j(k) \qquad i = 1, 2, \cdots, n; \; j = 1, 2, \cdots, m$$

代入式(7-51)和式(7-52)，得到 $R(D)-D$ 坐标图上的一点。

（5）再给定新的 s 值，重复步骤（1）～（4），得到 $R(D)-D$ 坐标图上的另一点。因为 s 的取值范围是 $(-\infty, 0)$，所以要得到整个 $R(D)$ 曲线，可选取一充分大的负值 s 开始上述迭代过程，计算 $D(s)$ 和 $R(s)$；然后逐渐增加 s 值，计算相应的 $D(s)$ 和 $R(s)$，当 $R(s)$ 接近于零时，计算过程即可停止，从而得到整个曲线。

习　题

7.1　设一输入符号集为 $X = \{0, 1\}$，输出符号集为 $Y = \{0, 1\}$。定义失真函数为

$$d(0, 0) = d(1, 1) = 0$$
$$d(0, 1) = d(1, 0) = 1$$

试求失真矩阵 D。

7.2　设一个输入符号集与输出符号集均为 $X = Y = \{0, 1, 2, 3\}$，且输入信源的分布为

$$P(X = i) = \frac{1}{4} \qquad i = 0, 1, 2, 3$$

其失真矩阵为

$$[d] = \begin{bmatrix} 0 & 1 & 1 & 1 \\ 1 & 0 & 1 & 1 \\ 1 & 1 & 0 & 1 \\ 1 & 1 & 1 & 0 \end{bmatrix}$$

求 $D_{\max}$ 和 $D_{\min}$ 以及信源的 $R(D)$。

7.3　设有一离散无记忆信源，失真矩阵为 D，证明：$R(D) = H(X)$ 的充要条件是失真矩阵 D 中每一行至少有一个元素为 0，且每列最多只有一个元素为 0。

7.4　利用 $R(D)$ 的性质，画出一般 $R(D)$ 的曲线并说明其物理意义。并说明为什么 $R(D)$ 是非负且非增的曲线？

7.5　对于离散无记忆信 X，若要求最小平均失真度 $D_{\min} = 0$，试问：失真矩阵 D 应具有什么特性。

7.6　试证：率失真函数 $R(D)$ 不可能为一常数。

7.7　设一二进制信源为

$$\begin{bmatrix} X \\ P \end{bmatrix} = \begin{bmatrix} 0 & 1 \\ \dfrac{1}{2} & \dfrac{1}{2} \end{bmatrix}$$

失真函数矩阵为

$$[d] = \begin{bmatrix} 0 & \alpha \\ \alpha & 0 \end{bmatrix}$$

求这个信源的 $D_{\min}$ 和 $D_{\max}$ 以及率失真函数 $R(D)$。

7.8 设有无记忆信源 $X = \{0,1,2,3\}$,信宿 $Y = \{0,1,2,3,4,5,6\}$。假定信源符号为等概率分布。其失真函数定义为

$$d(x_i, y_j) = \begin{cases} 0, & i = j; \\ 1, & i = 0 \text{ 且 } j = 4 \\ 1, & i = 2,3 \text{ 且 } j = 5 \\ 3, & j = 6 \text{ 且 } i \neq 6 (i \text{ 任意}) \\ \infty, & \text{其他} \end{cases}$$

试证明:率失真函数如题图 7.1 所示。

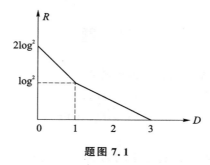

题图 7.1

7.9 试证明:对于离散无记忆 N 次扩展信源,有

$$R_N(D) = NR(D)$$

式中,N 为任意正整数,$D \geqslant D_{\min}$。

第8章　连续信源和波形信道

在通信系统中,所传输的消息可分为离散消息和连续消息。关于离散消息(离散信源),前几章已进行了详细的论述。本章将重点介绍连续信源及其相关问题。

8.1　连续信源的特征

8.1.1　连续信源

实际应用中,信源的输出往往是时间的连续函数,诸如语音信号、电视图像等。由于它们的取值既是连续的又是随机的,所以这种信源称为连续信源,而且信源输出的消息可以用随机过程来描述。对于某一连续信源 $X(t)$,当给定某一时刻 $t=t_0$ 时,其取值是连续的,即时间和幅度均为连续函数。

根据随机过程理论可以看出,连续信源中消息数是无限的,其每一可能的消息是随机过程的一个样本函数。通常可以用有限维概率分布函数或有限维概率密度函数来描述连续信源。

若给定 n 个时刻 $t_i, i=1,2,\cdots,n$,随机变量 $X(t_i), i=1,2,\cdots,n$ 的联合分布函数为

$$F(x_1,x_2,\cdots,x_n;t_1,t_2,\cdots,t_n)=P\{X(t_1)<x_1,X(t_2)<x_2,\cdots,X(t_n)<x_n\}$$

如果 $F(x_1,x_2,\cdots,x_n;t_1,t_2,\cdots,t_n)$ 的 n 阶偏导数存在,则有

$$p(x_1,x_2,\cdots x_n;t_1,t_2,\cdots,t_n)=\frac{\partial^n F(x_1,x_2,\cdots,x_n;t_1,t_2,\cdots,t_n)}{\partial x_1 \partial x_2 \cdots \partial x_n}$$

称上式为随机过程 $X(t)$ 的 n 维概率密度函数(简称概率密度)。

若满足

$$p(x_1,x_2,\cdots,x_n;t_1,t_2,\cdots,t_n)=\prod_{i=1}^{n}p_{X_i}(x_i;t_i)$$

式中,$p_{X_i}(x_i;t_i)$ 为 $X(t_i)$ 的边沿概率密度函数,则称这种随机过程为独立随机过程。

一般来讲,任何一个随机过程都可以用一组随机变量来描述。因此,研究连续信源可以首先对单个随机变量情况进行讨论,然后推广到 n 维随机变量情况。

8.1.2　连续信源的熵

最简单的连续信源可以用一维随机变量描述。随机变量 X 存在非负函数 $p(x)$,且 $\int_{-\infty}^{\infty}p(x)\mathrm{d}x<\infty$,并且

$$F(x)=P(X<x)=\int_{-\infty}^{x}p(\alpha)\mathrm{d}\alpha$$

则称 X 具有连续型分布,或称 X 为连续随机变量。$p(x)$ 为概率密度函数,$F(x)$ 为概率分布函数。

连续随机变量 X 满足：

(1) $p(x)\geqslant 0$；

(2) $\int_{-\infty}^{\infty} p(x)\mathrm{d}x=1$；

(3) $F(x)$ 为单调非降函数；

(4) $F(x)$ 左连续，即 $F(x)=F(x-0)$；

(5) $\lim\limits_{x\to-\infty} F(x)=0$，$\lim\limits_{x\to+\infty} F(x)=1$。

为清楚起见，简单连续信源的模型写为

$$\begin{bmatrix} X \\ P \end{bmatrix} = \begin{bmatrix} x & \\ p(x) & \int_{-\infty}^{\infty} p(x)\mathrm{d}x=1 \end{bmatrix} \tag{8-1}$$

假设 $x\in[a,b]$，令 $\Delta x=(b-a)/n$，$x_i\in[a+(i-1)\Delta x,a+i\Delta x]$，则连续信源模型可改写成离散信源模型

$$\begin{bmatrix} X \\ P \end{bmatrix} = \begin{bmatrix} x_i \in [a+(i-1)\Delta x,a+i\Delta x] \\ p_i = \int_{a+(i-1)\Delta x}^{a+i\Delta x} p(x)\mathrm{d}x \end{bmatrix}$$

由积分中值定理不难得到

$$p_i = \int_{a+(i-1)\Delta x}^{a+i\Delta x} p(x)\mathrm{d}x = p(x_i)\Delta x$$

根据离散信源熵的定义，则

$$H_n(X) = -\sum_{i=1}^{n} p_i \log p_i =$$

$$-\sum_{i=1}^{n} p(x_i)\Delta x \log p(x_i)\Delta x =$$

$$-\sum_{i=1}^{n} [p(x_i)\log p(x_i)]\Delta x - \sum_{i=1}^{n} p(x_i)\Delta x \log \Delta x$$

当 $n\to\infty$ 时，即 $\Delta x\to 0$ 时，由积分定义，则有

$$H(X) = \lim_{n\to\infty} H_n(X) =$$

$$-\int_a^b p(x)\log p(x)\mathrm{d}x - \lim_{\Delta x\to 0} \int_a^b p(x)\log \Delta x \mathrm{d}x =$$

$$-\int_a^b p(x)\log p(x)\mathrm{d}x - \lim_{\Delta x\to 0} \log \Delta x$$

上式中第一项具有离散信源熵的形式，第二项为无穷项。

定义 8.1.1 对于连续信源 X，若其概率密度函数为 $p(x)$，则连续信源的熵为

$$H(X) = -\int_{-\infty}^{\infty} p(x)\log p(x)\mathrm{d}x \tag{8-2}$$

连续信源的熵与离散信源的熵具有相同的形式，但其意义不相同。连续信源熵与离散信源熵相比，去掉了一个无穷项。连续信源的不确定性应为无穷大，由于实际应用中常常关心的是熵之间的差值，无穷项可相互抵消，故这样定义连续信源的熵不会影响讨论所关心的交互信息量、信道容量和率失真函数。需要强调的是连续信源熵的值只是熵的相对值，不是绝对值，而离散信源熵的值是绝对值。

8.1.3　连续信源的最大熵

我们知道,对于离散信源,当所有消息独立等概分布时,其熵值最大。对于连续信源,当存在最大熵值时,其概率密度函数 $p(x)$ 应该满足什么条件? 下面讨论这一问题。

实际上,上述问题就是求当 $H(X)$ 满足

$$H(X) = -\int_{-\infty}^{\infty} p(x) \log p(x) \mathrm{d}x$$

为最大条件下,求解 $p(x)$,且 $p(x)$ 满足概率密度的定义。在具体应用中,我们只对连续信源的两种情况感兴趣,一是信源输出幅度受限,二是信源输出平均功率受限。利用数学表达式表示两种情况,可以写为

$$\int_{-\infty}^{\infty} p(x) \mathrm{d}x = 1$$

$$\int_{-\infty}^{\infty} x p(x) \mathrm{d}x = m$$

$$\int_{-\infty}^{\infty} (x-m)^2 p(x) \mathrm{d}x = \sigma^2$$

首先讨论信源输出幅度受限条件下信源的最大熵。

定理 8.1.1　对于服从均匀分布的随机变量 X,具有最大输出熵。

证明：该问题为在约束条件

$$\int_a^b p(x) \mathrm{d}x = 1$$

下,求最大输出熵

$$H(X) = -\int_a^b p(x) \log p(x) \mathrm{d}x$$

达到最大值的 $p(x)$。

令

$$F[p(x)] = H(X) + \lambda \left[\int_a^b p(x) \mathrm{d}x - 1 \right]$$

对上式求关于 $p(x)$ 的偏导数,并令其为 0,则

$$\frac{\partial F[p(x)]}{\partial p(x)} = \int_a^b \left\{ \frac{\partial}{\partial p(x)} \left[-p(x) \log p(x) + \lambda p(x) - \frac{\lambda}{b-a} \right] \right\} \mathrm{d}x = 0$$

取 e 为底的对数,化简后得

$$-\ln p(x) - 1 + \lambda = 0$$

解得

$$p(x) = \mathrm{e}^{\lambda-1}$$

因为

$$\int_a^b p(x) \mathrm{d}x = \int_a^b \mathrm{e}^{\lambda-1} \mathrm{d}x = 1$$

则有

$$\mathrm{e}^{\lambda-1} = \frac{1}{b-a}$$

所以

$$p(x) = \begin{cases} \dfrac{1}{b-a} & a \leqslant x \leqslant b \\ 0 & \text{其他} \end{cases} \tag{8-3}$$

从以上证明可以看出,输出信号幅度受限的连续信源,当满足均匀分布时达到最大输出熵。该结论与离散信源在以等概率出现达到最大输出熵的结论相类似。

下面讨论平均功率受限条件下的最大熵。

定理 8.1.2 对于服从均值为 m,方差为 σ^2 的高斯分布的随机变量具有最大输出熵。

证明: 该问题是在约束条件

$$\int_{-\infty}^{\infty} p(x)\mathrm{d}x = 1$$

$$\int_{-\infty}^{\infty} xp(x)\mathrm{d}x = m$$

$$\int_{-\infty}^{\infty} (x-m)^2 p(x)\mathrm{d}x = \sigma^2$$

下,求熵函数

$$H(X) = -\int_{-\infty}^{\infty} p(x)\log p(x)\mathrm{d}x$$

达到最大值的 $p(x)$。

令

$$\begin{aligned} F[p(x)] = H(X) &+ \lambda_1 \left[\int_{-\infty}^{\infty} p(x)\mathrm{d}x - 1 \right] + \\ &\lambda_2 \left[\int_{-\infty}^{\infty} xp(x)\mathrm{d}x - m \right] + \\ &\lambda_3 \left[\int_{-\infty}^{\infty} (x-m)^2 p(x)\mathrm{d}x - \sigma^2 \right] \end{aligned}$$

令

$$\frac{\partial F[p(x)]}{\partial p(x)} = 0$$

取 e 为底的对数,则有

$$-\ln p(x) - 1 + \lambda_1 + \lambda_2 x + \lambda_3 (x-m)^2 = 0$$

解得

$$p(x) = \exp\{\lambda_1 - 1 + \lambda_2 x + \lambda_3 (x-m)^2\}$$

将上式代入约束条件关系式,可以得到

$$\mathrm{e}^{\lambda_1 - 1} = \frac{1}{\sqrt{2\pi}\sigma}$$

$$\lambda_2 = 0$$

$$\lambda_3 = -\frac{1}{2\sigma^2}$$

故

$$p(x) = \frac{1}{\sqrt{2\pi}\sigma} \exp\left\{ -\frac{(x-m)^2}{2\sigma^2} \right\} \tag{8-4}$$

$$H(X) = -\int_{-\infty}^{\infty} p(x)\log p(x)\mathrm{d}x =$$

$$\int_{-\infty}^{\infty} p(x)\log\sqrt{2\pi}\sigma\mathrm{d}x + \int_{-\infty}^{\infty} \frac{(x-m)^2}{2\sigma^2}p(x)\mathrm{d}x\ \log\mathrm{e} =$$

$$\log\sqrt{2\pi}\sigma + \frac{1}{2}\log\mathrm{e} =$$

$$\log(\sqrt{2\pi\mathrm{e}}\cdot\sigma) \tag{8-5}$$

上式表明,具有高斯分布的连续信源的熵最大,且随平均功率的增加而增加。

8.1.4　联合熵、条件熵和平均交互信息量

定义 8.1.2　设有两个连续随机变量 X 和 Y,其联合熵为

$$H(X,Y) = -\int_{-\infty}^{\infty}\int_{-\infty}^{\infty} p(x,y)\log p(x,y)\mathrm{d}x\mathrm{d}y \tag{8-6}$$

式中 $p(x,y)$ 为二维联合概率密度。联合熵有时也称为共熵。

定义 8.1.3　设有两个连续随机变量 X 和 Y,其条件熵为

$$H(Y\mid X) = -\int_{-\infty}^{\infty}\int_{-\infty}^{\infty} p(x,y)\log p(y\mid x)\mathrm{d}x\mathrm{d}y \tag{8-7}$$

或

$$H(X\mid Y) = -\int_{-\infty}^{\infty}\int_{-\infty}^{\infty} p(xy)\log p(x\mid y)\mathrm{d}x\mathrm{d}y \tag{8-8}$$

式中 $p(y|x)$ 和 $p(x|y)$ 为条件概率密度。

定义 8.1.4　两个连续随机变量 X 和 Y 之间的平均交互信息量为

$$I(X;Y) = H(X) - H(X\mid Y) \tag{8-9}$$

或

$$I(X;Y) = H(Y) - H(Y\mid X) \tag{8-10}$$

不难证明:

$$I(X;Y) = H(X) + H(Y) - H(X,Y) \tag{8-11}$$

下面证明式(8-11)成立。

证明:

$$I(X;Y) = H(X) - H(X\mid Y) =$$

$$H(X) + \int_{-\infty}^{\infty}\int_{-\infty}^{\infty} p(x,y)\log p(x\mid y)\mathrm{d}x\mathrm{d}y =$$

$$H(X) + \int_{-\infty}^{\infty}\int_{-\infty}^{\infty} p(x,y)\log\frac{p(x,y)}{p_Y(y)}\mathrm{d}x\mathrm{d}y =$$

$$H(X) + \int_{-\infty}^{\infty} p_Y(y)\log\frac{1}{p_Y(y)}\mathrm{d}y +$$

$$\int_{-\infty}^{\infty}\int_{-\infty}^{\infty} p(x,y)\log p(x,y)\mathrm{d}x\mathrm{d}y =$$

$$H(X) + H(Y) - H(X,Y)$$

证毕。由上述推导还可以看出,有

$$I(X;Y) = I(Y;X)$$

并且

$$H(X,Y)-H(X)-H(Y)=\int_{-\infty}^{\infty}\int_{-\infty}^{\infty}p(x,y)\log\frac{p_X(x)p_Y(y)}{p(x,y)}\mathrm{d}x\,\mathrm{d}y\leqslant$$

$$\int_{-\infty}^{\infty}\int_{-\infty}^{\infty}p(x,y)\left[\frac{p_X(x)p_Y(y)}{p(x,y)}-1\right]\log\mathrm{e}\mathrm{d}x\,\mathrm{d}y=0$$

故有

$$I(X;Y)\geqslant 0$$

上述定义与离散信源的有关关系式完全类似。由于连续信源的熵是相对熵,它与离散信源的熵不同,故不具有非负性和极值性。但可以证明连续信源的平均交互信息量具有非负性,并且存在如下的一些关系式。

(1) $H(X,Y)\leqslant H(X)+H(Y)$

(2) $H(X|Y)\leqslant H(X)$ 和 $H(Y|X)\leqslant H(Y)$

当信源 X 和 Y 相互独立时,(1)和(2)中的等号成立。

(3) 对于多元联合信源,若其联合概率密度为 $p(x,y,\cdots,z)$,则其联合熵为

$$H(X,Y,\cdots,Z)=-\int_{-\infty}^{\infty}\int_{-\infty}^{\infty}\cdots\int_{-\infty}^{\infty}p(x,y,\cdots,z)\log p(x,y,\cdots,z)\mathrm{d}x\,\mathrm{d}y\cdots\mathrm{d}z$$

并且存在

$$H(X,Y,\cdots,Z)\leqslant H(X)+H(Y)+\cdots+H(Z)$$

当信源相互独立时,上式中等号成立。

8.1.5 连续信源的熵速率和熵功率

信源在单位时间内输出的熵称为信源的熵速率。连续信源的熵是连续信源每个样本值的熵,它由信源概率分布密度来表示。如果信源是时间连续、信号带宽为 B 的连续信源,根据随机信号的采样定理,可用 $2B$ 的速率对信源进行采样。因此,连续信源的熵速率为

$$H_t(X)=-2B\int_{-\infty}^{\infty}p(x)\log p(x)\mathrm{d}x=2BH(X) \qquad (8-12)$$

因为高斯信源具有最大熵(取 e 为底的对数)

$$H(X)=\ln(\sqrt{2\pi\mathrm{e}}\sigma)=\ln(\sqrt{2\pi\mathrm{e}P})$$

对于其他分布的信源,当平均功率 P 一定时,其熵必定小于高斯信源的熵。因此,为了衡量某一信源的熵与同样平均功率限制下的高斯信源的熵的不一致程度,定义熵功率为

$$\overline{P}=\frac{1}{2\pi\mathrm{e}}\mathrm{e}^{2H(X)} \qquad (8-13)$$

式中,$H(X)$ 为某一信源的熵。

显然,任何一个信源的熵功率 $\overline{P}$ 小于或等于其平均功率,当且仅当信源为高斯信源时,熵功率与平均功率相等。

例 8.1.1 求均匀分布随机变量 X 的熵。

解:均匀分布随机变量的概率密度为

$$p(x)=\begin{cases}\dfrac{1}{b-a} & a\leqslant x\leqslant b \\ 0 & \text{其他}\end{cases}$$

代入熵表达式,则有

$$H(X) = -\int_a^b \frac{1}{b-a}\log\frac{1}{b-a}\mathrm{d}x = \log(b-a)$$

可以看到,当 $b-a<1$ 时,则 $H(X)<0$,所以连续信源不具有非负性。

例 8.1.2　求均值为 m、方差为 σ^2 的高斯分布随机变量的熵。

解：高斯分布随机变量的概率密度为

$$p(x) = \frac{1}{\sqrt{2\pi}\sigma}\exp\left\{-\frac{(x-m)^2}{2\sigma^2}\right\}$$

按熵的定义则有

$$H(X) = -\int_{-\infty}^\infty p(x)\log p(x)\mathrm{d}x =$$
$$-\int_{-\infty}^\infty p(x)\left[\log\frac{1}{\sqrt{2\pi}\sigma}\exp\left\{-\frac{(x-m)^2}{2\sigma^2}\right\}\right]\mathrm{d}x$$

取 e 为底的对数,则有

$$H(X) = -\int_{-\infty}^\infty p(x)\left[-\ln\sqrt{2\pi}\sigma - \frac{1}{2\sigma^2}(x-m)^2\right]\mathrm{d}x =$$
$$\ln\sqrt{2\pi}\sigma + \frac{1}{2\sigma^2}\cdot\sigma^2 = \ln(\sqrt{2\pi\mathrm{e}}\sigma)$$

例 8.1.3　求 N 维联合高斯分布随机矢量 $\boldsymbol{X}$ 的熵。

解：设 $\boldsymbol{X}=[X_1,X_2\cdots,X_N]^\mathrm{T}$ 是 N 维高斯随机矢量,其均值矢量为 $\boldsymbol{M}=[m_1,m_2,\cdots,m_N]^\mathrm{T}$,协方差矩阵为

$$\boldsymbol{R} = [r_{ij}]$$

其中

$$r_{ij} = E[(X_i-m_i)(X_j-m_j)] \qquad i,j=1,2,\cdots,N$$

N 维联合高斯密度函数为

$$p(x_1,x_2,\cdots,x_N) = \frac{1}{\sqrt{(2\pi)^N|\boldsymbol{R}|}}$$
$$\exp\left\{-\frac{1}{2}(\boldsymbol{X}-\boldsymbol{M})^\mathrm{T}\boldsymbol{R}^{-1}(\boldsymbol{X}-\boldsymbol{M})\right\}$$

联合熵为(取 e 为底的对数)

$$H(X_1,X_2,\cdots,X_N) = -\int_{-\infty}^\infty\int_{-\infty}^\infty\cdots\int_{-\infty}^\infty p(x_1,x_2,\cdots,x_N)\cdot$$
$$\ln p(x_1,x_2,\cdots,x_N)\mathrm{d}x_1\mathrm{d}x_2\cdots\mathrm{d}x_N =$$
$$-\int_{-\infty}^\infty\int_{-\infty}^\infty\cdots\int_{-\infty}^\infty p(x_1,x_2,\cdots,x_N)\left[-\ln\sqrt{(2\pi)^N|\boldsymbol{R}|} - \right.$$
$$\left.\frac{1}{2}(\boldsymbol{X}-\boldsymbol{M})^\mathrm{T}\boldsymbol{R}^{-1}(\boldsymbol{X}-\boldsymbol{M})\right]\mathrm{d}x_1\mathrm{d}x_2\cdots\mathrm{d}x_N =$$
$$\frac{1}{2}\ln[(2\pi)^N|\boldsymbol{R}|] +$$

$$\int_{-\infty}^{\infty}\int_{-\infty}^{\infty}\cdots\int_{-\infty}^{\infty}\frac{1}{2}(\boldsymbol{X}-\boldsymbol{M})^{\mathrm{T}}\boldsymbol{R}^{-1}(\boldsymbol{X}-\boldsymbol{M})$$

$$p(x_1,x_2,\cdots,x_N)\mathrm{d}x_1\mathrm{d}x_2\cdots\mathrm{d}x_N=$$

$$\frac{1}{2}\ln\left[(2\pi)^N\mid\boldsymbol{R}\mid\right]+\frac{N}{2}$$

当 $X_1,X_2,\cdots,X_N$ 统计独立时,则

$$\mid\boldsymbol{R}\mid=\prod_{i=1}^{N}\sigma_i^2$$

此时

$$H(X_1,X_2,\cdots,X_N)=\frac{1}{2}\sum_{i=1}^{N}\ln\sigma_i^2+\frac{N}{2}\ln2\pi+\frac{N}{2}$$

例 8.1.4 设随机变量 X 和 Y 的联合概率密度为

$$p(x,y)=\frac{1}{2\pi\sigma_x\sigma_y\sqrt{1-\rho^2}}\exp\left\{-\frac{1}{2(1-\rho^2)}\left[\frac{(x-m_x)^2}{\sigma_x^2}-\right.\right.$$

$$\left.\left.\frac{2\rho(x-m_x)(y-m_y)}{\sigma_x\sigma_y}+\frac{(y-m_y)^2}{\sigma_y^2}\right]\right\}$$

求:(1) 信源熵 $H(X)$ 和 $H(Y)$ 各是多少?

(2) 条件熵 $H(X|Y)$ 和 $H(Y|X)$ 各是多少?

(3) 联合熵 $H(X,Y)=$?

(4) 互信息量 $I(X;Y)=$?

解:

(1) 由边沿概率密度定义,有

$$p_X(x)=\int_{-\infty}^{\infty}p(x,y)\mathrm{d}y=$$

$$\frac{1}{\sqrt{2\pi}\sigma_x}\exp\left\{-\frac{1}{2\sigma_x^2}(x-m_x)^2\right\}$$

故

$$H(X)=-\int_{-\infty}^{\infty}p(x)\log p(x)\mathrm{d}x=\log(\sqrt{2\pi\mathrm{e}}\sigma_x)$$

同理可得

$$H(Y)=\log(\sqrt{2\pi\mathrm{e}}\sigma_y)$$

(2) 由条件熵定义,有

$$H(X\mid Y)=-\int_{-\infty}^{\infty}\int_{-\infty}^{\infty}p(x,y)\log p(x\mid y)\mathrm{d}x\mathrm{d}y=$$

$$\int_{-\infty}^{\infty}\int_{-\infty}^{\infty}p(xy)\left\{\log\sqrt{2\pi\sigma_x^2(1-\rho^2)}+\right.$$

$$\frac{1}{2}\left[\frac{(x-m_x)^2}{(1-\rho^2)\sigma_x^2}-\frac{2\rho(x-m_x)(y-m_y)}{(1-\rho^2)\sigma_x\sigma_y}+\right.$$

$$\left.\left.\frac{(y-m_y)^2}{(1-\rho^2)\sigma_y^2}-\frac{(y-m_y)^2}{\sigma_y^2}\right]\log\mathrm{e}\right\}\mathrm{d}x\mathrm{d}y=$$

$$\log\sqrt{2\pi\sigma_x^2(1-\rho^2)} + \frac{\log e}{2}\left(\frac{1}{1-\rho^2} - \frac{2\rho^2}{1-\rho^2} + \right.$$

$$\left.\frac{1}{1-\rho^2} - 1\right) = \log\sqrt{2\pi e\sigma_x^2(1-\rho^2)}$$

同理可得

$$H(Y\mid X) = \log\sqrt{2\pi e\sigma_y^2(1-\rho^2)}$$

（3）由联合熵定义，有

$$H(X,Y) = -\int_{-\infty}^{\infty}\int_{-\infty}^{\infty} p(x,y)\log p(x,y)\mathrm{d}x\mathrm{d}y =$$

$$\int_{-\infty}^{\infty}\int_{-\infty}^{\infty} p(x,y)\left\{\log\left[2\pi\sigma_x\sigma_y\sqrt{(1-\rho^2)}\right] + \right.$$

$$\frac{1}{2}\left[\frac{(x-m_x)^2}{(1-\rho^2)\sigma_x^2} - \frac{2\rho(x-m_x)(y-m_y)}{(1-\rho^2)\sigma_x\sigma_y} + \right.$$

$$\left.\left.\frac{(y-m_y)^2}{(1-\rho^2)\sigma_y^2}\right]\log e\right\}\mathrm{d}x\mathrm{d}y =$$

$$\log\left[2\pi\sigma_x\sigma_y\sqrt{(1-\rho^2)}\right] + \frac{\log e}{2}\left(\frac{1}{1-\rho^2} - \right.$$

$$\left.\frac{2\rho^2}{1-\rho^2} + \frac{1}{1-\rho^2}\right) =$$

$$\log\left[2\pi e\sigma_x\sigma_y\sqrt{(1-\rho^2)}\right]$$

（4）由互信息量定义，有

$$I(X;Y) = H(X) - H(X\mid Y) =$$

$$\log\sqrt{2\pi e\sigma_x^2} - \log\sqrt{2\pi e\sigma_x^2(1-\rho^2)} =$$

$$-\log\sqrt{(1-\rho^2)}$$

上述结果表明，两个高斯分布随机变量的各自的熵只与各自的方差有关。条件熵与相关系数 ρ 有关，当 $\rho=0$ 时，即 X 和 Y 互不相关，或者说相互独立时，则有 $H(X)=H(X\mid Y)$ 和 $H(Y)=H(Y\mid X)$。联合熵与 ρ 有关。互信息量仅与 ρ 有关，与方差无关，当 $\rho=0$ 时，$I(X;Y)=0$。

8.2　连续信道的信道容量

信源输出的信息总是要通过信道传送给接收端的接收者，所以讨论信道传输信息的能力是非常重要的。这里所讨论的信道容量就是指信道对信源具有各种可能的概率分布而言能够传送的最大熵速率。

对于连续信道，其输入和输出均为连续的随机信号，但从时间关系上来看，可以分为时间离散和时间连续两大类型。当信道的输入和输出只能在特定的时刻变化，即时间为离散值时，称信道为离散时间信道。当信道的输入和输出的取值是随时间变化的，即时间为连续值时，称信道为连续信道或波形信道。下面将分别讨论这两种类型的信道。

8.2.1 时间离散信道的容量

连续信道的输入和输出分别为随机过程 $X(t)$ 和 $Y(t)$，设 $N(t)$ 为随机噪声，那么简单的加性噪声信道模型可以表示为

$$Y(t) = X(t) + N(t) \tag{8-14}$$

根据随机信号的采样定理，可将随机信号离散化。因此，对于时间离散信道的输入和输出序列可以分别表示为

$$\boldsymbol{X} = [X_1, X_2, \cdots, X_n]$$
$$\boldsymbol{Y} = [Y_1, Y_2, \cdots, Y_n]$$

如果信道转移概率密度满足

$$p(\boldsymbol{y} \mid \boldsymbol{x}) = p(y_1 \mid x_1) p(y_2 \mid x_2) \cdots p(y_n \mid x_n)$$

则称信道为无记忆连续信道。

同离散信道情况相同，存在

$$I(\boldsymbol{X}; \boldsymbol{Y}) \leqslant \sum_{i=1}^{n} I(X_i, Y_i) \leqslant nC$$

上式中信道容量 C 定义为

$$C = \max_{p(x)} I(X; Y) \tag{8-15}$$

式中，$p(x)$ 为输入信源的概率密度。

由于输入和干扰是相互独立的，对于一维随机变量，其信道模型可以表示为

$$Y = X + N$$

式中，X 为输入随机变量，Y 为输出随机变量，N 为随机噪声，且 X 和 N 统计独立。

下面将讨论这种最简单的时间离散加性噪声信道，即讨论交互信息量 $I(X; Y)$ 的最大值。

设随机变量 X 和 N 的概率密度分别为 $p_X(x)$ 和 $p_N(z)$，根据概率论不难求得随机变量 Y 在 X 条件下的概率密度为

$$p(y \mid x) = p_N(y - x) = p_N(z)$$

则有

$$H(Y \mid X) = -\int_{-\infty}^{\infty} \int_{-\infty}^{\infty} p(x, y) \log p(y \mid x) \mathrm{d}x \mathrm{d}y =$$

$$-\int_{-\infty}^{\infty} \int_{-\infty}^{\infty} p_X(x) p(y \mid x) \log p(y \mid x) \mathrm{d}x \mathrm{d}y =$$

$$-\int_{-\infty}^{\infty} \int_{-\infty}^{\infty} p_X(x) p_N(y - x) \log p_N(y - x) \mathrm{d}x \mathrm{d}y =$$

$$-\int_{-\infty}^{\infty} p_X(x) \int_{-\infty}^{\infty} p_N(z) \log p_N(z) \mathrm{d}z \mathrm{d}x =$$

$$\int_{-\infty}^{\infty} p_X(x) H(N) \mathrm{d}x = H(N)$$

式中，$H(N)$ 为信道噪声的熵，因此交互信息量为

$$I(X; Y) = H(Y) - H(Y \mid X) = H(Y) - H(N) \tag{8-16}$$

从式(8-16)可以看出，简单加性噪声信道的交互信息量由输出熵和噪声熵所决定。若输入信源 X 和噪声信源 N 分别是均值为 0、方差为 σ_X^2 和 σ_N^2 的高斯分布，则输出随机变量 Y 亦

为均值为 0、方差为 $\sigma_X^2 + \sigma_N^2$ 的高斯分布。所以

$$I(X;Y) = H(Y) - H(N) =$$

$$\frac{1}{2}\log\left[2\pi e(\sigma_X^2 + \sigma_N^2)\right] - \frac{1}{2}\log(2\pi e\sigma_N^2) =$$

$$\frac{1}{2}\log\left(1 + \frac{\sigma_X^2}{\sigma_N^2}\right)$$

当 σ_X^2/σ_N^2 任意大时,则 $I(X;Y)$ 同样也可以任意大。由于实际中信号和噪声的能量是有限的,所以我们所研究的时间离散的连续信道的信道容量是在功率受限条件下进行的。

定义 8.2.1　对于输入信号平均功率不大于 S 的时间离散信道容量定义为

$$C = \sup_{n,P_n} \frac{1}{n} I(\boldsymbol{X};\boldsymbol{Y})$$

式中上限是对所有的 n 和所有的概率分布 P_n 上求得的。在无记忆平稳条件下,时间离散信道容量为

$$C = \max_{P_n} I(X;Y)$$

对于平均功率受限的、最简单的一维时间离散平稳加性高斯噪声信道的交互信息量为

$$I(X;Y) = H(Y) - H(N)$$

当输入信源均值为 0、方差一定的情况下,信道输出 Y 满足高斯分布时,其信道输出 Y 的熵 $H(Y)$ 最大。由概率论可知。只有当 X 满足均值为 0、方差为 σ_X^2 的高斯分布时,才能使得 $Y = X + N$ 满足高斯分布,且均值为 0、方差为 $\sigma_X^2 + \sigma_N^2$。

由于高斯噪声的熵为

$$H(N) = \frac{1}{2}\log(2\pi e\sigma_N^2)$$

且

$$H(Y) = \frac{1}{2}\log\left[2\pi e(\sigma_X^2 + \sigma_N^2)\right]$$

故信道容量为

$$C = H(Y) - H(N) = \frac{1}{2}\log\left(1 + \frac{\sigma_X^2}{\sigma_N^2}\right)$$

非高斯型加性噪声信道容量的计算相当复杂,只能给出其上、下限。因此,对于平均功率受限情况下,即输入平均功率 $\leqslant \sigma_X^2$,加性噪声平均功率为 σ_N^2 条件下,存在下述定理。

定理 8.2.1　假设输入信源的平均功率小于 σ_X^2,信道加性噪声平均功率为 σ_N^2,可加噪声信道容量 C 满足

$$\frac{1}{2}\log\left(1 + \frac{\sigma_X^2}{\sigma^2}\right) \leqslant C \leqslant \frac{1}{2}\log\left(\frac{\sigma_X^2 + \sigma_N^2}{\sigma^2}\right) \tag{8-17}$$

式中 σ^2 为噪声的熵功率。

证明: 对于加性噪声信道

$$Y = X + N$$

当输入信源和噪声的均值分别为 0 时,则信道的输出功率为

$$E(Y^2) = E(X^2) + E(N^2) = \sigma_X^2 + \sigma_N^2$$

由于

$$H(Y) \leqslant \frac{1}{2}\log[2\pi e(\sigma_X^2 + \sigma_N^2)]$$

且

$$\sigma^2 = \frac{1}{2\pi e}e^{2H(N)}$$

即

$$H(N) = \frac{1}{2}\log(2\pi e\sigma^2)$$

故有

$$C = \max_p[H(Y) - H(N)] =$$
$$\max_p[H(Y)] - H(N) \leqslant$$
$$\frac{1}{2}\log[2\pi e(\sigma_X^2 + \sigma_N^2)] -$$
$$\frac{1}{2}\log(2\pi e\sigma^2) =$$
$$\frac{1}{2}\log\left(\frac{\sigma_X^2 + \sigma_N^2}{\sigma^2}\right)$$

故不等式右端成立。当噪声满足高斯分布时,则有 $\sigma^2 = \sigma_N^2$,上式中等号成立。

由熵功率的定义可知,任何一个信源的熵功率小于或等于其平均功率,即
$$\sigma^2 \leqslant \sigma_N^2$$

所以有

$$\frac{1}{2}\log[2\pi e(\sigma_X^2 + \sigma_N^2)] \geqslant \frac{1}{2}\log[2\pi e(\sigma^2 + \sigma_X^2)]$$

当选择输入信源功率为 σ_X^2 的高斯变量时,则
$$C \geqslant I(X;Y) = H(Y) - H(N) \geqslant$$
$$\frac{1}{2}\log[2\pi e(\sigma^2 + \sigma_X^2)] - \frac{1}{2}\log(2\pi e\sigma^2) =$$
$$\log\left(1 + \frac{\sigma_X^2}{\sigma^2}\right)$$

因此式(8-17)得证:
$$\frac{1}{2}\log\left(1 + \frac{\sigma_X^2}{\sigma^2}\right) \leqslant C \leqslant \frac{1}{2}\log\left(\frac{\sigma_X^2 + \sigma_N^2}{\sigma^2}\right)$$

上述定理表明,当噪声功率 σ_N^2 给定后,高斯型干扰是最坏的干扰,此时其信道容量 C 最小。因此,在实际应用中,往往把干扰视为高斯分布,这样在最坏的情况下进行分析是比较安全的。

8.2.2 时间连续信道的容量

时间连续的信道也称作波形信道。时间连续信道可用随机过程描述。加性噪声信道模型一般表示为

$$Y(t) = X(t) + N(t)$$

式中，$X(t)$，$Y(t)$ 和 $N(t)$ 均为随机过程。

由于信道的带宽总是有限的，根据随机信号采样定理，我们可以把一个时间连续的信道转换成时间离散的随机序列进行处理。设输入随机序列、噪声以及输出序列分别为 $X_i, i=1, 2, \cdots, n; N_i, i=1,2,\cdots,n$ 和 $Y_i, i=1,2,\cdots,n$，则有

$$Y_i = X_i + N_i \qquad i=1,2,\cdots,n$$

下面讨论平均功率受限情况下时间连续的高斯信道。

设高斯噪声的平均功率为 σ_N^2，即

$$D[N(t)] = \sigma_N^2$$

对于随机序列 $N_i, i=1,2,\cdots,n$，则有

$$D[N_i] = \sigma_N^2$$

因为高斯白噪声的各样本值彼此相互独立，那么 n 维高斯分布的联合概率密度为

$$p(z) = p(z_1, z_2, \cdots, z_n) =$$
$$\frac{1}{(2\pi\sigma_N^2)^{n/2}} \exp\left\{ -\frac{z_1^2 + z_2^2 + \cdots + z_n^2}{2\sigma_N^2} \right\}$$

对于加性噪声信道，由概率理论可知

$$p(\boldsymbol{y} \mid \boldsymbol{x}) = p(\boldsymbol{z}) = \prod_{i=1}^{n} p(z_i) = \prod_{i=1}^{n} p(y_i \mid x_i)$$

由于信道是无记忆信道，那么 n 维随机序列的平均交互信息量满足

$$I(\boldsymbol{X};\boldsymbol{Y}) \leqslant \sum_{i=1}^{n} I(X_i;Y_i)$$

因此时间连续信道的信道容量为

$$C = \max_{p(\boldsymbol{x})} I(\boldsymbol{X};\boldsymbol{Y}) = \max_{p(x_i)} \sum_{i=1}^{n} I(X_i;Y_i) \qquad i=1,2,\cdots,n \qquad (8-18)$$

如信道为高斯信道，则时间连续的高斯信道容量为

$$C = \frac{n}{2} \log\left(1 + \frac{\sigma_X^2}{\sigma_N^2}\right) \qquad (8-19)$$

若达到该信道容量 C 则要求 n 维输入随机序列中的每一分量都必须是零均值、方差为 σ_X^2 且相互统计独立的高斯变量。

对于窄带高斯信道，即 $N(t)$ 为零均值的高斯过程，信道带宽为 B，若时间变化范围为 $[0,T]$，由采样定理可知，可用 $n=2BT$ 个样本近似表示 $X(t)$ 和 $N(t)$。对于时间连续信源，常常采用单位时间的信道容量，把 $n=2BT$ 代入信道容量表示式，则

$$C = BT \log\left(1 + \frac{\sigma_X^2}{\sigma_N^2}\right) \qquad (8-20)$$

单位时间的信道容量为

$$C = B \log\left(1 + \frac{\sigma_X^2}{\sigma_N^2}\right) \qquad (8-21)$$

当噪声功率是谱密度为 $N_0/2$ 的高斯白噪声时，式(8-21)可以表示为

$$C = B \log\left(1 + \frac{\sigma_X^2}{N_0 B}\right)$$

上式就是香农(Shannon)公式,该公式适用于加性高斯白噪声信道。从上述有关内容可知,只有输入信号为功率受限的高斯白信号时,其信道容量才能达到该极限值。一般情况下,实际信道是非高斯信道,但由于高斯白噪声信道是平均功率受限情况下最差信道,所以香农公式也可用于确定非高斯信道容量的下限值。

当 $B \to \infty$ 时,取以 2 为底的对数,则

$$C = \lim_{B \to \infty} B \ \text{lb}\left(1 + \frac{\sigma_X^2}{N_0 B}\right) = \frac{\sigma_X^2}{N_0} \text{lb} \ e = 1.44 \frac{\sigma_X^2}{N_0}$$

上式表明,当频带很宽或信噪比很低时,信道容量与信号功率和噪声谱密度之比 $\frac{\sigma_X^2}{N_0}$ 成正比,这一比值是加性高斯噪声信道信息传输率的极限值。香农公式对实际通信系统有非常重要的意义,因为它给出了理想通信系统的极限信息传输率。

8.3 连续信道的信道编码定理

前面有关章节讨论了离散信源的信道编译码问题,详细论述了离散信源编码在什么条件下可以以任意小的错误概率将信息传输给信宿,在什么条件下不能实现。本节将离散信源的信道编码问题推广到连续信源的情况,主要论述在时间、带宽受限条件下时间离散的连续信道的编码定理。由于实际信道的噪声或干扰主要是加性高斯噪声,所以我们重点讨论加性高斯信道情况下的编码定理。

根据正交化理论,可将随机过程用随机序列来表示。对于时间离散无记忆信道,若输入为随机序列 $X_i, i = 1, 2, \cdots, n$,输出为随机序列 $Y_i, i = 1, 2, \cdots, n$,则信道转移概率密度为

$$p(y_1, y_2, \cdots, y_n \mid x_1, x_2, \cdots, x_n) = \prod_{i=1}^{n} p(y_i \mid x_i) \tag{8-22}$$

定理 8.3.1 (离散时间高斯信道编码定理)

对于带限加性高斯白噪声信道,设噪声功率为 σ_N^2,带宽为 B,信号平均功率为 σ_X^2,对于给定的信息率 R,若 R 小于信道容量 C 时,则存在以信息率 R 的速率通过信道的二元码,并且错误概率任意小;当 $R > C$ 时,则以 R 通过信道的二元码的错误概率不可能为任意小。

该定理的证明方法与离散信源的信道编码定理的证明方法非常相似,只需将离散状态下的求和号变成积分号。限于篇幅,证明从略,若读者有兴趣可参阅有关文献。

8.4 连续信源的信息率失真函数

一般情况下,信息在传输过程中必然会受到污染,存在一定的噪声和干扰,使得信源的消息在传输过程中存在一定的误差和失真。直观地看,系统的误差和失真越大,接收端接收到消息后对信源存在的不确定性就越大,所获得的信息量就越小,信道的信息传输率也越小,因此信息传输率与失真有关。对于连续信源,在传输过程中总会有波形失真,连续信源的信息率失真理论就是在一定意义上定量分析信号的失真程度。

前面有关章节对离散信源的信息率失真函数进行了讨论,本节主要讨论连续信源的信息率失真函数。讨论连续信源的率失真理论与离散信源情况基本相同。

定义 8.4.1　设连续信源(随机变量)X,其概率密度为 $p_X(x)$,设有另一随机变量 Y,且 X 和 Y 之间失真函数是某一非负的二元函数 $d(x,y)$,则平均失真度定义为

$$D = E\{d(X,Y)\} = \int_{-\infty}^{\infty}\int_{-\infty}^{\infty} p(x,y)d(x,y)\mathrm{d}x\mathrm{d}y =$$

$$\int_{-\infty}^{\infty}\int_{-\infty}^{\infty} p_X(x)p(y\mid x)d(x,y)\mathrm{d}x\mathrm{d}y \tag{8-23}$$

式中,$p(y|x)$ 为信道特征,满足

$$\int_{-\infty}^{\infty} p(y\mid x)\mathrm{d}y = 1$$

定义 8.4.2　设所有试验信道的集合为 B_D,在满足一定失真度 $D \leqslant \overline{D}$ 时,连续信源的信息率失真函数为

$$R(D) = \inf_{p(y\mid x)\in B_D} I(X;Y) \tag{8-24}$$

式中 inf 表示下界,试验集合为 $B_D:\{p(y\mid x),D \leqslant D^*\}$。

连续信源的信息率失真函数具有离散信源的信息率失真函数的性质。由于 $R(D)$ 的求解是一个求极值问题,并且 $p(y|x)$ 是一个二元函数,所以计算 $R(D)$ 非常复杂。不失一般性,我们仅讨论均方误差失真准则下高斯信源的 $R(D)$。

设高斯信源 X 的均值为 m_X、方差为 σ_X^2,则其概率密度为

$$p_X(x) = \frac{1}{\sqrt{2\pi}\sigma_X}\exp\left\{-\frac{(x-m_X)^2}{2\sigma_X^2}\right\}$$

定义失真函数为平方误差失真,即

$$d(x,y) = (x-y)^2$$

求上述条件下的 $R(D)$,实际上是求解在条件

$$D = \int_{-\infty}^{\infty}\int_{-\infty}^{\infty} p(x,y)(x-y)^2\mathrm{d}x\mathrm{d}y =$$

$$\int_{-\infty}^{\infty} p(x)\int_{-\infty}^{\infty}(x-y)^2 p(y\mid x)\mathrm{d}y\mathrm{d}x \tag{8-25}$$

和

$$\int_{-\infty}^{\infty} p(y\mid x)\mathrm{d}y = 1 \tag{8-26}$$

下,对于 $p(y|x)$ 为某一分布时交互信息量 $I(X;Y)$ 的极值,即

$$R(D) = \min_{p(y\mid x)} I(X;Y)$$

下面我们来求解这一问题。

设

$$F[p(y\mid x)] = I(X;Y) - \lambda_1 D - \lambda_2\int_{-\infty}^{\infty} p(y\mid x)\mathrm{d}y$$

令

$$\frac{\partial F[p(y\mid x)]}{\partial p(y\mid x)} = 0$$

取 e 为底的对数,则得到方程

$$-p_X(x)\ln p_Y(y) + p_X(x) + p_X(x)\ln p(y\mid x) -$$

$$\lambda_1 p_X(x)(x-y)^2 - \lambda_2 p_X(x) = 0$$

求解后得

$$p(y \mid x) = p_Y(y) \exp\{\lambda_1(x-y)^2 + \lambda_2 - 1\} \qquad (8-27)$$

由式(8-26)、(8-27)可得

$$\int_{-\infty}^{\infty} p_Y(y) \exp\{\lambda_1(x-y)^2 + \lambda_2 - 1\} \mathrm{d}y = 1$$

于是有

$$\exp\{\lambda_2 - 1\} = \left[\int_{-\infty}^{\infty} p_Y(y) \exp\{\lambda_1(x-y)^2\} \mathrm{d}y\right]^{-1} \qquad (8-28)$$

将式(8-27)两边同乘 $p_X(x)$,再取积分,则有

$$p_Y(y) = \int_{-\infty}^{\infty} p_X(x) p(y \mid x) \mathrm{d}x =$$

$$p_Y(y) \int_{-\infty}^{\infty} p_X(x) \exp\{\lambda_1(x-y)^2 + \lambda_2 - 1\} \mathrm{d}x$$

从上式看出:

$$\int_{-\infty}^{\infty} p_X(x) \exp\{\lambda_1(x-y)^2 + \lambda_2 - 1\} \mathrm{d}x = 1 \qquad (8-29)$$

设

$$\lambda(x) = \exp\{\lambda_2 - 1\}$$

则式(8-29)可以改写成

$$\int_{-\infty}^{\infty} \lambda(x) p_X(x) \exp\{\lambda_1(x-y)^2\} \mathrm{d}x = 1 \qquad (8-30)$$

或

$$\lambda(y) p_X(y) * \exp\{\lambda_1 y^2\} = 1 \qquad (8-31)$$

式中 * 号表示卷积。由于式中右边为一常数,与 y 无关,所以公式左端的第一项必为一常数,即

$$K = \lambda(y) p_X(y)$$

将 y 改写成 x,则有

$$K = \lambda(x) p_X(x) \qquad (8-32)$$

将式(8-32)代入式(8-30),不难得到

$$K = \left[\int_{-\infty}^{\infty} \exp\{\lambda_1(x-y)^2\} \mathrm{d}x\right]^{-1} = \sqrt{-\frac{\lambda_1}{\pi}} \qquad (8-33)$$

再将式(8-33)和式(8-32)代入式(8-28),则有

$$p_X(x) = \int_{-\infty}^{\infty} p_Y(y) \sqrt{-\frac{\lambda_1}{\pi}} \exp\{\lambda_1(x-y)^2\} \mathrm{d}y =$$

$$p_Y(x) * \sqrt{-\frac{\lambda_1}{\pi}} \exp\{\lambda_1 x\} \qquad (8-34)$$

令

$$p_Z(z) = \sqrt{-\frac{\lambda_1}{\pi}} \exp\{\lambda_1 z^2\} \qquad (8-35)$$

不难验证,式(8-35)为一均值为 0、方差为 $-\dfrac{1}{2\lambda_1}$ 的高斯分布概率密度函数。

　　由概率理论可知,随机变量 X 和 Y 满足线性关系,即

$$X = Y + Z$$

式中随机变量 Z 的概率密度为式(8-35)。因为随机变量 X 和 Z 均是高斯分布的随机变量,又因为高斯随机变量的线性组合仍为高斯分布,故随机变量 Y 也为一高斯分布。故有

$$m_Y = E[Y] = E[X] - E[Z] = m_X$$

$$D[Y] = D[X] + D[Z] = \sigma_X^2 - \frac{1}{2\lambda_1}$$

显然,随机变量 Y 满足均值为 m_X、方差为 $\sigma_X^2 - \dfrac{1}{2\lambda_1}$ 的高斯分布。

　　综合式(8-25)和式(8-27)可推得

$$D = \int_{-\infty}^{\infty} \int_{-\infty}^{\infty} p_X(x) p(y\mid x)(x-y)^2 \mathrm{d}x\mathrm{d}y =$$

$$\int_{-\infty}^{\infty}\int_{-\infty}^{\infty} p_X(x)\lambda(x)p_Y(y)\exp\{\lambda_1(x-y)^2\}(x-y)^2\mathrm{d}x\mathrm{d}y =$$

$$\int_{-\infty}^{\infty}\int_{-\infty}^{\infty} \sqrt{-\frac{\lambda_1}{\pi}}p_Y(y)\exp\{\lambda_1(x-y)^2\}(x-y)^2\mathrm{d}x\mathrm{d}y =$$

$$\int_{-\infty}^{\infty} p_Y(y)\int_{-\infty}^{\infty}(x-y)^2\sqrt{-\frac{\lambda_1}{\pi}}\exp\{\lambda_1(x-y)^2\}\mathrm{d}x\mathrm{d}y =$$

$$\int_{-\infty}^{\infty} p_Y(y)\left(-\frac{1}{2\lambda_1}\right)\mathrm{d}y = -\frac{1}{2\lambda_1} \tag{8-36}$$

故有

$$R(D) = I(X;Y) =$$

$$\int_{-\infty}^{\infty}\int_{-\infty}^{\infty} p(x,y)\log\frac{p(x,y)}{p(y\mid x)}\mathrm{d}x\mathrm{d}y =$$

$$\int_{-\infty}^{\infty}\int_{-\infty}^{\infty} p(x,y)\log[\lambda(x)\exp\{\lambda_1(x-y)^2\}]\mathrm{d}x\mathrm{d}y =$$

$$\int_{-\infty}^{\infty}\int_{-\infty}^{\infty} p(x,y)\lambda_1(x-y)^2\mathrm{d}x\mathrm{d}y +$$

$$\int_{-\infty}^{\infty}\int_{-\infty}^{\infty} p(x,y)\log\lambda(x)\mathrm{d}x\mathrm{d}y =$$

$$\lambda_1 D + \int_{-\infty}^{\infty} p_X(x)\log\lambda(x)\mathrm{d}x \tag{8-37}$$

将式(8-32)和式(8-36)代入式(8-37),则有

$$R(D) = -\frac{1}{2} + \log K - \int_{-\infty}^{\infty} p_X(x)\log p_X(x)\mathrm{d}x =$$

$$-\frac{1}{2} - \log\sqrt{2\pi D} + \log\sqrt{2\pi e\sigma_X^2} =$$

$$\frac{1}{2}\log\frac{\sigma_X^2}{D}$$

因为 $R(D)\geqslant 0$,因此

$$R(D) = \begin{cases} \dfrac{1}{2}\log\dfrac{\sigma_X^2}{D} & D \leqslant \sigma_X^2 \\ 0 & D > \sigma_X^2 \end{cases} \qquad (8-38)$$

由式(8-38)可以得到 $R(D)$ 的曲线,如图 8.1 所示。

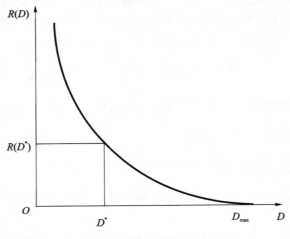

图 8.1　$R(D)$ 函数曲线

从式(8-38)可以看出,当 $D \rightarrow 0$ 时,$R(D)$ 为无穷大。即信道容量具有无穷大时才能保证信道无失真地传输,实际上这是不可能的。

习　题

8.1　设随机变量 X 的概率密度为

$$p(x) = \frac{1}{2}\lambda e^{-\lambda|x|}$$

求随机变量 X 的熵。

8.2　设两个高斯随机变量 X 和 Y 的联合概率密度为

$$p(x,y) = \frac{1}{2\pi\sigma_X\sigma_Y}\exp\left\{-\frac{(x-m_X)^2}{2\sigma_X^2} - \frac{(y-m_Y)^2}{2\sigma_Y^2}\right\}$$

求随机变量 $Z = X + Y$ 的熵 $H(Z)$。

8.3　设随机变量 X 和 Y 服从如下联合概率分布:

(1) $p(x,y) = \dfrac{1}{(b-a)(d-c)} \qquad a < x < b, c < y < d$

(2) $p(x,y) = \begin{cases} \dfrac{1}{\pi R^2} & x^2 + y^2 \leqslant R^2 \\ 0 & x^2 + y^2 > R^2 \end{cases}$

分别求 $H(X)$、$H(Y)$、$H(X,Y)$ 和 $I(X;Y)$。

8.4　对于两个相互独立的连续随机变量 X 和 Y,令

$$Z = X + Y$$

求证：(1) $H(Y)=H(Z|X)$ 和 $H(X)=H(Z|Y)$；

(2) $\frac{1}{2}[H(X)+H(Y)] \leqslant H(Z) \leqslant H(X)+H(Y)$。

8.5　设有 N 个相互独立的连续随机变量 X_i，$i=1,2,\cdots,N$，其对应的熵为 $H(X_i)$，$i=1,2,\cdots,N$。

求证：

$$H\Big(\sum_{i=1}^{N} X_i\Big) \geqslant \frac{1}{2}\log\Big(\sum_{i=1}^{N}\exp\{2H(X_i)\}\Big)$$

并说明等号成立的条件？

8.6　对于 N 维连续随机序列 X_i，$i=1,2,\cdots,N$，当 X_i 服从高斯分布且相互独立时，证明其联合熵最大。

8.7　证明连续信源 X 的熵 $H(X)$ 是关于 X 的概率密度函数 $p(x)$ 的上凸函数。

8.8　对于连续型随机序列 X_i，$i=1,2,\cdots,n$；Y_i，$i=1,2,\cdots,n$。证明：当信源 X_i，$i=1,2,\cdots,n$ 无记忆时，则有

$$I(\boldsymbol{X};\boldsymbol{Y}) \geqslant \sum_{i=1}^{n} I(X_i;Y_i)$$

当信道 $p(\boldsymbol{y}|\boldsymbol{x})$ 无记忆时，则有

$$I(\boldsymbol{X};\boldsymbol{Y}) \leqslant \sum_{i=1}^{n} I(X_i;Y_i)$$

试问在什么条件下，上述两式等号成立。

8.9　设某一信号的信息率为 5.6 kbit/s，噪声功率谱为 $N=5\times10^{-6}$ mW/Hz，在带限 $B=4$ kHz 的高斯信道中传输。试求无差错传输需要的最小限输入功率 P 是多少？

8.10　对于加性高斯白噪声信道，当输入信号是平均功率受限的高斯白信号时，证明当带宽 B 趋于无穷时，信道容量为一常数。

8.11　设有一连续信源，其均值为 0、方差为 σ_X^2、熵为 $H(X)$，定义失真函数为"平方误差"失真，即 $d(x,y)=(x-y)^2$。证明其率失真函数满足下列关系式：

$$H(X)-\frac{1}{2}\log 2\pi eD \leqslant R(D) \leqslant \frac{1}{2}\log\frac{\sigma_X^2}{D}$$

当输入信源为高斯分布时等号成立。

8.12　设某信源是均值为 0 的高斯随机序列

$$\boldsymbol{X}=[X_1,X_2,\cdots,X_n]$$

其协方差矩阵为 $\boldsymbol{C}_X$，联合概率密度为

$$p_X(\boldsymbol{x})=\frac{1}{(2\pi)^{n/2}|\boldsymbol{C}_X|^{1/2}}\exp\Big\{-\frac{1}{2}\boldsymbol{x}\boldsymbol{C}_X^{-1}\boldsymbol{x}^{\mathrm{T}}\Big\}$$

假定信道是加性高斯噪声信道，且

$$\boldsymbol{Y}=\boldsymbol{X}+\boldsymbol{N}$$
$$\boldsymbol{Y}=[Y_1,Y_2,\cdots,Y_n]$$
$$\boldsymbol{N}=[N_1,N_2,\cdots,N_n]$$

其中噪声的协方差矩阵为 $\boldsymbol{C}_N$，且 $\boldsymbol{X}$ 与 $\boldsymbol{N}$ 相互独立，已知噪声的联合概率密度为

$$p_N(z) = \frac{1}{(2\pi)^{n/2} |\boldsymbol{C}_N|^{1/2}} \exp\left\{-\frac{1}{2} z \boldsymbol{C}_N^{-1} z^{\top}\right\}$$

求 $I(\boldsymbol{X};\boldsymbol{Y})$。

8.13 设随机变量 X 服从对称指数分布

$$p(x) = \frac{a}{2} e^{-a|x|}$$

失真函数为

$$d(x,y) = |x - y|$$

求信源的 $R(D)$。

8.14 设随机变量 X 服从均值为 0、方差为 σ_X^2 的高斯分布,且失真函数定义为

$$d(x,y) = |x - y|$$

求率失真函数的下界。

8.15 对于一般无记忆信源,设失真函数为 $d(x,y) = (x-y)^2$,证明对于具有方差为 σ^2 的任意无记忆信源,其率失真函数的上界为

$$R(D) = \frac{1}{2} \log \frac{\sigma^2}{D} \qquad 0 \leqslant D \leqslant \sigma^2$$

第9章　纠错编码

纠错编码是通信系统中提高可靠性的一种编码技术,纠错编码也被称为信道编码。对于实际通信系统,可以通过信源的压缩编码和信道的纠错编码获得有效、可靠地传输信息。纠错编码的研究内容极其丰富,应用十分广泛。本章主要针对不同的信道和不同的干扰方式讨论信道纠错编码的基本概念和基本方法。

9.1　纠错码的基本概念

在数字通信过程中不可避免地会发生差错。对于接收到的数据序列,判断有无差错并纠正差错是一个非常重要的问题。人们发现,在发送端根据传输信息的性质,通过编码器以一定的规则对所要传输的数据序列附加一定的数字,通常称这些附加的数字为校验(或监督)序列,使原来不相关的数据序列变为具有相关特性的新序列,然后进行传输。在接收端,由于受信道中干扰的影响,新序列传输过程中会存在一定的差错。需要在一定条件下,对于所接收序列,通过译码器对差错自动纠正,复现原发送码序列。

编码器的编码过程分为两步:一是把信源的数据序列编成二进制数字构成的序列,称为信源编码;二是把二进制数据序列编成具有纠检能力的二进制序列,称为信道编码。对于某一种编码,纠检差错能力、通信效率以及编、译码器的简单实用是非常重要的。所以,要研究码的构造规律必须研究码的数学特性,即研究码的数学结构。例如利用生成矩阵或一致监督矩阵来反映线性码和卷积码的数学结构,利用转移矩阵或递推关系来反映最长线性移位寄存器序列的数学结构,利用某种多项式的形式按照 $X^n - 1$ 求余式而得到的集合来反映循环码的数学规律等。

前面有关章节中所论述的香农噪声编码定理仅仅是存在性定理,并未提出使差错概率为任意小的解决方法,而本章所讨论的纠错编码就是用来纠正噪声信道中的差错。但是到目前为止,没有任何一种码能达到香农定理的极限。一般情况下,通信系统允许有一定的出错概率,并要求实现时经济合理。在给定的信息传输情况下,对编码的一般要求是:码长尽量短,信息率尽量高,纠检能力尽量大,编码规律尽量简单,实现设备简洁、费用合理,与信道的差错统计特性尽量匹配等。

假设信源信息是二进制数字序列,将信源编码器的输出序列构造成长度为 n 的段,记为 C

$$C = [c_1, c_2, \cdots, c_n]$$

设有 m 个不同的信息序列,每个不同的序列由 $k(k < n)$ 位相继的信息数字组成。由于每个信息序列组成 k 位二进制数字,则有 2^k 个可能不同的信息序列,即 $m = 2^k$,这 2^k 个码字的集合称为 (n, k) 分组码。

定义 9.1.1　对于二元符号表上的分组码 C,由表示消息序列长度为 n 的 m 个二元序列构成的集合,称为二元分组码。

定义 9.1.2　对于 2^k 个 n 长码字全体构成的分组码,其码字中的 k 位称为信息位,$n-k$ 位称为校验位或监督位。

例如,当 $k=3, n=7$ 时,可能的消息序列数 $m=2^k=8$ 个,可能的长度为 $n=7$ 的预选序列有 $2^7=128$ 个。下面给出一种码:

消息序	码 字
0 0 0	0 0 0 0 0 0 0
0 0 1	0 0 1 1 1 0 1
0 1 0	0 1 0 0 1 1 1
0 1 1	0 1 1 1 0 1 0
1 0 0	1 0 0 1 1 1 0
1 0 1	1 0 1 0 0 1 1
1 1 0	1 1 0 1 0 0 1
1 1 1	1 1 1 0 1 0 0

对于所选定的 n 长序列称为允许使用序列,即为码字;而其他序列则是不允许使用的序列,即禁用序列。

对于上例中,信息位 k 为 3,码长 n 为 7,监督位 $n-k$ 为 4。如果用 $R=k/n$ 表示码字中信息位所占的比重,称为编码效率,它表明了信道的利用效率。R 越大,码的效率越高,它是衡量码性能的一个重要参数。上例中的码效率仅为 43%。

由 $m=2^k$ 个 n 长码字构成的分组码,每一码中由 k 个信息位和 $r=n-k$ 个校验位组成。(n,k) 分组码中,在 n 长码字

$$C=[c_1,c_2,\cdots,c_n]$$

中的每一位元素同原始的 k 个信息位

$$d=[d_1,d_2,\cdots,d_k]$$

之间满足一定的函数关系

$$c_i=f_i(d_1,d_2,\cdots,d_k) \qquad (i=1,2,\cdots,n)$$

若函数关系是线性的,则称该分组码为线性分组码,否则称为非线性分组码。线性分组码是纠错码中极为重要的一类码,是研究纠错误的基础,具有实用价值。本章重点讨论线性分组码。

定义 9.1.3 若 (n,k) 分组码中 k 个信息位同原始的 k 个信息位相同,且位于 n 长码字的前(或后) k 位,而校验位位于其后(或前),则称该分组码为系统码,否则称为非系统码。

定义 9.1.4 两个序列之间的汉明距离定义为两个序列之间对应位不同的位数。

例如,序列 $C_1=(11011)$ 和 $C_2=(01010)$ 之间的汉明距离 $d(C_1,C_2)=2$。

在二元线性码中,假设给定两个码字 $C^{(1)}$ 和 $C^{(2)}$,且

$$C^{(1)}=[c_1^{(1)},c_2^{(1)},\cdots,c_n^{(1)}]$$
$$C^{(2)}=[c_1^{(2)},c_2^{(2)},\cdots,c_n^{(2)}]$$

则 $C^{(1)}$ 和 $C^{(2)}$ 的汉明距离为

$$d(C^{(1)},C^{(2)})=\sum_{i=1}^{n}(c_i^{(1)}\oplus c_i^{(2)}) \tag{9-1}$$

式中 $\oplus$ 为模 2 加。

码字间的距离显示了码字之间差异程度的大小,因此当存在干扰时,距离越大,则由一个

码字变成另一个码字的可能性就越小。

汉明距离是距离的度量，它满足一般距离公理：

(1) $d(C^{(1)}, C^{(2)}) \geqslant 0$ 非负性；

(2) $d(C^{(1)}, C^{(2)}) = d(C^{(2)}, C^{(1)})$ 对称性；

(3) $d(C^{(1)}, C^{(2)}) \leqslant d(C^{(1)}, C) + d(C^{(2)}, C)$ 三角不等式。

如果码 C 存在，且 $C^{(i)}, C^{(i)} \in C, i \neq j$，则最小汉明距离为

$$d_{\min} = \min\{d(C^{(i)}, C^{(j)}), C^{(i)}, C^{(j)} \in C, i \neq j\}$$

码的最小汉明距离是衡量码的纠、检错能力的重要参数，码的最小距离越大，其纠、检错能力越强。

定义 9.1.5 对于码 C 中的某一码字，其非零元素的个数称为该码字的汉明重量。

对于二元码，其码字的重量是码字中 1 的个数。若码字 $C = [c_1, c_2, \cdots, c_n]$，其重量可以表示为

$$W_C = \sum_{i=1}^{n} c_i \tag{9-2}$$

例如，码字 $C = [1010101]$，其重量为 4。

9.2 纠错码分类

由于信号在传输过程中必定存在干扰，使得在输出端产生一定的差错。信道中的干扰一般分为两种形式：一是随机噪声，它主要来源于设备的热噪声和散弹噪声以及传播媒介的热噪声，它是通信系统中的主要噪声；二是脉冲干扰，它的特点是突发出现，主要来源于雷电、通电开关、负荷突变或设备故障等。

由于噪声和干扰的存在，使信息数字或数据在传输过程中出现差错。随机噪声所产生的差错是随机的，差错的出现互不相关，彼此独立。产生随机错误的信道一般称为随机信道或无记忆信道。脉冲干扰可使一大串数字发生错误，这一错误的出现往往会影响到后面的一串数字，使错误之间产生了相关性，这种产生突发错误的信道称为突发信道或有记忆信道。一般来讲，引起错误往往不是一种形式，可能是多种形式并存，这种并存错误的信道称为组合信道或混合信道。我们在设计纠（检）错误的抗干扰码时，应针对不同的信道，采用不同的纠（检）错码。

对于某一通信系统，具有纠（检）传输错误能力的工作方式一般可以分为反馈重传纠错、前向纠错和混合纠错方式。

1. 反馈重传纠错

发送端发射信号时，具有能够发现错误的检错码，接收设备检查收到的编码信息。当发现有错时，通过反馈系统向发送端发出询问信号要求重新发送。发送端收到信号后，重发已发生错误的那部分信息，直至接收端认为无错误为止。目前我国电报系统就是一种反馈重传纠错系统。在反馈重传纠错系统中，所采用的码只要求发现错误，我们把这种只能发现错误的码称为检错码。

2. 前向纠错

前向纠错也称为自动纠错。在传输过程中，将发送的数字信息按一定的数学关系构成具

有纠错能力的码组。当在传输中出现差错时,且错误个数在码的纠错能力范围内,系统的接收端根据编码规则进行解码,并自动纠正错误。把这种能够实现自动纠错的码称为纠错码。由于这种纠错方式不需要反馈,故称其为前向纠错。该纠错方式要求码型和信道之间要相匹配。

3. 混合纠错

对发送端进行适当编码,当错误不严重时,在码的纠错能力范围之内,采用自动纠错。当超出码的纠错能力,且能发现错误,则发出询问信号,通过反馈系统到发送端要求重发。反馈重传纠错和自动纠错工作方式并存的纠错称为混合纠错。

自从汉明(Hamming)码问世以来,纠错码已经出现多种形式。普朗格(E. Prange)于1957 年提出了一种重要的码类,即循环码,在理论和应用上都是线性分组码的一类重要子码。尔后又提出了纠正多个错误的 BCH 码,奠定了线性分组码的基础;20 世纪 60 年代,把一致校验方程作为编码的依据,发展到应用有限域上矢量空间的子空间方法,同时找到了一些新的译码方法,如 BCH 码的迭代译码算法、正交码的门限译码法等。由于理论上的完善,使得纠错编码开始向实用方面发展。

我们所介绍的码是能自动发现错误的检错码和能自动纠正错误的纠错码。检错码一般有奇偶校验码、定比码和群计数码等。对于抗干扰码,一般按以下方式来划分。

(1) 根据码的数学结构,按校验元与信息元的关系,可分为线性码和非线性码。线性码的校验位是若干信息位的线性组合,而非线性码的校验位与信息位不满足线性关系。由于线性码的编译码都优于相同纠错能力的非线性码,所以本章主要介绍线性码。

(2) 根据码的结构,按对信息序列处理方式分类,可分为分组码和卷积码。对于某组码字,其信息序列划分为一组 k 位码元,将其编成 $n(n>k)$ 位的码字,称为分组码。根据信息元在分组码中的位置,又可分为系统码和非系统码。根据分组码的结构,又可分为循环码和非循环码。本章的重点是讨论线性分组码。卷积码是将整个信息序列编成一个码序列,码与码之间相互影响,不能分开。卷积码又称树码或链码。

(3) 根据纠错类型,纠错码可分为纠随机错误码、纠突发错误码和纠随机与突发错误码。纠突发错误码又分纠随机突发差错码、纠单向差错码和恢复同步差错码。

纠错码的种类繁多,限于篇幅,本章主要讨论线性分组码,其他纠错码读者可参阅有关文献。

9.3 线性分组码

线性分组码是最具实用价值的子码之一。线性分组码的编码方式是将信息序列进行分组,称其为信息组,每个信息组由相继的 k 位信息数字组成,然后按照一定的编码规则,把信息组成 $n(n>k)$ 位的二进制数字序列,形成码字。其中非信息位的 $(n-k)$ 位组成的数字序列称为校验位,每一位校验位是所有的信息位的线性组合。

9.3.1 校验矩阵与生成矩阵

线性分组码由一组信息元的模 2 线性方程生成。假设 $k=3,n=7$,构成的线性分组码为

$$C=[c_1,c_2,c_3,c_4,c_5,c_6,c_7]$$

式中,c_1,c_2,c_3 为信息元,c_4,c_5,c_6,c_7 为校验元。校验元可用下面方程组得到

$$\begin{cases} c_4 = c_1 + c_3 \\ c_5 = c_1 + c_2 + c_3 \\ c_6 = c_1 + c_2 \\ c_7 = c_2 + c_3 \end{cases} \tag{9-3}$$

这是一组线性方程,它确定了由信息元得到校验元的规则,所以称为校验方程或监督方程。

方程组式(9-3)可进一步写成矩阵形式。首先将式(9-3)改写成

$$\begin{cases} c_1 + c_3 + c_4 = 0 \\ c_1 + c_2 + c_3 + c_5 = 0 \\ c_1 + c_2 + c_6 = 0 \\ c_2 + c_3 + c_7 = 0 \end{cases}$$

于是其矩阵形式为

$$\begin{bmatrix} 1 & 0 & 1 & 1 & 0 & 0 & 0 \\ 1 & 1 & 1 & 0 & 1 & 0 & 0 \\ 1 & 1 & 0 & 0 & 0 & 1 & 0 \\ 0 & 1 & 1 & 0 & 0 & 0 & 1 \end{bmatrix} \begin{bmatrix} c_1 \\ c_2 \\ c_3 \\ c_4 \\ c_5 \\ c_6 \\ c_7 \end{bmatrix} = 0 \tag{9-4}$$

令

$$H = \begin{bmatrix} 1 & 0 & 1 & 1 & 0 & 0 & 0 \\ 1 & 1 & 1 & 0 & 1 & 0 & 0 \\ 1 & 1 & 0 & 0 & 0 & 1 & 0 \\ 0 & 1 & 1 & 0 & 0 & 0 & 1 \end{bmatrix}$$

则式(9-4)转变成

$$HC^{\mathrm{T}} = 0 \text{ 或 } CH^{\mathrm{T}} = 0 \tag{9-5}$$

式中 H 称为一致校验矩阵。一旦建立了校验矩阵,校验元与信息元的关系就确定了,码也就随之确定。

定义 9.3.1　对于 k 位信息位 n 长的线性分组码,存在下面关系式

$$C = mG \tag{9-6}$$

其中 C 为 n 维矢量,m 为 k 维矢量,称矩阵 G（$(k \times n)$ 维）为线性分组码 C 的生成矩阵。需要强调的是线性方程组中的"加"为"模二加"。

由校验方程,可将 $n = 7$,$k = 3$ 的线性分组码写成

$$\begin{cases} c_1 = c_1 \\ c_2 = c_2 \\ c_3 = c_3 \\ c_4 = c_1 + c_3 \\ c_5 = c_1 + c_2 + c_3 \\ c_6 = c_1 + c_2 \\ c_7 = c_2 + c_3 \end{cases} \tag{9-7}$$

令

$$\boldsymbol{m} = [c_1, c_2, c_3]$$

$$\boldsymbol{G} = \begin{bmatrix} 1 & 0 & 0 & 1 & 1 & 1 & 0 \\ 0 & 1 & 0 & 0 & 1 & 1 & 1 \\ 0 & 0 & 1 & 1 & 1 & 0 & 1 \end{bmatrix}$$

则式(9-7)可以写成

$$\boldsymbol{C} = \boldsymbol{m}\boldsymbol{G}$$

从生成矩阵 $\boldsymbol{G}$ 不难看出，$\boldsymbol{G}$ 可以写成分块矩阵，即

$$\boldsymbol{G} = [\boldsymbol{I} \ \boldsymbol{P}] \qquad (9-8)$$

式中，$\boldsymbol{I}$ 为 $k \times k$ 维的单位阵，$\boldsymbol{P}$ 为 $k \times (n-k)$ 维的一般矩阵。利用生成矩阵 $\boldsymbol{G}$ 可将信息数字编成对应的码字。应用生成矩阵，当 $\boldsymbol{m} = [0\ 1\ 1]$ 时，可以得到

$$\boldsymbol{C} = \boldsymbol{m}\boldsymbol{G} = [0\ 1\ 1\ 1\ 0\ 1\ 0]$$

当已知码的生成矩阵时，编码问题就解决了。

为方便起见，令生成矩阵为

$$\boldsymbol{G} = \begin{bmatrix} \boldsymbol{G}_1 \\ \boldsymbol{G}_2 \\ \vdots \\ \boldsymbol{G}_k \end{bmatrix} \qquad (9-9)$$

式中，$\boldsymbol{G}_i, i=1,2,\cdots,k$ 为 n 维矢量

$$\boldsymbol{G}_i = [g_{i1} \quad g_{i2} \quad \cdots \quad g_{in}]$$
$$\boldsymbol{m} = [m_1 \quad m_2 \quad \cdots \quad m_k]$$

则

$$\boldsymbol{C} = \boldsymbol{m}\boldsymbol{G} = \sum_{i=1}^{k} m_i \boldsymbol{G}_i$$

上式表明，码字 $\boldsymbol{C}$ 为信息组 $\boldsymbol{m}$ 和生成矩阵 $\boldsymbol{G}$ 各行的线性组合，其中"和"为"模 2 加"。不难看出，当信息组 $\boldsymbol{m}$ 中只有一个非零元素时，码字为生成矩阵的某一行，即生成矩阵的每一行都是一个码字。因此，k 个不相同的码字可以构成码的生成矩阵，而由这 k 个码字的各种不同的线性组合生成了整个码字。为了保证生成矩阵的秩为 k，所选取的 k 个码字必须是线性独立的。

对于线性分组码，完全可以用齐次线性方程组及矩阵的零空间这样一个非常方便的数学工具来研究。

如果码 $\boldsymbol{C}$ 是系统码，由式(9-8)可知，生成矩阵为一个单位矩阵和一个一般矩阵组成分块矩阵。当码 $\boldsymbol{C}$ 不是系统码时，或由任选 k 个线性独立的码字构成生成矩阵时，生成矩阵前面的 $k \times k$ 维子阵不一定是单位阵，此时生成矩阵为一般形式的矩阵。但根据矩阵理论，我们可以将一般形式的矩阵通过变换转化成式(9-8)形式的矩阵。对生成矩阵 $\boldsymbol{G}$ 进行变换后所产生的码与原来的码在性能上等价，因此，可以以系统码为研究对象，而不失一般性。

由于标准形式的生成矩阵有 k 阶单位子阵，因此要用线性独立的 k 个码字来组成生成矩阵，在标准化之后，容易检验 $\boldsymbol{G}$ 的各行是否彼此线性独立。

由于生成矩阵 $\boldsymbol{G}$ 的每一行都是一个码字，所以生成矩阵和校验矩阵之间有如下关系：

$$HG^{\mathrm{T}} = 0 \quad 或 \quad GH^{\mathrm{T}} = 0 \qquad\qquad (9-10)$$

即线性分组码的生成矩阵和校验矩阵的行矢量彼此正交。以上结果表明,系统码可以由生成矩阵确定,也可以由校验矩阵确定。

因为校验矩阵可以写成

$$H = [Q\ I] \qquad\qquad (9-11)$$

的形式,式中 Q 为 $(n-k)\times k$ 维矩阵,I 为 $(n-k)\times(n-k)$ 维单位矩阵。生成矩阵可以写成

$$G = [I\ P]$$

由式(9-10)可得

$$HG^{\mathrm{T}} = [Q\ I]\begin{bmatrix} I \\ P^{\mathrm{T}} \end{bmatrix} = Q + P^{\mathrm{T}} = 0$$

只有当 $P^{\mathrm{T}} = Q$ 或 $P = Q^{\mathrm{T}}$ 时,式(9-10)才成立。这也表明,校验矩阵和生成矩阵可以转换。

由 H 阵或 G 阵确定的线性分组码有一个非常重要的性质,即线性分组码中任意两个码字之和仍为一个码字,这个性质称为码的封闭性。该性质的证明留给读者自己证明。

下面举例讨论线性分组码中的生成矩阵、校验矩阵。

例 9.3.1　已知生成矩阵为

$$G = \begin{bmatrix} 1 & 0 & 0 & 1 & 1 & 1 & 0 \\ 0 & 1 & 0 & 0 & 1 & 1 & 1 \\ 0 & 0 & 1 & 1 & 1 & 0 & 1 \end{bmatrix}$$

由于 $G = [I\ P]$,则有

$$P = \begin{bmatrix} 1 & 1 & 1 & 0 \\ 0 & 1 & 1 & 1 \\ 1 & 1 & 0 & 1 \end{bmatrix}$$

又因为 $Q = P^{\mathrm{T}}$,因此校验矩阵可以表示为

$$H = [Q\ I] = \begin{bmatrix} 1 & 0 & 1 & 1 & 0 & 0 & 0 \\ 1 & 1 & 1 & 0 & 1 & 0 & 0 \\ 1 & 1 & 0 & 0 & 0 & 1 & 0 \\ 0 & 1 & 1 & 0 & 0 & 0 & 1 \end{bmatrix}$$

按生成矩阵 G 生成的 $(7,3)$ 码为

m	C
0 0 0	0 0 0 0 0 0 0
0 0 1	0 0 1 1 1 0 1
0 1 0	0 1 0 0 1 1 1
0 1 1	0 1 1 1 0 1 0
1 0 0	1 0 0 1 1 1 0
1 0 1	1 0 1 0 0 1 1
1 1 0	1 1 0 1 0 0 1
1 1 1	1 1 1 0 1 0 0

若把校验矩阵 H 当作生成矩阵,则可生成 $(7,4)$ 码,其结果如下:

m	C
0 0 0 0	0 0 0 0 0 0 0
0 0 0 1	0 0 0 1 0 1 1
0 0 1 0	0 0 1 0 1 1 0
0 0 1 1	0 0 1 1 1 0 1
0 1 0 0	0 1 0 0 1 1 1
0 1 0 1	0 1 0 1 1 0 0
0 1 1 0	0 1 1 0 0 0 1
0 1 1 1	0 1 1 1 0 1 0
1 0 0 0	1 0 0 0 1 0 1
1 0 0 1	1 0 0 1 1 1 0
1 0 1 0	1 0 1 0 0 1 1
1 0 1 1	1 0 1 1 0 0 0
1 1 0 0	1 1 0 0 0 1 0
1 1 0 1	1 1 0 1 0 0 1
1 1 1 0	1 1 1 0 1 0 0
1 1 1 1	1 1 1 1 1 1 1

9.3.2 线性分组码的纠、检错能力

由生成矩阵产生的码字在信道传输过程中,由于干扰的存在,使得一些码元发生错误。接收端通过编码规则进行译码,如能发现错误,则称为检错;如果再能纠正错误,称为纠错。码能纠、检错误码元的个数称为该码的纠、检错能力。可见,如果发现错误和纠正错误的个数越多,则说明该码的纠、检错能力越强。码字能纠、检错误的充要条件是码字的一些码元发生错误后,这个错的码字还没有变成其他码字,这样就可以判别出是否有错。所以要求所设计的码字应有大的差别,而码字之间的差别可用码字之间的汉明距离来表示。

定理 9.3.1 对于一个二进制对称信道,若输入为 k 个等可能的 n 长码字,则最大后验概率译码准则应为最小汉明距离译码。

证明: 对于二进制对称信道,可设单个码元的错误概率为 $p(p<0.5)$。当发送码字为 X、接收码字为 Y 时,其汉明距离为 $d(X,Y)$,因此条件概率

$$p(y \mid x) = p^{d(X,Y)}(1-p)^{n-d(X,Y)}$$

这是因为码字 X 和 Y 的对应元的错误个数与码字的汉明距离是相等的。

根据最大后验概率译码规则,令

$$\lambda = \frac{p(y \mid x_i)}{p(y \mid x_j)} \qquad i \neq j$$

则

$$\lambda \mathop{\gtreqless}_{x_j}^{x_i} 1$$

由于

$$\lambda = \frac{p^{d(X_i,Y)}(1-p)^{n-d(X_i,Y)}}{p^{d(X_j,Y)}(1-p)^{n-d(X_j,Y)}} = \left(\frac{p}{1-p}\right)^{d(X_i,Y)-d(X_j,Y)}$$

且 $\dfrac{p}{1-p} < 1$，所以

$$\lambda \underset{X_j}{\overset{X_i}{\gtrless}} 1$$

与

$$d(X_i,Y) \underset{X_j}{\overset{X_i}{\lessgtr}} d(X_j,Y)$$

等价。

定理 9.3.2　线性分组码的最小距离等于非零码字的最小重量。

证明：根据线性分组码的封闭性可知，任意两个码字的和应为一个码字。根据码字之间距离的定义可知，两个码字和的非零个数则与其距离相等，而且又为新码字的重量。所以，不难理解，线性分组码的最小距离必等于非零码字的最小重量。

码的最小距离和最小重量决定了码的纠、检错能力，因此可以得到码距与纠错能力之间的关系。如果给定一组码字，若码的最小距离越大，则说明任意两个码字之间的差别越大，那么码的纠、检错能力越强。

定理 9.3.3　对于 (n,k) 线性分组码，设 $d_{\min}$ 为最小汉明距离，那么存在如下结论：

（1）这组码具有纠正 u 个错误的充分必要条件是

$$d_{\min} = 2u + 1 \tag{9-12}$$

证明：充分性。设这组线性分组码为 $X_i, i=1,2,\cdots,m$，对于不同的 i 和 j，则有

$$d(X_i, X_j) \geqslant d_{\min} = 2u + 1$$

设发送码字为 X_i，接收码字为 Y，X_j 为其他任意码字，根据最小距离译码原理，若码字发送 X_i 被译为 X_j，则接收到的码字 Y 与 X_i 和 X_j 满足

$$d(X_j, Y) < d(X_i, Y)$$

且 X_i, X_j 和 Y 满足三角不等式

$$d(X_i, Y) + d(X_j, Y) \geqslant d(X_i, X_j)$$

因此若将接收码字 Y 错译为 X_j，则有

$$d(X_i, Y) \geqslant \frac{1}{2}d(X_i, X_j) \geqslant \frac{1}{2}d_{\min}$$

将 $d_{\min}$ 代入，则有

$$d(X_i, Y) \geqslant u + \frac{1}{2}$$

上式表明，码字 X_i 中至少有 $(u+1)$ 个码元发生错误。

同样可以证明，若将接收码字正确译为 X_i，则可得出

$$d(X_j, Y) > u$$

因此，对 X_i 中所有小于或等于 u 个错误均可以被纠正。

必要性证明反推即可得证。

（2）这组码具有检测出 l 个错误的充分必要条件是

$$d_{\min} = l + 1 \qquad\qquad (9-13)$$

证明：充分性。 由于 $d_{\min} = l + 1$，所以有

$$d(X_i, X_j) \geqslant d_{\min} > l$$

上式说明，当某一码字发生小于或等于 l 个错误时，不可能变成另一个码字。但由于对于接收码字 Y，若存在 l 个错误，假设将 Y 译为 X_i，则

$$d(X_i, Y) = l$$

由三角不等式可知

$$d(X_j, Y) \geqslant d(X_i, X_j) - d(X_i, Y) = d(X_i, X_j) - l > 0$$

则不一定满足

$$d(X_i, Y) < d(X_j, Y)$$

根据最小距离译码原理，只有当 $d(X_j, Y) > l$ 时，即 $d(X_i, X_j) > 2l$ 时，才能满足上式，这与 $d_{\min} = l + 1$ 相矛盾，故只能发现 l 个错误，而不能纠正。

必要性证明反推即可得证。

(3) 这组码具有纠正 t 个错误，同时可以发现 $l(l > t)$ 个错误的充分必要条件是

$$d_{\min} = t + l + 1 \qquad\qquad (9-14)$$

证明：充分性。 因为对于所有的 X_i, X_j，当 $i \neq j$ 时，有

$$d(X_i, X_j) \geqslant d_{\min} = t + l + 1 \qquad l > t$$

根据已知条件 $l > t$，可得

$$d(X_i, X_j) \geqslant 2t + 1$$

由结论 1 可知，这组码具有纠正 t 个错误的能力。

如果接收序列发生 l 位错误，则有

$$d(X_i, Y) = l$$

根据三角不等式，则

$$d(X_j, Y) \geqslant d(X_i, X_j) - d(X_i, Y) = $$
$$t + l + 1 - l = t + 1$$

即

$$d(X_j, Y) \geqslant t + 1$$

考虑极限情况，当

$$d(X_j, Y) = t + 1$$

时，则有可能

$$d(X_i, Y) = d(X_j, Y) = t + 1$$

无法纠正 $t+1$ 位错误，故只能检验出 l 位错误，纠正 t 位错误。

必要性证明反推即可得证。

以上定理指出了码字间最小距离与纠错能力之间的关系。下面我们来分析关于码字长度 n、纠错能力 u 和消息数之间应满足的关系。

设有 m 个 n 长码 $X_i, i = 1, 2, \cdots, m$ 显然，n 长码字的总数为 2^n。当发送某一码字的错误码元小于或等于 u 时，即对于接收码字满足

$$d(X_i, Y) \leqslant u$$

时，接收码字的可能数为

$$C_n^0 + C_n^1 + \cdots + C_n^u = \sum_{i=0}^{u} C_n^i$$

对于可能发送的所有 m 个码字,若能使校正小于或等于 u 位错误,则接收码字的总个数应为

$$m \sum_{i=0}^{u} C_n^i$$

并且一定满足

$$m \sum_{i=0}^{u} C_n^i \leqslant 2^n \qquad (9-15)$$

式(9-15)表明,对于给定的 u、n 和 m,m 是满足汉明界的最大整数,但并不一定能找到 m 个 n 长码字,且具有纠正小于或等于 u 位错误的能力,即式(9-15)只是一个必要条件,但不是充分条件。

9.3.3　校验矩阵与最小距离的关系

我们知道,线性分组码可以由校验矩阵来产生。码字的纠、检错能力与码字的最小距离密切相关,很自然地会联想到,校验矩阵必定和最小距离满足一定的关系。

定理 9.3.4　对于 (n,k) 线性分组码,设其校验矩阵为 $\boldsymbol{H}$,若 $\boldsymbol{H}$ 中的任意 t 列线性无关,而有 $t+1$ 列线性相关,则码字的最小距离或最小重量为 $t+1$;若码字的最小重量或最小距离为 $t+1$,则校验矩阵 $\boldsymbol{H}$ 的任意 t 列线性无关,而有 $t+1$ 列线性相关。

证明:　证明正定理:设校验矩阵为 $\boldsymbol{H}$,其中每一列为 $H_i,i=1,2,\cdots,n$,则

$$\boldsymbol{H} = [H_1 \ H_2 \ \cdots \ H_n]$$

由于校验矩阵的任意 t 列线性无关,且存在 $t+1$ 列线性相关,则对于这 $t+1$ 列不妨记为 H_1,$H_2,\cdots,H_{t+1}$,且存在

$$\sum_{i=1}^{t+1} H_i = 0$$

设有一码字

$$\boldsymbol{C} = [\underbrace{1 \ 1 \ \cdots \ 1}_{t+1} \underbrace{0 \ 0 \ \cdots \ 0}_{n-t-1}]$$

则不难验证

$$\sum_{i=1}^{n} c_i H_i = \sum_{i=1}^{t+1} H_i = \boldsymbol{HC}^{\mathrm{T}} = 0$$

根据校验方程可知,$\boldsymbol{C}$ 为一码字,其重量为 $t+1$。实际上,所设的码字为对应校验矩阵 $\boldsymbol{H}$ 中 $t+1$ 列的位置上为 1,其余元素为 0。由于 $\boldsymbol{H}$ 中的任意 t 列线性无关,则任意 t 列之和必不为 0,当码字中有小于或等于 t 个元素不为零时,则不能得到

$$\boldsymbol{HC}^{\mathrm{T}} = 0$$

也就是说,所有重量小于或等于 t 的矢量均不是码字,故码字的最小重量为 $t+1$。

根据定理 9.3.4 证明过程,我们不难理解其逆定理的存在。逆定理的证明可参阅有关文献。

由定理 9.3.4 可知,若校验矩阵 H 中任何一列不为零矢量,而且任何两列都不相等,也就是说任何两列互不相关,则码字的最小距离等于 3。根据定理 9.3.3,这组码具有纠正单个错误的能力。

9.3.4 线性分组码的伴随式

为了纠正码字中某位发生的错误,必须使每一位发生错误的标志互不相同,我们称这个标志为伴随式。设发送码字为 C,接收码字为 Y,校验矩阵为 H,令

$$S = YH^{\mathrm{T}} \tag{9-16}$$

或

$$S^{\mathrm{T}} = HY^{\mathrm{T}} \tag{9-17}$$

当 $S=0$ 时,则接收到的 Y 为一码字,且满足校验方程。若 $S \neq 0$,则说明 Y 不是码字,因码字在传输过程中产生了错误。可以看到,S 为码字在传输过程中是否出现差错的标志,所以称为伴随式(或称监督子、校验子等)。

设发送码字为

$$C = [c_1, c_2, \cdots, c_n]$$

码字在传输过程中,由于干扰和噪声的存在,将产生差错,这个差错称为错误图样,记为

$$E = [e_1, e_2, \cdots, e_n]$$

接收到的码字应为发送码字与错误图样的和,即

$$Y = C + E = [y_1, y_2, \cdots, y_n]$$

上式中 y_i 为 c_i 和 e_i 的模 2 和,所以有

$$S = YH^{\mathrm{T}} = (C + E)H^{\mathrm{T}} = CH^{\mathrm{T}} + EH^{\mathrm{T}}$$

因为 C 是码字,所以 $CH^{\mathrm{T}}=0$,故有

$$S = EH^{\mathrm{T}} \tag{9-18}$$

当码字的第 i 位发生错误时,则 $e_i=1$,否则 $e_i=0$;式(9-18)表明,伴随式仅与错误图样有关,与码字无关,即伴随式仅含有错误图样信息。

9.3.5 线性分组码的译码

由于伴随式含有错误图样的信息,所以当码字在传输过程中,错误个数不超过码的纠错能力时,伴随式与错误图样是有对应关系的。由式(9-18)可知,伴随式为一矢量,是校验矩阵的各列与错误图样的线性组合,即

$$S^{\mathrm{T}} = \sum_{i=1}^{n} e_i H_i$$

可以看出,由于 e_i 非 0 即 1,所以伴随式是接收码字中发生错误的码元在校验矩阵中对应列的矢量和。

假设一组码具有纠正单个错误的能力,且码字在传输过程中只有一个错误,显然,对于 $e_i, i=1,2,\cdots,n$ 只有一个为 1,而其他为 0,所以伴随式为校验矩阵的某一列。同时,我们可以看到,对于不同的错误图样,则伴随式与之相对应,且是一一对应。所以当码字在传输过程中,有一位发生错误时,可通过伴随式将其纠正。当求得错误图样后,其发送码字的估值为

$$\hat{C} = Y - E \tag{9-19}$$

当发送码字发生两个或两个以上错误时,由伴随式和校验矩阵可知,伴随式为两个或两个以上校验矩阵的列之和,所以译码器只能判断发送码字有错,但不能判断码的错误位置。

在构造纠错码时,考虑到编码效率,总是希望以最少的校验元来实现给定的纠错能力。对

于能够纠正单个错误的(n,k)线性分组码,它具有 n 个错误图样,而每一错误图样有其相应的伴随式,每一伴随式为校验矩阵中的对应的某一列,这样,则要求校验矩阵 H 中的 n 列互不相同且不为 0。由于伴随式有 $m=n-k$ 位,它可以有 2^m 种不同的组合。所以,能够纠正单个错误的线性分组码则要求校验位数目必须满足

$$2^m \geqslant n+1 = C_n^1 + C_n^0$$

对于能够纠正 u 个错误的(n,k)线性分组码,其纠错能力与校验位的数目有一定的关系。从而引入下述定理。

定理 9.3.5　若(n,k)线性分组码能够纠正 u 个错误,则其校验位的数目必须满足

$$2^{n-k} \geqslant \sum_{i=0}^{u} C_n^i \qquad (9-20)$$

证明:由于产生 $i(i \leqslant u)$个错误的错误图样有 C_n^i 种,所以能够产生不多于 u 个错误的错误图样总共有

$$C_n^0 + C_n^1 + \cdots + C_n^u = \sum_{i=0}^{u} C_n^i$$

个。而 $n-k$ 位校验元共有 2^{n-k} 种不同的组合,因此,若能纠正 u 个错误,则必须满足

$$2^{n-k} \geqslant \sum_{i=0}^{u} C_n^i$$

当等号成立时,称(n,k)线性分组码为完备码,即伴随式的个数与错误图样个数相等。对于例 9.3.1 中$(7,3)$码,不难验证是一个完备码。需要强调的是,定理 9.3.5 是一个必要条件,但不是充分条件。

9.3.6　汉明码

汉明码是能够纠正一维错误的线性分组码,是汉明(Hamning)继香农编码定理提出后最早发现的一类完备码。由前面所讨论的内容可知,它的编、译码规则都很简单。传输效率高。汉明码实际上是$(2^m-1, 2^m-m-1)$线性码,其校验行为 m 行,共有 $n=2^m-1$ 列,任一列都不为零且两两互不相等,因此能纠正任何单个错误。

对于汉明码的校验矩阵,构造简单。一般情况下有两种构造方式。一是校验矩阵的标准形式,即

$$H = [P\ I]$$

式中,P 为 $m \times (n-m)$ 维矩阵,I 为 $m \times m$ 维单位阵。按这种校验矩阵编出的码是系统码。二是校验矩阵的列是按二进制数的自然顺序从左到右排列的非零列,例如,当 $n=7, k=4$ 时,H 中的第一列为$[0\ 0\ 1]$,第二列为$[0\ 1\ 0]$,…,第七列为$[1\ 1\ 1]$。按这种校验矩阵编出的码是非系统码。当发生单个错误时,伴随式是 H 中与错误位置对应的列,所以伴随式二进制数的值就是错误位置的序号。

汉明码只具有纠正单个错误的能力,但没有发现两个错误的能力。可以通过改进汉明码,使得它除了能具有纠正单个错误的能力外,而且还具有发现两个错误的能力。

我们知道,当码字在传输过程中发生两个错误时,其伴随式为对应校验矩阵中的两列之和。为了能够检验两个错误,必须使得检验矩阵 H 中的任意两列之和不为其他列,即要求 H 中的任意三列线性无关,这样就要求码字之间的最小距离为 4。通过对校验矩阵的每一列中

增加一个 1,且增加一个[0 0 … 0 1]列,即构成新的校验矩阵 H'

$$H' = \begin{bmatrix} & & & 0 \\ & & & 0 \\ & H & & \vdots \\ & & & 0 \\ 1 & 1 & \cdots & 1 \end{bmatrix}$$

这样构成的校验矩阵所生成的码具有纠 1 检 2 的能力,其码长为 2^m,校验位为 $m+1$ 位。因为当出现一个错误时,其伴随式的最后一位数为 1,即[* * … * 1]形式;当出现两个错误时,其伴随式为某两列之和,故最后一位数为 0,即为[* * … * 0]形式,因为它与 H' 中的任何一列都不相同,所以可与单个错误的伴随式区别开来,故可以检查出两个错误。

9.4 循环码

循环码是线性分组码的一类重要子码,1957 年普兰奇(E. prange)首先对循环码进行了研究。它具有完整的代数结构和许多特殊的代数性质。其编码和译码相对更为简单,并且易于生成和实现。目前在各个领域中用于差错控制的几乎都是循环码或派生的性能更优的子码。

循环码是线性分组码,一般也记为 (n,k) 码,其中 n 为码字的长度,k 为信息位的长度。它既具有线性分组码的自封闭性,还具有循环性。循环码的特点是,若 $C=[c_1,c_2,\cdots,c_n]$ 是一个码字,那么它的循环移位 $C'=[c_2,c_3,\cdots,c_n,c_1]$ 同样也是一个码字。

定义 9.4.1 对于一个 (n,k) 线性分组码,若某一码字为

$$C = [c_1,c_2,\cdots,c_n]$$

该码字向左循环一位后为

$$C^{(1)} = [c_2,c_3,\cdots,c_n,c_1]$$

向左循环 i 位后为

$$C^{(i)} = [c_{i+1},c_{i+2},\cdots,c_n,c_1,\cdots,c_i]$$

直至向左循环 $n-1$ 位为

$$C^{(n-1)} = [c_n,c_1,\cdots,c_{n-1}]$$

若 $C^{(i)},i=1,2,\cdots,n-1$ 均为码字,则称这个 (n,k) 线性分组码为循环码。

由于循环码也是线性分组码,因此可用校验矩阵或生成矩阵来构成。但由于循环码具有循环移位特性,且是自封闭的,故可采用码多项式的方法描述。

设码字为 $C=[c_1,c_2,\cdots,c_n]$,其码多项式表示为

$$C(x) = c_1 x^{n-1} + c_2 x^{n-2} + \cdots + c_{n-1}x + c_n \tag{9-21}$$

即 n 长的码字可以用一个 x^{n-1} 次多项式来表示,它的循环特性可由码多项式来表示,当码字向左移一位,相当于乘以 x,即

$$C^{(1)}(x) = xC(x) =$$
$$c_1 x^n + c_2 x^{n-1} + \cdots + c_{n-1}x^2 + c_n x =$$
$$c_2 x^{n-1} + c_3 x^{n-2} + \cdots + c_n x + c_1$$

如果码字向左移 i 位,相当于乘以 x^i,即

$$C^{(i)}(x) = x^i C(x) =$$
$$c_1 x^{n+i-1} + c_2 x^{n+i-2} + \cdots + c_{n-1} x^{i+1} + c_n x^i =$$
$$c_{i+1} x^{n-1} + c_{i+2} x^{n-2} + \cdots + c_{i-1} x + c_i$$

或表示为

$$C^{(i)}(x) = x^i C(x) \qquad \mathrm{mod}\ x^n + 1 \tag{9-22}$$

由于 (n,k) 循环码共有 2^k 个码字,从码组中取出一个前面 $(k-1)$ 位都是 0 的码字,用 $g(x)$ 表示,不难看出 $g(x)$ 的多项式次数为 $(n-k)$。因为 $x^i g(x), i=0,1,2,\cdots,k-1$ 均是码字且相互独立,故可用 $x^i g(x), i=0,1,2,\cdots,k-1$ 作为生成矩阵 G 的 k 行。由多项式 $g(x)$ 可以构成生成矩阵 $G(x)$ 为

$$G(x) = \begin{bmatrix} x^{k-1} g(x) \\ x^{k-2} g(x) \\ \vdots \\ x\quad g(x) \\ g(x) \end{bmatrix} \tag{9-23}$$

循环码 $C(x)$ 则为

$$C(x) = [m_1, m_2, \cdots, m_k] G(x) \tag{9-24}$$

式中 $[m_1, m_2, \cdots, m_k]$ 为 k 位信息元矢量。

式(9-24)可以转化为

$$C(x) = \sum_{i=1}^{k} m_i x^{k-i} g(x) = \Big(\sum_{i=1}^{k} m_i x^{k-i} \Big) g(x)$$

令

$$m(x) = \sum_{i=1}^{k} m_i x^{k-i}$$

则有

$$C(x) = m(x) g(x) \tag{9-25}$$

在 (n,k) 循环码中,生成多项式 $g(x)$ 是唯一的一个 $(n-k)$ 次多项式,且次数最低。每个码多项式 $C(x)$ 都是 $g(x)$ 的倍式,而且每个为 $g(x)$ 的倍式且次数小于或等于 $(n-1)$ 的多项式必是一个码多项式。循环码的生成多项式 $g(x)$ 是 $x^n + 1$ 的因式,即

$$x^n + 1 = h(x) g(x) \tag{9-26}$$

我们把 k 次多项式 $h(x)$ 称为码的校验多项式。

设

$$h(x) = \sum_{i=1}^{k+1} h_i x^{k-i+1}$$

$$g(x) = \sum_{i=1}^{n-k+1} g_i x^{i-1}$$

不难得到 $g(x)$ 和 $h(x)$ 的系数满足以下关系

$$\begin{bmatrix} 0 & 0 \cdots 0 & 0 & h_{k+1} & h_k & \cdots h_1 \\ 0 & 0 \cdots 0 & h_{k+1} & h_k & h_{k-1} & \cdots 0 \\ & & \vdots & & & \\ h_{k+1} & h_k \cdots h_1 & 0 & 0 & \cdots 0 \end{bmatrix} \begin{bmatrix} 0 \\ \vdots \\ 0 \\ g_1 \\ \vdots \\ g_{n-k+1} \end{bmatrix} = 0 \tag{9-27}$$

设

$$h^*(x) = \sum_{i=1}^{k+1} h_{k+2-i} x^{k-i+1}$$

即 $h^*(x)$ 为 $h(x)$ 的倒多项式。校验矩阵则可以表示为

$$H = \begin{bmatrix} h^*(x) \\ xh^*(x) \\ \vdots \\ x^{n-k-1} h^*(x) \end{bmatrix} \tag{9-28}$$

由于 $x^n + 1 = h(x)g(x)$，故有 $h_{k+1} = h_1 = 1$。校验矩阵又可以表示为

$$H = \begin{bmatrix} 0 \cdots & 0 & 0 & 1 & h_k & h_{k-1} & \cdots & h_2 & 1 \\ 0 \cdots & 0 & 1 & h_k & h_{k-1} & h_{k-2} & \cdots & 1 & 0 \\ & & & \vdots & & & & \\ 1 & h_k & \cdots & h_2 & 1 & 0 & 0 & \cdots & 0 & 0 \end{bmatrix}$$

假设发送的码多项式为 $C(x)$，错误图样多项式为 $e(x)$，接收端接收的码多项式为 $R(x)$，并设

$$C(x) = \sum_{i=1}^{n} c_i x^{n-i}$$

$$e(x) = \sum_{i=1}^{n} e_i x^{n-i}$$

$$R(x) = \sum_{i=1}^{n} r_i x^{n-i}$$

则有

$$R(x) = C(x) + e(x) \tag{9-29}$$

设 $g(x)$ 为码的生成多项式，由于码字多项式 $C(x)$ 能够被 $(n-k)$ 次生成多项式 $g(x)$ 除尽，故有

$$\frac{R(x)}{g(x)} = \frac{C(x) + e(x)}{g(x)} = \frac{e(x)}{g(x)} \tag{9-30}$$

定义伴随式为

$$S(x) = \frac{e(x)}{g(x)} = e(x) \quad [\text{模 } g(x)]$$

上式中 $[$模 $g(x)]$ 为"模二和"。若无错误传输，则 $S(x) = 0$，否则 $S(x) \neq 0$。

因为 $g(x)$ 的次数为 $n-k$，$e(x)$ 的次数为 $(n-1)$，所以伴随式的最高次数为 $(n-k-1)$，

那么 $S(x)$ 共有 $(n-k)$ 项,故有 2^{n-k} 种可能的表示式,即有 2^{n-k} 个伴随式。若满足 $2^{n-k} \geqslant n+1$,则具有纠错的能力。

循环码中有一类重要的子码,称为 BCH 码,它是于 1959 年至 1960 年间由霍昆格姆(Hocqu enghem)、博斯(Bose)和查德胡里(Chaudhuri)分别提出来的。BCH 码易于构造,能够有效地纠正多个独立错误。BCH 码把生成多项式与码的最小距离和纠错能力联系起来,根据所需要的纠错能力,选取适当的 $g(x)$,可以编造出非常有效的纠正多个独立错误的 BCH 码。

关于 BCH 码以及其他类型的循环码的更详细内容,由于幅有限,这里不再详述。请读者参阅本书末"参考书目和文献"中的有关资料。

9.5 卷积码

在分组码中,任何特定的时间单位内编码器所产生的 n 个码元的码组,仅取决于该时间单位内 k 个消息位。然而,存在着另一种码,由编码器在特定的时间单位内所产生的码元不但取决于这个特定时间段内进入的信息组,而且也与前面的 $(N-1)$ 个时间段内的信息组有关,这种码称为卷积码。

1955 年埃利斯(P. Elias)首次提出卷积码。卷积码与分组码不同之处是分组码没有考虑各组信息元之间的关联。从而失去了各分组之间一定的相关信息,而卷积码的编码器是有记忆的。编码器进行本段信息组编码时,校验元将由本段信息元和前面已送入的各段信息元共同确定或约束,卷积码和分组码类似,也具有纠正随机错误、突发错误或同时纠正这两类错误的能力。卷积码的编码可用移位寄存器来完成。对于许多实际的误差控制,卷积码的性能优于分组码。

下面以 $(3,1)$ 卷积码为例,讨论卷积码的生成矩阵和校验矩阵。

将给定的信息序列 $(m_1, m_2, m_3, \cdots)$ 进行分组,使每个信息组只包含一个信息数字,且校验位有两个校验数字,对应的码序列为

$$(m_1 p_{11} p_{12}, m_2 p_{21} p_{22}, m_3 p_{31} p_{32}, \cdots)$$

并且设校验数字与信息数字满足以下关系

$$p_{i1} = m_i + m_{i-1} + m_{i-3}$$
$$p_{i2} = m_i + m_{i-1} + m_{i-2} \tag{9-31}$$

式 $(9-31)$ 表明,当前的校验数字与当前的信息数字和过去的三个信息数字有关,且满足一定的线性关系。

令

$$\boldsymbol{m} = (m_1, m_2, m_3, \cdots)$$
$$\boldsymbol{C} = (m_1 p_{11} p_{12}, m_2 p_{21} p_{22}, m_3 p_{31} p_{32}, \cdots)$$

利用式 $(9-31)$,可以得到 $\boldsymbol{m}$ 和 $\boldsymbol{C}$ 满足以下关系

$$C^{\mathrm{T}} = \begin{bmatrix} m_1 \\ m_1 \\ m_1 \\ m_2 \\ m_1 + m_2 \\ m_1 + m_2 \\ m_3 \\ m_2 + m_3 \\ m_1 + m_2 + m_3 \\ m_4 \\ m_1 + m_3 + m_4 \\ m_2 + m_3 + m_4 \\ \vdots \end{bmatrix}$$

于是有

$$C = mG = m \begin{bmatrix} 111 & 011 & 001 & 010 & 000 & \cdots \\ 000 & 111 & 011 & 001 & 010 & \cdots \\ 000 & 000 & 111 & 011 & 001 & \cdots \\ 000 & 000 & 000 & 111 & 011 & \cdots \\ 000 & 000 & 000 & 000 & 111 & \cdots \\ \vdots & \vdots & \vdots & \vdots & \vdots & \cdots \end{bmatrix}$$

式中,矩阵 G 称为卷积码的生成矩阵。

由上述过程可以看出,某一信息数字影响 4 个分组,为此称这个卷积码为约束长度为 4 个分组的卷积码。

生成矩阵可以写成下列形式

$$G = \begin{bmatrix} I\,P_1 & 0\,P_2 & 0\,P_3 & 0\,P_4 & \cdots \\ & I\,P_1 & 0\,P_2 & 0\,P_3 & \cdots \\ & & I\,P_1 & 0\,P_2 & \cdots \\ & & & I\,P_1 & \cdots \\ & & & \vdots & \cdots \end{bmatrix} \tag{9-32}$$

式中 I 为 $k \times k = 1 \times 1$ 阶单位阵,0 为 $k \times k = 1 \times 1$ 阶 0 矩阵,P_i 为 $k \times (n-k) = 1 \times 2$ 阶矩阵。

若输入信息序列为 $(0\,1\,0\,0\,1\,0\,1\,0\,1\,1 \cdots)$,则对应的码字为

$$C = mG = (000\ 111\ 011\ \cdots)$$

其中

$$P_1 = \begin{bmatrix} 1 & 1 \end{bmatrix}$$
$$P_2 = \begin{bmatrix} 1 & 1 \end{bmatrix}$$
$$P_3 = \begin{bmatrix} 0 & 1 \end{bmatrix}$$
$$\vdots$$

对于所生成的码序列,每 3 个数字组成一个码字,其中包括一个信息位和两个校验位。

由于生成矩阵 $\boldsymbol{G}$ 中的第 2 行是第 1 行向右移位而得,第 3 行是第 2 行向右移位而得,故生成矩阵由第一行确定,称

$$\begin{bmatrix} \boldsymbol{I}\,\boldsymbol{P}_1 & \boldsymbol{0}\,\boldsymbol{P}_2 & \boldsymbol{0}\,\boldsymbol{P}_3 & \cdots \end{bmatrix} \tag{9-33}$$

为基本生成矩阵。

由于式(9-31)可以表示为

$$m_{i-3} + m_{i-1} + m_i + p_{i1} = 0$$
$$m_{i-2} + p_{i2} + m_{i-1} + m_i = 0 \tag{9-34}$$

令

$$\boldsymbol{C}_0 = (m_{i-3}\ p_{i-3,1}\ p_{i-3,2},$$
$$m_{i-2}\ p_{i-2,1}\ p_{i-2,2}, \cdots, m_i\ p_{i1}\ p_{i2})$$

由式(9-34)可得

$$\begin{bmatrix} 1\,0\,0 & 0\,0\,0 & 1\,0\,0 & 1\,1\,0 \\ 0\,0\,0 & 1\,0\,0 & 1\,0\,0 & 1\,0\,1 \end{bmatrix} \boldsymbol{C}_0^{\mathrm{T}} = 0$$

令

$$\boldsymbol{H} = \begin{bmatrix} 1\,0\,0 & 0\,0\,0 & 1\,0\,0 & 1\,1\,0 \\ 0\,0\,0 & 1\,0\,0 & 1\,0\,0 & 1\,0\,1 \end{bmatrix}$$

$\boldsymbol{H}$ 称为(3,1)卷积码的基本一致校验矩阵。它可以判断第 $i-3, i-2, i-1, i$ 个分组码是否是码序列中的 4 个码分组,与线性码的一致校验矩阵一样,起着校验作用,但它只对 4 个码起校验作用。

令

$$\boldsymbol{C} = (m_1\ p_{11}\ p_{12}, m_2\ p_{21}\ p_{22}, m_3\ p_{31}\ p_{32}, \cdots)$$

由式(9-34)可得如下关系式

$$m_1 + p_{11} = 0$$
$$m_1 + p_{12} = 0$$
$$m_1 + m_2 + p_{21} = 0$$
$$m_1 + m_2 + p_{22} = 0$$
$$m_1 + m_2 + p_{31} = 0$$
$$m_1 + m_2 + m_3 + p_{32} = 0$$
$$m_1 + m_3 + m_4 + p_{41} = 0$$
$$m_2 + m_3 + m_4 + p_{42} = 0$$
$$m_2 + m_4 + m_5 + p_{51} = 0$$
$$m_3 + m_4 + m_5 + p_{52} = 0$$

从而有

$$\begin{bmatrix} 1\,1\,0 & 0\,0\,0 & \cdots \\ 1\,0\,1 & 0\,0\,0 & \cdots \\ 1\,0\,0 & 1\,1\,0 & 0\,0\,0 & \cdots \\ 1\,0\,0 & 1\,0\,1 & 0\,0\,0 & \cdots \\ 1\,0\,0 & 1\,0\,0 & 0\,0\,1 & 0\,0\,0 & \cdots \\ 1\,0\,0 & 1\,0\,0 & 1\,0\,1 & 0\,0\,0 & \cdots \\ 1\,0\,0 & 0\,0\,0 & 1\,0\,0 & 1\,1\,0 & 0\,0\,0 & \cdots \\ 0\,0\,0 & 1\,0\,0 & 1\,0\,0 & 1\,0\,1 & 0\,0\,0 & \cdots \\ 0\,0\,0 & 1\,0\,0 & 0\,0\,0 & 1\,0\,0 & 1\,1\,0 & 0\,0\,0 & \cdots \\ 0\,0\,0 & 0\,0\,0 & 1\,0\,0 & 1\,0\,0 & 1\,0\,1 & 0\,0\,0 & \cdots \\ & & \vdots \end{bmatrix} \cdot \boldsymbol{C}^{\mathrm{T}} = 0 \qquad (9-35)$$

记系数矩阵为 $\boldsymbol{H}$，并称为 $(3,1)$ 卷积码的一致校验矩阵。

上式中的校验矩阵可写为

$$\boldsymbol{H} = \begin{bmatrix} \boldsymbol{P}_1^{\mathrm{T}} & \boldsymbol{I} \\ \boldsymbol{P}_2^{\mathrm{T}} & \boldsymbol{0} & \boldsymbol{P}_1^{\mathrm{T}} & \boldsymbol{I} \\ \boldsymbol{P}_3^{\mathrm{T}} & \boldsymbol{0} & \boldsymbol{P}_2^{\mathrm{T}} & \boldsymbol{0} & \boldsymbol{P}_1^{\mathrm{T}} & \boldsymbol{I} \\ \boldsymbol{P}_4^{\mathrm{T}} & \boldsymbol{0} & \boldsymbol{P}_3^{\mathrm{T}} & \boldsymbol{0} & \boldsymbol{P}_2^{\mathrm{T}} & \boldsymbol{0} & \boldsymbol{P}_1^{\mathrm{T}} & \boldsymbol{I} \\ \boldsymbol{P} & \boldsymbol{0} & \boldsymbol{P}_4^{\mathrm{T}} & \boldsymbol{0} & \boldsymbol{P}_3^{\mathrm{T}} & \boldsymbol{0} & \boldsymbol{P}_2^{\mathrm{T}} & \boldsymbol{0} & \boldsymbol{P}_1^{\mathrm{T}} & \boldsymbol{I} \\ & & & & \vdots & & & & & \cdots \end{bmatrix}$$

式中，$\boldsymbol{P}_i^{\mathrm{T}}$ 为 $(n-k) \times k = 2 \times 1$ 维矩阵，$\boldsymbol{0}$ 为 $(n-k) \times (n-k) = 2 \times 2$ 维 $\boldsymbol{0}$ 矩阵，$\boldsymbol{I}$ 为 $(n-k) \times (n-k) = 2 \times 2$ 维单位阵。

由循环码的生成矩阵 $\boldsymbol{G}$ 和校验矩阵 $\boldsymbol{H}$ 的表示式可知，$\boldsymbol{G}$ 和 $\boldsymbol{H}$ 有一定的关系，由 $\boldsymbol{G}$ 可以得到 $\boldsymbol{H}$，反之，由 $\boldsymbol{H}$ 可以得到 $\boldsymbol{G}$。

令 $\boldsymbol{C}$ 为发送码字序列，$\boldsymbol{E}$ 为错误图样序列，则接收序列为

$$\boldsymbol{R} = \boldsymbol{C} + \boldsymbol{E} \qquad (9-36)$$

定义接收序列的伴随式为

$$\boldsymbol{S} = \boldsymbol{R}\boldsymbol{H}^{\mathrm{T}} \qquad (9-37)$$

由于 $\boldsymbol{C}\boldsymbol{H}^{\mathrm{T}} = 0$，则有

$$\boldsymbol{S} = \boldsymbol{R}\boldsymbol{H}^{\mathrm{T}} = (\boldsymbol{C} + \boldsymbol{E})\boldsymbol{H}^{\mathrm{T}} = \boldsymbol{E}\boldsymbol{H}^{\mathrm{T}} \qquad (9-38)$$

接收序列的伴随式包含了错误序列信息，可用于译码。关于卷积码的译码方法、性能分析、实际应用以及其他详细内容请读者参阅本书末"参考书目和文献"中的有关资料。

习　题

9.1　已知一个线性分组码的生成矩阵为

$$\boldsymbol{G} = \begin{bmatrix} 1 & 0 & 0 & 0 & 1 & 1 & 1 \\ 0 & 1 & 0 & 0 & 1 & 0 & 1 \\ 0 & 0 & 1 & 0 & 0 & 1 & 1 \\ 0 & 0 & 0 & 1 & 1 & 1 & 0 \end{bmatrix}$$

试求该码组的校验矩阵。

9.2　已知某系统汉明码的校验矩阵为

$$\boldsymbol{H} = \begin{bmatrix} 1 & 1 & 1 & 0 & 1 & 0 & 0 \\ 0 & 1 & 1 & 1 & 0 & 1 & 0 \\ 1 & 1 & 0 & 1 & 0 & 0 & 1 \end{bmatrix}$$

试求其生成矩阵。当输入序列为 1 1 0 1 0 1 1 0 1 0 1 0 时,求编码器编出的码序列。

9.3　设线性分组码的校验矩阵为

$$\boldsymbol{H} = \begin{bmatrix} 1\,0\,0 & 1\,0\,0 & 1\,1\,0 \\ 1\,0\,1 & 0\,1\,1 & 0\,1\,0 \\ 0\,1\,1 & 1\,0\,0 & 0\,0\,1 \\ 1\,0\,1 & 0\,1\,1 & 1\,0\,1 \end{bmatrix}$$

试求该矩阵的标准型校验矩阵和生成矩阵。

9.4　已知(6,3)线性分组码的全部码字为

$$1\,1\,0\,1\,0\,0$$
$$1\,1\,0\,0\,1\,1$$
$$0\,1\,1\,0\,1\,0$$
$$0\,1\,1\,1\,0\,1$$
$$1\,0\,1\,0\,0\,1$$
$$0\,0\,0\,1\,1\,1$$
$$1\,0\,1\,1\,1\,0$$
$$0\,0\,0\,0\,0\,0$$

试问该码能否纠正单个错误。求构造该码组的生成矩阵和校验矩阵。

9.5　已知(n,k)线性分组码的校验矩阵为

$$\boldsymbol{H} = \begin{bmatrix} 1\,0\,0 & 1\,0\,0 & 1\,1\,0 \\ 1\,0\,1 & 0\,1\,0 & 0\,1\,0 \\ 0\,1\,1 & 1\,0\,0 & 0\,0\,1 \\ 1\,0\,1 & 0\,1\,1 & 1\,0\,1 \end{bmatrix}$$

试求信息元k、编码效率R和码的最小距离。

9.6　试设计一个包含 8 位信息数字的纠 1 错线性码。

9.7　试把生成矩阵

$$\boldsymbol{G} = \begin{bmatrix} 0 & 0 & 0 & 1 & 0 & 1 & 1 \\ 0 & 0 & 1 & 0 & 1 & 1 & 0 \\ 0 & 1 & 0 & 1 & 1 & 0 & 0 \\ 1 & 0 & 1 & 1 & 0 & 0 & 0 \end{bmatrix}$$

转化成标准形式($\boldsymbol{I}\ \boldsymbol{P}$)。

9.8　设某一码组的校验矩阵为

$$\boldsymbol{H}' = \begin{bmatrix} & & & 0 \\ & \boldsymbol{H} & & \vdots \\ & & & 0 \\ 1 & 1 & \cdots & 1 \end{bmatrix}$$

其中 H 为一个 (n,k) 线性码的校验矩阵,且对应的码组最小重量 $d_{\min}$ 为奇数。证明利用校验矩阵 H' 所形成的码为 $(n+1,k)$ 线性码且码组的最小重量为 $d_{\min}+1$。

9.9　证明：X^n+1 能被 $x+1$ 整除。

9.10　设 $(7,4)$ 循环码的生成多项式为

$$g(x)=x^3+x+1$$

当接收码字为 0010011 时,试问接收码字是否有错。

9.11　已知 $(15,11)$ 循环码的生成多项式为

$$g(x)=x^4+x^3+1$$

求生成矩阵和校验矩阵。当信息多项式为

$$m(x)=x^{10}+x^7+x+1$$

时,求码多项式。

9.12　已知 $(2,1)$ 卷积码的一致校验方程为

$$p_i=m_i+m_{i-1}$$

求校验矩阵和生成矩阵。

9.13　已知卷积码的生成矩阵为

$$G=\begin{bmatrix}
1001 & 0001 & 0001 \\
0101 & 0000 & 0001 \\
0011 & 0001 & 0000 \\
 & 1001 & 0001 \\
 & 0101 & 0000 \\
 & 0011 & 0001 \\
 & & 1001 \\
 & & 0101 \\
 & & 0011
\end{bmatrix}$$

当输入信息序列为 100101110 时,写出生成的码序列,并求校验矩阵。

9.14　已知卷积码的校验矩阵为

$$H=\begin{bmatrix}
110 \\
101 \\
000 & 110 \\
100 & 101 \\
100 & 000 & 110 \\
000 & 100 & 101 \\
100 & 100 & 000 & 110 \\
100 & 000 & 100 & 101
\end{bmatrix}$$

试求生成矩阵。当输入信息序列为 $1011010\cdots$ 时,写出码序列。

第 10 章　网络信息论

10.1　概　述

　　网络信息论是以网络为研究对象的信息理论,亦称为多端信息论或多用户信息论。随着网络通信技术的发展,特别是卫星通信和计算机网络技术的蓬勃发展,信息论研究的对象已发展成为输入端涉及多个信源、输出端涉及多个信宿以及联结它们的复杂信道组成的网络通信系统。以单信源、单信宿为基础建立起来的经典信息理论,已经无法满足研究通信网络的编码和信道容量问题的需要,于是网络信息论成为人们关注的热点。关于这一领域的研究十分活跃,取得了诸多突破,对工程实际具有重要指导意义。

　　香农于 1961 年发表的关于"双向通信信道"(two way communication channels)的论文研究了由两个信源和两个信宿组成的双路通信网络中的信息传输问题,首次引入了网络信息论中的一些新概念,奠定了网络信息论研究的基础。随着网络技术的发展,通信网的拓扑结构变得越来越复杂多样,也进一步推动了网络信息论的发展。1971 年,R. Ahlswede 提出了多径通道的概念;1972 年,H. H. J. Liao 研究了多源接入信道,分析了其信道容量区域;同年,T. M. Cover 提出广播信道的概念,并引入一种广播信道的编码方法;1973 年,D. Slepian 和 J. K. Wolf 提出相关信源的编码定理;1975 年 A. Carteial 和 J. K. Wolf 分别提出多端通信网络和多用户通信信道的概念。1977 年,IEEE Transactions on Information Theory 出版了关于多端信道编码论文专集,标志着网络信息论研究的全面展开。

　　网络信息在现代通信系统中应用非常广泛。宏观上,从最初的电话交换网到以计算机为核心的全国性、甚至全球性的通信网络变得越来越庞大,以声音、图像为载体的越来越多的信息流在成千上万个用户之间相互传输;微观上,伴随着超大规模集成技术的发展,ASIC,SOC 和 FPGA/CPLD 芯片本身就是一个复杂的通信网络,并且计算机内部各器件所构成的网络系统也存在广泛的数据交换。为了提高信息传输速率和降低误码率,出现了大量通信网络协议和技术标准。网络信息论正在为现代通信网络的设计与应用提供重要的理论依据。

　　多个信源和多个信宿组成的网络通信系统主要面临串扰、协同以及反馈等新问题。因此网络信息论在研究信息传输的有效性和可靠性问题时,既要充分利用信源之间的相关性来协同完成通信任务,又要有效解决传输串扰问题,最大限度地压缩信源和提高信道利用率,并且要根据特殊的网络拓扑结构来设计码的结构和传输速率以及信道容量。需要指出的是,网络信道的信道容量不能简单地用一个实数来表示,而是要用多个信源的信息传输速率区域的闭包(参见 10.3.1 节)来描述。

　　网络信息论作为一门伴随通信网络发展起来的学科,不同的网络拓扑结构对应的编码和信道容量问题存在较大差异,而且基于一般网络的信息论还有很多问题尚待解决。本章主要介绍网络信息论的基本概念和一些特殊网络模型中的基本定理。鉴于部分定理的数学证明比较复杂,为了使读者将重点放在关注基本概念的理解和应用上,证明过程将尽量简洁。本章重点介绍网络信道的分类、网络信息论的编码问题以及几种常用网络信道的信道容量。

10.2　网络信道分类

网络信道的分类标准有很多种,从信源和信宿的个数以及便于信道容量分析的角度,一般将网络信道划分为下列 7 种典型信道。

10.2.1　双向信道

双向信道(two-way channel)是具有两个信源和两个信宿的信道,如图 10.1 所示。1961年香农发表的《双向通信信道》研究的对象就是双向信道。在双向信道中,信源 1 和信宿 2 位于信道的同一端,信宿 1 和信源 2 位于信道的另一端。信源 1 向信宿 1 发送信息,信源 2 向信宿 2 发送信息。信源 1 可以根据前一时刻信宿 2 所接收到的来自信源 2 的消息来决定下一时刻向信宿 1 发送什么样的消息;同样,信源 2 也可以按照相同的方式向信宿 2 发送消息。

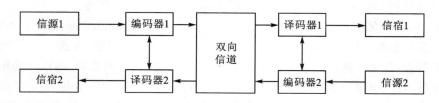

图 10.1　双向信道示意图

在计算机网络中双机直联线搭建的双机系统就是一种典型的双向通信系统,如图 10.2 所示,计算机 A 作为信源 1 和信宿 2,计算机 B 作为信宿 1 和信源 2。

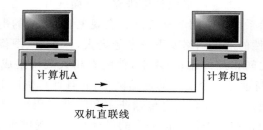

图 10.2　双机直联系统

10.2.2　反馈信道

反馈信道(feedback channel)可以视为在经典的香农单向通信系统加一个反馈回路,也可视为双向通道的一种简化特例,即在双向信道的基础上,将信源 2 和信宿 2 省略,反馈回路将接收信号送至信源编码器,如图 10.3 所示。

图 10.2 所示的双机直联网线也可视为一种反馈信道。反馈信道在纠错控制中具有重要的意义。如果计算机在接收数据时出错,则通知发送消息的计算机重新发送。检错重发(ARQ)是一种常用的差错控制编码方式。

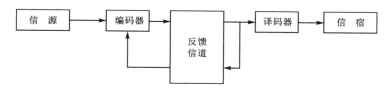

图 10.3　反馈信道示意图

10.2.3　多源接入信道

多源接入信道（multiple access channel）又称多址接入信道，是具有多个信源、一个信宿的信道，从信道角度来看，它是多输入单输出信道。如图 10.4 所示。是理论上研究较为完善的一类网络信道。一般情况下，多源接入信道的信源在地理上是分散的，编码也需要各自分散进行。

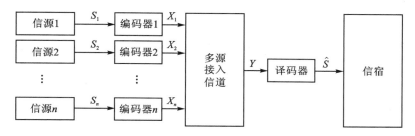

图 10.4　多源接入信道示意图

卫星通信系统的上行通道是一种典型的多源接入信道。卫星通信系统中，N 个地面站同时与一个公用卫星进行通信的上行线路就是多址接入信道的具体实例。参见第 4 章图 4.2 所示。

10.2.4　广播信道

连接一个信源和多个信宿的信道称为广播信道（broadcast channel），它的特点是单一输入和多个输出，如图 10.5 所示。广播信道是多源接入信道的逆信道。需要指出的是，广播信道虽然只有一个信源，但它也可以被看成是由多个子信源构成的单一视在信源，各译码器可以根据译码规则接收相应的子信源信息。与普通的广播概念不同，各信宿不一定接收相同的信息。

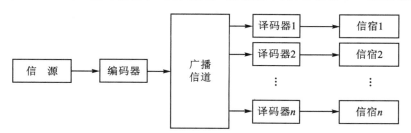

图 10.5　广播信道示意图

卫星通信系统中卫星和地面之间的下行通信链路，参见第 4 章图 4.3 所示，此外广播电视台到电视接收机之间的通道都是最常见的广播信道。

10.2.5　中继信道

中继信道(relay channel)是典型的微波接力信道。它是一对用户之间经历多种传送途径进行中转通信时所构建的单向信道。可为卫星、飞船等航天器提供数据中继和测控服务,解决了深空通信和测控中的功效和覆盖率问题。

中继通信综合提高了各类卫星的应急能力和应用领域,是卫星通信技术中的重要研究方向。不难看出,图10.6是一个中继信道的实例。输入信源在传送过程中经过广播信道同时送至中继器,中继器的输出和原始信源一起再同时送至多源接入信道。此时的广播信道和多源接入信道就构成了一个中继信道。

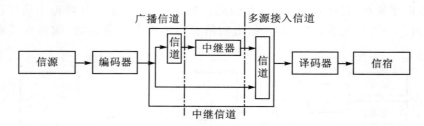

图10.6　中继信道示意图

图10.7所示的中继微波接力通信系统就采用了一种典型的中继信道。事实上,如果考虑到直达波和多径效应等,信号往往可以通过直达波、多次反射和中继信号等途径到达信宿,从而构建成实际的空间中继信道。

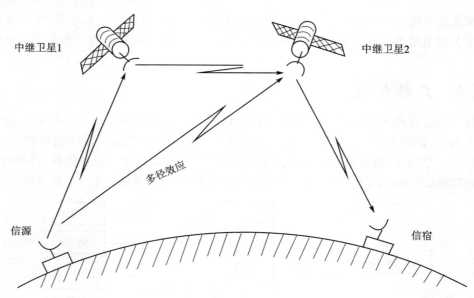

图10.7　中继信道

10.2.6　串扰信道

网络通信中,由于通信环境较为恶劣,因此存在多种干扰因素,是现代通信领域中面对的诸多技术难题之一。它严重影响信道传输的有效性和可靠性。消除串扰可以显著改善通信质量。

串扰是信道传送信息时普遍存在的现象,是一类极重要的干扰形式。当两对和多对发送端与接收端用户通过同一个共用信道传送不同消息时,信道中的信息流就会相互干扰,这种信道称为干扰信道(interference channel)。如图 10.8 所示。

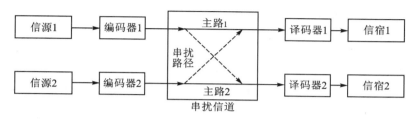

图 10.8 串扰信道示意图

10.2.7 多用户通信网信道

网络信息论研究的一般对象是多个信源和多个信宿之间的通信问题,连接它们的信道称为多用户通信网信道(communication network channel),如图 10.9 所示。

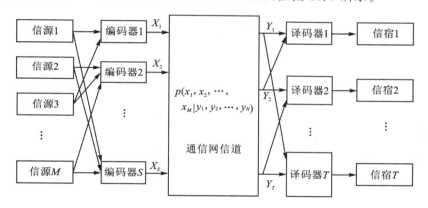

图 10.9 多用户通信网

多用户通信网一般需要用图论方法来描述任意信源和信宿之间的信息流。多用户通信网编码和信道容量的问题比单路通信复杂得多,往往需要将通信网分解成几个基本信道,从研究基本信道的编码和容量问题入手,来分析多用户通信网的编码和信道容量问题。

网络信息论正处于高速发展时期,已广泛应用于各类通信领域,但还有诸多科学问题尚待解决,本章重点介绍在特定简化模型下的理论分析结果。

10.3 网络信息论中的编码问题

实际通信过程中通常存在多个信源向信宿发送消息的情况,若信源是分布式信源,且是相互独立的,则多信源编码问题就完全可以分解成单信源编码问题。若信源是相关的,且信源之间无通信联系,则可以进行独立编码;若信源之间有通信联系,则可以进行协同编码。本节将以两个离散无记忆信源和两个信宿为例,讨论相关信源的独立编码和协同编码问题。

在研究网络信息论的编码问题之前,先介绍几个相关的基本概念。

10.3.1 基本概念

1. 凸集和闭包

设 M 为一个集合,x 和 y 为其中任意两个元素,即 $x \in M, y \in M$,若对任意实数 $\theta \in [0,1]$ 满足 $\theta x + (1-\theta)y \in M$,则称集合 M 是凸集。

设集合 M 是度量空间(定义了距离的空间)的一个子集,则 M 的闭包是指集合 M 与 M 所有的聚点构成的集合。其中聚点又称极限点,设任意 x(可以不是 M 中的点)在 M 中至少存在一个异于 x 的点和 x 的距离任意小,则 x 称为 M 的聚点。聚点可以被形象地认为是集合的边界,闭包则是边界和内部的并集。

2. 可达速率对和可达速率域

假设信源 S_1 和信源 S_2 分别输出 N 长序列 s_1 和 s_2,由编码器分别映射到整数集 $M_1 = \{1,2,\cdots,2^{NR_1}\}$ 和 $M_2 = \{1,2,\cdots,2^{NR_2}\}$,其中 R_1 和 R_2 分别表示信源 S_1 和 S_2 的编码速率。编码器输出的任意一个整数对 (i,j),$i \in M_1, j \in M_2$,经过同一个译码器重建后的信源序列 $\hat{s_1}$ 和 $\hat{s_2}$,如果存在一种压缩编码方法使得平均译码错误概率任意小,则称速率对 (R_1,R_2) 为可达速率对。所有可达速率对集合的闭包称为可达速率域。

3. 边信息

在网络信息论中,对于相关信源 S_1 和 S_2,信源 S_1 所能提供的关于 S_2 的信息,或者信源 S_2 所能提供的关于 S_1 的信息称为边信息。边信息的概念与单信道信息论中平均互信息类似,后者指输出符号提供的输入符号的信息,而在网络信息论中则侧重信源之间的相关信息。

4. 联合典型序列

联合典型序列的概念及其性质在网络信息论的某些定理证明中经常用到。

设 $\{X_1,X_2,\cdots,X_M\}$ 是 M 个离散随机变量的集合,其联合概率分布为 $p(x_1,x_2,\cdots,x_M)$,其中,$x_i \in A_i, i=1,2,\cdots,M$;$A_i$ 为随机变量 X_i 的取值集合;$(x_1,x_2,\cdots,x_M)$ 为 $A_1 \times A_2 \times \cdots \times A_M$ 联合空间中的元素。令 S 是上述 M 个随机变量集合中任选的有序子集,N 长序列对 $s = (s_1,s_2,\cdots,s_N) \in S^N$ 是从 $\boldsymbol{S} = (S_1,S_2,\cdots,S_N)$ 中选取的 N 个独立样本。则有

$$P(\boldsymbol{S}=s) = \prod_{i=1}^{N} P(S_i = s_i) \qquad s \in S^N \qquad (10-1)$$

考虑两个变量的情况,假设 $S = (X_1,X_2)$,则有

$$P(\boldsymbol{S}=s) = P\{(\boldsymbol{X}_1,\boldsymbol{X}_2) = (\boldsymbol{x}_1,\boldsymbol{x}_2)\} = \prod_{i=1}^{N} p(s_i) = \prod_{i=1}^{N} p(x_{1i},x_{2i}) \qquad (10-2)$$

根据大数定理,对于 M 个随机变量的任意子集 S 有

$$-\frac{1}{N}\log p(s_1,s_2,\cdots,s_N) = -\frac{1}{N}\sum_{i=1}^{N}\log p(s_i) \rightarrow H(S) \qquad (10-3)$$

$$H(S) = \sum_S P(S=s) \log \frac{1}{P(S=s)}$$

由于 M 个离散随机变量集合总共包含 2^M-1 个非空子集,因此上式对于 2^M-1 个 S 同时依概率 1 收敛。

定义 M 个 N 长序列对 $(\boldsymbol{x}_1,\boldsymbol{x}_2,\cdots,\boldsymbol{x}_M)$ 的联合 ε 典型序列集合 $G_\varepsilon\{X_1,X_2,\cdots,X_M\}$ 为

$$G_\varepsilon\{X_1,X_2,\cdots,X_M\} = \left\{ (\boldsymbol{x}_1,\boldsymbol{x}_2,\cdots,\boldsymbol{x}_M): \left| -\frac{1}{N}\log p(\boldsymbol{s}) - H(S) \right| \leqslant \varepsilon, \right.$$

$$\left. \forall S \subseteq \{X_1,X_2,\cdots,X_M\}, \boldsymbol{s}=(s_1 s_2 \cdots s_n) \in S^N \right\} \tag{10-4}$$

以 $M=2$ 为例,假设随机变量集合为 $\{X_1,X_2\}$,则有 N 长序列对 $(\boldsymbol{x}_1,\boldsymbol{x}_2)$ 的联合 ε 典型序列集为

$$G_\varepsilon = \left\{ (\boldsymbol{x}_1,\boldsymbol{x}_2): \left| -\frac{1}{N}\log p(\boldsymbol{x}_1,\boldsymbol{x}_2) - H(X_1,X_2) \right| \leqslant \varepsilon, \right.$$

$$\left| -\frac{1}{N}\log p(\boldsymbol{x}_1) - H(X_1) \right| \leqslant \varepsilon,$$

$$\left. \left| -\frac{1}{N}\log p(\boldsymbol{x}_2) - H(X_2) \right| \leqslant \varepsilon \right\} \tag{10-5}$$

其中,$\boldsymbol{x}_1 = (x_{11},x_{12},\cdots,x_{1N}) \in X_1^N$,$\boldsymbol{x}_2 = (x_{21},x_{22},\cdots,x_{2N}) \in X_2^N$。

当离散无记忆信道的输入序列足够长时,信道的输入序列和输出序列是联合 ε 典型序列,并且联合 ε 典型序列集合的概率接近 1。

联合典型序列的基本性质可由下面两个定理给出。

定理 10.3.1　对于 $\forall \varepsilon > 0$,当 N 足够大时,M 个随机变量集合 $\{X_1,X_2,\cdots,X_M\}$ 的任意一个特定子集 $S \subseteq \{X_1,X_2,\cdots,X_M\}$ 有:

(1) $p\{G_\varepsilon(S)\} \geqslant 1-\varepsilon$ $\tag{10-6}$

(2) 若 $\boldsymbol{s} \in G_\varepsilon(S)$ 则 $2^{-N[H(S)+\varepsilon]} \leqslant p(\boldsymbol{s}) \leqslant 2^{-N[H(S)-\varepsilon]}$ $\tag{10-7}$

(3) $(1-\varepsilon)2^{N[H(S)-\varepsilon]} \leqslant \|G_\varepsilon(S)\| \leqslant 2^{N[H(S)+\varepsilon]}$ $\tag{10-8}$

(4) 设 $S_1,S_2 \subseteq \{X_1,X_2,\cdots,X_M\}$,若 $(\boldsymbol{s}_1,\boldsymbol{s}_2) \in G_\varepsilon(S_1,S_2)$,则

$$2^{-N[H(S_1|S_2)+2\varepsilon]} \leqslant p(\boldsymbol{s}_1 \mid \boldsymbol{s}_2) \leqslant 2^{-N[H(S_1|S_2)-2\varepsilon]} \tag{10-9}$$

其中,$G_\varepsilon(S)$ 表示子集 S 的联合 ε 典型序列,$\|G_\varepsilon(S)\|$ 表示联合 ε 典型序列的个数。

证明:

(1) 根据契比雪夫大数定理,假设 $I_1,I_2,\cdots,I_N$ 是相互独立的随机变量,对 $\forall \varepsilon > 0$,有

$$\lim_{N \to \infty} P\left[\left| \frac{1}{N}\sum_{i=1}^N I_i - \frac{1}{N}\sum_{i=1}^N E(I_i) \right| < \varepsilon \right] = 1 \tag{10-10}$$

由于 $\boldsymbol{s} = (s_1 s_2 \cdots s_n) \in S^n$,令 $I_i = I(s_i) = -\log[p(s_i)]$,则

$$\frac{1}{N}\sum_{i=1}^N E[I(s_i)] = \frac{1}{N}\sum_{i=1}^N H(S) = H(S) \tag{10-11}$$

$$\frac{1}{N}\sum_{i=1}^N \log[p(s_i)] = \frac{1}{N}\log\left[\prod_{i=1}^N p(s_i)\right] = \frac{1}{N}\log p(\boldsymbol{s}) \tag{10-12}$$

$$\lim_{N \to \infty} P\left[\left| -\frac{1}{N}\sum_{i=1}^N \log[p(s_i)] - \frac{1}{N}\sum_{i=1}^N E\{\log[p(s_i)]\} \right| < \varepsilon \right] =$$

$$\lim_{N\to\infty} P\left[\left|-\frac{1}{N}\log p(\pmb{s}) + H(S)\right| < \varepsilon\right] =$$

$$\lim_{N\to\infty} p\{G_\varepsilon(S)\} = \qquad (10-13)$$

$$1 \geqslant 1-\varepsilon$$

根据联合典型序列 G_ε 的定义可得:对于 $\forall \varepsilon > 0$,当 N 足够大时

$$p\{G_\varepsilon(S)\} \geqslant 1-\varepsilon \qquad (10-14)$$

性质(1)得证。

(2) 根据定义式有

$$-\varepsilon \leqslant -\frac{1}{N}\log p(\pmb{s}) - H(S) \leqslant +\varepsilon \qquad (10-15)$$

上式可改写为

$$H(S) - \varepsilon \leqslant -\frac{1}{N}\log p(\pmb{s}) \leqslant H(S) + \varepsilon \qquad (10-16)$$

即有

$$2^{-N[H(S)+\varepsilon]} \leqslant p(\pmb{s}) \leqslant 2^{-N[H(S)-\varepsilon]}$$

性质(2)得证。

(3) 根据性质(2)有

$$1 \geqslant \sum_{\pmb{s}\in G_\varepsilon(S)} p(\pmb{s}) \geqslant \sum_{\pmb{s}\in G_\varepsilon(S)} 2^{-N[H(S)+\varepsilon]} = \|G_\varepsilon(S)\| 2^{-N[H(S)+\varepsilon]} \qquad (10-17)$$

$$1-\varepsilon \leqslant \sum_{\pmb{s}\in G_\varepsilon(S)} p(\pmb{s}) \leqslant \sum_{\pmb{s}\in G_\varepsilon(S)} 2^{-N[H(S)-\varepsilon]} = \|G_\varepsilon(S)\| 2^{-N[H(S)-\varepsilon]} \qquad (10-18)$$

二式联立,得

$$(1-\varepsilon) 2^{N[H(S)-\varepsilon]} \leqslant \|G_\varepsilon(S)\| \leqslant 2^{N[H(S)+\varepsilon]}$$

性质(3)得证。

(4) 因为 $(\pmb{s}_1, \pmb{s}_2) \in G_\varepsilon(S_1, S_2)$,根据性质(2)有

$$2^{-N[H(S_2)-\varepsilon]} \leqslant p(\pmb{s}_2) \leqslant 2^{-N[H(S_2)+\varepsilon]} \qquad (10-19)$$

$$2^{-N[H(S_1,S_2)-\varepsilon]} \leqslant p(\pmb{s}_1, \pmb{s}_2) \leqslant 2^{-N[H(S_1,S_2)+\varepsilon]} \qquad (10-20)$$

根据 $p(\pmb{s}_1 | \pmb{s}_2) = \dfrac{p(\pmb{s}_1, \pmb{s}_2)}{p(\pmb{s}_2)}$ 和 $H(S_1, S_2) = H(S_1|S_2) + H(S_2)$,代入上式,得

$$2^{-N[H(S_1|S_2)+2\varepsilon]} \leqslant p(\pmb{s}_1 | \pmb{s}_2) \leqslant 2^{-N[H(S_1|S_2)-2\varepsilon]}$$

性质(4)得证。

定理 10.3.2 令 S_1, S_2 是 $\{X_1, X_2, \cdots, X_M\}$ 的任意两个子集,对于 $\forall \varepsilon > 0$,定义

$$G_\varepsilon(S_1 | \pmb{s}_2) = \{\pmb{s}_1 | (\pmb{s}_1, \pmb{s}_2) \in G_\varepsilon(S_1, S_2)\} \qquad (10-21)$$

若 $\pmb{s}_2 \in G_\varepsilon(S_2)$,则当 N 足够大时有

$$\|G_\varepsilon(S_1 | \pmb{s}_2)\| \leqslant 2^{N[H(S_1|S_2)+2\varepsilon]} \qquad (10-22)$$

和

$$(1-\varepsilon) 2^{N(H(S_1|S_2)-2\varepsilon)} \leqslant \sum_{\pmb{s}_2} p(\pmb{s}_2) \|G_\varepsilon(S_1 | \pmb{s}_2)\| \qquad (10-23)$$

证明：（1）根据定理 10.3.1 中性质（4）有

$$1 = \sum_{s_1 = G_\varepsilon(S_1 | s_2)} p(s_1 | s_2) \geqslant \sum_{s_1 = G_\varepsilon(S_1 | s_2)} 2^{-N[H(S_1 | S_2) + 2\varepsilon]} =$$

$$\| G_\varepsilon(S_1 | s_2) \| 2^{-N[H(S_1 | S_2) + 2\varepsilon]} \tag{10-24}$$

性质（1）得证。

（2）当 N 充分大时，利用定理 10.3.1 中性质（1）和（4）有

$$1 - \varepsilon \leqslant \sum_{s_1, s_2 \in G_\varepsilon(S_1, S_2)} p(s_1, s_2) = \sum_{s_2} p(s_2) \sum_{s_1 \in G_\varepsilon(S_1 | s_2)} p(s_1 | s_2) \leqslant$$

$$\sum_{s_2} p(s_2) \sum_{s_1 \in G_\varepsilon(S_1 | s_2)} 2^{-N[H(S_1 | S_2) - 2\varepsilon]} = \tag{10-25}$$

$$\sum_{s_2} p(s_2) \| G_\varepsilon(S_1 | s_2) \| 2^{-N[H(S_1 | S_2) - 2\varepsilon]}$$

性质（2）得证。

10.3.2　相关信源独立编码

在分析两相关信源的独立编码问题时，通常采用 Slepian-Wolf-Cover 模型，如图 10.10 所示。

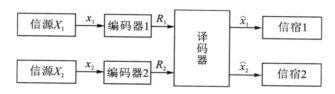

图 10.10　Slepian-Wolf-Cover 编码模型

考虑到译码器之间可以进行合作译码，而其他译码器可看作一个信源，则对于信源编码来说只用一个译码器单元就可以实现译码，如图 10.10 所示。

根据香农第一定理，对单一信源进行无失真信源编码时，只要信源 X 输出满足编码速率 $R > H(X)$ 就能使译码错误概率任意小。对于两个独立信源 X_1 和 X_2，如果将它们看作联合熵为 $H(X_1, X_2)$ 的联合信源，即对两信源进行统一编码，只要编码速率 $R > H(X_1, X_2)$ 就能保证当 $N \to \infty$ 时错误译码概率趋于零的码存在。但是联合信源只能通过一个编码器实现，而相关信源独立编码需要使用多个编码器才能实现。因此，如果对两个信源 X_1 和 X_2 分别进行编码（即使用多个编码器）时，那么编码速率应满足什么条件才能实现译码错误概率任意小呢？Slepian 和 Wolf 于 1973 年提出了相关信源编码定理来解决这个问题。

定理 10.3.3　对于任意离散无记忆信源 X_1 和 X_2，其可达速率对 (R_1, R_2) 满足

$$\left.\begin{array}{l} R_1 > H(X_1 | X_2) \\ R_2 > H(X_2 | X_1) \\ R_1 + R_2 > H(X_1, X_2) \end{array}\right\} \tag{10-26}$$

即如图 10.11 所示可达速率域为

$$R = \{(R_1, R_2) \mid R_1 > H(X_1 | X_2), R_2 > H(X_2 | X_1), R_1 + R_2 > H(X_1 X_2)\}$$

$$\tag{10-27}$$

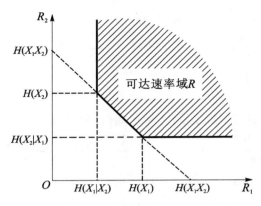

图 10.11　离散无记忆信源可达速率域

证明：将随机变量序列 X_1^N 的典型序列分成 2^{NR_1} 行，对应编号 $(1,2,\cdots,2^{NR_1})$；同样，将随机变量序列 X_2^N 的典型序列分成 2^{NR_2} 列，编号为 $(1,2,\cdots,2^{NR_2})$。当 R_1 和 R_2 足够大时，联合典型序列对 $(\boldsymbol{x}_1,\boldsymbol{x}_2)$ 与整数对 (i,j) 一一对应，如果在满足式(10.6)条件下可使译码错误概率任意小，则定理得证。

编码规则：按照随机编码的方法将 N 长序列 $\boldsymbol{x}_1=(x_{11}x_{12}\cdots x_{1N})\in X_1^N$ 和 $\boldsymbol{x}_2=(x_{21}x_{22}\cdots x_{2N})\in X_2^N$ 构成的联合典型序列对 $(\boldsymbol{x}_1,\boldsymbol{x}_2)$ 映射到 $X_1^N\times X_2^N$ 中的 $2^{NR_1}\times 2^{NR_2}$ 个网格中。编码函数为

$$\left.\begin{aligned} f_1&:\boldsymbol{x}_1\in X_1^N\to i\in\{1,2,\cdots,2^{NR_1}\}\\ f_2&:\boldsymbol{x}_2\in X_2^N\to j\in\{1,2,\cdots,2^{NR_2}\} \end{aligned}\right\} \tag{10-28}$$

当 N 足够长时有

$$\left.\begin{aligned} p(i)&=P(f_1(\boldsymbol{x}_1)=i)=2^{-NR_1}\\ p(j)&=P(f_2(\boldsymbol{x}_2)=j)=2^{-NR_2} \end{aligned}\right\} \tag{10-29}$$

译码规则：如果接收标号为 (i,j)，在 $X_1^N\times X_2^N$ 空间有且仅有一个联合典型序列 $(\hat{\boldsymbol{x}}_1,\hat{\boldsymbol{x}}_2)$ 满足 $f_1(\hat{\boldsymbol{x}}_1)=i,f_2(\hat{\boldsymbol{x}}_2)=j,(\hat{\boldsymbol{x}}_1,\hat{\boldsymbol{x}}_2)\in G_{\varepsilon N}(X_1X_2)$，则将 (i,j) 译为 $(\hat{\boldsymbol{x}}_1,\hat{\boldsymbol{x}}_2)$，即 $g(i,j)=(\hat{\boldsymbol{x}}_1,\hat{\boldsymbol{x}}_2)$ 此时平均错误概率为

$$\overline{p}_E=P(g(i,j)\neq(\hat{\boldsymbol{x}}_1,\hat{\boldsymbol{x}}_2)) \tag{10-30}$$

将译码出错的情况分解为两个互不相容的事件，分别定义为 E_0 和 E_1，即

$$E_0=\{(\hat{\boldsymbol{x}}_1,\hat{\boldsymbol{x}}_2)\notin G_{\varepsilon n}(X_1X_2)\} \tag{10-31}$$

和

$$E_1=\{\exists(\boldsymbol{x}'_1,\boldsymbol{x}'_2)\neq(\hat{\boldsymbol{x}}_1,\hat{\boldsymbol{x}}_2),(\boldsymbol{x}'_1,\boldsymbol{x}'_2)\in G_{\varepsilon n}(X_1X_2),f_1(\boldsymbol{x}'_1)=i,f_2(\boldsymbol{x}'_2)=j\} \tag{10-32}$$

事件 E_1 又可分解为 3 个互不相容的事件 E_{11},E_{12} 和 E_{13}，即

$$E_{11}=\{\exists\boldsymbol{x}'_1\in X_1^N,\text{使}\,\boldsymbol{x}'_1\neq\hat{\boldsymbol{x}}_1,f_1(\boldsymbol{x}'_1)=i,(\boldsymbol{x}'_1,\hat{\boldsymbol{x}}_2)\in G_{\varepsilon}(X_1X_2)\} \tag{10-33}$$

$$E_{12}=\{\exists\boldsymbol{x}'_2\in X_2^N,\text{使}\,\boldsymbol{x}'_2\neq\hat{\boldsymbol{x}}_2,f_2(\boldsymbol{x}'_2)=j,(\hat{\boldsymbol{x}}_1\boldsymbol{x}'_2)\in G_{\varepsilon}(X_1X_2)\} \tag{10-34}$$

$$E_{13}=\{\exists(\boldsymbol{x}'_1\boldsymbol{x}'_2),\text{使}\,\boldsymbol{x}'_1\neq\hat{\boldsymbol{x}}_1,f_1(\boldsymbol{x}'_1)=i\,\text{和}\,\boldsymbol{x}'_2\neq\hat{\boldsymbol{x}}_2,f_2(\boldsymbol{x}'_2)=j,(\boldsymbol{x}'_1\boldsymbol{x}'_2)\in G_{\varepsilon}(X_1X_2)\} \tag{10-35}$$

所以当$(\hat{x}_1,\hat{x}_2)$不是典型序列,或者如果多个典型序列映射到一个网络中时,译码就出现了错误。

根据联合事件概率关系有

$$\overline{p}_E=p(E_0\bigcup E_1)=p(E_0\bigcup E_{11}\bigcup E_{12}\bigcup E_{13})\leqslant$$
$$p(E_0)+p(E_{11})+p(E_{12})+p(E_{13)} \tag{10-36}$$

对于事件E_0,由定理 10.3.1 和 10.3.2 以及$P(f_1(x'_1)=i)=2^{-NR_1}$可知,当$N\to\infty$时,$P(E_0)\to0$。

对于事件E_1,有

$$p(E_{11})\leqslant\sum_{\substack{x'_1\neq x_1\\(x'_1,x_2)\in G_\epsilon(X_1X_2)}}P[f_1(x'_1)=i]\leqslant$$
$$2^{-NR_1}\parallel G_\epsilon(X_1X_2)\parallel\leqslant$$
$$2^{-NR_1}\cdot 2^{N[H(X_1|X_2)+2\epsilon]}=$$
$$2^{-N[R_1-H(S_1|S_2)-2\epsilon]} \tag{10-37}$$

当$R_1>H(X_1|X_2)$,$N\to\infty$时,$p(E_{11})\to0$,同理当$R_2>H(X_2|X_1)$,$N\to\infty$时,$p(E_{12})\to0$以及当$R_1+R_2>H(X_1,X_2)$,$N\to\infty$时,$p(E_{13})\to0$。因此当$N\to\infty$时,$\overline{p}_E\to0$,也就是说一定存在一种编码规则和译码规则,使得译码错误概率任意小,定理 10.3.3 得证。

相关信源独立编码定理表明,两个统计相关的信源独立编码时,如果译码器译码时相互配合提供有关两个信源的信息,那么两个编码器独立编码时不必要求编码速率分别达到信源熵,完全可以利用信源之间的边信息实现信源压缩编码。也就是说,对两独立信源分别处理的时候,不必要求编码速率分别满足$R_1>H(X_1)$,$R_2>H(X_2)$,即总速率$R=R_1+R_2>H(X_1)+H(X_2)$,只需满足$R>H(X_1,X_2)$就可进行信息的可靠传输。

相关信源独立编码定理的逆定理也是成立的,即对任意离散无记忆信源对,不满足式(10-26)的速率对是不可达的。逆定理可利用第 6 章的式(6-12)(费诺不等式)进行证明。

10.3.3　相关信源协同编码

和相关信源独立编码不同,相关信源协同编码的编码器之间不是独立工作,即它们之间有通信联系。例如,在监控卫星的运行情况时,测控中心依靠来自各个测控站点的相关数据的综合分析来判断卫星的工作状态。在实际的通信系统中,相关信源的协同编码的性能比独立编码更加有效,因而应用范围也更为广泛。

Wyner 和 Korener 于 1975 年提出相关信源系统编码模型,如图 10.12 所示。实际情况往往只关心一个信源的恢复,为分析方便,本节仅考虑单向协同编码。

在图 10.12 所示的模型中,如果$C_{12}=0$,就是相关信源的独立编码。当$C_{12}>0$时,如果编码器 2 编码速率$R_2\geqslant H(X_2)$,译码器可以获得全部信源 2 的信息,此时编码器 1 只需要以$H(X_1|X_2)$的编码速率,就可以使得信源 1 错误译码概率任意小。如果编码器 2 编码速率R_2满足$H(X_2|X_1)\leqslant R_2\leqslant H(X_2)$,则当编码器 1 的编码速率$R_1\geqslant H(X_1,X_2)-R_2$时,译码器可以输出信源 1 和信源 2 的全部信息。但是如果不要求恢复信源 2 的输出,那么当$R_2<H(X_2|X_1)$时,存在有$R_1<H(X_1)$的编码方法,使得信源 1 的错误译码概率任意小。相关信源

协同编码的可达速率域如图 10.13 所示。

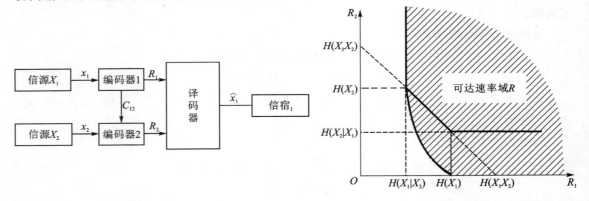

图 10.12　相关信源协同编码模型　　　图 10.13　相关信源协同编码可达速率域

图 10.13 表明:相关信源协同编码的可达速率域包含了相关信源独立编码的可达速率域(参见图 10.11 所示),即相关信源协同编码的性能优于相关信源独立编码。

当 $R_2 < H(X_2)$ 时,序列 x_2 被编码器映射为 2^{NR_2} 个码字中的某个码字 j,而每个码字的信源输出序列可能不止一个,编码映射将 $2^{NH(X_2)}$ 个典型序列划分成 2^{NR_2} 个子集,由于在译码时,信源只能知道码字 j 属于那个子集而不能判断具体是哪个码字,因此译码器不能确定信源 2 的输出序列 x_2,而只能判断它所从属的子集合。对于子集的划分,我们引入辅助集合 X_0,其概率分布为 $p(x_0)$,将 X_0 通过转移概率为 $p(x_{2i}|x_{0i})$ 的离散无记忆信道变换为 X_2,其中 $x_{2i} \in X_2, x_{0i} \in X_0$,同时选择

$$p(x_{2i}) = \sum_{X_0} p(x_{0i}) p(x_{2i} \mid x_{0i}) \qquad x_{2i} \in X_2 \qquad (10-38)$$

假设 X_0 的输出序列为 x_0,可将 X_1 和 X_0 看作一对离散无记忆信源,考虑到已知 x_{0i} 时,x_{1i} 和 x_{2i} 无关,则信源 X_1 和 X_0 联合概率分布为

$$p(x_{1i}x_{0i}) = p(x_{0i}) p(x_{1i} \mid x_{0i}) =$$
$$p(x_{0i}) \sum_{X_2} p(x_{2i} \mid x_{0i}) p(x_{1i} \mid x_{0i}) \qquad (10-39)$$

由 $R_2 = I(X_2; X_0) = R_0$ 可知,如果 X_2 已知就可获得 X_0 的信息。从相关信源独立编码定理可知,此时只要编码器 1 的编码速率 $R_1 = H(X_1|X_0)$,就能恢复信源 1 的全部信息,可达速率对为

$$(R_1, R_2) = (H(X_1 \mid X_0), I(X_2; X_0)) \qquad (10-40)$$

相关信源协同编码的可达速率域可由下面定理给出。

定理 10.3.4　图 10.12 所示系统的可达速率域为

$$R = \{(R_1, R_2) \mid \text{存在一个离散信源 } X_2, \text{使 } X_1 \to X_2 \to X_0$$
$$\text{且 } R_1 \geqslant H(X_1 \mid X_0), R_2 \geqslant I(X_2; X_0)\} \qquad (10-41)$$

定理 10.3.4 又称边信息信源编码定理,证明该定理需要用到 Markov 引理和费诺不等式。

10.4　几种典型的网络信道

信源编码的目的是解决信息传输的有效性问题,通过压缩信源的冗余度来提高信息传输

率;信道编码的目的是信息传输的可靠性问题,信息传输率在不超过信道容量的前提下,通过信道编码尽可能地增加信源冗余度以减小错误译码概率。

本节探讨几类典型信道的信道容量问题,给出简化的或降阶条件下的网络信道容量分析结果。

10.4.1　多源接入信道

多源接入信道具有多个端口接入信源信号,但只有一个端口输出信号。多源接入信道的模型在理论上解决得比较好。为方便于分析问题,这里研究具有两个信源,一个信宿,且信道转移概率为 $p(y|x_1x_2)$ 的简单情况即离散无记忆二源接入信道,如图 10.14 所示。

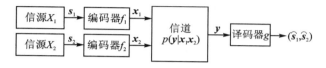

图 10.14　离散无记忆二源接入信道

假设输入信源空间 X_1 和 X_2,输出信源空间 Y,若信道编码采用码长为 N 的复合分组码 $(2^{NR_1}, 2^{NR_2}, N)$,信源 X_1 的消息集为 $M_1 = \{1, 2, \cdots, 2^{NR_1}\}$,信源 X_2 的消息集为 $M_2 = \{1, 2, \cdots, 2^{NR_2}\}$,信道编码器 f_1 和 f_2 分别将两个信源消息映射成随机序列 $\boldsymbol{x}_1 = (x_{11}x_{12}\cdots x_{1n}) \in X_1^N$ 和 $\boldsymbol{x}_2 = (x_{21}x_{22}\cdots x_{2n}) \in X_2^N$,信道输出随机序列 $\boldsymbol{y} = (y_1y_2\cdots y_n) \in Y^N$。当信道是无记忆时,即满足

$$p(\boldsymbol{y} \mid \boldsymbol{x}_1\boldsymbol{x}_2) = \prod_{i=1}^{n} P(y_i \mid x_{1i}x_{2i}) \tag{10-42}$$

编码函数 f_i 为集合 M_i 到空间 X_i^N 的一个映射,即

$$f_i : M_i = (1, 2, \cdots, 2^{NR_i}) \rightarrow X_i^N \qquad i = 1, 2 \tag{10-43}$$

译码函数 g 为空间 Y^N 到空间 $M_1 \times M_2$ 的一个映射,即

$$g = Y^N \rightarrow M_1 \times M_2$$

则平均译码错误概率为

$$\bar{p}_E = \sum_{(s_1, s_2) \in (M_1, M_2)} p(s_1, s_2) \cdot P\{g(Y^N) \neq (s_1, s_2) \mid \text{发送}(s_1, s_2)\} \tag{10-44}$$

信源的信息速率并不是信道传输信息的速率,但如果信道编码能使 $\bar{p}_E \rightarrow 0$,则所有经过信道传输信息的可达速率对 (R_1, R_2) 的集合称为信道的信道容量域。下述定理给出二源接入信道的信道容量域。

定理 10.4.1　二源接入信道 $[X_1 \times X_2, p(y|x_1x_2), Y]$ 的容量区域由下述凸集的闭包给定

$$\begin{aligned} C(p_1, p_2) = \{(R_1, R_2) \mid &\ 0 \leqslant R_1 \leqslant I(X_1; Y \mid X_2), \\ &\ 0 \leqslant R_2 \leqslant I(X_2; Y \mid X_1), \\ &\ 0 \leqslant R_1 + R_2 \leqslant I(X_1, X_2; Y)\} \end{aligned} \tag{10-45}$$

式中,$p(x_1x_2) = p_1(x_1)p_2(x_2)$,$C(p_1, p_2)$ 是在乘积空间 $X_1 \times X_2$ 上对所有可能的输入概率分布求得的可达速率对的集合。

对于某一特定的概率分布 $p_1(x_1)p_2(x_2)$,可达速率对如图 10.15 所示。

我们对图中 A , B , C , D 4 个顶点比较感兴趣,其中 A 点表示信源 X_2 信息传输率为 0 时,信源 X_1 能够达到的最大传输率为 $I(X_1;Y|X_2)$,大于单个信道的传输速率 $I(X_1;Y)$,小于将它们视为联合信源的传输率 $I(X_1;X_2;Y)$; B 点代表当信源 X_1 的发送信息传输率达到最大时,信源 X_2 能够可靠发送的最大信息传输率。此值是在信道中将信源 X_2 传送至译码器,信源 X_1 视为噪声而求得,相当于信源 X_2 以信息率 $I(X_2;Y)$ 在单用户信道中传输的结果。同理, C 点代表当信源 X_2 的发送信息传输率达到最大时,信源 X_1 能够可靠发送的最大信息传输率; D 点表示信源 X_1 信息传输率为 0 时,信源 X_2 能够达到的最大传输率为 $I(X_2;Y|X_1)$,大于单个信道的传输速率 $I(X_2;Y)$ 。如果两个信源的信息传输率能够位于在线段 BC (含端点 B 和 C),对提高信道的利用率是比较有利的。根据下一小节的分析可知,在有噪声干扰的时分多址和频分多址通信系统中, B 点和 C 点通常是无法达到的,因此,从理论上讲时分多址和频分多址并不是最佳。

根据香农提出的信道容量定义以及定理 10.4.1 可知,二源接入信道的容量区域是所有可能的 $C(p_1,p_2)$ 的凸闭包。如图 10.16 所示,其中

$$C_1 = \max_{p_1(x_1)p_2(x_2)} \{I(X_1;Y\mid X_2)\} \tag{10-46}$$

$$C_2 = \max_{p_1(x_1)p_2(x_2)} \{I(X_2;Y\mid X_1)\} \tag{10-47}$$

$$C_{12} = \max_{p_1(x_1)p_2(x_2)} \{I(X_1,X_2;Y)\} \tag{10-48}$$

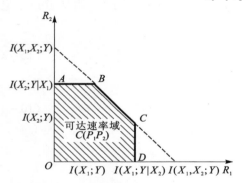 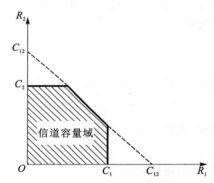

图 10.15 二源接入信道的可达速率域　　　　图 10.16 二源接入信道的容量域

将二源接入信道进行扩展,得到多源接入信道。多源接入信道的可达速率域是一个去角的多面体,相应的信道容量域是该多面体的凸闭包。

10.4.2 高斯多源接入信道

在实际多源接入信道中,总会引入各类的噪声干扰。其中,加性高斯白噪声是最简单、最常见也是最重要的一种噪声干扰。本小节以二源接入信道为例,分析高斯多源接入信道的信道容量区域。高斯多源接入信道的简化模型如图 10.17 所示。

信道输出为

$$Y = X_1 + X_2 + W \tag{10-49}$$

式中, X_1 和 X_2 为输入信源随机变量; W 是均值为 0、方差为 σ_W^2 的高斯分布随机变量。定义 P_{X_1} 和 P_{X_2} 分别为 X_1 和 X_2 的平均功率,假设输入信号与噪声 W 相互独立,则有

$$E(Y^2) = P_{X_1} + P_{X_2} + \sigma_W^2 \tag{10-50}$$

$$p(y \mid x_1 x_2) = \frac{1}{\sqrt{2\pi\sigma_W^2}} \exp\left[-\frac{(y - x_1 - x_2)^2}{2\sigma_W^2}\right] \tag{10-51}$$

根据定义式可求得 $H(Y|X_1X_2) = \log\sqrt{2\pi e\sigma_W^2}$，而

$$\begin{aligned}
C_1 &= \max_{p_1(x_1)p_2(x_2)}\{I(X_1;Y \mid X_2)\} = \\
&\max_{p_1(x_1)p_2(x_2)}\{[H(Y \mid X_2) - H(Y \mid X_1X_2)]\} = \\
&-\log\sqrt{2\pi e\sigma_W^2} + \max_{p_1(x_1)p_2(x_2)} H(Y \mid X_2)
\end{aligned} \tag{10-52}$$

已知当平均功率受限时，正态分布的信息熵最大。当 X_2 已知时，Y 的方差为 $P_{X_1} + \sigma_W^2$，所以有

$$C_1 = \frac{1}{2}\log\frac{P_{X_1} + \sigma_W^2}{\sigma_W^2} = \frac{1}{2}\log\left(1 + \frac{P_{X_1}}{\sigma_W^2}\right) \tag{10-53}$$

同理有

$$C_2 = \frac{1}{2}\log\frac{P_{X_2} + \sigma_W^2}{\sigma_W^2} = \frac{1}{2}\log\left(1 + \frac{P_{X_2}}{\sigma_W^2}\right) \tag{10-54}$$

$$C_{12} = \frac{1}{2}\log\left(1 + \frac{P_{X_1} + P_{X_2}}{\sigma_W^2}\right) \tag{10-55}$$

由此可得到如图 10.18 所示的信道容量域，与无噪声的信道容量区域类似。

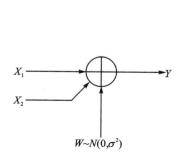

图 10.17　二源高斯输入信道模型

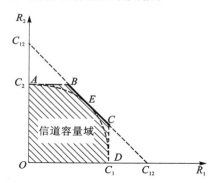

图 10.18　二源高斯接入信道容量区域

前文提及，可以根据信道容量区域的分析来有效选择最佳的多址接入方法，但由图 10.18 可知，在此信道下，时分多址不是最佳的。假设信息传输时间为 T，在 qT 时间内发送信源 X_1，在 $(1-q)T$ 时间内发送信源 X_2。在发送 X_1 时，$X_2 \equiv 0$，当发送 X_2 时，$X_1 \equiv 0$。但在此要考虑平均功率的问题，为保持平均功率不变，假设发送 X_1 时的功率为 $\dfrac{P_{X_1}}{q}$，发送 X_2 时的功率为 $\dfrac{P_{X_2}}{1-q}$，则可得

$$R_1 \leqslant \frac{q}{2}\log\left(1 + \frac{P_{X_1}}{q\sigma_W^2}\right) \tag{10-56}$$

和

$$R_2 \leqslant \frac{1-q}{2} \log \left[1 + \frac{P_{X_2}}{(1-q)\sigma_w^2} \right] \tag{10-57}$$

根据不同的 q 值可以得到不同的 (R_1, R_2),信道容量区域为图 10.18 中 $OAED$ 所包含的扇形区域。只有在 $q=0, q = \dfrac{P_{X_1}}{P_{X_1}+P_{X_2}}$ 和 $q=1$ 三种情况下(分别对应于图 10.18 中的点 A,E, D),时分多址方式才能达到二源接入的信道容量边界。这表明:在多源接入的条件下,时分多址一般不能充分地利用信道容量,不是一种最佳方案。

对于频分多址的情况,假设两个信源占用的带宽分别是 B_1 和 B_2,由于频带不重叠,也不考虑频带间隙,则总带宽为 $B = B_1 + B_2$,信号功率分别为 P_{X_1} 和 P_{X_2},占用带宽比分别为 $q = \dfrac{B_1}{B}$ 和 $1-q = \dfrac{B_2}{B}$。考虑到整个频带内的噪声平均功率是高斯噪声的功率谱密度和带宽之积,则可得到与式(10-56)和式(10-57)形式上完全相同的结果。也就是说频分多址和时分多址的信道容量区域是相同的。它们的信息传输速率在绝大多数情况下都无法达到多源高斯接入信道容量区域的边界。而两个信源同时传送时采取合适的编码方式,如码分多址时,信息传输速率就有可能达到信道容量的边界。采用码分多址技术后,各路信号之间不存在时间分配和带宽分配的问题。这正是第三代移动通信系统采用 CDMA 标准的重要理论依据。

10.4.3　中继信道

中继信道只有一个输入端和一个接收端,其间还有一个或多个中间节点作为中继点,帮助进行发送端和接收端之间的通信,其一般结构参见图 10.6。本节考虑只有一个中继点的最简单的情况,如图 10.19 所示,将中继信道看作是由 X 到 $Y(Z)$ 和由 X 到 Y_1 组成的广播信道以及由 $X(Z)$ 到 Y 和由 X_1 到 Y 组成的多源接入信道组合而成。

对于中继信道,设由 M 个消息构成的一组码 $(2^{NR}, N)$,M 个消息用整数集 $M = \{1, 2, \cdots, 2^{NR}\}$ 标记,其编码函数为

$$f : \{1, 2, \cdots, 2^{NR}\} \to X^N \tag{10-58}$$

另有一组中继函数 $\{f_i\}_{i=1}^N$,满足

$$x_{1N} = f_N(Y_{11}Y_{12}\cdots Y_{1(N-1)}) \qquad i = 1, 2, \cdots, N \tag{10-59}$$

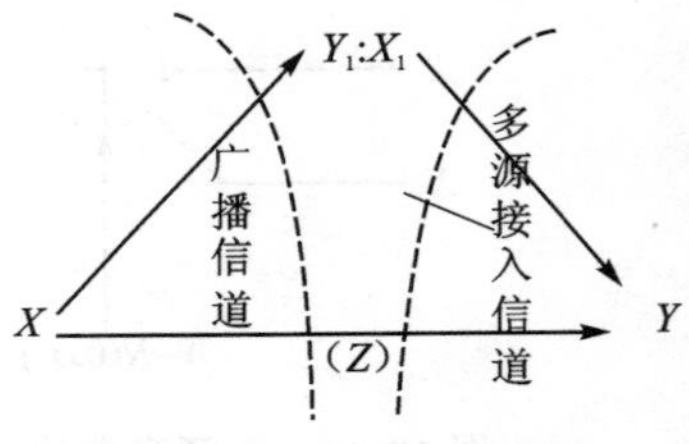

图 10.19　简化中继信道

译码函数为

$$g : Y^N \to \{1, 2, \cdots, 2^{NR}\} \tag{10-60}$$

由于中继信道的输出允许依赖于过去的观察 $y_{11}y_{12}\cdots y_{1(i-1)}$,因此它是一种有记忆的信道。但输出 (Y_i, Y_{1i}) 仅仅依赖于 (X_i, X_{1i}),因此在 $M \times X^N \times X_1^N \times Y^N \times Y_1^N$ 空间,任意码字 $\omega \in M$ 与 x, x_1, y_1, y 的联合概率为

$$p(\omega, x, x_1, y_1, y) = p(\omega) \prod_{i=1}^N P(x_i \mid \omega)$$

$$p(x_i \mid y_{11}y_{12}\cdots y_{1(i-1)}) P(y_iy_{1i} \mid x_ix_{1i}) \tag{10-61}$$

令消息 $\omega \in M$ 译码的条件错误概率为 $\lambda(\omega) = P\{g(y \neq \omega \mid 送\ \omega)\}$,则在满足消息的码字为均匀分布时,得到平均译码错误概率为

$$\overline{p}_E = \frac{1}{2^{NR}} \sum_{\omega} \lambda(\omega) \tag{10-62}$$

若存在一组码字$(2^{NR}, N)$使$\overline{p}_E \to 0$，则此时的传输速率R被认为是中继信道的可达速率，可达速率集合的上确界就是该信道的信道容量C。中继信道的信道容量上限由下列定理给出。

定理 10.4.2　对于任意的中继信道$[X \times X_1, p(yy_1|xx_1), Y \times Y_1]$，信道容量的上限为

$$C \leqslant \sup_{p(xx_1)} \min \{I(XX_1; Y); I(X; YY_1 | X_1)\} \tag{10-63}$$

目前一般中继信道的信道容量只能给出上限，对于降阶中继信道可以求得其信道容量。物理的降阶中继信道是指中继信道$[X \times X_1, p(yy_1|xx_1), Y \times Y_1]$的传输效率满足式(10-64)的一类信道。

$$p(yy_1 | xx_1) = p(y_1 | xx_1)p(y | y_1 x_1) \qquad \forall x, x_1, y, y_1 \tag{10-64}$$

定理 10.4.3　物理的降阶中继信道容量为

$$C = \sup_{P(xx_1)} \min \{I(XX_1; Y); I(X; Y_1 | X_1)\} \tag{10-65}$$

其中，上确界是在$X \times X_1$联合空间中对所有联合概率分布$p(xx_1)$求得的。

10.4.4　广播信道

广播信道是指具有一个输入端和两个或多个输出端构成的信道，参见图 4.3。广播信道研究的核心问题是找出信道中的可达速率集，也就是信道容量区。通过对广播信道的研究，期望从理论上实现让优质接收端接受更多的输入信息，而一般接收端也能获得基本信息量的目标。

对广播信道的研究，自 1972 年由 Cover 引入后，EL. Gamal 等人相继讨论了在某些特殊情况下容量区域的若干外界以及容量区域，Bergmans，Gallager 和 Korner 解决了降阶广播信道的容量区域问题。然而到目前为止，只有两个接收端的一般信道容量区域仍未解决，这也是目前主要的研究方向。

本节只讨论降阶广播信道(degrade broadcast channel，又称退化的广播信道)，其结构如框图 10.20 所示。图中对所有$x \in X, z \in Z$，存在传递概率$p(z|y)$满足

$$p(z | x) = \sum_{y \in Y} p(yz | x) = \sum_{y \in Y} p(z | xy)p(y | x) \tag{10-66}$$

在降阶广播信道$[X, p(yz|x), Y \times Z]$中，X, Y和Z均为马尔可夫链。$X \to Y$的信道K_1：$[X, p(y|x), Y]$，$X \to Z$的信道K_2：$[X, p(z|x), Z]$，通常信道K_2的干扰较之K_1大，变坏的程度取决于辅助信道D：$[Y, p(z|y), Z]$。

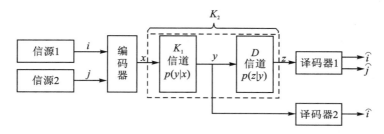

图 10.20　降阶广播信道示意图

降阶广播信道的容量区域由下列定理给出。

定理 10.4.4 离散无记忆降阶广播信道$[X,p(yz|z),Y\times Z]$的信道容量区域为

$$C = \{(R_1,R_2) \mid 0 \leqslant R_1 \leqslant I(X;Y \mid U),$$
$$0 \leqslant R_2 < I(U;Z)\} \tag{10-67}$$

其中,辅助随机变量 U 为任意随机变量。

在介绍下面定理之前,先解释私消息、公消息、私信源和公信源四个基本概念。

私消息是仅被一个信宿接收的消息,图 10.23 中消息 j 是私消息。公消息是被多个信宿接收的消息,图 10.20 中消息 i 是公消息。相应的信源 1 称为公信源,信源 2 称为私信源。

定理 10.4.5 若速率对(R_1,R_2)对于具有独立消息的广播信道是可达的,公信息速率为 $R_0 \leqslant \min(R_1,R_2)$,则速率组$(R_0,R_1-R_0,R_2-R_0)$也是可达的。

其中速率组(R_0,R_1-R_0,R_2-R_0)表示以速率 R_0 传输公信息,以速率 R_1-R_0 传输信源 1 的私信息,以速率 R_2-R_0 传输信源 2 的私信息。如果存在一种编码方式,使得错误译码概率任意小,则称速率组(R_0,R_1-R_0,R_2-R_0)是可达速率组。

对于降阶广播信道可以进一步得到定理 10.4.6。

定理 10.4.6 若速率对(R_1,R_2)对于降阶广播信道是可达的,公信息速率为 $R_0 \leqslant R_2$,则速率组(R_0,R_1,R_2-R_0)也是可达的。

10.4.5 反馈信道

通信系统中的反馈是指将信道输出端的信息传回信道输入端的编码器。通常反馈信道特指是在香农单向信道上附加反馈信道构成的信道。事实上,前面介绍的几种基本信道附加反馈通路均可构成相应的反馈信道。本节主要讨论如图 10.21 所示的最简单的反馈信道的信道容量问题。其正向信道是一离散无记忆信道,反向信道为将输出直接接入到输入端的理想信道。这种反馈信道与单用户通信系统信道相似,其区别在于编码器和译码器同时接收信道输出符号。

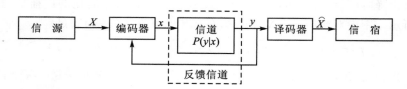

图 10.21 理想反馈＋离散无记忆信道的反馈信道

关于具有理想反馈的离散无记忆信道的信道容量,有下面的定理:

定理 10.4.7 具有理想反馈的离散无记忆信道的信道容量等于无反馈时正向信道的信道容量。

证明: 由于具有理想反馈的离散无记忆信道的编码器在进行编码时,可以不考虑反馈信号,因此有反馈信道的信道容量不小于无反馈的正向信道容量。下面只需证明有反馈信道的信道容量不大于无反馈正向信道的信道容量 C。

对于具有理想反馈的 N 次扩展离散无记忆信道,信道的输入和输出分别是 N 长序列 $\boldsymbol{X}$ 和 $\boldsymbol{Y}$,根据定理 4.3.1 中的式(4-22),有

$$I(\boldsymbol{X};\boldsymbol{Y}) \leqslant \sum_{i=1}^{N} I(X_i;Y_i) \leqslant NC \qquad (10-68)$$

其中,X_i 和 Y_i 分别是随机矢量 $\boldsymbol{X}$ 和 $\boldsymbol{Y}$ 中的第 i 位随机变量。

令 $N=1$,则可知有反馈信道的信道容量不大于无反馈正向信道的信道容量 C。

因此,对于具有理想反馈的离散无记忆信道,其信道容量等于无反馈正向信道的信道容量 C。

定理 10.4.7 可以做如下直观解释,编码器可以根据从反馈回路接收的码字,分析信道被干扰情况。但这些情况只是过去发生的信道干扰,而信道的无记忆特性使得即使获取了信道过去的干扰信息,编码器也不能利用这些信息来确定当前时刻及未来时刻的信息传输,因此信道容量并不能增加。

根据定理 10.4.7 和香农编码定理,若带有理想反馈的离散无记忆信道中的信息传输率 R 大于正向信道的信道容量 C,则译码的码字差错概率大于 0。

反馈信道不能增加正向信道的信道容量,但可以通过反馈使编码器获得额外信息从而改善信息的传输。事实上可以采用略大于正向信道的信道容量的信息传输率发送消息,但必然会出现误码。反馈回路的引入使得编码器知道过去发送的信息是否存在差错,从而决定是否采取重发等补救措施。如果重发,则会降低码速率,从而使得信息传输率不会大于正向信道容量。反馈的重要性并不在于它对信道容量的贡献,而在于它能够显著地减小编码的复杂性,使得无差错或接近无差错通信系统的实现变得较为简单。

对于正向有记忆信道,根据上面的解释可推知反馈信道的容量大于无反馈信道的信道容量。对于多源接入信道,反馈也能够增大信道的可达速率域,Gaarder 和 Wolf 在 1975 年以带理想反馈的二源接入信道为例,给出了采用反馈能增大多源接入信道的可达速率域的结论。对于广播信道,反馈不会增大降阶信道的可达速率域,Ozarow 等人的研究表明,对于非物理降阶的高斯广播信道,反馈则能够增大其可达速率域。

对反馈的研究将会在未来的通信技术中占据重要地位,进一步促进通信技术的发展。例如随着广播电视网络和移动通信网络的密切结合,在收看各种电视节目的同时,可以通过移动网络反馈交互式点播各种新闻、消息以及进行文件下载等。这将给人们提供比单独的广播电视网络或者移动网络更为优越的效果。

习　题

10.1　设 S_1,S_2 和 S_3 是 $\{X_1,X_2,\cdots,X_M\}$ 的 3 个子集,其联合概率分布函数为 $p(s_1 s_2 s_3)$。若联合概率分布为

$$P(\boldsymbol{S}_1=\boldsymbol{s}_1,\boldsymbol{S}_2=\boldsymbol{s}_2,\boldsymbol{S}_3=\boldsymbol{s}_3) = \prod_{i=1}^{N} p(s_{1i} \mid s_{3i}) p(s_{2i} \mid s_{3i}) p(s_{3i})$$

试证明:$(1-\varepsilon)2^{-N[I(S_1;S_2|S_3)+6\varepsilon]} \leqslant p\{(\boldsymbol{s}_1\boldsymbol{s}_2\boldsymbol{s}_3) \in G_\varepsilon(S_1 S_2 S_3)\} \leqslant 2^{-N[I(S_1;S_2|S_3)-6\varepsilon]}$。

10.2　设两个相关信源 X_1 和信源 X_2,且 $x_1 \in X_1$,$x_2 \in X_2$,其概率密度 $f(x_1)=f(x_2)$ 为某一确定函数。试确定相关信源编码的可达速率域。

10.3　设一个二元接入信道,信源 X_1 和信源 X_2 均取自于 $\{0,1\}$,信道输出为 Y。求下列几种情况下的信道容量区域。

(1) $Y=X_1+X_2$;(2) $Y=X_1 \oplus X_2$,$\oplus$ 表示模 2 加;(3) $Y=X_1 X_2$。

10.4 有一位会讲英语和法语的讲演者,假设这位讲演者对每种语言的词汇量约为 2^{20} 个单词,而且每秒钟说 1 个单词。另有两位听众,他们中的一位只能听懂英语,另一位只能听懂法语,但是都能识别讲演者所说的是英语还是法语。分别求下面两种时分方案中讲演者所提供的信息速率。

(1) 讲演者在所有时间内只讲英语或者只讲法语;

(2) 讲演者采用一半时间讲英语,一半时间讲法语。

10.5 已知 K_1 和 D 分别为传输概率为 p_1 和 q 的二元对称信道,如题图 10.1 所示。其中,p_2 满足

$$\begin{bmatrix} 1-p_2 & p_2 \\ p_2 & 1-p_2 \end{bmatrix} = \begin{bmatrix} 1-p_1 & p_1 \\ p_1 & 1-p_1 \end{bmatrix} \begin{bmatrix} 1-q & q \\ q & 1-q \end{bmatrix}$$

试求二元对称广播信道的信道容量区域。

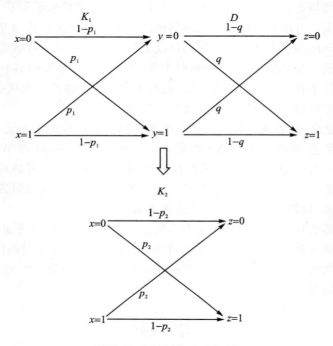

题图 10.1 习题 10.5 用图

10.6 题图 10.2(a)所示高斯广播信道等价为如题图 10.2(b)所示的降阶高斯广播信道。假设发送信号 X 功率为 P_s,高斯白噪声 W_1 和 W_2 均值为零,方差分别为 σ_1^2 和 σ_2^2(不失一般性,假设 $\sigma_2^2 \geqslant \sigma_1^2$)。求此高斯广播信道的信道容量区域。

10.7 计算下列两种多址接入信道的信道容量。

1) 模二加的多址接入信道 MAC。

$\quad X_1 \in \{0,1\}, X_2 \in \{-1,1\}, Y = X_1 \oplus X_2$

2) 乘法多址接入信道。

$\quad X_1 \in \{-1,1\}, X_2 \in \{-1,1\}, Y = X_1 \cdot X_2$

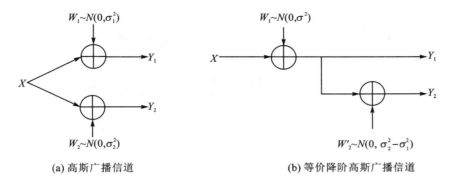

(a) 高斯广播信道　　　　　　　(b) 等价降阶高斯广播信道

题图 10.2　习题 10.6 用图

第 11 章　信息论方法 在信号处理中的应用

11.1　最大熵谱估计

估计理论是统计学中十分重要的内容,功率谱估计是估计理论中重要的基本问题,是数字信号处理技术的重要分析方法。

采用傅氏变换的谱估计方法称为经典谱估计。经典谱估计最为严重的限制就是对数据序列的加窗处理,它将引起能量泄漏和分辨力受限现象。减小能量泄漏将会降低分辨力,反之,提高分辨力将增加能量泄漏。

由于许多应用领域中对高分辨力谱分析方法的迫切需求,有力地推动了现代谱估计理论的发展,出现了许多新的谱估计方法,称为近代谱估计,如最大熵(ME)谱估计、自回归(AR)谱估计、自回归平滑(ARMA)谱估计、极大似然(ML)谱估计和 Pisarenko 谐波分析谱估计等。

1967 年,伯格(Burg)首先认识到利用 AR 模型所得到的谱估计是所有反变换同已知的一段自相关序列值相一致的功率谱中具有最大熵的谱,这样就把信息论的观点和方法引入到功率谱估计领域中,为谱估计开辟了一条新的途径。

最大熵谱估计法比普通线性谱估计具有更高的分辨率,是一种很有实用价值的估计理论。

11.1.1　最大熵谱估计及伯格递推算法

设$\{X_n\}$是一平稳随机序列,其自相关函数矩阵$\boldsymbol{R}_L$为

$$\boldsymbol{R}_L = \mathrm{E}\left\{\begin{bmatrix} X_n^* \\ X_{n+1}^* \\ \vdots \\ X_{n+L}^* \end{bmatrix} [X_n, X_{n+1}, \cdots, X_{n+L}]\right\} =$$

$$\begin{bmatrix} r_0 & r_1 & \cdots & r_L \\ r_1^* & r_0 & \cdots & r_{L-1} \\ \vdots & \vdots & & \vdots \\ r_L^* & r_{L-1}^* & \cdots & r_0 \end{bmatrix}$$

其中$r_l = \mathrm{E}[X_n^* X_{n+l}], l \in [0, L]$。

当已知自相关序列的一段$\{r_l : 0 \leqslant l \leqslant L\}$来估计平稳随机序列$\{X_n\}$的功率谱时,伯格提出:应该以维纳-辛钦(Wiener-Khintchine)公式

$$r_l = \int_{-W}^{W} \hat{S}(f) \mathrm{e}^{j 2 \pi l f T} \mathrm{d} f \qquad 0 \leqslant l \leqslant L \qquad (11-1)$$

作为约束条件,求使积分

$$\int_{-W}^{W} \log \hat{S}(f)\,\mathrm{d}f \tag{11-2}$$

取得最大值的 $\hat{S}(f)$ 作为真实功率谱的估计，其中 $W = \dfrac{1}{2T}$，T 是采样间隔。这样求得的功率谱估计 $\hat{S}(f)$ 是满足维纳-辛钦公式作为约束条件的所有随机序列中具有最大熵的序列所对应的功率谱，所获得的功率谱最大限度地利用了有限长自相关序列 $\{r_l : 0 \leqslant l \leqslant L\}$ 所提供的信息，而对已知范围以外的情况所做的主观假定最少。本节后面将证明，功率谱 $\hat{S}(f)$ 为

$$\hat{S}(f) = \frac{P_L T}{\left| 1 + \sum\limits_{l=1}^{L} a_{L,l}\,\mathrm{e}^{-j2\pi l f T} \right|^2} \tag{11-3}$$

其中 $a_{L,1}, a_{L,2}, \cdots, a_{L,L}$ 和 P_L 满足尤尔-沃克（Yule-Walker）方程

$$\begin{bmatrix} r_0 & r_1 & \cdots & r_L \\ r_1^* & r_0 & \cdots & r_{L-1} \\ \vdots & \vdots & & \vdots \\ r_L^* & r_{L-1}^* & \cdots & r_0 \end{bmatrix} \begin{bmatrix} 1 \\ a_{L,1} \\ \vdots \\ a_{L,L} \end{bmatrix} = \begin{bmatrix} P_L \\ 0 \\ \vdots \\ 0 \end{bmatrix} \tag{11-4}$$

通过解尤尔-沃克方程，求出预测系数 $a_{L,l}, l = 1, 2, \cdots, L$ 和预测误差功率 P_L，就可以获得最大熵功率谱估计 $\hat{S}(f)$。自相关函数矩阵 $\boldsymbol{R}_L$ 是 Henmi tian Toeplitz 矩阵，因此求逆有快速算法。但自相关函数矩阵 $\boldsymbol{R}_L$ 必须已知，这在实际问题中一般很难做到，所以要从长度为 N 的数据序列 $\{X_n\}$ 中估计求出

$$r_l = \mathrm{E}[X_n^* X_{n+l}] = \frac{1}{N} \sum_{n=1}^{N} X_n^* X_{n+l} \qquad l = 0, 1, 2, \cdots, L$$

这样就已经隐含数据长度以外的随机序列 $X_n = 0$，即产生窗函数效应，与最大熵外推自相关函数矛盾。伯格提出了一种从所提供的数据序列中估计预测系数 $a_{L,l}, l = 1, 2, \cdots, L$ 和预测误差功率 P_L 的方法。其递推算法如下：

（1）计算初始平均功率 P_0

$$P_0 = \frac{1}{N} \sum_{n=1}^{N} |x_n|^2$$

（2）计算反射系数 $a_{l,l}, l = 1, 2, \cdots, L$，而 $L \leqslant N - 1$

$$a_{l,l} = \frac{-2 \sum\limits_{i=1}^{N-1} s_{i,l} \cdot r_{i+1,l}^*}{d_l}$$

其中，对于 $l = 1$ 时，有

$$\begin{cases} r_{i,1} = x_i & i = 1, 2, \cdots, N \\ s_{i,1} = x_i & i = 1, 2, \cdots, N \\ d_1 = 2N P_0 - |x_1|^2 - |x_N|^2 \end{cases}$$

而对于 $l \geqslant 2$ 时，有

$$\begin{cases} r_{i,l} = r_{i+1,l-1} + a_{l-1,l-1}^* s_{i,l-1} & i = 1, 2, \cdots, N \\ s_{i,l} = s_{i,l-1} + a_{l-1,l-1} r_{i+1,l-1} & i = 1, 2, \cdots, N \\ d_l = d_{l-1}[1 - |a_{l-1,l-1}|^2] - |r_{1,l}|^2 - |s_{N-l+1,l}|^2 \end{cases}$$

(3) 在获得反射系数 $a_{l-1,l-1}$ 的情况下,通过递推公式

$$\begin{cases} a_{l,i} = a_{l-1,i} + a_{l,l} s_{l-1,l-i}^* & i=1,2,\cdots,l \\ P_l = P_{l-1} \left[1 - |a_{l,l}|^2 \right] \end{cases}$$

就得到 l 阶预测误差滤波器的预测系数 $a_{l,1}, a_{l,2}, \cdots, a_{l,l}$ 和预测误差功率 P_l。

通过上面的递推公式,最终获得 L 阶预测误差滤波器的预测系数 $a_{L,1}, a_{L,2}, \cdots, a_{L,L}$ 及预测误差功率 P_L,代入式(11-3)得到最大熵功率谱估计 $\hat{S}(f)$。

在最大熵谱估计中,确定预测误差滤波器的阶次 L 是十分重要的,滤波阶次 L 过小会造成平滑过渡而估计不出谱峰位置;相反,滤波阶次 L 过大又会造成谱峰分裂而出现虚假谱峰位置,且迅速增加计算量。传统的判阶准则有最终预测误差准则(FPE)、信息论准则(AIC)和自回归传递函数准则(CAT)。

1. 最终预测误差准则(FPE)

设 $\{X_n\}$ 是零均值随机序列,则对于一个阶次为 L 的预测误差滤波器的最终预测误差 $\mathrm{FPE}(L)$ 定义为

$$\mathrm{FPE}(L) = \frac{N+(L+1)}{N-(L+1)} P_L$$

其中预测误差功率 P_L 随 L 增大而减小,而

$$\frac{N+(L+1)}{N-(L+1)}$$

随 L 增大而增大,故 $\mathrm{FPE}(L)$ 将在某个 $L=L_{\mathrm{opt}}$ 处达到极小值,把此时 L 值作为基于 FPE 准则的预测误差滤波器的最佳阶次。

2. 信息论准则(AIC)

信息论准则是建立在作为预测误差滤波器阶次 L 的函数的预测误差对数似然极小值之上,对于一个阶次为 L 的预测误差滤波器,定义 $\mathrm{AIC}(L)$ 为

$$\mathrm{AIC}(L) = \log(P_L) + \frac{2L}{N}$$

取使 $\mathrm{AIC}(L)$ 达到最小值时的 L 值作为预测误差滤波器的最佳阶次 L。

3. 自回归传递函数准则(CAT)

自回归传递函数准则是这样给出的,预测误差最佳滤波器的阶次 L_{opt} 是在准确给出了预测误差的"真实滤波器"和"估计滤波器"两者的均方误差的差值取最小值时得到的。Parjen 业已证明,并不需要知道精确的"真实滤波器",只要由公式

$$\mathrm{CAT}(L) = \frac{1}{N} \sum_{l=1}^{L} \frac{N-l}{P_l} - \frac{N-L}{N P_L}$$

就可以计算出这个差值,取使 $\mathrm{CAT}(L)$ 达到最小值时的 L 作为预测误差滤波器的最佳阶次 L_{opt}。

上述三个最大熵谱估计传统阶次判决准则中,FPE 准则和 AIC 准则渐近等价,即

$$\lim_{N \to \infty} \{ \log \mathrm{FPE}(L) \} = \mathrm{AIC}(L)$$

11.1.2　最大熵谱估计

为了确定某个样本空间的总体分布,经常利用子样本空间的观测数据去估计总体分布,如果在所有满足给定的数字特征约束条件下的分布中找出熵最大的分布作为总体分布的估计,那么由熵定义可知,熵最大意味着平均的不确定性最大。以熵最大作为估计准则表示对分布没有附加额外的主观约束条件,即对分布的先验主观偏见最小,因此,最大熵准则也被称为最小主观偏见准则。

最大熵谱估计克服了经典谱估计方法需要主观假定观测数据以外的信号形式的缺点,提出用最大熵准则外推观测数据以外的数据,从而使信号模型主观偏见最小。这样获得的功率谱是所有反变换同已知的一段自相关序列值相一致的功率谱中具有熵最大的谱。下面将介绍最大熵谱估计的基本内容及证明。

1. 最小相位因果系统的熵率

如果平稳随机序列 $\{X_n\}$, $n=1,2,\cdots,N$ 看成随机过程 $X(t)$ 的采样值构成,其分布密度为 $p(x_1 x_2 \cdots x_N)$,则联合熵为

$$H(X_1,X_2,\cdots,X_N) = -E\{\log p(x_1,x_2,\cdots,x_N)\} \tag{11-5}$$

其熵率为

$$H_X = \frac{1}{N} H(X_1,X_2,\cdots,X_N) \tag{11-6}$$

如果随机序列 $\{Y_n\}$, $n=1,2,\cdots,N$ 是 $\{X_n\}$ 的线性变换,即有 $N \times N$ 维非奇异矩阵,使

$$\begin{bmatrix} Y_1 \\ Y_2 \\ \vdots \\ Y_N \end{bmatrix} = \boldsymbol{A} \begin{bmatrix} X_1 \\ X_2 \\ \vdots \\ X_N \end{bmatrix}$$

则 $\{Y_n\}$, $n=1,2,\cdots,N$ 的分布密度为

$$p(y_1,y_2,\cdots,y_N) = \frac{1}{|\boldsymbol{A}|} p(x_1,x_2,\cdots,x_N)$$

序列 $\{Y_n\}$, $n=1,2,\cdots,N$ 的联合熵为

$$H(Y_1,Y_2,\cdots,Y_N) = \log|\boldsymbol{A}| - E[\log p(x_1,x_2,\cdots,x_N)] =$$
$$H(X_1,X_2,\cdots,X_N) + \log|A|$$

如果有冲激响应为 $h(n)$,系统函数为 $H(z)$ 的最小相位因果系统,当 $\{X_n\}$ 作用于此系统,在输出响应 $\{Y_n\}$ 趋于平稳时,其熵率 H_Y 为

$$H_Y = H_X + \frac{1}{4B} \int_{-B}^{B} \log|H(e^{j2\pi fT})|^2 df \tag{11-7}$$

其中,B 是系统截止频率,$T = \frac{1}{2B}$,H_X 是输入序列熵率。

证明:通过适当的时延变换及符号代换处理,可选取 $h(0) > 0$,且将 $\{X_n\}$ 作用于系统的起始时刻记为 $n=0$,则输出响应为

$$Y_n = \sum_{k=0}^{n} X_{n-k} h(k) \qquad n = 0,1,2,\cdots,N$$

当 $n \to \infty$ 时, $\{Y_n\}$ 趋于平稳。

令

$$\boldsymbol{A} = \begin{bmatrix} h(0) & 0 & \cdots & 0 \\ h(1) & h(0) & \cdots & 0 \\ \vdots & \vdots & & \vdots \\ h(n) & h(n-1) & \cdots & h(0) \end{bmatrix}, \qquad |\boldsymbol{A}| = h^{(n+1)}(0)$$

则有

$$\begin{bmatrix} Y_0 \\ Y_1 \\ \vdots \\ Y_n \end{bmatrix} = \begin{bmatrix} h(0) & 0 & \cdots & 0 \\ h(1) & h(0) & \cdots & 0 \\ \vdots & \vdots & & \vdots \\ h(n) & h(n-1) & \cdots & h(0) \end{bmatrix} \begin{bmatrix} X_0 \\ X_1 \\ \vdots \\ X_n \end{bmatrix} = \boldsymbol{A} \begin{bmatrix} X_0 \\ X_1 \\ \vdots \\ X_n \end{bmatrix}$$

所以

$$H(Y_0, Y_1, \cdots, Y_n) = H(X_0, X_1, \cdots, X_n) + \log |\boldsymbol{A}| =$$
$$H(X_0, X_1, \cdots, X_n) + (n+1) \log h(0)$$

上式两端同除 $(n+1)$,并令 $n \to \infty$,有

$$\lim_{n \to \infty} \frac{1}{n+1} H(Y_0, Y_1, \cdots, Y_n) =$$
$$\lim_{n \to \infty} \frac{1}{n+1} H(X_0, X_1, \cdots, X_n) + \log h(0)$$

即

$$H_Y = H_X + \log h(0) \tag{11-8}$$

令 $z = e^{j2\pi fT}$,则

$$|H(e^{j2\pi fT})|^2 = H(e^{j2\pi fT}) \cdot H(e^{-j2\pi fT}) = H(z) H\left(\frac{1}{z}\right)$$

$$dz = j2\pi T e^{j2\pi fT} df = j2\pi T z \, df$$

所以

$$j2\pi fT \int_{-B}^{B} \log |H(e^{j2\pi fT})|^2 \, df =$$

$$\oint_{|z|=1} \frac{1}{z} \log \left[H(z) H\left(\frac{1}{z}\right) \right] dz =$$

$$\oint_{|z|=1} \frac{1}{z} \log H(z) dz + \oint_{|z|=1} \frac{1}{z} \log H\left(\frac{1}{z}\right) dz =$$

$$2 \oint_{|z|=1} \frac{1}{z} \log H(z) dz \tag{11-9}$$

因为 $H(z)$ 是最小相位因果系统,所以 $\frac{1}{z} \log H(z)$ 在 $|z| \geqslant 1$ 处解析,于是式(11-9)右边积分闭环可以任意大,即

$$\oint_{|z|=1} \frac{1}{z} \log H(z) dz = \oint_{z \to \infty} \frac{1}{z} \log H(z) dz$$

对于最小相位因果系统 $H(z)$ 有 $H(z)|_{z \to \infty} = h(0)$,所以由上式得

$$\oint_{|z|=1} \frac{1}{z} \log H(z) \mathrm{d}z = \log h(0) \oint_{|z|=1} \frac{1}{z} \mathrm{d}z = \mathrm{j}2\pi \log h(0)$$

代入式(11-9)可得

$$\mathrm{j}2\pi fT \int_{-B}^{B} \log |H(\mathrm{e}^{\mathrm{j}2\pi fT})|^2 \mathrm{d}f = \mathrm{j}4\pi \log h(0)$$

所以有

$$\log h(0) = \frac{T}{2} \int_{-B}^{B} \log |H(\mathrm{e}^{\mathrm{j}2\pi fT})|^2 \mathrm{d}f =$$

$$\frac{1}{4B} \int_{-B}^{B} \log |H(\mathrm{e}^{\mathrm{j}2\pi fT})|^2 \mathrm{d}f \qquad (11-10)$$

代入式(11-8)得

$$H_Y = H_X + \log h(0) =$$

$$H_X + \frac{1}{4B} \int_{-B}^{B} \log |H(\mathrm{e}^{\mathrm{j}2\pi fT})|^2 \mathrm{d}f$$

2. 窄带高斯过程的熵率

如果将 $\{X_n\}$ 看成是由功率谱为 $S(f)$ 的窄带高斯随机过程 $X(t)$ 的采样值构成,且

$$\int_{-B}^{B} \log S(f) \mathrm{d}f < \infty$$

其中 B 是窄带高斯随机过程截止频率,则 $\{X_n\}$ 的熵率 H_X 为

$$H_X = \log \sqrt{2\pi \mathrm{e}} + \frac{1}{4B} \int_{-B}^{B} \log S(f) \mathrm{d}f \qquad (11-11)$$

证明:均值为 0、方差为 σ^2 的高斯随机变量 X 的分布密度 $p(x)$ 为

$$p(x) = \frac{1}{\sqrt{2\pi}\sigma} \exp\left\{-\frac{x^2}{2\sigma^2}\right\}$$

其熵 $H(X)$ 为

$$H(X) = -\mathrm{E}\{\log p(x)\} = \log(\sqrt{2\pi \mathrm{e}}\,\sigma)$$

方差为 σ^2 的高斯白噪声序列 $\{W_n\}$ 的 M 维分布概率密度为

$$p(w_1, w_2, \cdots, w_M) = p(w_1)p(w_2)\cdots p(w_M)$$

其熵 $H(W_1, W_2, \cdots, W_M)$ 为

$$H(W_1, W_2, \cdots, W_M) = -\mathrm{E}\{\log p(w_1, w_2, \cdots, w_M)\} = M\log(\sqrt{2\pi \mathrm{e}}\,\sigma)$$

其熵率 H_W 为

$$H_W = \frac{1}{M} H(W_1, W_2, \cdots, W_M) = \log(\sqrt{2\pi \mathrm{e}}\,\sigma)$$

由随机过程理论可知,当方差 $\sigma^2=1$ 的高斯白噪声序列 $\{W_n\}$ 作用于最小相位因果系统 $H(z)$ 时(其中 $z = \mathrm{e}^{\mathrm{j}2\pi fT}$,$T = \dfrac{1}{2B}$,$B$ 是系统截止频率),则系统输出 $\{X_n\}$ 仍然是高斯随机序列,其截止频率为 B,功率谱 $S(f)$ 为

$$S(f) = H(\mathrm{e}^{\mathrm{j}2\pi fT})H(\mathrm{e}^{-\mathrm{j}2\pi fT}) = |H(\mathrm{e}^{\mathrm{j}2\pi fT})|^2$$

由前一部分分析可知$\{X_n\}$的熵率 H_X 为

$$H_X = H_W + \frac{1}{4B}\int_{-B}^{B}\log \mid H(\mathrm{e}^{\mathrm{j}2\pi fT})\mid^2 \mathrm{d}f$$

式中，H_W 是方差 $\sigma^2 = 1$ 的高斯白噪声序列$\{W_n\}$的熵率，且

$$H_W = \log(\sqrt{2\pi\mathrm{e}}\ \sigma) = \log\sqrt{2\pi\mathrm{e}}$$

所以有

$$H_X = \log\sqrt{2\pi\mathrm{e}} + \frac{1}{4B}\int_{-B}^{B}\log S(f)\mathrm{d}f$$

3. 平稳窄带高斯过程的最大熵谱

设平稳窄带高斯序列$\{X_n\}$的自相关函数为 $r_m = E[X_n^* X_{n+m}]$，则 r_m 应满足维纳-辛钦公式，即

$$r_m = \int_{-B}^{B} S(f)\mathrm{e}^{\mathrm{j}2\pi fmT}\mathrm{d}f \qquad -M \leqslant m \leqslant M \tag{11-12}$$

式中，$T = \dfrac{1}{2B}$，B 是截止频率，$S(f)$ 为高斯过程真实功率谱，对于实平稳高斯过程有 $r_{-m} = r_m^*$。

伯格提出的求真实功率谱 $S(f)$ 的估计谱 $\hat{S}(f)$ 的方法是，应用已知的自相关序列$\{r_m, -M \leqslant m \leqslant M\}$，求在约束条件式(11-12)下使熵率 H_X 达到最大值的功率谱 $\hat{S}(f)$ 作为真实功率谱 $S(f)$ 的估计谱。这样求得的 $\hat{S}(f)$ 是满足约束条件式(11-12)的所有随机序列中具有最大熵的序列所对应的功率谱，称为最大熵谱。平稳窄带高斯随机序列$\{X_n\}$的最大熵谱 $S_{ME}(f)$ 为

$$S_{ME}(f) = \frac{P_M T}{\left\vert 1 + \displaystyle\sum_{m=1}^{M} a_{M,m}\mathrm{e}^{-\mathrm{j}2\pi fmT}\right\vert^2} \tag{11-13}$$

式中，$T = \dfrac{1}{2B}$，B 是截止频率。残余功率 P_M 和预测系数 $a_{M,1}, a_{M,2}, \cdots, a_{M,M}$ 满足尤尔-沃克方程

$$\begin{bmatrix} r_0 & r_1 & \cdots & r_M \\ r_1^* & r_0 & \cdots & r_{M-1} \\ \vdots & \vdots & & \vdots \\ r_M^* & r_{M-1}^* & \cdots & r_0 \end{bmatrix}\begin{bmatrix} 1 \\ a_{M,1} \\ \vdots \\ a_{M,M} \end{bmatrix} = \begin{bmatrix} P_M \\ 0 \\ \vdots \\ 0 \end{bmatrix}$$

式中

$$\begin{bmatrix} r_0 & r_1 & \cdots & r_M \\ r_1^* & r_0 & \cdots & r_{M-1} \\ \vdots & \vdots & & \vdots \\ r_M^* & r_{M-1}^* & \cdots & r_0 \end{bmatrix} = E\left\{\begin{bmatrix} X_n^* \\ X_{n+1}^* \\ \vdots \\ X_{n+M}^* \end{bmatrix} \times [X_n, X_{n+1}, \cdots, X_{n+m}]\right\} = \boldsymbol{R}_M$$

是$\{X_n\}$的 $M+1$ 维自相关矩阵。

证明： 平稳窄带高斯随机序列$\{X_n\}$的最大熵谱是在约束条件

$$r_m = \int_{-B}^{B} S(f) \mathrm{e}^{\mathrm{j}2\pi fmT} \mathrm{d}f \tag{11-14}$$

下,使其熵率

$$H_X = \log(\sqrt{2\pi\mathrm{e}}) + \frac{1}{4B} \int_{-B}^{B} \log S(f) \mathrm{d}f$$

达到极大值的 $S(f)$,可用经典变分法求解。H_X 取极大值,也就是使

$$\frac{1}{4B} \int_{-B}^{B} \log S(f) \mathrm{d}f$$

取极大值,化成无条件极值问题,即使

$$\frac{1}{4B} \int_{-B}^{B} \log S(f) \mathrm{d}f - \sum_{m=-M}^{M} \lambda_m \int_{-B}^{B} S(f) \mathrm{e}^{\mathrm{j}2\pi fmT} \mathrm{d}f$$

对 $S(f)$ 取极值,相应的欧拉方程为

$$\frac{\partial}{\partial S(f)} \left[\frac{1}{4B} \log S(f) - \sum_{m=-M}^{M} \lambda_m S(f) \mathrm{e}^{\mathrm{j}2\pi fmT} \right] = 0$$

即解得最大熵谱 $S(f)$ 为

$$S(f) = \frac{4B}{\displaystyle\sum_{m=-M}^{M} \lambda_m \mathrm{e}^{\mathrm{j}2\pi fmT}} = \frac{4B}{\displaystyle\sum_{m=-M}^{M} \lambda_m z^m} \tag{11-15}$$

式中,$z = \mathrm{e}^{\mathrm{j}2\pi fT}$。若解得 λ_m,就可得到 $S(f)$。

为了保证功率谱 $S(f)$ 取实数,λ_m 应满足

$$\lambda_{-m} = \lambda_m^* \qquad 0 \leqslant m \leqslant M$$

所以有 $\lambda_0 = \lambda_0^*$,即 λ_0 是实数,式(11-15)可化成

$$S(z) = \frac{P_M}{2B} \cdot \frac{1}{(1 + a_{M,1}z^{-1} + \cdots + a_{M,M}z^{-M})(1 + a_{M,1}^*z + \cdots + a_{M,M}^*z^M)} \tag{11-16}$$

令

$$\boldsymbol{V}_+ = \begin{bmatrix} 1 \\ z \\ \vdots \\ z^M \end{bmatrix} = \begin{bmatrix} 1 \\ \mathrm{e}^{\mathrm{j}2\pi fT} \\ \vdots \\ \mathrm{e}^{\mathrm{j}2\pi fMT} \end{bmatrix}, \qquad \boldsymbol{V}_- = \begin{bmatrix} 1 \\ z^{-1} \\ \vdots \\ z^{-M} \end{bmatrix} = \begin{bmatrix} 1 \\ \mathrm{e}^{-\mathrm{j}2\pi fT} \\ \vdots \\ \mathrm{e}^{-\mathrm{j}2\pi fMT} \end{bmatrix}$$

$$\boldsymbol{A}_+ = \begin{bmatrix} 1 \\ a_{M,1} \\ \vdots \\ a_{M,M} \end{bmatrix}, \qquad \boldsymbol{A}_- = \begin{bmatrix} 1 \\ a_{M,1}^* \\ \vdots \\ a_{M,M}^* \end{bmatrix}$$

则式(11-16)可以化为

$$S(z) = \frac{P_M}{2B} \frac{1}{\boldsymbol{V}_-^{\mathrm{T}} \boldsymbol{A}_+ \boldsymbol{A}_-^{\mathrm{T}} \boldsymbol{V}_+} \tag{11-17}$$

利用式(11-14),自相关矩阵 $\boldsymbol{R}_M$ 可化成

$$\boldsymbol{R}_M = \int_{-B}^{B} S(f) \boldsymbol{V}_+ \boldsymbol{V}_-^{\mathrm{T}} \mathrm{d}f$$

将式(11-17)代入上式,得

$$\boldsymbol{R}_M = \frac{P_M}{\mathrm{j}2\pi} \oint_{|z|=1} \frac{\boldsymbol{V}_+ \boldsymbol{V}_-^{\mathrm{T}}}{\boldsymbol{V}_-^{\mathrm{T}} \boldsymbol{A}_+ \boldsymbol{A}_- \boldsymbol{V}_+} \frac{1}{z} \mathrm{d}z$$

然后在上式两边同乘 $\boldsymbol{A}_+$ ，则得

$$\boldsymbol{R}_M \boldsymbol{A}_+ = \frac{P_M}{\mathrm{j}2\pi} \oint_{|z|=1} \frac{\boldsymbol{V}_+ \boldsymbol{V}_-^{\mathrm{T}} \boldsymbol{A}_+}{\boldsymbol{V}_-^{\mathrm{T}} \boldsymbol{A}_+ \boldsymbol{A}_-^{\mathrm{T}} \boldsymbol{V}_+} \frac{1}{z} \mathrm{d}z =$$

$$\frac{P_M}{\mathrm{j}2\pi} \oint_{|z|=1} \frac{\boldsymbol{V}_+}{\boldsymbol{A}_-^{\mathrm{T}} \boldsymbol{V}_+} \frac{1}{z} \mathrm{d}z \qquad (11-18)$$

令 $\boldsymbol{R}_M \boldsymbol{A}_+ = [b_0, b_1, \cdots, b_M]^{\mathrm{T}}$ ，则有

$$b_m = \frac{P_M}{\mathrm{j}2\pi} \oint_{|z|=1} \frac{z^m}{1 + a_{M,1}^* z + \cdots + a_{M,M}^* z^M} \frac{1}{z} \mathrm{d}z =$$

$$\frac{P_M}{\mathrm{j}2\pi} \oint_{|z|=1} \frac{z^{m-1}}{1 + a_{M,1}^* z + \cdots + a_{M,M}^* z^M} \mathrm{d}z =$$

$$\begin{cases} P_M & m = 0 \\ 0 & 1 \leqslant m \leqslant M \end{cases}$$

代入式(11-18)中得到尤尔-沃克方程

$$\begin{bmatrix} r_0 & r_1 & \cdots & r_M \\ r_1^* & r_0 & \cdots & r_{M-1} \\ \vdots & \vdots & & \vdots \\ r_M^* & r_{M-1}^* & \cdots & r_0 \end{bmatrix} \begin{bmatrix} 1 \\ a_{M,1} \\ \vdots \\ a_{M,M} \end{bmatrix} = \begin{bmatrix} P_M \\ 0 \\ \vdots \\ 0 \end{bmatrix}$$

将尤尔-沃克方程解得的 P_M 和 $a_{M,m}, m = 1, 2, \cdots, M$ ，代入式(11-16)就获得最大熵谱 $S_{ME}(f)$ 表达式(11-13)。

4. 最大熵谱估计与 AR 模型谱估计等价性

AR 模型将平稳随机序列 $\{X_n\}$ 看成是由白噪声序列 $\{W_n\}$ 激励的 M 阶自回归系统的输出

$$X_n = -\sum_{m=1}^{M} a_{M,m} X_{n-m} + W_n \qquad (11-19)$$

其结构如图 11.1 所示。

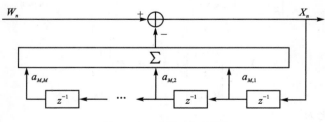

图 11.1   M 阶 AR 模型

令

$$\boldsymbol{X}_{M,n} = [X_n, X_{n-1}, \cdots, X_{n-M}]^{\mathrm{T}}$$

$$\boldsymbol{A}_M = [1, a_{M,1}, \cdots, a_{M,M}]^{\mathrm{T}}$$

则式(11-19)可以写成矩阵形式

$$\boldsymbol{X}_{M,n}^{\mathrm{T}} \boldsymbol{A}_M = \boldsymbol{W}_n \tag{11-20}$$

式(11-20)两边同乘 $\boldsymbol{X}_{M,n}^{*}$,则得

$$\boldsymbol{X}_{M,n}^{*} \boldsymbol{X}_{M,n}^{\mathrm{T}} \boldsymbol{A}_M = \boldsymbol{X}_{M,n}^{*} \boldsymbol{W}_n$$

即

$$\begin{bmatrix} X_n^* X_n & X_n^* X_{n-1} & \cdots & X_n^* X_{n-M} \\ X_{n-1}^* X_n & X_{n-1}^* X_{n-1} & \cdots & X_{n-1}^* X_{n-M} \\ \vdots & \vdots & & \vdots \\ X_{n-M}^* X_n & X_{n-M}^* X_{n-1} & \cdots & X_{n-M}^* X_{n-M} \end{bmatrix} \begin{bmatrix} 1 \\ a_{M,1} \\ \vdots \\ a_{M,M} \end{bmatrix} = \begin{bmatrix} X_n^* W_n \\ X_{n-1}^* W_n \\ \vdots \\ X_{n-M}^* W_n \end{bmatrix}$$

两边取统计平均后可得

$$\begin{bmatrix} \mathrm{E}[X_n^* X_n] & \mathrm{E}[X_n^* X_{n-1}] & \cdots & \mathrm{E}[X_n^* X_{n-M}] \\ \mathrm{E}[X_{n-1}^* X_n] & \mathrm{E}[X_{n-1}^* X_{n-1}] & \cdots & \mathrm{E}[X_{n-1}^* X_{n-M}] \\ \vdots & \vdots & & \vdots \\ \mathrm{E}[X_{n-M}^* X_n] & \mathrm{E}[X_{n-M}^* X_{n-1}] & \cdots & \mathrm{E}[X_{n-M}^* X_{n-M}] \end{bmatrix} \times$$

$$\begin{bmatrix} 1 \\ a_{M,1} \\ \vdots \\ a_{M,M} \end{bmatrix} = \begin{bmatrix} \mathrm{E}[X_n^* W_n] \\ \mathrm{E}[X_{n-1}^* W_n] \\ \vdots \\ \mathrm{E}[X_{n-M}^* W_n] \end{bmatrix}$$

令 $r_m = \mathrm{E}[X_n^* X_{n-M}]$,因为 $\{X_n\}$ 是平稳随机序列,所以上式左边为

$$\begin{bmatrix} r_0 & r_1 & \cdots & r_M \\ r_1^* & r_0 & \cdots & r_{M-1} \\ \vdots & \vdots & & \vdots \\ r_M^* & r_{M-1}^* & \cdots & r_0 \end{bmatrix} \begin{bmatrix} 1 \\ a_{M,1} \\ \vdots \\ a_{M,M} \end{bmatrix} = \boldsymbol{R}_M \boldsymbol{A}_M$$

其中 $\boldsymbol{R}_M$ 是 $\{X_n\}$ 的 $M+1$ 维自相关矩阵。因为 $\{X_n\}$ 中仅有 X_n 与 W_n 相关,所以

$$\mathrm{E}[X_{n-m}^* W_n] = \begin{cases} P_M & m=0 \\ 0 & m=1,2,\cdots,M \end{cases}$$

故 AR 模型系数 $a_{M,1}, a_{M,2}, \cdots, a_{M,M}$ 满足尤尔-沃克方程

$$\begin{bmatrix} r_0 & r_1 & \cdots & r_M \\ r_1^* & r_0 & \cdots & r_{M-1} \\ \vdots & \vdots & & \vdots \\ r_M^* & r_{M-1}^* & \cdots & r_0 \end{bmatrix} \begin{bmatrix} 1 \\ a_{M,1} \\ \vdots \\ a_{M,M} \end{bmatrix} = \begin{bmatrix} P_M \\ 0 \\ \vdots \\ 0 \end{bmatrix} \tag{11-21}$$

利用系数 $a_{M,1}, a_{M,2}, \cdots, a_{M,M}$,可以做预测估计

$$\hat{X}_n = -\sum_{m=1}^{M} a_{M,m} X_{n-m} \tag{11-22}$$

预测误差为

$$\varepsilon_n = X_n - \hat{X}_n \tag{11-23}$$

显然,式(11-22)和(11-23)可表示成如图 11.2 所示的结构。

误差滤波器的系统函数为

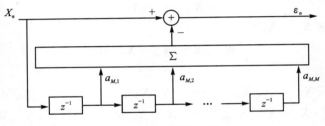

$$图 11.2 \quad 误差滤波器$$

$$H_s(z) = 1 + \sum_{m=1}^{M} a_{M,m} z^{-m}$$

令 $z = \mathrm{e}^{\mathrm{j}2\pi fT}$，则

$$H_s(f) = 1 + \sum_{m=1}^{M} a_{M,m} \mathrm{e}^{-\mathrm{j}2\pi fmT}$$

误差 ε_n 的熵率 H_ε 为

$$H_\varepsilon = H_X + \frac{1}{4B} \int_{-B}^{B} \log |H_s(\mathrm{e}^{\mathrm{j}2\pi fT})|^2 \mathrm{d}f \qquad (11-24)$$

因为上式中积分项是已知的，所以当 $\{X_n\}$ 的熵率 H_X 达到最大值时，$\{\varepsilon_n\}$ 的熵率 H_ε 也达到最大值，表明预测估计式(11-22)完全提取了信号 $\{X_n\}$ 的信息。

由图 11.1 可得 AR 模型的系统函数为

$$H_A(z) = \frac{1}{1 + \sum\limits_{m=1}^{M} a_{M,m} z^{-m}}$$

将 $z = \mathrm{e}^{\mathrm{j}2\pi fT}$ 代入上式得

$$H_A(f) = \frac{1}{1 + \sum\limits_{m=1}^{M} a_{M,m} \mathrm{e}^{-\mathrm{j}2\pi fmT}}$$

AR 模型的输入白噪声序列 $\{W_n\}$ 的功率为 P_M，作用于截止频率为 B 的 AR 模型，其功率谱为

$$S_W(f) = \frac{P_M}{2B}$$

所以 AR 模型输出随机序列 $\{X_n\}$ 的功率谱为

$$S_X(f) = S_W(f) |H_A(f)|^2 = \frac{P_M}{2B} \cdot \frac{1}{\left| 1 + \sum\limits_{m=1}^{M} a_{M,m} \mathrm{e}^{-\mathrm{j}2\pi fmT} \right|^2} \qquad (11-25)$$

令 $T = \dfrac{1}{2B}$，则式(11-25)就是最大熵谱式(11-13)。

11.2　最小误差熵估计与卡尔曼滤波

卡尔曼滤波(Kalman filtering)是一种利用线性系统状态方程，通过系统的输入、输出观测数据，对系统状态进行最优估计的算法。由于观测数据包括了系统中的噪声和干扰的影响，所以这种最优估计可视为是一种滤波过程。

卡尔曼滤波理论克服了维纳滤波理论的局限性。维纳滤波的最大缺陷是必须用到无限过去的数据,显然不适合于实时处理。60 年代卡尔曼将状态空间模型引入滤波过程,以最小均方误差作为卡尔曼滤波估计的最佳准则,并提出了一套递推最优算法,根据系统的量测值消除噪声和干扰的随机污染,复现系统的状态。

下面重点讨论最小均方误差准则、最小误差熵准则以及卡尔曼滤波方程。

11.2.1　最小均方误差准则与最小误差熵准则

1. 最小均方误差准则

设随机变量 X 的估计值为 $\hat{X}$,估计误差为 $\widetilde{X} = X - \hat{X}$,最小均方误差准则就是求使

$$\mathrm{E}[\widetilde{X}^2] = \mathrm{E}[(X - \hat{X})^2]$$

达到最小时的 $\hat{X}$ 作为随机变量 X 的估值。

对于随机矢量情况,也有相应的最小均方误差准则。设随机矢量 $\boldsymbol{X}$ 的估计为 $\hat{\boldsymbol{X}}$,估计误差为 $\widetilde{\boldsymbol{X}} = \boldsymbol{X} - \hat{\boldsymbol{X}}$,估计误差协方差阵为

$$\boldsymbol{V} = \mathrm{E}[\widetilde{\boldsymbol{X}}\widetilde{\boldsymbol{X}}^{\mathrm{T}}] = \mathrm{E}[(\boldsymbol{X} - \hat{\boldsymbol{X}})(\boldsymbol{X} - \hat{\boldsymbol{X}})^{\mathrm{T}}]$$

随机矢量 $\boldsymbol{X}$ 的最小均方误差准则是求使估计误差协方差阵 $\boldsymbol{V}$ 达到最小时的矢量 $\hat{\boldsymbol{X}}$ 作为随机矢量 $\boldsymbol{X}$ 的估计。

随机矢量 $\boldsymbol{X}$ 的最小均方误差准则需要比较矩阵的大小,由于协方差阵 $\boldsymbol{V}$ 是正定矩阵,因此可采用二次型比较矩阵大小,即若 $\boldsymbol{V}_1$ 和 $\boldsymbol{V}_2$ 是 $n \times n$ 维正定矩阵,对于任意 n 维非零矢量 $\boldsymbol{X}$ 有

$$\boldsymbol{X}^{\mathrm{T}}\boldsymbol{V}_1\boldsymbol{X} \geqslant \boldsymbol{X}^{\mathrm{T}}\boldsymbol{V}_2\boldsymbol{X}$$

则称 $\boldsymbol{V}_1 \geqslant \boldsymbol{V}_2$。

2. 最小误差熵准则

若 n 维非零随机矢量 $\boldsymbol{X}$ 的估计为 $\hat{\boldsymbol{X}}$,估计误差 $\widetilde{\boldsymbol{X}} = \boldsymbol{X} - \hat{\boldsymbol{X}}$,误差协方差阵 $\boldsymbol{V} = \mathrm{E}\{\widetilde{\boldsymbol{X}}\widetilde{\boldsymbol{X}}^{\mathrm{T}}\}$,则当误差 $\widetilde{\boldsymbol{X}}$ 为 n 维高斯随机矢量时,误差熵 $H(\widetilde{\boldsymbol{X}})$ 为最大值,即

$$H(\widetilde{\boldsymbol{X}}) = \frac{n}{2}\log(2\pi\mathrm{e}) + \frac{1}{2}\log|\boldsymbol{V}| \tag{11-26}$$

最小误差熵准则是求使式(11-26)的误差熵 $H(\widetilde{\boldsymbol{X}})$ 达到最小时的 $\hat{\boldsymbol{X}}$ 作为随机矢量 $\boldsymbol{X}$ 的估计;或者说,最小误差熵准则是使最大的误差熵 $H(\widetilde{\boldsymbol{X}})$ 最小化的准则。由式(11-26)可以看出,为使最大的误差熵 $H(\widetilde{\boldsymbol{X}})$ 最小,必须使$|\boldsymbol{V}|$最小。

由最小均方误差准则和最小误差熵准则的定义可以看出,若能够证明对于 $n \times n$ 维正定阵 $\boldsymbol{A}$ 和 $\boldsymbol{B}$,任意 n 维非零矢量 $\boldsymbol{X}$ 使得当

$$\boldsymbol{X}^{\mathrm{T}}\boldsymbol{A}\boldsymbol{X} \geqslant \boldsymbol{X}^{\mathrm{T}}\boldsymbol{B}\boldsymbol{X}$$

时有

$$|\boldsymbol{A}| \geqslant |\boldsymbol{B}|$$

则可以证明这两个准则是等价的。

证明：设 C 是 $n \times n$ 维正定矩阵，则 C^{-1} 存在，且 $|C^{-1}| = |C|^{-1}$，即 $|C^{-1}|^{\frac{1}{2}} = 1/|C|^{\frac{1}{2}}$，对任意非零 n 维矢量 X 构成函数 $f(X^{\mathrm{T}}CX)$，并示为

$$f(X^{\mathrm{T}}CX) = \frac{1}{(2\pi)^{\frac{n}{2}}} \int_{R^n} \exp\left(-\frac{1}{2}X^{\mathrm{T}}CX\right) \mathrm{d}X$$

显然 $f(X^{\mathrm{T}}CX)$ 是 $X^{\mathrm{T}}CX$ 的减函数，由上式得

$$|C|^{\frac{1}{2}} f(X^{\mathrm{T}}CX) = \int_{R^n} \frac{|C|^{\frac{1}{2}}}{(2\pi)^{\frac{n}{2}}} \cdot \exp\left(-\frac{1}{2}X^{\mathrm{T}}CX\right) \mathrm{d}X =$$

$$\int_{R^n} \frac{1}{(2\pi)^{\frac{n}{2}} |C^{-1}|^{\frac{1}{2}}} \cdot \exp\left(-\frac{1}{2}X^{\mathrm{T}}CX\right) \mathrm{d}X = 1$$

所以有

$$\frac{1}{|C|^{\frac{1}{2}}} = f(X^{\mathrm{T}}CX)$$

因为 $f(X^{\mathrm{T}}CX)$ 是 $X^{\mathrm{T}}CX$ 的减函数，则对于 $n \times n$ 维正定矩阵 A 和 B，若有任意 n 维非零矢量 X，使得

$$X^{\mathrm{T}}AX \geqslant X^{\mathrm{T}}BX$$

则有

$$f(X^{\mathrm{T}}AX) \leqslant f(X^{\mathrm{T}}BX)$$

即

$$\frac{1}{|A|^{\frac{1}{2}}} \leqslant \frac{1}{|B|^{\frac{1}{2}}}$$

所以当 $X^{\mathrm{T}}AX \geqslant X^{\mathrm{T}}BX$ 时，有

$$|A| \geqslant |B|$$

以上证明了最小均方误差准则和最小熵准则是等价的。

3. 误差熵的性质

这些性质对推导卡尔曼滤波方程是十分重要的。

设 n 维随机矢量 X 的 m 维观测为 Z，由 Z 对 X 的估计为 $\hat{X}(Z)$，估计误差为

$$\tilde{X} = X - \hat{X}(Z)$$

根据随机过程理论，联合概率密度有

$$p(x,z) = p(\tilde{x},z)$$

所以联合熵有

$$H(X,Z) = H(\tilde{X},Z) \tag{11-27}$$

又因为联合熵有

$$H(X,Z) = H(Z) + H(X \mid Z)$$
$$H(\tilde{X},Z) = H(Z) + H(\tilde{X} \mid Z)$$

故条件熵为

$$H(\boldsymbol{X} \mid \boldsymbol{Z}) = H(\widetilde{\boldsymbol{X}} \mid \boldsymbol{Z}) \tag{11-28}$$

误差熵 $H(\widetilde{\boldsymbol{X}})$ 为

$$H(\widetilde{\boldsymbol{X}}) = H(\widetilde{\boldsymbol{X}} \mid \boldsymbol{Z}) + I(\widetilde{\boldsymbol{X}}, \boldsymbol{Z}) \tag{11-29}$$

如果 $\widetilde{\boldsymbol{X}}$ 和 $\boldsymbol{Z}$ 统计独立,则 $I(\widetilde{\boldsymbol{X}}, \boldsymbol{Z}) = 0$,所以

$$H(\widetilde{\boldsymbol{X}}) = H(\widetilde{\boldsymbol{X}} \mid \boldsymbol{Z}) = H(\boldsymbol{X} \mid \boldsymbol{Z}) \tag{11-30}$$

11.2.2　最小误差熵准则下卡尔曼滤波方程组

下面基于最小误差熵准则详细推导卡尔曼滤波方程。

设离散时间线性滤波模型的状态方程和观测方程分别为

$$\boldsymbol{X}_k = \boldsymbol{\Phi}_{k,k-1} \boldsymbol{X}_{k-1} + \boldsymbol{B}_{k-1} \boldsymbol{W}_{k-1} \tag{11-31}$$

和

$$\boldsymbol{Z}_k = \boldsymbol{H}_k \boldsymbol{X}_k + \boldsymbol{V}_k \tag{11-32}$$

式中,$\boldsymbol{X}_k$ 是 n 维状态矢量;$\boldsymbol{\Phi}_{k,k-1}$ 是 $n \times n$ 维状态转移矩阵;$\boldsymbol{B}_{k-1}$ 是 $n \times r$ 维矩阵;$\boldsymbol{Z}_k$ 是 m 维观测矢量;$\boldsymbol{H}_k$ 是 $m \times n$ 维观测矩阵;$\boldsymbol{W}_k$ 是 r 维零均值高斯白噪声矢量,与 $\boldsymbol{X}_k$ 独立;$\boldsymbol{V}_k$ 是 m 维零均值高斯白噪声矢量,与 $\boldsymbol{X}_k$ 统计独立;且设 $\boldsymbol{W}_k$ 和 $\boldsymbol{V}_k$ 是统计独立的。同时协方差矩阵分别为

$$\boldsymbol{Q}_k = \mathrm{E}[\boldsymbol{W}_k \boldsymbol{W}_k^\mathrm{T}], \qquad \boldsymbol{R}_k = \mathrm{E}[\boldsymbol{V}_k \boldsymbol{V}_k^\mathrm{T}]$$

$\boldsymbol{Q}_k$ 和 $\boldsymbol{R}_k$ 分别是 $r \times r$ 维正定矩阵和 $m \times m$ 维正定矩阵。

下面推导卡尔曼滤波方程。

1. 最佳预测方程

设 $k-1$ 时刻的最佳一步预测 $\hat{\boldsymbol{X}}_{k|k-1}$ 与最佳估计 $\hat{\boldsymbol{X}}_{k-1}$ 的关系为

$$\hat{\boldsymbol{X}}_{k|k-1} = \boldsymbol{A}_P \hat{\boldsymbol{X}}_{k-1} \tag{11-33}$$

预测误差 $\widetilde{\boldsymbol{X}}_{k|k-1}$ 为

$$\widetilde{\boldsymbol{X}}_{k|k-1} = \boldsymbol{X}_k - \hat{\boldsymbol{X}}_{k|k-1} = \boldsymbol{\Phi}_{k,k-1} \boldsymbol{X}_{k-1} + \boldsymbol{B}_{k-1} \boldsymbol{W}_{k-1} - \boldsymbol{A}_P \hat{\boldsymbol{X}}_{k-1}$$

定义滤波误差 $\widetilde{\boldsymbol{X}}_k$ 为

$$\widetilde{\boldsymbol{X}}_k = \boldsymbol{X}_k - \hat{\boldsymbol{X}}_k$$

代入预测误差表达式得 $\widetilde{\boldsymbol{X}}_{k|k-1}$ 为

$$\widetilde{\boldsymbol{X}}_{k|k-1} = \boldsymbol{\Phi}_{k,k-1}(\widetilde{\boldsymbol{X}}_{k-1} + \hat{\boldsymbol{X}}_{k-1}) + \boldsymbol{B}_{k-1} \boldsymbol{W}_{k-1} - \boldsymbol{A}_P \hat{\boldsymbol{X}}_{k-1} =$$
$$\boldsymbol{\Phi}_{k,k-1} \widetilde{\boldsymbol{X}}_{k-1} + \boldsymbol{B}_{k-1} \boldsymbol{W}_{k-1} + (\boldsymbol{\Phi}_{k,k-1} - \boldsymbol{A}_P) \hat{\boldsymbol{X}}_{k-1} \tag{11-34}$$

定义预测误差协方差阵 $\boldsymbol{P}_{k|k-1}$ 为

$$\boldsymbol{P}_{k,k-1} = \mathrm{E}[\widetilde{\boldsymbol{X}}_{k|k-1} \widetilde{\boldsymbol{X}}_{k|k-1}^\mathrm{T}]$$

为了使预测误差 $\widetilde{\boldsymbol{X}}_{k|k-1}$ 的误差熵最小,应使预测误差协方差阵 $\boldsymbol{P}_{k|k-1}$ 的行列式达到最小,即式(11-34)中的预测转移矩阵 $\boldsymbol{A}_P$ 应选择成

$$\boldsymbol{A}_P = \boldsymbol{\Phi}_{k,k-1} \tag{11-35}$$

相应地误差熵 $H(\widetilde{\boldsymbol{X}}_{k|k-1})$ 最小的预测误差为

$$\widetilde{\boldsymbol{X}}_{k|k-1} = \boldsymbol{\Phi}_{k|k-1}\widetilde{\boldsymbol{X}}_{k-1} + \boldsymbol{B}_{k-1}\boldsymbol{W}_{k-1} \qquad (11-36)$$

将式(11-35)代入式(11-33)得到最佳预测方程为

$$\hat{\boldsymbol{X}}_{k|k-1} = \boldsymbol{\Phi}_{k,k-1}\hat{\boldsymbol{X}}_{k-1} \qquad (11-37)$$

定义滤波误差协方差阵 $\boldsymbol{P}_k$ 为

$$\boldsymbol{P}_k = \mathrm{E}[\widetilde{\boldsymbol{X}}_k\widetilde{\boldsymbol{X}}_k^{\mathrm{T}}]$$

则由式(11-36)可得预测误差协方差阵 $\boldsymbol{P}_{k|k-1}$ 为

$$\boldsymbol{P}_{k|k-1} = \mathrm{E}\left[(\boldsymbol{\Phi}_{k,k-1}\hat{\boldsymbol{X}}_{k-1} + \boldsymbol{B}_{k-1}\boldsymbol{W}_{k-1})(\boldsymbol{\Phi}_{k,k-1}\widetilde{\boldsymbol{X}}_{k-1} + \boldsymbol{B}_{k-1}\boldsymbol{W}_{k-1})^{\mathrm{T}}\right] =$$
$$\boldsymbol{\Phi}_{k,k-1}\boldsymbol{P}_{k-1}\boldsymbol{\Phi}_{k,k-1}^{\mathrm{T}} + \boldsymbol{B}_{k-1}\boldsymbol{Q}_{k-1}\boldsymbol{B}_{k-1}^{\mathrm{T}} \qquad (11-38)$$

2. 滤波方程

设 $k-1$ 时刻最佳估计 $\hat{\boldsymbol{X}}_{k-1}$ 和 k 时刻最佳估计 $\hat{\boldsymbol{X}}_k$ 的关系式为

$$\hat{\boldsymbol{X}}_k = \boldsymbol{A}_{k,k-1}\hat{\boldsymbol{X}}_{k-1} + \boldsymbol{G}_k\boldsymbol{Z}_k \qquad (11-39)$$

其中,$\boldsymbol{A}_{k,k-1}$ 是 $n\times n$ 维滤波转移矩阵,$\boldsymbol{G}_k$ 是 $n\times m$ 维增益矩阵,滤波误差 $\widetilde{\boldsymbol{X}}_k$ 为

$$\widetilde{\boldsymbol{X}}_k = \boldsymbol{X}_k - \hat{\boldsymbol{X}}_k = \qquad (11-40)$$
$$\boldsymbol{X}_k - \boldsymbol{A}_{k,k-1}\hat{\boldsymbol{X}}_{k-1} - \boldsymbol{G}_k(\boldsymbol{H}_k\boldsymbol{X}_k + \boldsymbol{V}_k) =$$
$$(\boldsymbol{I} - \boldsymbol{G}_k\boldsymbol{H}_k)\boldsymbol{X}_k - \boldsymbol{A}_{k,k-1}\hat{\boldsymbol{X}}_{k-1} - \boldsymbol{G}_k\boldsymbol{V}_k =$$
$$(\boldsymbol{I} - \boldsymbol{G}_k\boldsymbol{H}_k)(\boldsymbol{\Phi}_{k,k-1}\boldsymbol{X}_{k-1} + \boldsymbol{B}_{k-1}\boldsymbol{W}_{k-1}) - \boldsymbol{A}_{k,k-1}\hat{\boldsymbol{X}}_{k-1} - \boldsymbol{G}_k\boldsymbol{V}_k =$$
$$(\boldsymbol{I} - \boldsymbol{G}_k\boldsymbol{H}_k)(\boldsymbol{\Phi}_{k,k-1}\widetilde{\boldsymbol{X}}_{k-1} + \boldsymbol{\Phi}_{k,k-1}\hat{\boldsymbol{X}}_{k-1} + \boldsymbol{B}_{k-1}\boldsymbol{W}_{k-1}) - \boldsymbol{A}_{k,k-1}\hat{\boldsymbol{X}}_{k-1} - \boldsymbol{G}_k\boldsymbol{V}_k =$$
$$(\boldsymbol{I} - \boldsymbol{G}_k\boldsymbol{H}_k)(\boldsymbol{\Phi}_{k,k-1}\widetilde{\boldsymbol{X}}_{k-1} + \boldsymbol{B}_{k-1}\boldsymbol{W}_{k-1}) - \boldsymbol{G}_k\boldsymbol{V}_k + [(\boldsymbol{I} - \boldsymbol{G}_k\boldsymbol{H}_k)\boldsymbol{\Phi}_{k|k-1} - \boldsymbol{A}_{k,k-1}]\hat{\boldsymbol{X}}_{k-1} =$$
$$(\boldsymbol{I} - \boldsymbol{G}_k\boldsymbol{H}_k)\widetilde{\boldsymbol{X}}_{k|k-1} - \boldsymbol{G}_k\boldsymbol{V}_k + [(\boldsymbol{I} - \boldsymbol{G}_k\boldsymbol{H}_k)\cdot\boldsymbol{\Phi}_{k,k-1} - \boldsymbol{A}_{k,k-1}]\hat{\boldsymbol{X}}_{k-1}$$

为了使滤波误差 $\widetilde{\boldsymbol{X}}_k$ 的误差熵最小,应使滤波误差协方差阵 $\boldsymbol{P}_k$ 的行列式达到最小,即式(11-40)中的滤波转移矩阵 $\boldsymbol{A}_{k,k-1}$ 应选择为

$$\boldsymbol{A}_{k,k-1} = (\boldsymbol{I} - \boldsymbol{G}_k\boldsymbol{H}_k)\boldsymbol{\Phi}_{k,k-1} \qquad (11-41)$$

相应地误差熵 $H(\widetilde{\boldsymbol{X}}_k)$ 最小的滤波误差为

$$\widetilde{\boldsymbol{X}}_k = (\boldsymbol{I} - \boldsymbol{G}_k\boldsymbol{H}_k)\widetilde{\boldsymbol{X}}_{k|k-1} - \boldsymbol{G}_k\boldsymbol{V}_k \qquad (11-42)$$

将式(11-41)代入式(11-39)得到滤波方程为

$$\hat{\boldsymbol{X}}_k = (\boldsymbol{I} - \boldsymbol{G}_k\boldsymbol{H}_k)\boldsymbol{\Phi}_{k,k-1}\hat{\boldsymbol{X}}_{k-1} + \boldsymbol{G}_k\boldsymbol{Z}_k =$$
$$\boldsymbol{\Phi}_{k,k-1}\hat{\boldsymbol{X}}_{k-1} + \boldsymbol{G}_k[\boldsymbol{Z}_k - \boldsymbol{H}_k\boldsymbol{\Phi}_{k,k-1}\hat{\boldsymbol{X}}_{k-1}] \qquad (11-43)$$

滤波误差协方差阵 $\boldsymbol{P}_k$ 为

$$\boldsymbol{P}_k = \mathrm{E}[\widetilde{\boldsymbol{X}}_k\widetilde{\boldsymbol{X}}_k^{\mathrm{T}}] =$$
$$(\boldsymbol{I} - \boldsymbol{G}_k\boldsymbol{H}_k)\mathrm{E}[\widetilde{\boldsymbol{X}}_{k|k-1}\widetilde{\boldsymbol{X}}_{k|k-1}^{\mathrm{T}}](\boldsymbol{I} - \boldsymbol{G}_k\boldsymbol{H}_k)^{\mathrm{T}} + \boldsymbol{G}_k\mathrm{E}[\boldsymbol{V}_k\boldsymbol{V}_k^{\mathrm{T}}]\boldsymbol{G}_k^{\mathrm{T}} =$$
$$(\boldsymbol{I} - \boldsymbol{G}_k\boldsymbol{H}_k)\boldsymbol{P}_{k|k-1}(\boldsymbol{I} - \boldsymbol{G}_k\boldsymbol{H}_k)^{\mathrm{T}} + \boldsymbol{G}_k\boldsymbol{R}_k\boldsymbol{G}_k^{\mathrm{T}} \qquad (11-44)$$

3. 增益方程

记符号 $Z^k = Z_1, Z_2, \cdots, Z_k$，因为 X_k 和 $Z_1, Z_2, \cdots, Z_k$ 统计独立，所以 $I(X_k, Z^{k-1}) = 0$，$I(X_k, Z^k) = 0$；因为预测误差 $\widetilde{X}_{k|k-1}$ 和滤波误差 $\widetilde{X}_k$ 分别为

$$\widetilde{X}_{k|k-1} = X_k - \hat{X}_{k|k-1}$$

$$\widetilde{X}_k = X_k - \hat{X}_k$$

所以利用式(11-30)得

$$H(\widetilde{X}_{k|k-1}) = H(X_k \mid Z^{k-1})$$

$$H(\widetilde{X}_k) = H(X_k \mid Z^k)$$

如果假定 X_k 和 $\widetilde{X}_{k|k-1}$ 均是高斯分布时，则有

$$\mathrm{var}(\widetilde{X}_{k|k-1}) = \mathrm{var}(X_k \mid Z^{k-1})$$

$$\mathrm{var}(\widetilde{X}_k) = \mathrm{var}(X_k \mid Z^k)$$

即

$$P_{k|k-1} = \mathrm{var}(\widetilde{X}_{k|k-1}) = \mathrm{var}(X_k \mid Z^{k-1})$$

$$R_k = \mathrm{var}(\widetilde{X}_k) = \mathrm{var}(X_k \mid Z^k)$$

若将 $\mathrm{var}(X_k \mid Z^k)$ 用 $\mathrm{var}(X_k \mid Z^{k-1})$ 表示，则有

$$\mathrm{var}(X_k \mid Z^k) = \mathrm{var}(X_k \mid Z^{k-1}) - \mathrm{var}(X_k \mid Z^{k-1}) H_k^{\mathrm{T}}$$
$$[H_k \mathrm{var}(X_k \mid Z^{k-1}) H_k^{\mathrm{T}} + R_k]^{-1}$$
$$H_k \mathrm{var}(X_k \mid Z^{k-1})$$

即有

$$P_k = P_{k|k-1} - P_{k|k-1} H_k^{\mathrm{T}} [H_k P_{k|k-1} H_k^{\mathrm{T}} + R_k]^{-1} H_k P_{k|k-1}$$

将上式代入式(11-44)得

$$P_{k|k-1} - P_{k|k-1} H_k^{\mathrm{T}} [H_k P_{k|k-1} H_k^{\mathrm{T}} + R_k]^{-1} H_k P_{k|k-1} =$$
$$(I - G_k H_k) P_{k|k-1} (I - G_k H_k)^{\mathrm{T}} + G_k R_k G_k^{\mathrm{T}}$$

整理后得

$$[P_{k|k-1} H_k^{\mathrm{T}} - G_k (H_k P_{k|k-1} H_k^{\mathrm{T}} + R_k)] G_k^{\mathrm{T}} =$$
$$[P_{k|k-1} H_k^{\mathrm{T}} (H_k P_{k|k-1} H_k^{\mathrm{T}} + R_k)^{-1} - G_k] H_k P_{k|k-1}$$

解得增益矩阵 G_k 为

$$G_k = P_{k|k-1} H_k^{\mathrm{T}} (H_k P_{k|k-1} H_k^{\mathrm{T}} + R_k)^{-1} \qquad (11-45)$$

综合式(11-37)、式(11-38)、式(11-43)、式(11-44)和式(11-45)就构成卡尔漫滤波方程组

$$\begin{cases} \hat{X}_{k|k-1} = \Phi_{k,k-1} \hat{X}_{k-1} & \text{预测方程} \\ \hat{X}_k = \Phi_{k,k-1} \hat{X}_{k-1} + G_k (Z_k - H_k \Phi_{k,k-1} \hat{X}_{k-1}) & \text{滤波方程} \\ G_k = P_{k|k-1} H_k^{\mathrm{T}} (H_k P_{k|k-1} H_k^{\mathrm{T}} + R_k)^{-1} & \text{增益方程} \\ P_{k|k-1} = \Phi_{k,k-1} P_{k-1} \Phi_{k,k-1}^{\mathrm{T}} + B_{k-1} Q_{k-1} B_{k-1}^{\mathrm{T}} & \text{预测误差协方差阵} \\ P_k = (I - G_k H_k) P_{k|k-1} (I - G_k H_k)^{\mathrm{T}} + G_k R_k G_k^{\mathrm{T}} & \text{滤波误差协方差阵} \end{cases}$$

在上述推导中,设定了两个假定条件,即线性模型假定和高斯分布假定。

卡尔曼滤波方程是采用状态空间描述,在算法上采用递推形式,从而可以对数据进行实时更新和处理,是目前应用极为广泛的滤波算法。在通信、雷达,导航和制导与控制等领域得到了广泛应用。

习　题

11.1　通过序列补零是否能改善周期图法功率谱估计的分辨率?

11.2　设有一离散无记忆信源,已知其符号集为$[0,1]$,且 $P(0)=1/4, P(1)=3/4$。求平均符号熵。

11.3　设一接收信号 $Y(n)=S+V(n), n=1,2,\cdots,N$,其中 $V(n)$ 为一高斯白噪声,且具有零均值和未知方差 σ^2,求信号 S 和噪声方差的最大似然估计。

11.4　设某信源 X 中包含 n 个不同的离散清息,试证明:当且仅当 X 中各消息是等概率发生时信息熵最大。

11.5　设有随机变量 X 取值于非负整数$\{0,1,2,\cdots\}$,已知其均值 $E\{x\}=k$,试给出 X 概率分布的最大熵估计。

11.6　已知线性预测器表示式为
$$e(n)=x(n)+\alpha_1 x(n-1)$$
选择 α_1 使预测的均方根误差最小,求用自相关函数 $r_{xx}(1)$ 和 $r_{xx}(0)$ 表示系数 α_1。

11.7　用两个传感器对某一确定量进行两次测量,其输出分别为 z_1 和 z_2,两次测量误差分别为 V_1 和 V_2,且测量均值和方差分别为
$$E(V_1)=E(V_2)=0$$
和
$$E(V_1^2)=\sigma_1^2, \quad E(V_2^2)=\sigma_2^2$$

其中,V_1 和 V_2 的相关性为 $E(V_1 V_2)=\rho\sigma_1\sigma_2$,式中 ρ 为相关系数。试给出基于 z_1 和 z_2 的无偏、线性最小方差的估计算法。

11.8　设有一系统为
$$\begin{cases} X_i=\Phi_{k-1}X_{k-1}+W_{k-1} \\ Z_k=H_k X_k+V_k \end{cases}$$
式中有
$$V_k=B_{k-1}V_{k-1}+\eta_{k-1}$$
而且 W_k 服从 $N(0,Q_k)$ 分布,η_k 服从 $N(0,R_k)$ 分布,W_k 和 η_k 相互独立。

试:给出符合卡尔曼滤波的状态和量测方程。

11.9　设有一个随机信号 $X(t)$ 的观测数据为 $x(i), i=1,2,\cdots$,若 $\bar{x}_K$ 和 S_K^2 分别是利用 K 个观测数据 $x(1),x(2),\cdots,x(k)$ 得到的样本均值和样本方差,分别为
$$\bar{x}_K=\frac{1}{K}\sum_{i=1}^{K}x(i)$$
$$S_K^2=\frac{1}{K}\sum_{i=1}^{K}[x(i)-\bar{x}_K]^2$$

假定有了一个新的观测数据 $X(K+1)$,现在希望用 $X(K+1)$、$\bar{x}_K$ 和 S_K^2 来求 $\bar{x}_{K+1}$,S_{K+1}^2 的估计值,这样的估计公式称为更新公式。试求样本均值 $\bar{x}_{K+1}$ 和样本方差 S_{K+1}^2 的更新公式。

参考书目和文献

[1] C E shannon. A Mathematical Theory of communication. Bell System Technical Journal. Vol. 27.

[2] T M Cover & J A Thomas. Elements of Information Theory. John Wiley & Sons. Inc. , 1991.

[3] 王育民,梁传甲. 信息与编码理论. 西安:西北电讯工程学院出版社,1986.

[4] 孟庆生. 信息论. 西安:西安交通大学出版社,1986.

[5] 周炯槃. 信息理论基础. 北京:人民邮电出版社,1983.

[6] [美]汉明 RW. 编码和信息理论. 朱雪龙译. 北京:科学出版社,1984.

[7] [苏]捷莫尼科夫 ΦE 等. 信息工程理论基础. 高远,高慈,高彬,译. 北京:机械工业出版社,1985.

[8] [英]罗斯 AM. 信息与通信理论. 钟义信,等译. 北京:人民邮电出版社,1979.

[9] 张宏基. 信源编码. 北京:人民邮电出版社,1980.

[10] 周炯槃,丁晓明. 信源编码原理. 北京:人民邮电出版社,1996.

[11] 朱雪龙. 应用信息论基础. 北京:清华大学出版社,2001.

[12] 钟义信. 信息科学原理. 北京:北京邮电大学出版社,1996.

[13] 周荫清. 信息理论基础. 北京:北京航空航天大学出版社,2020.

[14] 常迥. 信息理论基础. 北京:清华大学出版社,1993.

[15] 吴伯修,归绍升,祝宗泰. 信息论与编码. 北京:电子工业出版社,1987.

[16] 傅祖芸. 信息论——基础理论与应用(第二版). 北京:电子工业出版社,2007.

[17] 王新梅,肖国镇. 纠错码——原理和方法. 北京:人民邮电出版社,2001.

[18] 姜丹. 信息论与编码. 北京:中国科学技术大学出版社,2001.

[19] 仇佩亮. 信息论及其应用. 杭州:浙江大学出版社,2000.

[20] 陈运. 信息论与编码. 北京:电子工业出版社,2010.

[21] 吕锋,王虹,刘皓春等. 信息理论与编码. 北京:人民邮电出版社,2004.

[22] 周荫清. 随机过程理论(第二版). 北京:电子工业出版社,2006.

[23] 陈杰,徐华平,周荫清. 信息理论基础习题集. 北京:清华大学出版社,2005.

[24] A Feinstein. Foundations of Information Theory. New York, McGraw-Hill, 1985.

[25] M C Thomas, J A Thomas. Elements of Information Theory. 北京:清华大学出版社,2003.

[26] D S Jones. Elementary Information Theory. Clarendon Press, Oxford, 1979.

[27] S Roman . Coding and Information Theroy. Springer-Verlag, Berlin/Heidelberg/New York,1992.